西安交通大學 本科“十二五”规划教材
“985”工程三期重点建设实验系列教材

材料组织性能与加工技术独立实验

(上册)

主编 张建勋 席生岐

西安交通大学出版社
XI'AN JIAOTONG UNIVERSITY PRESS

图书在版编目(CIP)数据

材料组织性能与加工技术独立实验.上/张建勋,席生岐主编.—西安:西安交通大学出版社,2014.3(2020.6重印)
ISBN 978-7-5605-6043-4

Ⅰ.①材… Ⅱ.①张… ②席… Ⅲ.①工程材料-结构性能-实验-高等学校-教材 ②工程材料-加工技术-实验-高等学校-教材 Ⅳ.①TB303-33

中国版本图书馆CIP数据核字(2014)第038548号

书　　名 材料组织性能与加工技术独立实验.上
主　　编 张建勋　席生岐
责任编辑 屈晓燕

出版发行 西安交通大学出版社
（西安市兴庆南路1号　邮政编码710048）
网　　址 http://www.xjtupress.com
电　　话 (029)82668357　82667874(发行中心)
(029)82668315　82669096(总编办)
传　　真 (029)82668280
印　　刷 西安日报社印务中心

开　　本 727mm×960mm　1/16　**印张** 21　**字数** 383千字
版次印次 2015年2月第1版　2020年6月第3次印刷
书　　号 ISBN 978-7-5605-6043-4
定　　价 38.00元

读者购书、书店添货、如发现印装质量问题,请与本社发行中心联系、调换。
订购热线:(029)82665248　(029)82665249
投稿热线:(029)82664954　QQ:8377981
读者信箱:lg_book@163.com

编审委员会

本书编写组

主　　编　张建勋　席生岐

成　　员（按姓氏笔画排序）

牛　靖　朱蕊花　孙　昆　孙莉秋

李成新　李光新　李梅娥　杨冠军

肖克民　吴宏京　宋月贤　陈黄浦

赵军荣　皇志富　顾美转　蔡和平

裴　怡　潘希德

Preface 序

教育部《关于全面提高高等教育质量的若干意见》(教高〔2012〕4 号)第八条“强化实践育人环节”指出,要制定加强高校实践育人工作的办法。《意见》要求高校分类制订实践教学标准;增加实践教学比重,确保各类专业实践教学必要的学分(学时);组织编写一批优秀实验教材;重点建设一批国家级实验教学示范中心、国家大学生校外实践教育基地……。这一被我们习惯称之为“质量 30 条”的文件,“实践育人”被专门列了一条,意义深远。

目前,我国正处在努力建设人才资源强国的关键时期,高等学校更需具备战略性眼光,从造就强国之才的长远观点出发,重新审视实验教学的定位。事实上,经精心设计的实验教学更适合承担起培养多学科综合素质人才的重任,为培养复合型创新人才服务。

早在 1995 年,西安交通大学就率先提出创建基础教学实验中心的构想,通过实验中心的建立和完善,将基本知识、基本技能、实验能力训练融为一炉,实现教师资源、设备资源和管理人员一体化管理,突破以课程或专业设置实验室的传统管理模式,向根据学科群组建基础实验和跨学科专业基础实验大平台的模式转变。以此为起点,学校以高素质创新人才培养为核心,相继建成 8 个国家级、6 个省级实验教学示范中心和 16 个校级实验教学中心,形成了重点学科有布局的国家、省、校三级实验教学中心体系。2012 年 7 月,学校从“985 工程”三期重点建设经费中专门划拨经费资助立项系列实验教材,并纳入到“西安交通大学本科‘十二五’规划教材”系列,反映了学校对实验教学的重视。从教材的立项到建设,教师们热情相当高,经过近一年的努力,这批教材已见端倪。

我很高兴地看到这次立项教材有几个优点:一是覆盖面较宽,能确实解决实验教学中的一些问题,系列实验教材涉及全校 12 个学院和一批重要的课程;二是质量有保证,90%的教材都是在多年使用的讲义的基础上编写而成的,教材的作者大多是具有丰富教学经验的一线教师,新教材贴近教学实际;三是按西安交大《2010 版本科培养方案》编写,紧密结合学校当前教学方案,符合西安交大人才培养规格和学科特色。

最后,我要向这些作者表示感谢,对他们的奉献表示敬意,并期望这些书能受到学生欢迎,同时希望作者不断改版,形成精品,为中国的高等教育做出贡献。

西安交通大学教授

国家级教学名师

2013 年 6 月 1 日

Foreword 前言

西安交通大学材料科学与工程学院提出了“高素质、宽口径、重实践”的办学定位，积极探索、锐意创新，努力实践办学模式的全方位改革，体现了加强基础、注重创新、因材施教的教学思想，逐步形成综合素质、科研能力和创新能力培养教育的研究型人才培养新模式，提出了课程教学侧重基本理论教育、实践教学实现拓宽专业面的教学指导思想。

在探索创新型人才培养模式过程中，如何兼顾拓宽专业口径和淡化专业方向的关系成为焦点问题。材料学院根据自身拥有的教师和原专业实验室特点，提出了压缩课程学时、增加实践环节的思路。在增加实践环节方面，提出了挖掘原焊接、铸造和材料性能方面的濒临消失的优秀实验，在新的环境下重新组合，组成具有明显专业方向特色的实验课程体系。材料教学实验中心推出了三个级别的教学实验平台，即院级教学基础实验平台、学科研究室教学实验平台和重点实验室教学实验平台。三个平台相互分工、协作，实现不同层次目标和范围的实验教学。院级教学实验平台以培养学生全面基础实验技能为核心，提供课程实验和自主实验，学科研究室和重点实验室教学实验平台提供有选择性的自主设计和创新实验。

独立实验课程采取单独、综合与讨论等多种形式相结合的实验体系，以达到内容紧凑、综合性强的目的。教学方法上按单元组织，教师负责单元实验的相关基础知识讲解，实验员负责具体实验方法与安排。具体实验形式为多媒体实验课件讲授、现场操作录像放映、实验仪器示范介绍、以学生自主实验方式开展。每位学生在实验前预习的基础上，根据教学实验室各个试验项目开放时间段，提出个人实验预约时间，提交实验实施方案。实验中以学生自己动手动脑为主，指导教师仅给予启发性指导，除按要求完成实验报告外，另外还要求有小组交流讨论的总结报告等。

本书是为配合材料科学与工程专业独立教学实验课程而编写的,其目的在于对所开设的实验课程进行理论和操作环节的指导。该书参考了材料学院相关专业的实验教学指导书以及兄弟院校有关资料,形成了一本围绕材料组织分析与性能测试、材料加工技术等的综合性实验指导书。全书分为上、下册,第1章、第2章、第3章为上册,第4章、第5章、第6章为下册。

第1章,金相试样制备与材料组织分析实验。通过该实验课学习,应掌握基本的实验技术,包括显微镜的基本原理和使用、金相样品制备技术、晶粒度测定方法及定量分析软件测定技术,数码组织获取技术和硬度计的原理和使用方法;熟悉晶粒度样品、定量分析样品的制备、组织显示方法;加深对钢铁合金组织的认识与理解,能够利用二元相图和三元相图分析合金平衡与非平衡典型组织;熟悉金属结晶凝固组织、塑性变形及再结晶组织与工艺条件关系;了解钢的热处理工艺与操作,能够对材料的成分、工艺、性能与组织关系进行综合分析。

第2章,材料分析测试技术实验。利用金属材料强度国家重点实验室测试设备,采用学生动手、教师演示、分析讨论等多种实验形式,使学生掌握和了解材料微观结构与性能表征方法的基本原理和有关测试仪器的结构原理及使用,以及近代材料主要分析方法所涉及的制样技术,图谱解析方法以及在材料研究领域中的具体应用,为日后从事材料科学研究工作和解决材料应用中的工程实际问题奠定基础。

第3章,材料力学性能实验。从实验基本原理出发,着重介绍金属材料力学性能的基本实验方法。通过该课程的教学要求学生了解在各种加载条件下或加载条件与环境(温度、介质)的共同作用下材料的变形与断裂的本质及其基本规律。掌握材料各种力学性能指标的物理意义和工程技术意义,以及内在因素和外部条件对力学性能指标的影响及其变化规律。通过实验课程的学习,要求学生掌握主要力学性能指标的实验原理和测试方法。

第4章,金属凝固与成形及其耐磨材料实验。以多样性、代表性、验证性为主要思路,以现场操作与录像相结合的形式,教师介绍和辅导为辅,学生动手、思考、分析为主,对学生提出的问题以个人或小组形式进行解惑答疑。将实验室所拥有的与实验相关的各种仪器和设备的使用和操作方法,在实验前介绍给学生,将不同凝固方法的实验过程以现场操作和录像的形式展现给大家。主要内容以铸造及耐磨材料研究所具备的实验条件(三种具有代表性的凝固方法、快速成型技术、真空热挤压、真空烧结技术、铸渗技术和计算机凝固仿真技术)为主体,贯穿专业理论知识学习、加强学生实验方法、实验技能的训练，使学生初步具备独立设计实验方案和分析的能力。

第5章，材料连接技术与表面工程实验。主要包括：工业机器人在焊接中的应用，展现出现代焊接技术的发展动向，通过实验了解机器人的工作原理和它的运动轨迹与焊缝的关系等；燃料电池与太阳能电池的制备实验，了解燃料电池和太阳能电池的基本制备过程；常规熔焊工艺方法实验，使学生对材料连接工艺方法有一个基本的了解和认识，针对不同材料选取相应的连接工艺方法，以及焊接规范参数对材料连接质量的影响；焊接热过程、变形与无损检测等实验是为了理解材料焊接过程中所遇到的主要问题和确保焊接质量，如从材料组织与相变的角度来考虑，电弧加热过程中，由于温度梯度的存在，它会对焊缝和母材造成怎样的影响，由于不均匀的加热和冷却过程，结构会产生怎样的变形和应力等等。

第6章，高分子化学与物理实验。高分子材料科学是一门实验性很强的科学，实验操作作为基本技能的训练是高分子教学中必不可少的环节，必须给予足够的重视。实验目的在于培养学生的专业基本技能，掌握本专业的系统知识。通过单元实验、性能测试、结构表征等实验内容达到上述目的，同时培养学生严谨的科学态度。通过实验进一步加深理解高分子科学原理，使学生系统地掌握高分子实验的基本原理、实验知识和技能，为以后学习和从事高分子材料及相关学科的工作打下基础。

本书由西安交通大学材料科学与工程学院从事本实验教学的教师与技术人员编写。第1章由席生岐教授，顾美转高级工程师和赵军荣实验员编写；第2章由蔡和平副教授，朱蕊花高级工程师和顾美转高级工程师编写；第3章由陈黄浦副教授，李光新副教授，裴怡副教授，赵军荣实验员和吴宏京工程师编写；第4章由皇志富副教授，孙莉秋实验员，李梅娥副教授和孙昆副教授编写；第5章由张建勋教授，牛靖高级工程师，肖克民高级工程师，潘希德副教授，裴怡副教授，李成新副教授和杨冠军教授编写，第6章由宋月贤副教授和吴宏京工程师编写。全书由张建勋教授策划和设计，席生岐教授统稿。本书是材料科学与工程专业的实验教学指导书，也可作为相关专业本科生、研究生以及企业技术人员的参考书。

由于编者在对实验项目的整合中，试图采用统一的模式进行编写，难免有处理不当之处。同时由于编者水平有限，书中难免存在瑕疵和不足，还望各位专家和读者提出宝贵意见和有益建议。

编者

目　录

第1章　金相技术与材料组织分析实验

1.1　本章概要

我校《材料科学基础》课程是在金属学、热处理原理、金属材料等几门课程的基础上建立起来的材料专业学生的专业基础课。它以金属材料为依托，兼顾高分子材料、陶瓷材料和复合材料，包括结构材料和功能材料。材料科学是研究包括上述各种材料在内的材料的结构、制备加工工艺与性能之间关系的科学。材料结构有四个层次：原子结构、结合键、原子排列方式和显微组织，其中显微组织比其他三个层次的结构更容易随着材料的成分及加工工艺而变化，是一个影响材料性能极为敏感和重要的结构因素。材料显微组织是贯穿《材料科学基础》课程的一个重要的核心纽带，是分析理解材料的重要环节。配合《材料科学基础》课程教学，按照新版教学计划，为了加强该课程实验环节，围绕材料组织分析这一主要核心，兼顾工艺条件和材料性能与材料组织相互关系，在2006年，借鉴我们《工程材料基础》课程实验的成功实践，将《材料科学基础》原来的课程实验，进行了调整、充实和拓宽后集中开设，形成《金相试样制备与材料显微组织分析》这门独立实验课程。本章是在原为这一新课程撰写的实验指导书(试行版)基础上，根据4届学生实际使用修订而成。

本课程采取单一、综合、讨论等多种实验形式相结合的实验体系，以达到内容紧凑、综合性强的目的。该实验课程具体内容设计为以下4个单元共12个实验项目：金相分析基础及钢铁组织分析单元、定量金相分析单元、结晶凝固与塑性变形组织分析单元和材料的结构相图与组织分析单元。教学上按单元组织，教师负责单元实验的相关基础知识讲解，实验员负责具体实验方法与安排。具体实验形式为多媒体实验课件讲授、现场操作录像放映、实验仪器示范介绍、以学生自主实验方式开展。每位学生在实验前预习的基础上，根据教学实验室各个试验项目开放时间段，提出个人实验预约时间，提交实验实施方案。实验中以学生自己动手动脑为主，指导教师仅给予启发性指导，其中综合实验要求学生自行组织成组，自己设计、选择材料、制定工艺，分析组织，除按要求完成实验报告外，另外还要求有小组交流讨论的总结报告。

通过该门实验课学习,应掌握基本的实验技术,包括显微镜的基本原理和使用、金相样品制备技术、晶粒度测定方法及定量分析软件测定技术、数码组织获取技术和硬度计的原理和使用方法;熟悉晶粒度样品、定量分析样品的制备、组织显示方法;加深对钢铁合金组织的认识与理解,能够利用二元相图和三元相图分析合金平衡与非平衡典型组织;熟悉金属结晶凝固组织、塑性变形与再结晶组织与工艺条件关系;了解钢的热处理工艺与操作,能够对材料的成分、工艺、性能与组织关系进行综合分析。

本课程是新版教学计划下的新增独立实验课程,结合原先课程实验,围绕材料组织分析核心,以金属材料,特别是工程中的重要的钢铁材料为实例,开设了一系列的基础和综合实验,希望能够实现课程设置初衷。

1.2 金相技术与钢铁组织分析

1.2.1 预备知识:金相显微分析基础

金相分析在材料研究领域占有十分重要的地位,是研究材料内部组织的主要手段之一。金相显微分析法就是利用金相显微镜来观察为之分析而专门制备的金相样品,通过放大几十倍到上千倍来研究材料组织的方法。现代金相显微分析的主要仪器为光学显微镜和电子显微镜两大类。这里仅介绍常用的光学金相显微镜及金相样品制备的一些基础知识。

1. 光学金相显微镜基础知识

1)金相显微镜的构造

金相显微镜的种类和型式很多,最常见的有台式、立式和卧式三大类。金相显微镜的构造通常由光学系统、照明系统和机械系统三大部分组成,有的显微镜还带有多种功能附件及摄像装置。目前已把显微镜与计算机及相关的分析系统相连,能更方便、更快捷地进行金相分析研究工作。

(1)光学系统

其主要构件是物镜和目镜,它们主要起放大作用,并获得清晰的图像。物镜的优劣直接影响成像的质量,而目镜是将物镜放大的像再次放大。

(2)照明系统

照明系统主要包括光源和照明器以及其他主要附件。

①光源的种类

光源的种类包括白炽灯(钨丝灯)、卤钨灯、碳弧灯、氙灯和水银灯等。常用的是白炽灯和氙灯,一般白炽灯适应于作为中、小型显微镜上的光源使用,电压为6

～12V,功率15～30W。而氙灯通过瞬间脉冲高压点燃,一般正常工作电压为18V,功率为150W,适用于特殊功能的观察和摄影之用。一般大型金相显微镜常同时配有两种照明光源,以适应普通观察和特殊情况的观察与摄影之用。

②光源的照明方式

常用的照明方式主要有临界照明和科勒照明,而散光照明和平行光照明适应于特殊情况使用。

临界照明:光源的像聚焦在样品表面上,虽然可得到很高的亮度,但对光源本身亮度的均匀性要求很高,目前很少使用。

科勒照明:特点是光源的一次像聚焦在孔径光栏上,视场光栏和光源一次像同时聚焦在样品表面上,提供了一个很均匀的照明场,目前广泛使用。

散光照明:特点是照明效率低,只适应投射型钨丝灯照明。

平行光:照明的效果较差,主要用于暗场照明,适应于各类光源。

③光路形式

按光路设计的形式,显微镜有直立式和倒立式两种,凡样品磨面向上,物镜向下的为直立式,而样品磨面向下,物镜向上的为倒立式。

④孔径光栏和视场光栏

孔径光栏位于光源附近,用于调节入射光束的粗细,以改变图像的质量。缩小孔径光栏可减少球差和轴外像差,加大衬度,使图像清晰,但会使物镜的分辨率降低。视场光栏位于另一个支架上,调节视场光栏的大小可改变视域的大小,视场光栏愈小,图像衬度愈佳,观察时调至与目镜视域同样大小。

⑤滤色片

用于吸收白光中不需要的部分,只让一定波长的光线通过,获得优良的图像。一般有黄色、绿色和蓝色等。

(3)机械系统

机械系统主要包括载物台、镜筒、调节螺丝和底座。

载物台:用于放置金相样品。

镜筒:用于联结物镜、目镜等部件。

调节螺丝:有粗调和细调螺丝,用于图像的聚焦调节。

底座:起支承镜体的作用。

2)光学显微镜的放大成像原理及参数

(1)XJP—3A型金相显微镜的光学系统的工作原理

图1-1为XJP—3A型金相显微镜光学系统图。

由灯泡发出一束光线,经过聚光镜组(一)及反光镜,被会聚在孔径光栏上,然后经过聚光镜组(二),将光线会聚在物镜后焦面上。最后光线通过物镜,用平行

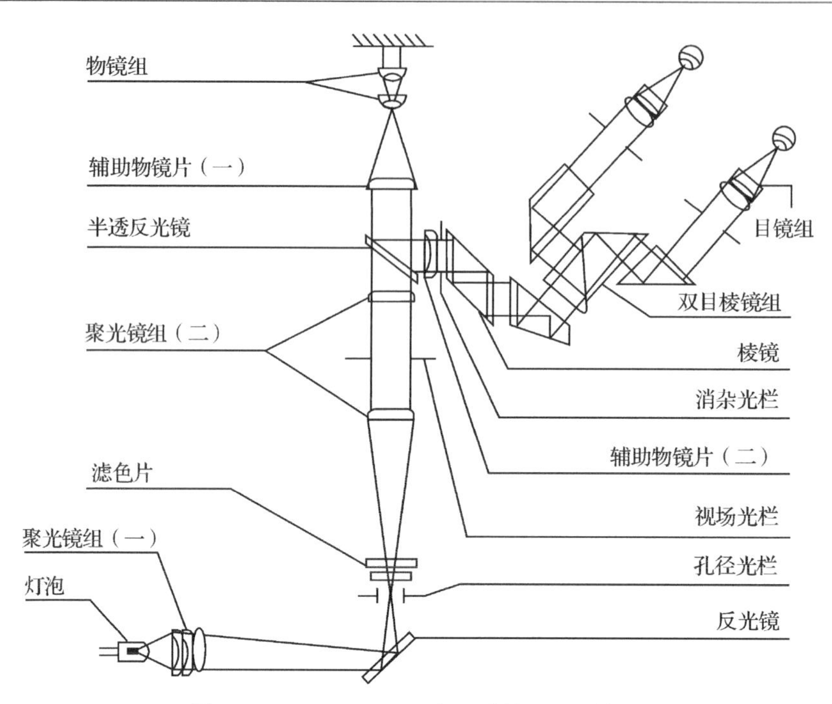

图 1-1 XJP—3A 型金相显微镜光学系统图

光照明样品,使其表面得到充分均匀的照明。从物体表面反射出来的成像光线,复经物镜、辅助物镜片(一)、半透反光镜、辅助物镜片(二)、棱镜与双目棱镜组,造成一个物体的放大实像。目镜将此像再次放大,显微镜里观察到的就是通过物镜和目镜两次放大所得图像。

(2)金相显微镜的成像原理

显微镜的成像放大部分主要由两组透镜组成。靠近观察物体的透镜叫物镜,而靠近眼睛的透镜叫目镜。通过物镜和目镜的两次放大,就能将物体放大到较高的倍数,如图 1-2 所示,显微镜的放大光学原理图。物体 AB 置于物镜前,离其焦点略远处,物体的反射光线穿过物镜折射后,得到了一个放大的实像 A_1B_1,若此像处于目镜的焦距之内,通过目镜观察到的图像是目镜放大了的虚像 A_2B_2。

(3)显微镜的放大倍数

物镜的放大倍数 $M_{物}=A_1B_1/AB\approx L/F_1$

目镜的放大倍数 $M_{目}=A_2B_2/A_1B_1\approx D/F_2$

则显微镜的放大倍数为:

$$M_{总}=M_{物}\times M_{目}=L/F_1\times D/F_2=L\times 250/F_1\times F_2$$

式中:L 为光学镜筒长度(即物镜后焦点到目镜前焦点的距离);F_1 为物镜的焦距;F_2 为目镜的焦距;D 为明视距离(人眼的正常明视距离为 250mm)。

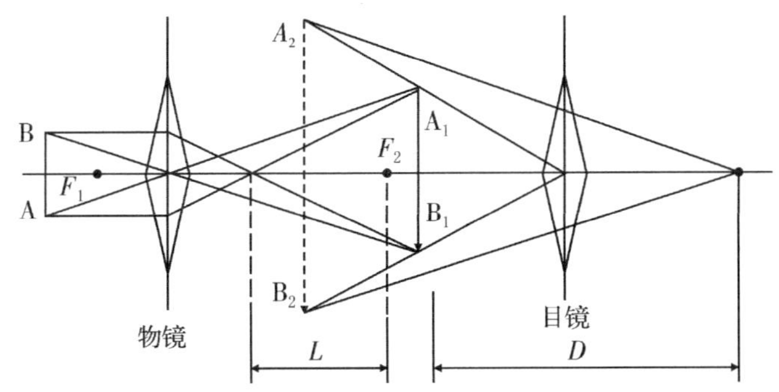

AB—物体；A_1B_1—物镜放大图像；A_2B_2—目镜放大图像；F_1—物镜的焦距；F_2—目镜的焦距；L—为光学镜筒长度(即物镜后焦点与目镜前焦点之间的距离)；D—明视距离(人眼的正常明视距离为 250mm)

图 1-2　显微镜放大光学原理

即显微镜总的放大倍数等于物镜放大倍数和目镜放大倍数的乘积。一般金相显微镜的放大倍数最高可达 1600～2000 倍。

由此可看出：因为 L 为定值，可见物镜的放大倍数越大，其焦距越短。在显微镜设计时，目镜的焦点位置与物镜放大所成的实像位置接近，并使目镜所成的最终倒立虚像在距眼睛 250mm 毫米处成像，这样使所成的图像看得很清楚。

显微镜的主要放大倍数一般通过物镜来保证，物镜的最高放大倍数可达 100 倍，目镜的最高放大倍数可达 25 倍。放大倍数分别标注在物镜和目镜各自的镜筒上。在用金相显微镜观察组织时，应根据组织的粗细情况，选择适当的放大倍数，以使组织细节部分能观察清楚为准，不要只追求过高的放大倍数，因为放大倍数与透镜的焦距有关，放大倍数越大，焦距越小，会带来许多缺陷。

(4)透镜像差

透镜像差就是透镜在成像过程中，由于本身几何光学条件的限制，图像会产生变形及模糊不清的现象。透镜像差有多种，其中对图像影响最大的是球面像差、色像差和像域弯曲三种。

显微镜成像系统的主要部件为物镜和目镜，它们都是由多片透镜按设计要求组合而成，而物镜的质量优劣对显微镜的成像质量有很大影响。虽然在显微镜的物镜、目镜及光路系统等设计制造过程中，已将像差减少到很小的范围，但依然存在。

①球面像差

产生原因：球面像差是由于透镜的表面呈球曲形，来自一点的单色光线，通过透镜折射以后，中心和边缘的光线不能交于一点，靠近中心部分的光线折射角度小，在离透镜较远的位置聚焦，而靠近边缘处的光线偏折角度大，在离透镜较近的位置聚焦。所以形成了沿光轴分布的一系列的像，使图像模糊不清，这种像差称球面像差，如图 1－3 所示。

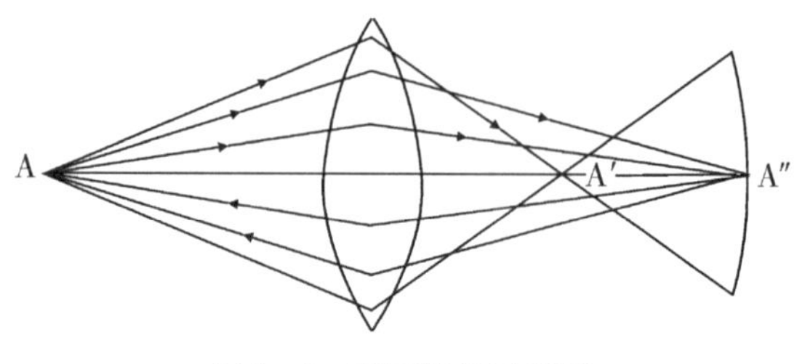

图 1－3 球面像差示意图

校正方法：

a.采用多片透镜组成透镜组，即将凸透镜与凹透镜组合形成复合透镜，产生性质相反的球面像差来减少。

b.通过加光栏的办法，缩小透镜的成像范围。因球面像差与光通过透镜的面积大小有关。

在金相显微镜中，球面像差可通过改变孔径光栏的大小来减小。孔径光栏越大，通过透镜边缘的光线越多，球面像差越严重。而缩小光栏，限制边缘光线的射入，可减少球面像差。但光栏太小，显微镜的分辨能力降低，也使图像模糊。因此，应将孔径光栏调节到合适的大小。

②色像差

产生原因：色像差的产生是由于白光是由多种不同波长的单色光组成。当白光通过透镜时，波长越短的光，其折射率越大，其焦点越近；波长越长，折射率越小，其焦点越远。这样一来使不同波长的光线，形成的像不能在同一点聚焦，使图像模糊所引起的像差，即色像差。如图 1－4 所示。

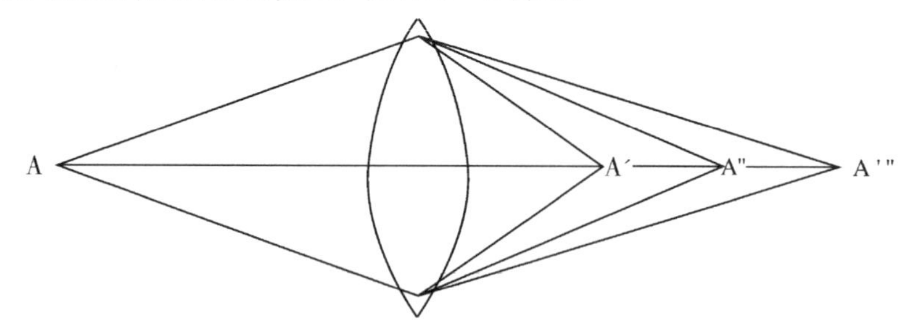

图 1－4 色像差示意图

校正方法：可采用单色光源或加滤色片或使用复合透镜组来减少。

③像域弯曲

产生原因：垂直于光轴的平面，通过透镜所形成的像，不是平面而是凹形的弯曲像面。称像域弯曲。如图 1－5 所示。

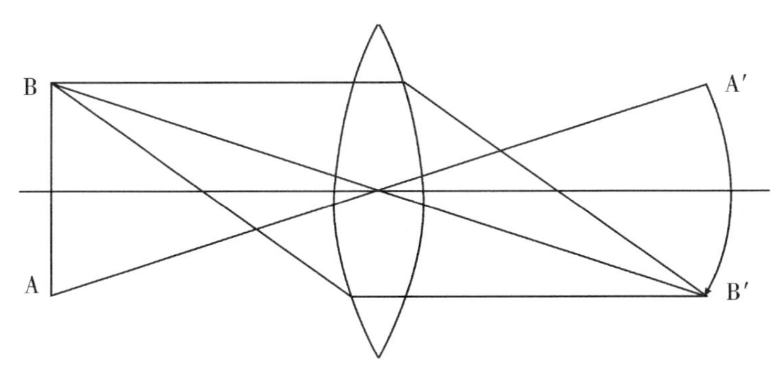

图1-5　像域弯曲示意

校正办法:像域弯曲的产生,是由于各种像差综合作用的结果。一般的物镜或多或少地存在着像域弯曲,只有校正极佳的物镜才能达到趋于平坦的像域。

(5)物镜的数值孔径

物镜的数值孔径用NA表示(即Numerical Aperture),表示物镜的聚光能力。数值孔径大的物镜,聚光能力强,即能吸收更多的光线,使图像更加明显,物镜的数值孔径NA可用公式表示为:

$$NA=n \cdot \sin\varphi$$

式中:n为物镜与样品间介质的折射率;φ为通过物镜边缘的光线与物镜轴线所成角度,即孔径半角。

可见,数值孔径的大小,与物镜与样品间介质n的大小有关,以及孔径角的大小有关。如图1-6所示。

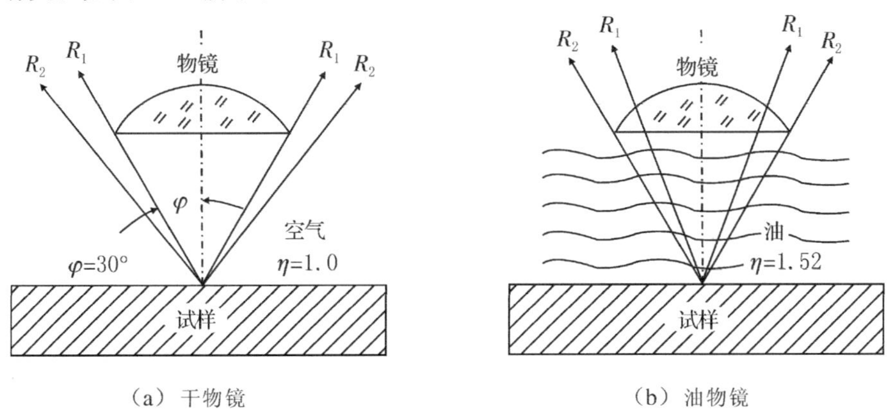

(a) 干物镜　　(b) 油物镜

图1-6　不同介质对物镜聚光能力的比较

若物镜的孔径半角为30°,当物镜与物体之间的介质为空气时,光线在空气中的折射率为$n=1$,则数值孔径为:

$$NA=n\ \sin\varphi=1\times\sin30^\circ=0.5$$

若物镜与物体之间的介质为松柏油时，介质的折射率 $n=1.52$，则其数值孔径为：

$$NA=n\sin\varphi=1.52\times\sin30°=0.76$$

物镜在设计和使用中，以空气为介质的称干系物镜或干物镜，以油为介质的称为油浸系物镜或油物镜。干物镜的 $n=1$，$\sin\varphi$ 值总小于 1，故数值孔径 NA 小于 1，油物镜因 $n=1.5$ 以上，故数值孔径 NA 可大于 1。物镜的数值孔径的大小，标志着物镜分辨率的高低，即决定了显微镜分辨率的高低。

(6)显微镜的鉴别能力(分辨率)

显微镜的鉴别能力是指显微镜对样品上最细微部分能够被清晰分辨而获得图像的能力，如图 1-7 所示。它主要取决于物镜的数值孔径 NA 之值大小，是显微镜的一个重要特性。通常用可辨别的样品上的两点间的最小距离 d 来表示，d 值越小，表示显微镜的鉴别能力越高。

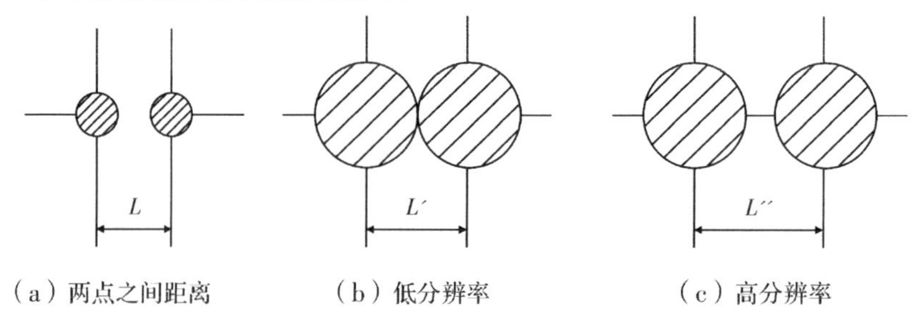

图 1-7　显微镜分辨率高低示意图

显微镜的鉴别能力可用下式表示：

$$d=\lambda/2NA$$

式中：λ——入射光的波长；NA——表示物镜的数值孔径。

可见分辨率与入射光的波长成正比，λ 越短，分辨率越高；其与数值孔径成反比，数值孔径 NA 越大，d 值越小，表明显微镜的鉴别能力越高。

(7)有效放大倍数

用显微镜能否看清组织细节，不但与物镜的分辨率有关，且与人眼的实际分辨率有关。若物镜分辨率很高，形成清晰的实像，而配用的目镜倍数过低，也使观察者难于看清，称放大不足。但若选用的目镜倍数过高，即总放大倍数越大，看得并非越清晰。实践表明，超出一定的范围，放得越大越模糊，称虚伪放大。

显微镜的有效放大倍数取决于物镜的数值孔径。有效放大倍数是指物镜分辨清晰的 d 距离，同样也能被人眼分辨清晰所必须的放大倍数，用 Mg 表示：

$$Mg=d_1/d=2\,d_1\,NA/\lambda$$

式中：d_1——人眼的分辨率；d——物镜的分辨率。

在明视距离 250mm 处正常人眼的分辨率为 0.15～0.30mm，若取绿光 $\lambda=5500\times10^{-7}$mm则：

$$Mg(\min)=2\times0.15\times NA/5500\times10^{-7}\approx550NA$$

$$Mg(\max)=2\times0.30\times NA/5500\times10^{-7}\approx1000NA$$

这说明在 550NA～1000NA 范围内的放大倍数均称有效放大倍数。但随着光学零件的设计完善与照明方式的不断改进，以上范围并非严格限制。有效放大倍数的范围，对物镜和目镜的正确选择十分重要。例如物镜的放大倍数是 25，数值孔径为 NA=0.4，即有效放大倍数应为 200～400 倍范围内，应选用 8 或 16 倍的目镜才合适。

3)物镜与目镜的种类及标志

(1)物镜的种类

物镜是成像的重要部分，而物镜的优劣取决于其本身像差的校正程度，所以物镜通常是按照像差的校正程度来分类，一般分为消色差及平面消色差物镜、复消色差及平面复消色差物镜、半复消色差物镜、消像散物镜等。因为对图像质量影响很大的像差是球面像差、色像差和像域弯曲，前二者对图像中央部分的清晰度有很大影响，而像域弯曲对图像的边缘部分有很大影响。除此之外，还有按物体与物镜间介质分类的，分为介质为空气的干系物镜和介质为油的油系物镜；按放大倍数分类的低、中、高倍物镜和特殊用途的专用显微镜上的物镜如高温反射物镜、紫外线物镜等。

按像差分类的常用的几种物镜如下：

• 消色差及平面消色差物镜

消色差物镜对像差的校正仅为黄、绿两个波区，使用时宜以黄绿光作为照明光源，或在入射光路中插入黄、绿色滤色片，以使像差大为减少，图像更为清晰。而平面消色差物镜还对像域弯曲进行了校正，使图像平直，边缘与中心能同时清晰成像。适用于金相显微摄影。

• 复消色差及平面复消色差物镜

复消色差物镜色差的校正包括可见光的全部范围，但部分放大率色差仍然存在。而平面复消色差物镜还进一步作了像域弯曲的校正。

• 半复消色差物镜

像差校正介于消色差和复消色差物镜之间，其它光学性质与复消色差物镜接近。但价格低廉，常用来代替复消色差物镜。

(2)物镜的标志

物镜的标志如图 1-8 所示。

物镜的标志一般包括如下几项：

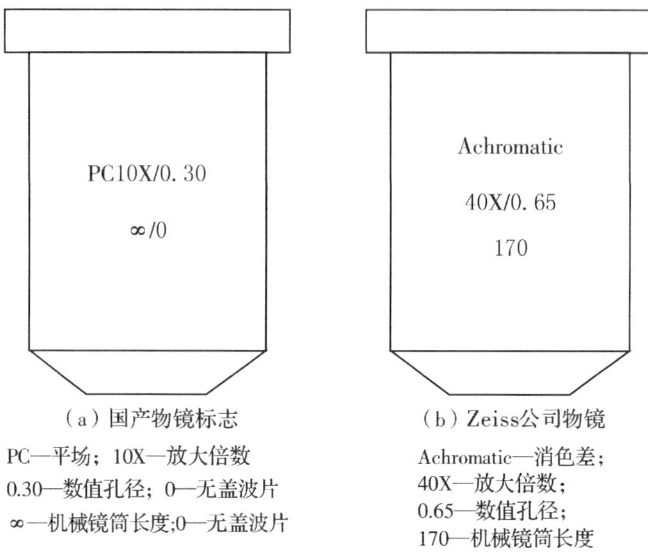

(a) 国产物镜标志

PC—平场；10X—放大倍数
0.30—数值孔径；0—无盖波片
∞—机械镜筒长度;0—无盖波片

(b) Zeiss公司物镜

Achromatic—消色差；
40X—放大倍数；
0.65—数值孔径；
170—机械镜筒长度

图 1-8 物镜的性能标志

①物镜类别。国产物镜,用物镜类别的汉语拼音字头标注,如平面消色差物镜标以“PC”。西欧各国产物镜多标有物镜类别的英文名称或字头,如平面消色差物镜标以 “Planarchromatic 或 Pl”，消色差物镜标以“Achromatic”,复消色差物镜标以 “Apochromatic” 。

②物镜的放大倍数和数值孔径。标在镜筒中央位置,并以斜线分开,如 10X/0. 30,45X/0. 63,斜线前如 10X,45X 为放大倍数,其后为物镜的数值孔径如 0. 30,0. 63。

③适用的机械镜筒长度。如 170,190,∞/0,表示机械镜筒长度(即物镜座面到目镜筒顶面的距离)为 170,190,无限长。0 表示无盖波片。

④油浸物镜标有特别标注,刻以 HI,oil,国产物镜标有油或 Y。

(3)目镜的类型

目镜的作用是将物镜放大的像再次放大,在观察时于明视距离处形成一个放大的虚像,而在显微摄影时,通过投影目镜在承影屏上形成一个放大的实像。

目镜按像差校正及适用范围分类如下:

①负型目镜(如福根目镜)。由两片单一的平凸透镜在中间夹一光栏组成,接近眼睛的透镜称目透镜,起放大作用,另一个称场透镜,使图像亮度均匀,未对像差加以校正,只适用于与低中倍消色差物镜配合使用。

②正型目镜(如雷斯登目镜)。与上述负型目镜不同的是光栏在场透镜外面,它有良好的像域弯曲校正,球面像差也较小,但色差比较严重,同倍数下比负型目镜观察视场小。

③补偿型目镜。是一种特制目镜,结构较复杂,用以补偿校正残余色差,宜与

复消色差物镜配合使用，以获得清晰的图象。

④摄影目镜。专用于金相摄影，不能用于观察，球面像差及像域弯曲均有良好的校正。

⑤测微目镜。用于组织的测量，内装有目镜测微器，与不同放大倍数的物镜配合使用时，测微器的格值不同。

(4)目镜的标志

通常一般目镜上只标有放大倍数，如7X，10X，12.5X等，补偿型目镜上还有一个K字，广视域目镜上还标有视场大小，如图1-9所示。

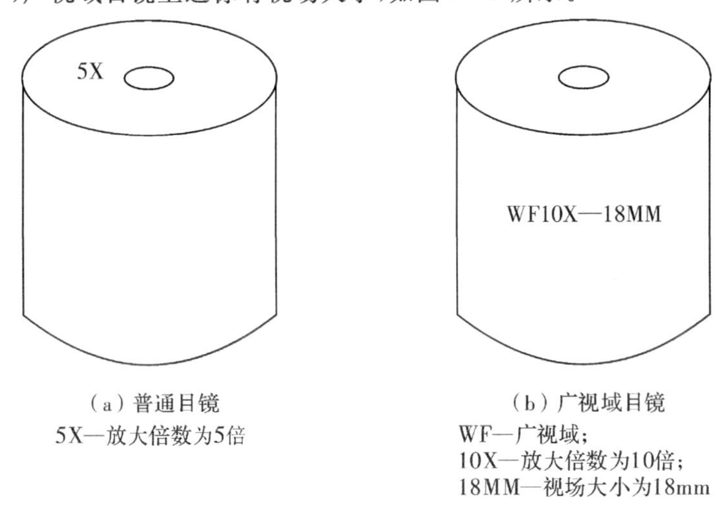

(a)普通目镜
5X—放大倍数为5倍

(b)广视域目镜
WF—广视域；
10X—放大倍数为10倍；
18MM—视场大小为18mm

图1-9　目镜标志

2. 金相样品的制备方法概述

在用金相显微镜来检验和分析材料的显微组织时，需将所分析的材料制备成一定尺寸的试样，并经磨制、抛光与腐蚀工序，才能进行材料的组织观察和分析研究工作。

金相样品的制备过程一般包括如下步骤：取样、镶嵌、粗磨、细磨、抛光和腐蚀。分别叙述如下：

1)取样与镶嵌

(1)取样

选取原则。应根据研究目的选取有代表性的部位和磨面，例如，在研究铸件组织时，由于偏析现象的存在，必须从表层到中心，同时取样观察，而对于轧制及锻造材料则应同时截取横向和纵向试样，以便分析表层的缺陷和非金属夹杂物的分布情况，对于一般的热处理零件，可取任一截面。

取样尺寸。截取的试样尺寸，通常直径为12～15mm圆柱形，高度和边长为12～15mm的方形，原则以便于手握为宜。

截取方法。视材料性质而定，软的可用手锯或锯床切割，硬而脆的可用锤击，极硬的可用砂轮片或电脉冲切割。无论采取哪种方法，都不能使样品的温度过于升高而使组织变化。金刚石砂轮片切割机切取试样时，一般应附加水冷。

(2)镶嵌

当试样的尺寸太小或形状不规则时，如细小的金属丝、片、小块状或要进行边缘观察时，可将其镶嵌或夹持，图1-10所示。

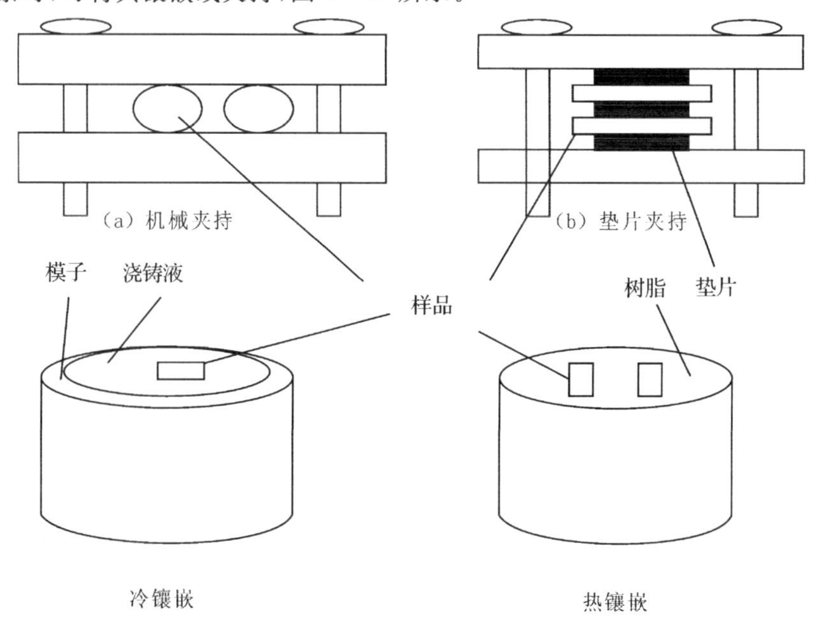

图1-10　金相样品的镶嵌方法

热镶嵌。用热凝树脂(如胶木粉等)，在镶嵌机上进行。适应于在低温及不大的压力下组织不产生变化的材料。

冷镶嵌。用树脂加固化剂(如环氧树脂和胺类固化剂等)进行，不需要设备，在模子里浇铸镶嵌。适应于不能加热及加压的材料。

机械夹持。通常用螺丝将样品与钢板固定，样品之间可用金属垫片隔开，也适应于不能加热的材料。

2)磨制

(1)粗磨

取好样后，为了获得一个平整的表面，同时去掉取样时有组织变化的表层部分，在不影响观察的前提下，可将棱角磨平，并将观察面磨平，一定要将切割时的变形层磨掉。

一般的钢铁材料常在砂轮机上磨制，压力不要过大，同时用水冷却，操作时要当心，防止手指等损伤。而较软的材料可用挫刀磨平。砂轮的选择，磨料粒度为40、46、54、60 等号，数值越大越细，材料为白刚玉、棕刚玉、绿碳化硅、黑碳化硅等，代号分别为 GB、GZ、GC、TH、或 WA、A、TL、C，砂轮尺寸一般为外径×厚度×孔径＝250×25×32，表面平整后，将样品及手用水冲洗干净。

(2)细磨

目的是消除粗磨存在的磨痕，获得更为平整光滑的磨面。细磨是在一套粒度不同的金相砂纸上由粗到细依次进行磨制，砂纸号数一般为 120、280、01、03、05、或 120、280、02、04、06 号，粒度由粗到细，对于一般材料(如碳钢样品)磨制方式有手工磨制和机械磨制。

手工磨制。将砂纸铺在玻璃板上，一手按住砂纸，一手拿样品在砂纸上单向推磨，用力要均匀，使整个磨面都磨到。更换砂纸时，要把手、样品、玻璃板等清理干净，并与上道磨痕方向垂直磨制，如图 1－11 所示，磨到前道磨痕完全消失时才能更换砂纸。也可用水砂纸进行手工湿磨，即在序号为 240、300、600、1000 的水砂纸上边冲水边磨制。

机械磨制。在预磨机上铺上水砂纸进行磨制与手工湿磨方法相同。

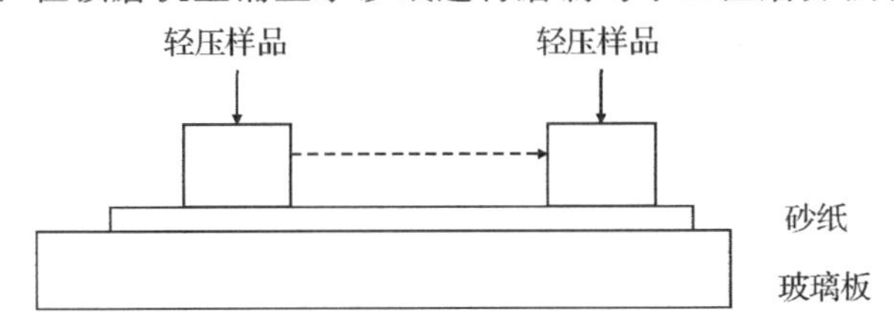

图 1－11　砂纸上磨制方法示意图

3)抛光

目的是消除细磨留下的磨痕，获得光亮无痕的镜面。方法有机械抛光、电解抛光、化学抛光和复合抛光等，最常用的是机械抛光。

(1)机械抛光

是在专用的抛光机上进行抛光，靠极细的抛光粉和磨面间产生的相对磨削和滚压作用来消除磨痕的，分为粗抛光和细抛光两种，如图 1－12 所示。

粗抛光。粗抛光一般是在抛光盘上铺以细帆布，抛光液通常为 Cr_2O_3、Al_2O_3 等粒度为 1—5μ 的粉末制成水的悬浮液，一般一升水加入 5～10g，手握样品在专用的抛光机上进行。边抛光边加抛光液，一般的钢铁材料粗抛光可获得光亮的表面。

细抛光。细抛光是在抛光盘上铺以丝绒、丝绸等，用更细的 Al_2O_3、Fe_2O_3 粉

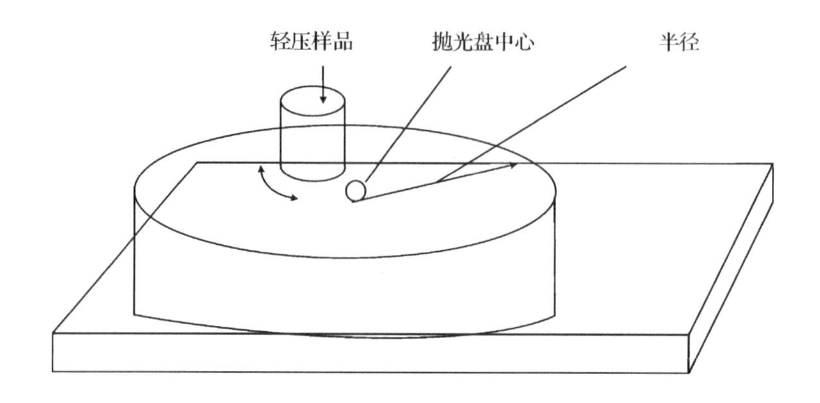

图 1-12 样品在抛光盘中心与边缘之间抛光示意

制成水的悬浮液,抛光方法与粗抛光的方法相同。

样品磨面上磨痕变化如图 1-13 所示。

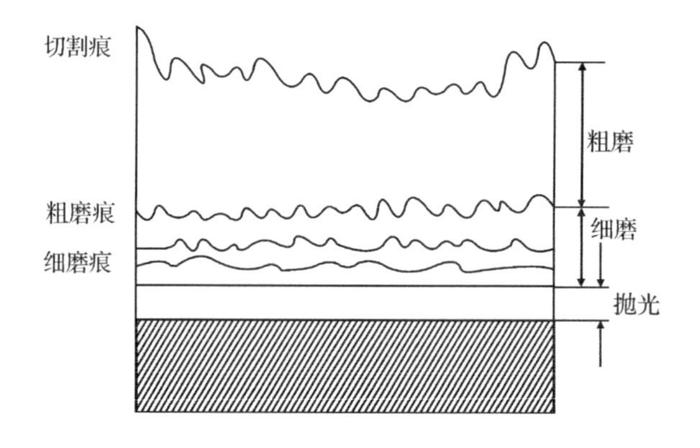

图 1-13 样品磨面上磨痕变化示意图

(2)电解抛光

电解抛光是利用阳极腐蚀法使样品表面光滑平整的方法。把磨光的样品浸入电解液中,样品作为阳极,阴极可用铝片或不锈钢片制成,接通电源,一般用直流电源,由于样品表面高低不平,在表面形成一层厚度不同的薄膜,凸起的部分膜薄,因而电阻小,电流密度大,金属溶解的速度快,而下凹的部分形成的膜厚,溶解的速度慢,使样品表面逐渐平坦,最后形成光滑表面。

电解抛光优点是只产生纯化学的溶解作用,无机械力的影响,所以能够显示金相组织的真实性,特别适应于有色金属及其它的硬度低、塑性大的金属,如铝合金、不锈钢等,缺点是对非金属夹杂物及偏析组织、塑料镶嵌的样品等不适应。

(3)化学抛光

化学抛光是靠化学试剂对样品表面凹凸不平区域的选择性溶解作用消除磨痕的一种方法。化学抛光液多数由酸或混合酸、过氧化氢及蒸馏水等组成,酸主要起化学溶解作用,过氧化氢提高金属表面的活性,蒸馏水为稀释剂。

化学抛光优点是操作简单,成本低,不需专门设备,抛光同时还兼有化学浸蚀作用。可直接观察。缺点是样品的平整度差,夹杂物易蚀掉,抛光液易失效,只适应于低、中倍观察。对于软金属如锌、铅等化学抛光比机械抛光、电解抛光效果更好。

4)腐蚀(浸蚀)

经过抛光的样品,在显微镜下观察时,除非金属夹杂物、石墨、裂纹及磨痕等能看到外,只能看到光亮的磨面。要看到组织必须进行腐蚀。腐蚀的方法有多种,如化学腐蚀、电解腐蚀、恒电位腐蚀等,最常用的是化学腐蚀法。下面介绍化学腐蚀显示组织的基本过程。

(1)化学腐蚀法的原理

化学腐蚀的主要原理是利用浸蚀剂对样品表面引起的化学溶解作用或电化学作用(微电池作用)来显示组织。

(2)化学腐蚀的方式

化学腐蚀的方式取决于组织中组成相的性质和数量。纯粹的化学溶解是很少的。一般把纯金属和均匀的单相合金的腐蚀主要看作是化学溶解过程,两相或多相合金的腐蚀,主要是电化学溶解过程。

①纯金属或单相合金的化学腐蚀

它是一个纯化学溶解过程,由于其晶界上原子排列紊乱,具有较高的能量,故易被腐蚀形成凹沟。同时由于每个晶粒排列位向不同,被腐蚀程度也不同,所以在明场下显示出明暗不同的晶粒,见图1-14。

②两相合金的侵蚀

它是一个电化学的的腐蚀过程。由于各组成相具有不同的电极电位,样品浸入腐蚀剂中,就在两相之间形成无数对微电池。具有负电位的一相成为阳极,被迅速溶入浸蚀剂中形成低凹,具有正电位的另一相成为阴极,在正常的电化学作用下不受浸蚀而保持原有平面。当光线照到凹凸不平的样品表面上时,由于各处对光线的反射程度不同,在显微镜下就看到各种的组织和组成相,见图1-15。

③多相合金的腐蚀

一般而言,多相合金的腐蚀,同样也是一个电化学溶解的过程,其腐蚀原理与两相合金相同。但多相合金的组成相比较复杂,用一种腐蚀剂来显示多种相难于达到,只有采取选择腐蚀法等专门的方法才行。

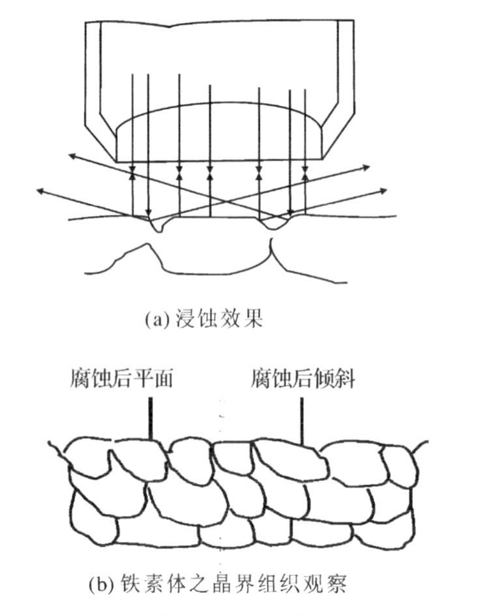

图 1-14　单相均匀固熔体浸蚀示意图

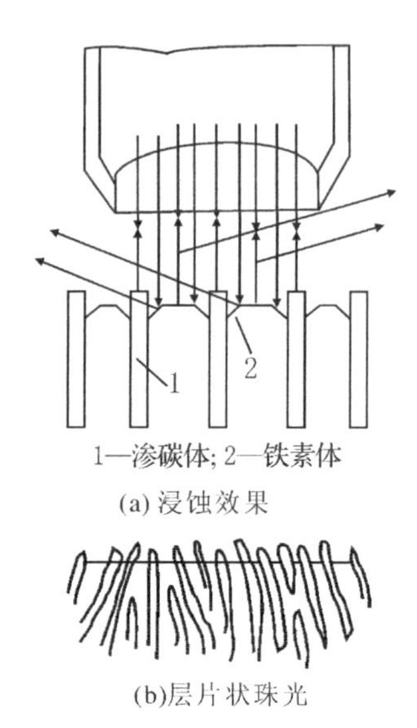

图 1-15　两相组织浸蚀示意图

(3)化学腐蚀剂

化学腐蚀剂是用于显示材料组织而配制的特定的化学试剂,多数腐蚀剂是在实际的实验中总结归纳出来的。一般腐蚀剂是由酸、碱、盐以及酒精和水配制而成,钢铁材料最常用的化学腐蚀试剂是3%～5%硝酸酒精溶液,各种材料的腐蚀剂可查阅有关手册。

(4)化学腐蚀方法

一般有浸蚀法、滴蚀法和擦蚀法,如见图 1-16 所示。

①浸蚀法

将抛光好的样品放入腐蚀剂中,抛光面向上,或抛光面向下,浸入腐蚀剂中,不断观察表面颜色的变化,当样品表面略显灰暗时,即可取出,充分冲水冲酒精,再快速用吹风机充分吹干。

②滴蚀法

一手拿样品,表面向上,另一手用滴管吸入腐蚀剂滴在样品表面,观察表面颜色的变化情况,当表面颜色变灰时,再过2～3秒即可充分冲水冲酒精,再快速用吹风机充分吹干。

③擦蚀法

用沾有腐蚀剂的棉花轻轻地擦拭抛光面,同时观察表面颜色的变化,当样品表面略显灰暗时,即可取出,充分冲水冲酒精,再快速用吹风机充分吹干。

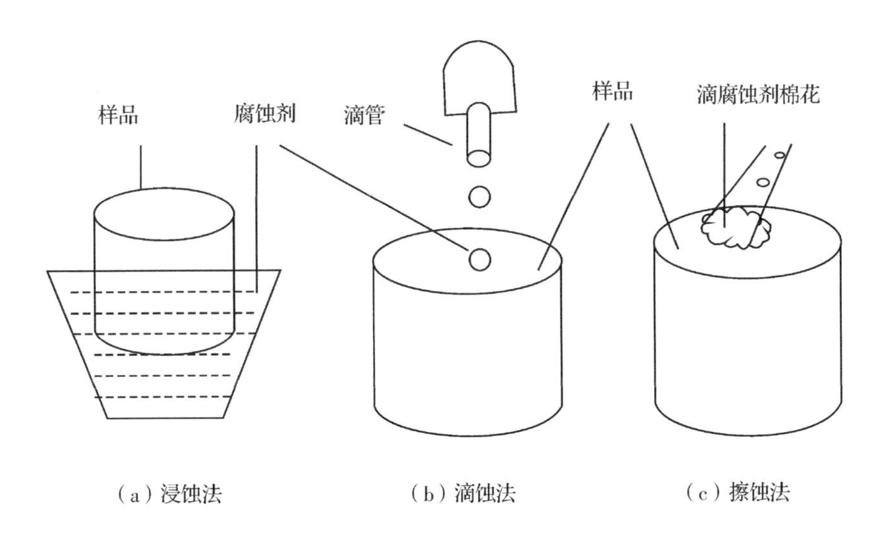

图1-16　化学腐蚀方法

经过上述操作，腐蚀完成后，金相样品的制备即告结束。这时候要将手和样品的所有表面都完全干燥后，方可在显微镜下观察和分析金相样品的组织。

以上可总结为表1-1。

表1-1　金相样品的制备方法

序号	步骤	方法	注意事项
1	取样	在要检测的材料或零件上截取样品，取样部位和磨面根据分析要求而定，截取方法视材料硬度选择，有车、刨、砂轮切割，线切割及锤击法等，尺寸以适宜手握为宜	无论用哪种方法取样，都要尽量避免和减少因塑性变形和受热所引起的组织变化现象。截取时可加水等冷却剂冷却
2	镶嵌	若由于零件尺寸及形状的限制，使取样后的尺寸太小、不规则，或需要检验边缘的样品，应将分析面整平后进行镶嵌。有热镶嵌和冷镶嵌及机械夹持法，应根据材料的性能选择	热镶嵌要在专用设备上进行，只适应于加热对组织不影响的材料。若有影响，要选择冷镶嵌或机械夹持
3	粗磨	用砂轮机或挫刀等磨平检验面，若不需要观察边缘时可将边缘倒角。粗磨的同时去掉了切割时产生的变形层	若有渗层等表面处理时，不要倒角，且要磨掉约1.5mm，如渗碳

续表

序号	步骤	方法	注意事项
4	细磨	按金相砂纸号顺序:120、280、01、03、05或120、280、02、04、06将砂纸平铺在玻璃板上,一手拿样品,一手按住砂纸磨制,更换砂纸时,磨痕方向应与上道磨痕方向垂直,磨到前道磨痕消失为止,砂纸磨制完毕,将手和样品冲洗干净	每道砂纸磨制时,用力要均匀,一定要磨平检验面,转动样品表面,观察表面的反光变化来确定,更换砂纸时,勿将砂粒带入下道工序
5	粗抛光	用绿粉(Cr_2O_3)水溶液作为抛光液在帆布上进行抛光,将抛光液少量多次地加入到抛光盘上进行抛光	初次制样时,适宜在抛光盘约半径一半处抛光,感到阻力大时,就该加抛光液了。注意安全,以免样品飞出伤人
6	细抛光	用红粉(Fe_2O_3)水溶液作为抛光液在绒布上抛光,将抛光液少量多次地加入到抛光盘上进行抛光	同上
7	腐蚀	抛光好的金相样品表面光亮无痕,若表面干净干燥,可直接腐蚀,若有水分可用酒精冲洗吹干后腐蚀。将抛光面浸入选定的腐蚀剂中(钢铁材料最常用的腐蚀剂是3%~5%的硝酸酒精),或将腐蚀剂滴入抛光面,当颜色变成浅灰色时,再过2~3秒,用水冲洗,再用酒精冲洗,并充分干燥	这步动作之间的衔接一定要迅速,以防氧化污染。腐蚀完毕,必须将手与样品彻底吹干,一定要完全充分干燥,方可在显微镜下观察分析,否则显微镜镜头损坏

1.2.2 实验

实验1 金相样品制备与金相显微镜下组织显示观察

1. 实验目的

1) 初步学会金相样品制备的基本方法。

2) 分析样品制备过程中产生的缺陷及防止措施。

3) 熟悉金相显微镜的基本原理及使用方法。

4) 初步认识金相显微镜下的组织特征。

2. 实验概述

1)金相显微镜的构造与使用

以XJP—3A型金相显微镜为例进行说明。

(1) XJP—3A 型金相显微镜结构

图1-17为XJP—3A型金相显微镜的结构，各部件的位置及功能如下：

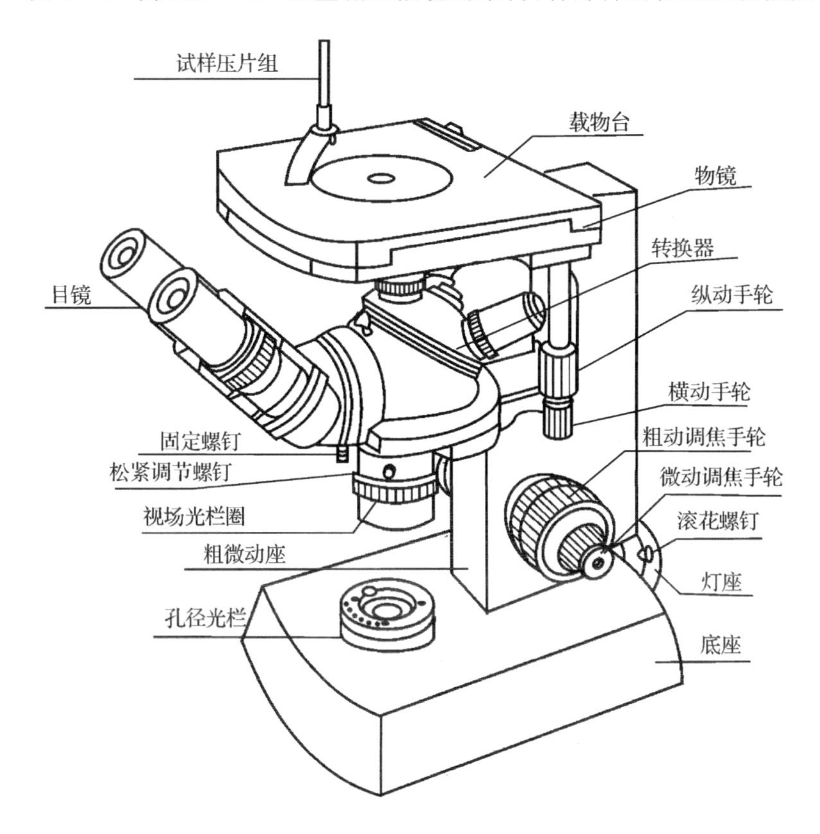

图1-17　XJP—3A 型金相显微镜的结构

①照明系统

在底座内装有一低压卤钨灯泡，由变压器提供6V的使用电压，灯泡前有聚光镜，孔径光栏及反光镜等安装在底座上，视场光栏及另一聚光镜安装在支架上，通过一系列透镜作用及配合组成了照明系统，目的是使样品表面能得到充分均匀的照明，使部分光线被反射而进入物镜成像，并经物镜及目镜的放大而形成最终观察的图像。

②调焦装置

在显微镜两侧有粗调焦和微调焦手轮。转动粗调手轮，可使载物弯臂上下运动，其中一侧有制动装置。而微动手轮使弯臂很缓慢地移动，右微动手轮上刻有分度，每小格值为0.002mm，在右粗动手轮左侧，装有松紧调节手轮，在左粗动手轮右侧，装有粗动调焦单向限位手柄，当顺时针转动锁紧后，载物台不再下降，但反向转动粗动调焦手轮，载物台仍可迅速上升，当图像调好后，更换物镜时，聚焦很方便。

③物镜转换器

位于载物台下方，可更换不同倍数的物镜，与目镜配合，可获得所需的放大倍数。

④载物台

位于显微镜的最上部，用于放置金相样品，纵向手轮和横向手轮可使载物台在水平面上作一定范围内的十字定向移动。

(2) XJP—3A 型金相显微镜操作规程

将显微镜的光源与 6V 的变压器接通，把变压器与 220V 电源接通，并打开开关。

根据放大倍数选择适当的物镜和目镜，用物镜转换器将其转到固定位置，需调整两目镜的中心距，以使与观察者的瞳孔距相适应，同时转动目镜调节圈，使其示值与瞳孔距一致。

把样品放在载物台上，使观察面向下。转动粗调手轮，使载物台下降，在看到物体的像时，再转动微调焦手轮，直到图像清晰。

纵向手轮和横向手轮可使载物台在水平面上作一定范围内的十字定向移动，用于选择视域，但移动范围较小，要一边观察，一边转动。

转动孔径光栏至合适位置，得到亮而均匀的照明。

转动视场光栏使图像与目镜视场大小相等，以获得最佳质量的图像。

(3)注意事项

在用显微镜进行观察前必须将手洗净擦干，并保持室内环境的清洁，操作时必须特别仔细，严禁任何剧烈的动作。

显微镜的低压灯泡，切勿直接插入 220V 的电源上，应通过变压器与电源接通。

显微镜的玻璃部分及样品观察面严禁手指直接接触。

在转动粗调手轮时，动作一定要慢，若遇到阻碍时，应立即停止操作，报告指导教师，千万不能用力强行转动，否则仪器损坏。

要观察用的金相样品必须完全干燥。

选择视域时，要缓慢转动手轮，边观察边进行，勿超出范围。

2)金相样品制备的基本方法

金相样品的制备过程一般包括取样、镶嵌、粗磨、细磨、抛光和腐蚀步骤。虽然随着科学的不断发展，样品制备的设备越来越先进，自动化的程度越来越高，有预磨机、自动抛光机等，但目前在我国手工制备金相样品的方法，由于有许多优点仍在广泛使用。在前一节中已介绍了基本过程，下面主要介绍制备要点和金属材料的化学腐蚀剂与方法。

(1)金相样品制备的要点

取样时，按检验目的确定其截取部位和检验面，尺寸要适合手拿磨制，若无法做到，可进行镶嵌。并要严防过热与变形，引起组织改变。

对尺寸太小，或形状不规则和要检验边缘的样品，可进行镶嵌或机械夹持。根据材料的特点选择热镶嵌或冷镶嵌与机械夹持。

粗磨时，主要要磨平检验面，去掉切割时的变形及过热部分，同时要防止又产生过热，并注意安全。

细磨时，要用力大小合适均匀，且使样品整个磨面全部与砂纸接触，单方向磨制距离要尽量的长，更换砂纸时，不要将砂粒带入下道工序。

抛光时，要将手与整个样品清洗干净，在抛光盘边缘和中心之间进行抛光。用力要均匀适中，少量多次地加入抛光液，并要注意安全。

腐蚀前，样品抛光面要干净干燥，腐蚀操作过程衔接要迅速。

腐蚀后，要将整个样品与手完全冲洗干净，并充分干燥后，才能在显微镜下进行观察与分析工作。

(2)金属材料常用腐蚀剂及腐蚀方法

①金属材料常用腐蚀剂

金属材料常用腐蚀剂，如表1-2，其他材料的腐蚀剂可查阅有关手册。

表1-2　金属材料常用腐蚀剂

序号	腐蚀剂名称	成分/ml或g	腐蚀条件	适应范围
1	硝酸酒精溶液	硝酸1～5 酒精100	室温腐蚀数秒	碳钢及低合金钢，能清晰的显示铁素体晶界
2	苦味酸酒精溶液	苦味酸4 酒精100	室温腐蚀数秒	碳钢及低合金钢，能清晰的显示珠光体和碳化物
3	苦味酸钠溶液	苦味酸2～5 苛性钠20～25 蒸馏水100	加热到60℃腐蚀5～30min	渗碳体呈暗黑色，铁素体不着色
4	混合酸酒精溶液	盐酸10 硝酸3 酒精100	腐蚀2～10min	高速钢淬火及淬火回火后晶粒大小

续表

序号	腐蚀剂名称	成分/ml 或 g	腐蚀条件	适应范围
5	王水溶液	盐酸 3 硝酸 1	腐蚀数秒	各类高合金钢及不锈钢组织
6	氯化铁、盐酸水溶液	三氯化铁 5 盐酸 10 水 100	腐蚀 1～2min	黄铜及青铜的组织显示
7	氢氟酸水溶液	氢氟酸 0.5 水 100	腐蚀数秒	铝及铝合金的组织显示

②样品腐蚀(即浸蚀)的方法

金相样品腐蚀的方法有多种,最常用的是化学腐蚀法,化学腐蚀法是利用腐蚀剂对样品的化学溶解和电化学腐蚀作用将组织显示出来。其腐蚀方式取决于组织中组成相的数量和性质。

纯金属或单相均匀的固溶体的化学腐蚀方式:其腐蚀主要为纯化学溶解的过程。例如工业纯铁退火后的组织为铁素体和极少量的三次渗碳体,可近似看作是单相的铁素体固溶体,由于铁素体晶界上的原子排列紊乱,并有较高的能量,因此晶界处容易被腐蚀而显现凹沟,同时由于每个晶粒中原子排列的位向不同,所以各自溶解的速度各不一样,使腐蚀后的的深浅程度也有差别。在显微镜明场下,即垂直光线的照射下将显示出亮暗不同的晶粒。

两相或两相以上合金的化学腐蚀方式:对两相或两相以上的合金组织,腐蚀主要为电化学腐蚀过程。例如共析碳钢退火后层状珠光体组织的腐蚀过程,层状珠光体是铁素体与渗碳体相间隔的层状组织。在腐蚀过程中,因铁素体具有较高的负电位而被溶解,渗碳体具有较高的正电位而被保护,在两相交界处铁素体一侧因被严重腐蚀而形成凹沟。因而在显微镜下可以看到渗碳体周围有一圈黑,显示出两相的存在。

(3)金相样品常见的制备过程缺陷

在观察金相样品的显微组织时,常可看见如下的缺陷组织,可能引起错误的结论,应学会分析和判断。这些缺陷的产生,是由于金相样品制备的操作不当所致。

划痕:在显微镜视野内,呈现黑白的直道或弯曲道痕,穿过一个或若干晶粒,粗大的、直的道痕是磨制过程留下的痕迹,抛光未除去。而弯曲道痕是抛光过程中产生的,只要用力轻、均可消除。

水迹与污染:在显微组织图像上出现串状水珠或局部彩色区域,是酒精未将水彻底冲洗干净所致。

变形扰乱层:显微组织图像上出现不真实的模糊现象,是磨抛过程用力过大引起。

麻坑:显微组织图像上出现许多黑点状特征,是抛光液太浓太多所致。

腐蚀过深:显微组织图像失去部分真实的组织细节。

拽尾:显微组织图像上出现方向性拉长现象,是样品沿某一方向抛光所致。

3. 实验内容

1) 观看金相样品制备及显微镜使用的录像。

2) 制备金相样品。

3) 在显微镜上观察金相样品,初步认识显微镜下的组织特征。

4. 实验设备与材料

多媒体设备一套、金相显微镜数台、抛光机、吹风器、样品、不同号数的砂纸、玻璃板,抛光粉悬浮液、4%的硝酸酒精溶液、酒精、棉花等。

5. 实验流程

1) 阅读实验指导书上的有关部分及认真听取教师对实验内容等的介绍。

2) 观看金相样品制备及显微镜使用的录像。

3) 每位同学领取一块样品,一套金相砂纸,一块玻璃板。按上述金相样品的制备方法进行操作。操作中必须注意每一步骤中的要点及注意事项。

4) 将制好的样品放在显微镜上观察,注意显微镜的正确使用,并分析样品制备的质量好坏,初步认识显微镜下的组织特征。

6. 实验报告要求

1) 简述金相显微镜的基本原理和主要结构。

2) 叙述金相显微镜的使用方法要点及其注意事项。

3) 简述金相样品的制备步骤。

4) 结合实验原始记录,分析自己在实际制样中出现的问题,并提出改进措施。

5) 对本次实验的意见和建议。

7. 思考题

1) 显微镜的放大倍数越大,是否看到的组织越清晰?

2) 显微镜的分辨率取决于什么?

3) 细磨试样更换砂纸时,磨痕方向为什么要与上道磨痕方向垂直?

金相样品制备与金相显微镜下组织显示观察

实验原始记录

学生姓名	班级	实验日期
显微镜型号	物镜放大倍数	目镜放大倍数
样品材料	浸蚀剂	自制样品组织描述
制样过程简记	异常现象纪录	

指导教师签名：____________

实验2　铁碳合金平衡组织观察分析

1. 实验目的

1）加深对碳纲和白口铸铁在平衡状态下的显微组织的认识与掌握，分析含碳量对铁碳合金的平衡组织的影响，加深理解成分、组织和性能之间的相互关系。

2）熟悉灰口铸铁中的石墨形态和基体组织的特征，了解浇铸及处理条件对铸铁组织和性能的影响，并分析石墨形态对铸铁性能的影响。

2. 实验概述

1)铁碳合金平衡组织概述

铁碳合金的显微组织是研究钢铁材料的基础。所谓铁碳合金平衡状态的组织是指在极为缓慢的冷却条件下，如退火状态所得到的组织，其相变过程按 Fe—Fe_3C 相图进行。

铁碳合金室温平衡组织均由铁素体 F 和渗碳体 Fe_3C 两个相按不同数量、大小、形态和分布所组成。铁碳合金经过缓慢冷却后，所获得的显微组织，基本上与铁碳相图上的各种平衡组织相同，根据 Fe—Fe_3C 相图中含碳量的不同，铁碳合金的室温显微组织可分为工业纯铁、钢和白口铸铁三类。按组织标注的 Fe—Fe_3C 平衡相图见图 1-18。

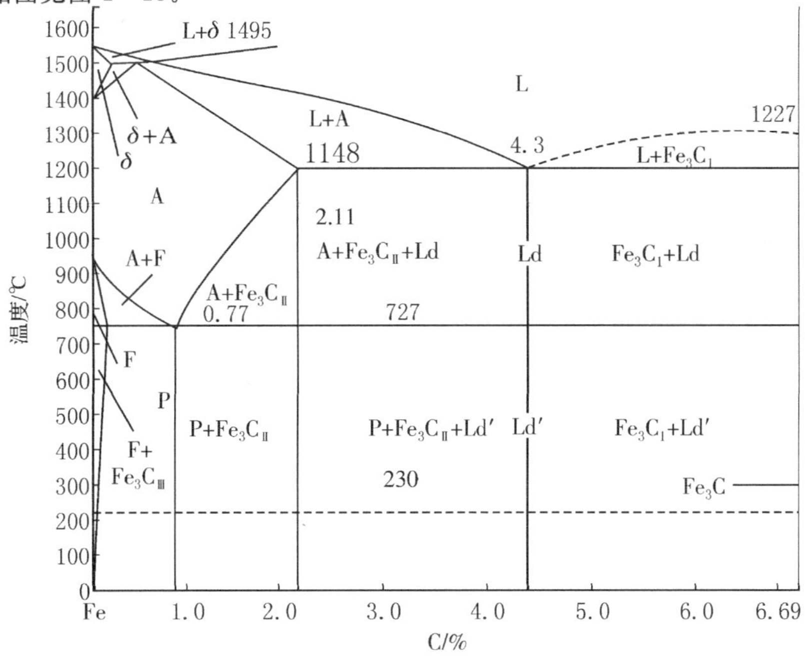

图 1-18　Fe—Fe_3C 平衡相图

(1)工业纯铁

含碳量小于0.0218%的铁碳合金,室温显微组织为铁素体和少量三次渗碳体。

(2)碳钢

含碳量在0.0218%～2.11%的铁碳合金,根据含碳量和室温组织,可将其分为三类:亚共析钢、共析钢和过共析钢。

亚共析钢。含碳量在0.0218%～0.77%的铁碳合金,室温组织为铁素体和珠光体。随着含碳量的增加,铁素体的数量逐渐减少,而珠光体的数量则相应地增加。显微组织中铁素体呈白色,珠光体呈暗黑色或层片状。

共析钢。含碳量为0.77%,其显微组织由单一的珠光体组成,即铁素体和渗碳体的混合物。在光学显微镜下观察时,可看到层片状的特征,即渗碳体呈细黑线状和少量白色细条状分布在铁素体基体上,若放大倍数低,珠光体组织细密或腐蚀过深时,珠光体片层难于分辨,而呈现暗黑色区域。

过共析钢。含碳量在0.77%～2.11%,室温组织为珠光体和网状二次渗碳体。含碳量越高,渗碳体网愈多、愈完整。当含碳量小于1.2%时,二次渗碳体呈不连续网状,强度、硬度增加,塑性、韧性降低;当含碳量大于或等于1.2%时,二次渗碳体呈连续网状,使强度、塑性、韧性显著降低。过共析钢含碳量一般不超过1.3%～1.4%,二次渗碳体网用硝酸酒精溶液腐蚀呈白色,若用苦味酸钠溶液热腐蚀后,呈暗黑色。

(3)白口铸铁

含碳量在2.11%～6.69%,室温下碳几乎全部以渗碳体形式存在,按含碳量和室温组织将其分为三类。

亚共晶白口铸铁。含碳量在2.11%～4.3%,室温组织为珠光体、二次渗碳体和变态莱氏体Ld′组成。用硝酸酒精溶液腐蚀后,在显微镜下呈现枝晶状的珠光体和斑点状的莱氏体,其中二次渗碳体与共晶渗碳体混在一起,不易分辨。

共晶白口铸铁。含碳量为4.3%,室温组织由单一的莱氏体组成。经腐蚀后在显微镜下,变态莱氏体呈豹皮状,由珠光体,二次渗碳体及共晶渗碳体组成,珠光体呈暗黑色的细条状及斑点状,二次渗碳体常与共晶渗碳体连成一片,不易分辨,呈亮白色。

过共晶白口铸铁。是含碳量大于4.3%的白口铸铁,在室温下的组织由一次渗碳体和莱氏体组成。经硝酸酒精溶液腐蚀后,显示出斑点状的莱氏体基体上分布着亮白色粗大的片状的一次渗碳体。

2)灰口铸铁合金组织概述

在灰口铸铁中,碳还可以以另一种形式存在,即游离状态的石墨,用G表示,所以，铁碳合金的结晶过程存在两个相图，即上述的 Fe—Fe_3C 相图和 Fe—G 相图，即铁碳双重相图。如图1-19所示。由铁碳双重相图可知，铸铁凝固时碳可以以两种形式存在，即以渗碳体的形式 Fe_3C 和石墨 G 的形式存在。碳大部分以渗碳体 Fe_3C 形式存在时，因其断口呈白色，而称白口铸铁，而碳大部分以石墨形式存在时，因其断口呈灰色，而称灰口铸铁。

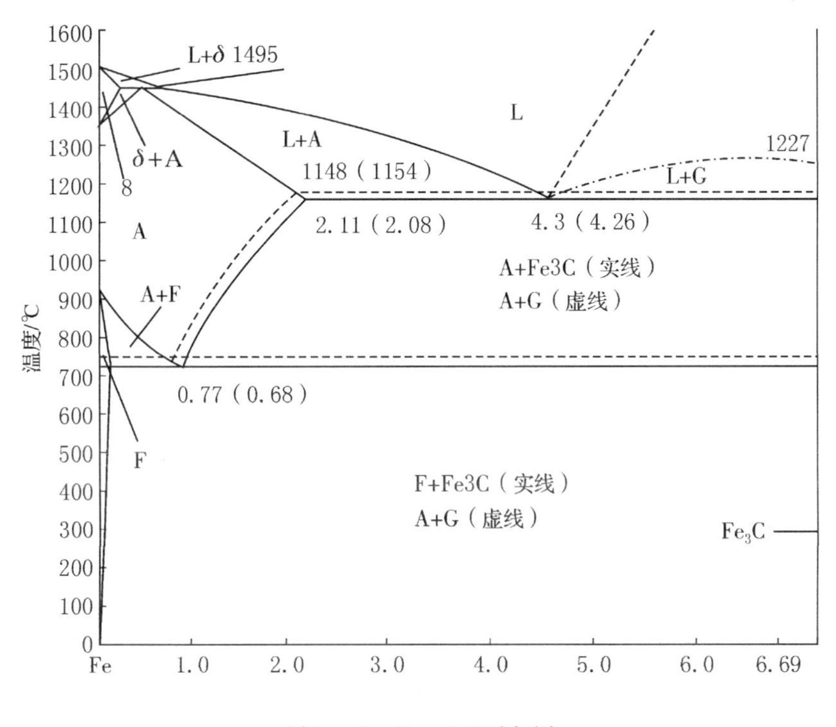

图1-19　Fe—C双重相图

灰口铸铁的显微组织可简单的看成是钢基体和石墨夹杂物共同构成。按石墨形态可将灰口铸铁分为灰铸铁、球墨铸铁、蠕墨铸铁和可锻铸铁四种。按基体的不同又可分为三类，即铁素体、珠光体和铁素体＋珠光体基体的灰口铸铁。灰口铸铁具有优良的铸造性能、切削加工性能、耐磨性和减磨性，在工业上得到广泛的应用。

3. 实验内容

1）熟悉金相样品的制备方法与显微镜的原理和使用。

2）用光学显微镜观察和分析表1-3中各金相样品的显微组织。

3）结合相图分析不同含碳量的铁碳合金的凝固过程、室温组织及形貌特点。

4. 实验仪器及材料

1)拟观察金相样品见表1-3;

2)XJB—1型、4X型、XJP—3A型和MG型金相显微镜数台;

3)多媒体设备一套;

4)金相组织照片两套。

表1-3 钢铁平衡组织样品

序号	材料名称	处理状态	腐蚀剂	放大倍数	显微组织
1	工业纯铁	退火	4%硝酸酒精	400X	$F+Fe_3C_{III}$
2	20钢	正火	4%硝酸酒精	400X	F+P
3	40钢	正火	4%硝酸酒精	400X	F+P
4	60钢	退火	4%硝酸酒精	400X	F+P
5	T8钢	退火	4%硝酸酒精	400X	F+P
6	T12	退火	4%硝酸酒精	400X	$P+Fe_3C_{II}$
7	T12	退火	苦味酸钠溶液	400X	$P+Fe_3C_{II}$
8	T12	球化退火	4%硝酸酒精	400X	P球(F+ Fe_3C球)
9	亚共晶白口铸铁	铸态	4%硝酸酒精	400X	$P+Fe_3C_{II}+L'd$
10	共晶白口铸铁	铸态	4%硝酸酒精	400X	$L'd$
11	过共晶白口铸铁	铸态	4%硝酸酒精	400X	$Fe_3C_I+L'd$
12	灰铸铁	铸态	4%硝酸酒精	400X	F+P+G片
13	球墨铸铁	铸态	4%硝酸酒精	400X	F+P+G球
14	蠕墨铸铁	铸态	4%硝酸酒精	400X	P+G蠕虫

5. 实验流程

1)任选一实验试样在金相显微镜上分别观察低倍和高倍下的组织特点,巩固金相显微镜的使用方法。

2)在金相显微镜上观察实验的全部金相试样,对钢铁平衡组织有一个整体的印象。

3)按实验报告要求,在每一类组织中选其一画出组织示意图。

6. 实验报告要求

1)画组织示意图

(1)画出下列试样的组织示意图

纯铁组织;亚共析、共析和过共析钢组织各选一个;白口铸铁与灰口铸铁各选一个。

(2)画图方法要求如下:

应画在原始记录表中的 30～50mm 直径的圆内,注明:材料名称、含碳量、腐蚀剂和放大倍数,并将组织组成物用细线引出标明,如图 1-20 所示:

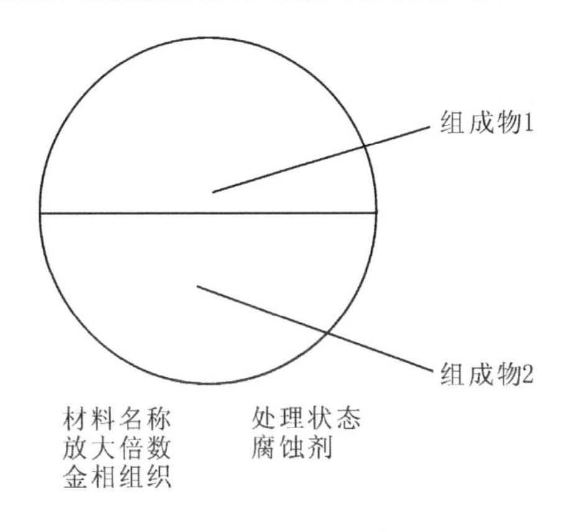

图 1-20　组织示意图

在实验原始记录表上按要求画出,并和正式报告一起交上。

2)回答以下问题

(1)分析所画组织的形成原因及其性能,并近似确定一种亚共析钢的含碳量。

(2)根据实验结果,结合所学知识,分析碳钢成分、组织和性能之间的关系。

(3)分析碳钢(任选一种成分)或白口铸铁(任选一种成分)凝固过程。

(4)总结碳钢、铸铁中各种组织组成物的本质和形态特征。

注:以上问题可按具体情况选做。

3) 对本次试验的感想与建议

7. 思考题

1)以碳钢材料为例,解释相、组织组成物和显微组织的概念,及其相互关系。

2)相图是体系的平衡状态图,为什么铁碳合金具有双重相图?

钢铁平衡组织的观察与分析

原 始 记 录

学生姓名:________ 班级:________ 实验日期:____年____月____日

材料名称				材料名称			
组织示意图				组织示意图			
金相组织		热处理状态		金相组织		热处理状态	
放大倍数		浸蚀剂		放大倍数		浸蚀剂	

材料名称				材料名称			
组织示意图				组织示意图			
金相组织		热处理状态		金相组织		热处理状态	
放大倍数		浸蚀剂		放大倍数		浸蚀剂	

续表

<table>
<tr><td>材料名称</td><td colspan="3"></td><td>材料名称</td><td colspan="3"></td></tr>
<tr><td>组织示意图</td><td colspan="3"></td><td>组织示意图</td><td colspan="3"></td></tr>
<tr><td>金相组织</td><td></td><td>热处理状态</td><td></td><td>金相组织</td><td></td><td>热处理状态</td><td></td></tr>
<tr><td>放大倍数</td><td></td><td>浸蚀剂</td><td></td><td>放大倍数</td><td></td><td>浸蚀剂</td><td></td></tr>
</table>

<table>
<tr><td>材料名称</td><td colspan="3"></td><td>材料名称</td><td colspan="3"></td></tr>
<tr><td>组织示意图</td><td colspan="3"></td><td>组织示意图</td><td colspan="3"></td></tr>
<tr><td>金相组织</td><td></td><td>热处理状态</td><td></td><td>金相组织</td><td></td><td>热处理状态</td><td></td></tr>
<tr><td>放大倍数</td><td></td><td>浸蚀剂</td><td></td><td>放大倍数</td><td></td><td>浸蚀剂</td><td></td></tr>
</table>

指导教师签名：____________

实验3 钢铁热处理组织与缺陷组织观察分析

1. 实验目的

1) 了解钢的热处理原理。

2) 识别碳钢的正火、淬火和回火组织特征,并分析其性能特点。

3) 掌握热处理组织的形成条件和组织性能特点。

2. 实验概述

1)钢铁热处理

改善金属材料特别是工程中常用的钢铁材料的性能,热处理是一种常用的重要加工工艺。所谓热处理就是将工件放入热处理炉中,通过加热、保温和冷却的方法,改变金属合金的内部组织,从而获得所需性能的一种工艺操作。钢的热处理工艺除常用的普通热处理,即退火、正火、淬火和回火外,还有表面热处理,包括表面淬火和表面化学热处理和特种热处理,如真空热处理、可控气氛热处理、形变热处理等。

一般大部分钢的热处理,如退火、正火、淬火等,都要将钢加热到其临界点(A1、A3、Acm)以上获得全部或部分晶粒细小的奥氏体,然后根据不同的目的要求,采用不同的冷却方式,奥氏体转变(等温或连续冷却转变)为不同的组织,从而使钢具有不同的性能。

2)热处理组织简述

由碳钢的过冷奥氏体等温转变曲线(C曲线)知,不同的冷却条件,过冷奥氏体将发生不同类型的转变,转变产物的组织形态各不相同。共析碳钢的C曲线见图1-21所示。

(1)退火组织

退火是将钢铁工件在热处理炉中加热保温足够时间后,让工件随炉冷却这样一种处理方式,工件冷却速度很慢,近于平衡冷却过程。碳钢经退火后获得如实验2所述的各种平衡组织,共析钢和过共析钢经球化退火后,获得由铁素体和球状渗碳体组成的球状珠光体组织。

(2)正火组织

碳钢的正火是将加热保温后的工件取出在空气中冷却,冷却速度较退火要快些,因此经正火后的组织比退火组织更细小。相同成分的亚共析钢,正火后珠光体含量比退火后的多。

(3)淬火组织

钢铁工件的淬火是将工件在水、油等淬火介质中快速冷却的过程,经淬火后

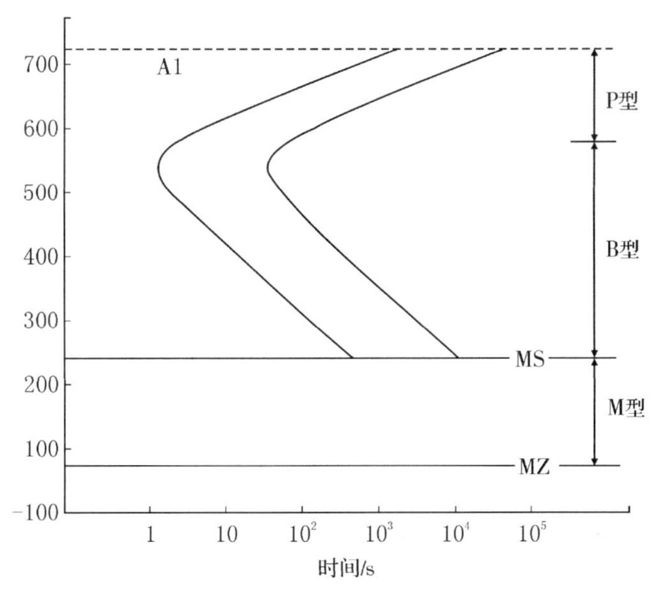

图1-21 共析碳钢的C曲线

获得不平衡组织。碳钢淬火后的组织为马氏体和残余奥氏体。淬火马氏体是碳在α—Fe中的过饱和固溶体，其形态取决于马氏体中的含碳量，低碳马氏体呈板条状，强而韧，高碳马氏体呈针叶状，硬而脆，而中碳钢淬火后得到板条马氏体和针叶状马氏体的混合组织。

(4)等温淬火组织

碳钢等温淬火是将奥氏体化的工件从炉中取出放入恒温盐浴中冷却，等温淬火后获得贝氏体组织。在贝氏体转变温度范围内，等温温度较高时，获得上贝氏体，呈羽毛状，它由过饱和的铁素体片和分布片间的断续细小的碳化物组成的混合物，塑性、韧性较差，应用较少；而等温温度较低时，获得下贝氏体，呈黑色的针叶状，它是由过饱和的铁素体和其上分布的细小的渗碳体粒子组成的混合物，下贝氏体强而韧。等温淬火的温度视钢的成分而定。

3)钢铁的缺陷组织

(1) 带状组织

带状组织的特征是显微组织的两相或相组成物呈方向性的交替分布，一般在亚共析钢常见。其产生原因一是钢内存在成分偏析或含有较高的非金属夹杂物，热加工时，它们沿压力加工方向分布，结晶时，可能成为铁素体的核心，使铁素体呈带状分布，致使珠光体也呈带状分布。其二是热加工的停锻温度在两相区，铁素体沿流动的方向呈带状结晶，使奥氏体也分成带状，所以转变的珠光体也呈带状，这种带状组织可用正火或退火消除，而第一种情况下的带状组织则不能用正火或退火消除。

(2) 魏氏组织

魏氏组织是铁素体或渗碳体沿着奥氏体的晶界向晶内以一定的位向呈针片状析出,在铸造和热处理中经常出现,这种组织韧性很低,可用正火或退火消除。

(3) 过热与过烧

过热的组织特点是晶粒粗大,甚至出现魏氏组织,原因是由于加热温度超过正常温度所致,使钢的韧性、塑性下降。但过热缺陷可用重新加热的方法补救。至于工件过烧,它是过热的进一步发展,加热温度过高,晶界出现氧化甚至局部熔化现象,使钢的性能严重变坏,无法补救,工件只能报废。

(4) 脱碳

脱碳是工件在氧化性的介质中长时间的加热保温,使表面层组织的含碳量部分或全部损失的现象,在工具、弹簧钢中易出现。脱碳会使工件表面强度、硬度下降。若不能将此层加工掉,只能报废。

(5) 淬火裂纹

淬火裂纹是在淬火冷却时形成的裂纹,有宏观和微观裂纹。淬火裂纹形成的原因是淬火介质冷却太剧烈,或淬火后未及时回火或淬火加热时过热,形成粗大的晶粒,引起开裂。或由于工件内部存在偏析等,也能导致淬火裂纹产生。如T12钢,过热淬火时常出现淬火裂纹。

(6) 非完全淬火

非完全淬火的一种原因是淬火加热温度低于正常的规定温度或保温时间不足,使工件未得到全部的奥氏体或未充分均匀化,冷却后得到不完全淬火组织。如果马氏体含碳量低,会引起强度、硬度不足或局部软点。另外一种原因是淬火介质的冷却能力不足或冷却不当等,工件冷却后不能完全形成马氏体组织,也引起强度、塑性、韧性的降低。非完全淬火工件可以重新淬火来予以补救。

(7) 球化不良

球化退火常用于工具钢的预先热处理方面,其目的是将钢中的碳化物球化,提高塑性、韧性,为切削加工和淬火作准备。正常球化退火组织应为铁素体加均匀分布的球状碳化物,而当球化工艺及操作不当时,可能出现片状及球过大或过小等缺陷。可以通过严格控制工艺来防止球化不良现象的出现。

3. 实验内容

1)进一步掌握显微镜正确使用方法。

2)观看热处理工艺教学录像。

3)用光学显微镜观察和分析表1-4中各金相样品的显微组织。

4)总结分析不同含炭量钢的各种热处理下的组织及形貌特点。

4. 实验仪器及材料

1)拟观察金相样品见表1-4。

表1-4 碳钢和铸铁的热处理组织与缺陷组织样品

序号	材料名称	处理状态	腐蚀剂	放大倍数	显微组织
1	15钢	淬火	4%硝酸酒精	400X	M板
2	40钢	860C°淬火	4%硝酸酒精	400X	M
3	T12	780C°淬火+低温回火	4%硝酸酒精	400X	M回′+K
4	40钢	860C°淬火+高温回火	4%硝酸酒精	400X	S回
5	T8	280等温	4%硝酸酒精	400X	M+A′+B
6	球墨铸铁	淬火	4%硝酸酒精	400X	M片+A′+G
7	40钢	760C°淬火	4%硝酸酒精	400X	M+F
8	40钢	860C°淬油	4%硝酸酒精	400X	M+T或M+T+B
9	20钢	热扎	4%硝酸酒精	400X	F+P(带状)
10	40钢	高温正火	4%硝酸酒精	400X	F+P(魏氏)

2)几种基本组织的概念与特征见表1-5。

3)XJB—1型、4X型、XJP—3A型和MG型金相显微镜数台。

4)多媒体设备一套。

5)金相组织照片两套。

表1-5 几种基本组织的概念及金相显微镜下的特征

组织名称	基本概念	腐蚀剂	显微镜下的特征
马氏体(M)	碳在α—Fe中的过饱和固溶体	4%硝酸酒精	主要呈针状或板条状
板条马氏体	含碳量低的奥氏体形成的马氏体	4%硝酸酒精	黑色或浅色不同位向的一束束平行的细长条状
片状马氏体	含碳量高的奥氏体形成的马氏体	4%硝酸酒精	浅色针状或竹叶状
残余奥氏体(A′)	淬火未能转变成马氏体而保留到室温的奥氏体	4%硝酸酒精	分布在马氏体之间的白亮色
贝氏体(B)	铁素体和渗碳体的两相混合物	4%硝酸酒精	黑色羽毛状及针叶状
上贝氏体	平行排列的条状铁素体和条间断续分布的渗碳体组成	4%硝酸酒精	黑色成束的铁素体条,即羽毛状特征
下贝氏体	过饱和的针状铁素体内沉淀有碳化物	4%硝酸酒精	黑色的针叶状

5. 实验流程

1)任选一实验试样在金相显微镜上分别观察低倍和高倍下的组织特点,巩固金相显微镜的使用方法。

2)在金相显微镜上观察实验的全部金相试样,对钢铁非平衡组织有一个整体的印象。

3)按实验报告要求,在每一类组织中选其 2 个画出组织示意图。

6. 实验报告要求

1)画组织示意图

(1)画出下列试样的组织示意图

低碳和高碳马氏体组织各 1 个;淬火和回火组织各选一个;钢铁缺陷组织任选两个。

(2)画图方法要求同实验 2。

2)回答以下问题

(1)任选 2 种所画组织分析其形成的成分与工艺条件。

(2)根据实验结果,结合所学知识,对比分析淬火温度、淬火介质对亚共析钢淬火组织影响。

(3)选择一种缺陷组织分析其形成的原因。

(4)总结碳钢淬火组织中各种组织组成物的本质和形态特征。

注:以上问题可按具体情况选做。

3)对本次试验的感想与建议

7. 思考题

1)谈谈你对非完全淬火的认识,亚临界淬火是否为非完全淬火?

2)对比分析马氏体和下贝氏体组织的成因及性能差异。

3)灰口铸铁中哪种可以通过热处理改善性能?为什么不对灰铸铁进行调质处理?

钢铁热处理组织和缺陷组织的观察与分析

原　始　记　录

学生姓名：________________班级：________________实验日期：________年________月________日

材料名称				材料名称			
组织示意图				组织示意图			
金相组织		热处理状态		金相组织		热处理状态	
放大倍数		浸蚀剂		放大倍数		浸蚀剂	

材料名称				材料名称			
组织示意图				组织示意图			
金相组织		热处理状态		金相组织		热处理状态	
放大倍数		浸蚀剂		放大倍数		浸蚀剂	

续表

材料名称				材料名称			
组织示意图				组织示意图			
金相组织		热处理状态		金相组织		热处理状态	
放大倍数		浸蚀剂		放大倍数		浸蚀剂	

材料名称				材料名称			
组织示意图				组织示意图			
金相组织		热处理状态		金相组织		热处理状态	
放大倍数		浸蚀剂		放大倍数		浸蚀剂	

指导教师签名：____________

实验4 钢铁热处理组织与性能综合实验

1. 实验目的

1) 了解碳钢热处理工艺操作。

2) 学会使用洛氏硬度计测量材料的硬度性能值。

3) 利用数码显微镜获取金相组织图像，掌握热处理后钢的金相组织分析。

4) 探讨淬火温度、淬火冷却速度、回火温度对40和T12钢的组织和性能(硬度)的影响。

5) 巩固课堂教学所学相关知识，体会材料的成分－工艺－组织－性能之间关系。

2. 实验概述

1)热处理工艺参数的确定

Fe—Fe_3C平衡状态图和C曲线是制定碳钢热处理工艺的重要依据。热处理工艺参数主要包括加热温度，保温时间和冷却速度。

(1)加热温度的确定

淬火加热温度决定于钢的临界点，亚共析钢，适宜的淬火温度为A_{c3}以上30～50℃，淬火后的组织为均匀而细小的马氏体。如果加热温度不足(<A_{c3})，淬火组织中仍保留一部分原始组织的铁素体，会造成淬火硬度不足。

过共析钢，适宜的淬火温度为A_{c1}以上30～50℃，淬火后的组织为马氏体和二次渗碳体(分布在马氏体基体内成颗粒状)。二次渗碳体的颗粒存在，会明显增高钢的耐磨性。而且加热温度较A_{cm}低，这样可以保证马氏体针叶较细，从而减低脆性。

回火温度，均在A_{c1}以下，其具体温度根据最终要求的性能(通常根据硬度要求)而定。

(2)加热温度与保温时间的确定

加热、保温的目的是为了使零件内外达到所要求的加热温度，完成应有的组织转变。加热、保温时间主要决定于零件的尺寸、形状、钢的成分、原始组织状态、加热介质、零件的装炉方式和装炉量以及加热温度等。本实验采用一定尺寸的圆柱形试样，在马福电炉中加热，保温时间按材料的有效直径乘以时间系数来计算，本实验的系数取0.8。

回火加热保温时间，应与回火温度结合起来考虑。一般来说，低温回火时，由于所得组织并不是稳定的，内应力消除也不充分，为了使组织和内应力稳定，从而使零件在使用过程中性能与尺寸稳定，所以回火时间要长一些，一般在2～8小时,甚至更长的时间。高温回火时间不宜过长,过长会使钢软化,并造成材料内部晶粒长大,外部氧化脱碳倾向严重,最终影响该材料的机械性能与外形尺寸。一般在2小时左右。本试验淬火后的试样分别按不同温度回火(见表1-6),回火保温时间均在1小时内仅是便于观察试样的组织,而对消除该材料热处理后的内应力而言这样的回火时间是远远不够的。

(3)冷却介质与方法

冷却介质是影响钢最终获得组织与性能的重要工艺参数,同一种碳钢,在不同冷却介质中冷却时,由于冷却速度不同,奥氏体在不同温度下发生转变,并得到不同的转变产物。淬火介质主要根据所要求的组织和性能来确定。常用的介质有水、盐水、油、空气等。

工件退火通常是指采用随炉缓慢冷却到500℃以下出炉,正火为空气中冷却至室温,淬火为在水、盐水或油中冷却,回火为工件在炉中保温后取出在空气中冷却,有时候为了避免回火脆性的发生也要求取出后在介质中快速冷却。

2)基本组织的金相特征

碳钢经退火后可得到(近)平衡组织,淬火后则得到各种不平衡组织,实验2中已介绍。普通热处理除退火、淬火外还有正火和回火。这样,在研究钢热处理后的组织时,还要熟悉以下基本组织的金相特征(相应图谱见附录2)。

索氏体:是铁素体与片状渗碳体的机械混合物。片层分布比珠光体细密,在高倍(700X左右)显微镜下才能分辨出片层状。

托氏体:也是铁素体与片状渗碳体的机械混合物。片层分布比索氏体更细密,在一般光学显微镜下无法分辨,只能看到黑色组织如墨菊状。当其少量析出时,沿晶界分布呈黑色网状包围马氏体;当析出量较多时,则成大块黑色晶粒状。只有在电子显微镜下才能分辨其中的片层状。层片愈细,则塑性变形的抗力愈大,强度及硬度愈高,另一方面,塑性及韧性则有所下降。

回火马氏体:片状马氏体经低温回火(150℃~250℃)后,得到回火马氏体。它仍具有针状特征,由于有极小的碳化物析出使回火马氏体极易浸蚀,所以在光学显微镜下,颜色比淬火马氏体深。

回火托氏体:淬火钢在中温回火(350℃~500℃)后,得到回火托氏体组织。其金相特征是:原来条状或片状马氏体的形态仍基本保持,第二相析出在其上。回火托氏体中的渗碳体颗粒很细小,以至在光学显微镜下难以分辨,用电镜观察时发现渗碳体已明显长大。

回火索氏体:淬火钢在高温回火(500℃~650℃)回火后得到回火索氏体组织。它的金相特征是:铁素体基体上分布着颗粒状渗碳体。碳钢调质后回火索氏体中的铁素体已成等轴状,一般已没有针状形态。

必须指出：回火托氏体、回火索氏体是淬火马氏体回火时的产物，它的渗碳体是颗粒状的，且均匀的分布在α相基体上；而托氏体、索氏体是奥氏体过冷时直接转变形成，它的渗碳体是呈片层状。回火组织较淬火组织在相同硬度下具有较高的塑性及韧性。

3）金相组织的数码图像

金相组织照片可提供材料内在质量的大量信息及数据，金相分析是材料科研、开发及生产中的重要分析手段。

传统金相显微组织照片都要经过胶片感光、冲洗、印制、烘干等过程才可获得，操作繁琐，制作周期长，并且需要一定的仪器、场地及大量耗材，所得仅为一张纸质照片，不便长期保存、相互交流。利用数字技术对传统光学金相显微镜进行改造和完善，既经济又实用，并且操作简便，省时省力，可在很短时间内能直接打印出一份质量上乘的金相照片和试验报告，并能使大量资料储存、查询、上网及管理实现自动化、信息化。

XJP—6A金相显微镜数字图像采集系统是在XJP—6A光学显微镜基础上，添加光学适配镜，通过CCD图像采集和数字化处理，提供计算机数码图像。整个系统构成如下（见图1－22）：

图1－22 XJP—6A金相显微镜数字图像采集系统

XJP—6A光学显微镜→光学适配镜→CCD图像采集→图像数字化处理→USB口传输→计算机处理→显示器→打印输出。

高像素图像数字采集系统影像总像素达500万，有效面积达90mm×70 mm并与显微镜同倍，借助于计算机中强大功能的Photoshop软件、专业图像采集处理软件以及高分辨率专用Photo打印机，影像真实、精细，可提供高品质的金相显微组织照片。

3. 实验内容

(1) 进行40和T12钢试样退火、正火、淬火、回火热处理，工艺规范见表1-6。

(2) 用洛氏硬度计测定试样热处理试样前后的硬度。

(3) 制备金相试样，观察并获取其显微组织图像。

(4) 对照金相图谱，分析探讨本次试验可能得到的典型组织：片状珠光体、片状马氏体、板条状马氏体、回火马氏体、回火托氏体、回火索氏体等的金相特征。

表1-6 综合实验方案

材料	编号	热处理工艺			硬度HRC		最终组织
		加热温度/℃	冷却方法	回火温度/℃	处理前	处理后	
40	1	850	空冷				
	2	850	油冷				
	3	850	水冷				
	4	850	水冷	200			
	5	850	水冷	400			
	6	850	水冷	600			
	7	760	水冷				
	8	900	空冷				
T12	9	900	水冷				
	10	780	水冷				
	11	780	水冷	200			
	12	780	油冷				

4. 实验材料与设备

所涉及到的实验材料及设备有：

(1) 40、T12钢试样，尺寸分别为$\phi12\times15$mm、$\phi10\times15$mm。

(2) 砂纸、玻璃板、抛光机等金相制样设备。

(3) 马福电炉。

(4) 洛氏硬度计。

(5) 淬火水槽、油槽各一只。

(6) 铁丝、钳子。

(7) 金相显微镜及数码金相显微镜。

5. 实验流程

本综合实验为指导性综合试验，实验前应仔细阅读实验指导书(包括洛氏硬度计的原理、构造及操作)，明确实验目的、内容、任务。实验以组为单位进行，每组12人，每人完成表1-6内容之一。具体流程为：

(1) 按组每人选取材料、工艺，领取已编好号码的试样一块，绑好细铁丝环。

(2) 全组人员由实验老师讲解洛氏硬度计的使用，观看硬度测定示范，并按顺序各人测定试样处理前硬度。

(3) 按表1-6中规定条件进行试样热处理。

各试样处理所需的加热炉已预先由实验老师开好，注意各人选用合适的加热保温温度。首先观看一次实验老师进行的操作演示。

断电打开炉门，将试样放入炉膛内加热。试样应尽量靠近炉中测温热电偶端点附近，以保证热电偶测出的温度尽量接近试样温度。

当试样加热到温时，开始计算保温时间，保温到所需时间后，断电开炉门，立即用勾子取出试样，出炉正火或淬火。淬火槽应尽量靠近炉门，操作要迅速，试样应完全浸入介质中，并搅动试样，否则有可能淬不硬。

特别安全提示：热处理过程中，放置和取出试样时，首先应切断电源，打开炉门操作时注意安全，不要被高温炉和试样烫伤。试样冷却过程中，在到达室温温度以前，不要用裸手触摸。

(4) 试样经处理后，必须用纱布磨去氧化皮，擦净，然后在洛氏硬度计上测硬度值。

(5) 进行回火操作的同学，将正常淬火的试样，测定淬火后的硬度值，再按表1-6中所指定的温度回火，保温一小时，回火后再测硬度值。

(6) 每位同学把自己测出的硬度数据填入原始记录表格中，记下本次试验的全部数据。

(7) 制备试样，分析组织。各人制备并观察分析所处理样品的金相显微组织，在原始记录表中填上组织特征等。组织观察在普通显微镜上进行，并和附录中相应图谱对照分析，在具有数据采集功能的数码显微镜上采集图像，保存成电子文档并打印输出在相片打印纸上。

(8)小组讨论。安排一次讨论课，每个小组根据实验结果，结合课堂所学知识，围绕材料的成分—工艺—组织—性能关系，进行分析讨论。

6. 实验报告要求

以组为单位，撰写实验报告，要求：

(1) 每位同学写一份自己所做实验的小报告，附原始记录。

(2) 全组同学结果共享,结合课堂所学相关知识讨论后,共同撰写一份总报告,并对实验提出意见和建议。

(3) 将总报告和个人小报告汇总成一册上交,其中一份为纸质打印报告,一份为电子版报告。

7. 思考题

(1) 为什么中碳钢一般要在完全奥氏体区加热后淬火,而高碳钢一般在两相区加热后淬火?

(2) 回火索氏体与索氏体的区别是什么?

综　合　实　验

原始记录

学生姓名：__________ 班级：__________ 实验日期：______年______月______日

<table>
<tr><td rowspan="2">试样编号</td><td rowspan="2"></td><td rowspan="2">材料名称</td><td rowspan="2"></td><td rowspan="2">样品硬度
(HRC)</td><td>处理前</td><td>淬火后</td><td>回火后</td></tr>
<tr><td></td><td></td><td></td></tr>
<tr><td rowspan="2">热处理工艺</td><td colspan="2">加热温度/℃</td><td colspan="4">冷却方法(打钩)</td><td>回火温度/℃</td></tr>
<tr><td colspan="2"></td><td>空冷</td><td>油冷</td><td colspan="2">水冷</td><td></td></tr>
<tr><td>最终组织照片</td><td colspan="7"></td></tr>
<tr><td>显微镜型号</td><td colspan="2"></td><td>金相组织描述</td><td colspan="4"></td></tr>
<tr><td>硬度计型号</td><td colspan="2"></td><td>放大倍数</td><td></td><td>浸蚀剂</td><td colspan="2"></td></tr>
</table>

指导教师签名：__________

1.3 定量金相技术

1.3.1 定量金相的基础知识

1. 定量金相学的概念

定量金相的基础是体视学,它是一种由二维图像外推到三维空间或用三维知识解释平面图像的一门科学,定量金相学是体视学在金相学上的应用。

2. 常用参数的符号

P—点数　　N—物体数　　A—平面面积

S—曲面面积　　V—体积　　L—线段长度

P_p,L_A,S_v 等,表示各参数的分数量,其中大字母表示某种参数,下标字母表示测试量。某参数的平均值在相应的符号上加一横线。

下标为 V 的参数均为计算参数,它们只能由某些方程式计数参数或测量参数计算出。其余参数为计算参数或测量参数,可以通过计数或测量直接得出,见表1-7。

表 1-7　定量金相的基本符号和定义

符号	量纲	定义
P_P	—	点分数,测试总点数与落入某相的点数比
P_L	1/mm	单位长度测试线的交点数
P_A	$1/mm^2$	单位测试面积中的点数
P_V	$1/mm^3$	单位测试体积中的点数
L_L	mm/mm	线段分数
L_A	1/mm	单位测试面积中的线段长数
L_V	mm/mm^2	单位测试体积中的线段长数
A_A	mm/mm^3	面积分数
S_V	mm^2/mm^2	单位测试体积中的曲面积
V_V	mm^3/mm^3	单位测试体积中某相的体积
N_L	1/mm	单位测试线与某相相交的点分数
N_A	$1/mm^2$	单位测试面积中某相数量
N_V	$1/mm^3$	单位测试体积中某相数量
$\overline{L}$	mm	平均线截距长度
$\overline{A}$	mm^2	平均截面积
$\overline{S}$	mm^2	平均曲面积
$\overline{V}$	mm^3	平均体积

3. 基本公式

$$V_V = A_A = L_L = P_P$$

$$S_V = (4/\pi) L_A = 2P_L$$

$$L_V = 2P_A$$

$$P_V = 1/2 L_V S_V = 2P_A P_L$$

1) 定量分析常用的测量方法

(1) 比较法

比较法是把被测相与标准级别图进行比较，最接近的定为被测相的级别。如晶粒度、碳化物等的测量，常用此法虽然简单，但误差较大。

(2) 计点法

计点法是用一套不同网格间距的网格一般为 3×3，4×4、5×5 的网格，在样品图像上选择一定的区域，求落在某个相上的测试点数 P 和测量总点数 P_T 之比，落在网格测试点上的算一个，和测试点相切的算半个。

计点法应选用合适的网络，使落在被测相面积内的的点数不大于 1，网络中线的间距大小与被测相相近。一般应至少测量 5～10 个视场。

(3) 截线法

截线法是用一定长度的刻度尺或测试线来测试单位测试线上的点数 P_L，单位长度的测试线上的物体个数 N_L 及单位测试线上第二相上所占的线长 L_L，也可用不同半径的圆组如三个间距相等的同心圆（总周长为 500mm，相应的周长为 250mm、166.7mm、83.3mm）。或平行线组或一定角度间隔的径向线组，把网格落在要测的组织上，测试测定线与被测相的交点数，求出单位测试线上被测相的点数。

(4) 截面法

截面法是用有刻度的网格来测量单位面积上的交点数 P_A 或单位测量面积上的物体个数 N_A，也可测量单位测试面积上被测相所占的面积百分比 A_A。

(5) 联合测量法

联合测量法是将计点法和截线法结合起来进行测量。常用来测定单位测试线上的点数 P_L 和点分数 P_P，由定量分析方程可求出表面积和体积的比值，$S_V/V_V = 2P_L/P_P$。

4. 数理统计的概念

由于材料的显微微组织一般情况下是不均匀的，因此需要用统计的方法，在足够多的视场上进行多次测量，才能保证结果的相对准确性。因此需要评定测量的精确度和说明所测对象在某一置信度下的真值范围，这些即为数理统计的内容。测量误差计算公式如下：

(1) 算术平均值

$$\bar{x}=\frac{x_1+x_2+x_3+\cdots+x_n}{n}=\frac{1}{n}\sum_{i=1}^{n}x_i$$

(2) 标准偏差(均方误差)σ

当测量次数有限时：$\sigma=\sqrt{\dfrac{\sum\limits_{i=1}^{n}(x_i-\bar{x})^2}{n-1}}$

当测量次数无限时：$\sigma=\sqrt{\dfrac{\sum\limits_{i=1}^{n}(x_i-\bar{x})^2}{n}}$

σ 值越大，表示数据波动越大，它是数据分散性大小的标志。

(3) 正态分布

一般金相测量的数据分布曲线满足 $Y_X=\pi\dfrac{1}{\sqrt{2\pi\sigma}}\mathrm{e}\dfrac{(x-\bar{x})^2}{2\sigma^2}$，称正态分布。$Y_X$ 表示概率密度。

当 $x=\bar{x}$ 时，$Y=\dfrac{1}{\sqrt{2\pi\sigma}}$ 为最大值，即数据在平均值处出现概率最大。

当 x 离开 $\bar{x}$ 越远时，Y 值越小。

(4) 绝对误差 ε

绝对误差 ε 是平均值 $\bar{x}$ 与真值 x 之差，由式 $\varepsilon=K\sigma$ 确定。其中置信度 K 是与概率 P 有关的系数，如表 1-8 所示。

根据数理统计理论，测量值落在 $\pm2\sigma$ 的概率 95%，$K=1.96$。一般计算出测量平均值 K，再求出标准误差，取 $\pm2\sigma$，则相应的绝对统计误差 ε 取 $\pm2\varepsilon$。例如要求测量精度为 0.5 时，求出绝对误差 ε 取 $\pm2\varepsilon$，若 $|(-2\varepsilon)-\varepsilon|\leqslant0.5$，$|2\varepsilon-\varepsilon|\leqslant0.5$，则符合精度要求。否则，不满足要求，需要增加测量次数。

表 1-8 K 与 P 值的对应关系

K	0	0.67	1.00	1.15	1.96	2.00	2.58
P	0	0.50	0.68	0.75	0.95	0.96	0.99

(5) 误差系数 CV

$$CV=\sigma/\bar{x}$$

当 σ 相同时，绝对偏差随测量值的不同而变化。误差系数 CV 表示统计变量相对波动的大小

5. 定量测量的常用方法

定量测量的常用方法有比较法、计点法，截线法、截面法等。随着科学技术的发展和进步，测量手段不断提高，常用数码显微镜与图像分析软件或自动图像分析仪测量完成。

（1）比较法

比较法是通过与标准评级图对比来评定的级别，方法是将制备好的金相试样在 100 倍的显微镜下，全面观察，选择有代表性的视场与标准评级图比较，当它们之间的大小相同或接近时，即样品上的级别就是标准评级图的级别。若晶粒大小不均匀时，用占 90％以上的视场为评定的级别，否则要用不同的级别来表示。

（2）晶粒度级别指数

晶粒度级别指数 G 是通过在 100 倍下，645.16mm^2 内所包含的晶粒数 n 来计算，n 与晶粒度级别指数 G 的关系为：

$$n=2^{G-1}$$

$$G=\lg n/\lg 2+1$$

（3）放大倍数的换算

当要评定的晶粒大小与标准评级图在 100 倍下不一致时，可以选用合适的放大倍数进行评定，这时晶粒度级别指数：

当所使用的放大倍数大于 100 时：

$$G_1=G+M_1/100$$

当所使用放大倍数小于 100 时：

$$G_1=G-100/M_1$$

式中，M_1 为实际所使用的其它放大倍数；G 为在 M_1 的放大倍数下，相当于 100 倍下评定图的晶粒度级别；G_1 为其它放大倍数下的评定级别。

另外，标准评级图所使用的其它放大倍数与相应的标准放大倍数显微晶粒度级别指数见实验 5 中表 1－10。此表也适应于其它放大倍数晶粒度级别的查出。例如，在 200 倍下对照标准图达 2 级，其换算成标准级别为 4 级。

比较法简便迅速，误差较大，可将待测的晶粒与所选用的标准评级图投到同一投影屏上进行比较，以提高精度。

放大 100 倍的标准评级图见图 1－23、图 1－24 所示。

注意　100 倍的标准评级图的图像实际尺寸高 60mm、宽 50mm。

（4）截距法

晶粒度级别按晶粒的平均截线长度来分，在放大 100 倍下，当晶粒的平均截线长度为 32mm 时，晶粒度 G 等于零。不同截线长度的晶粒度级别按下式计算：

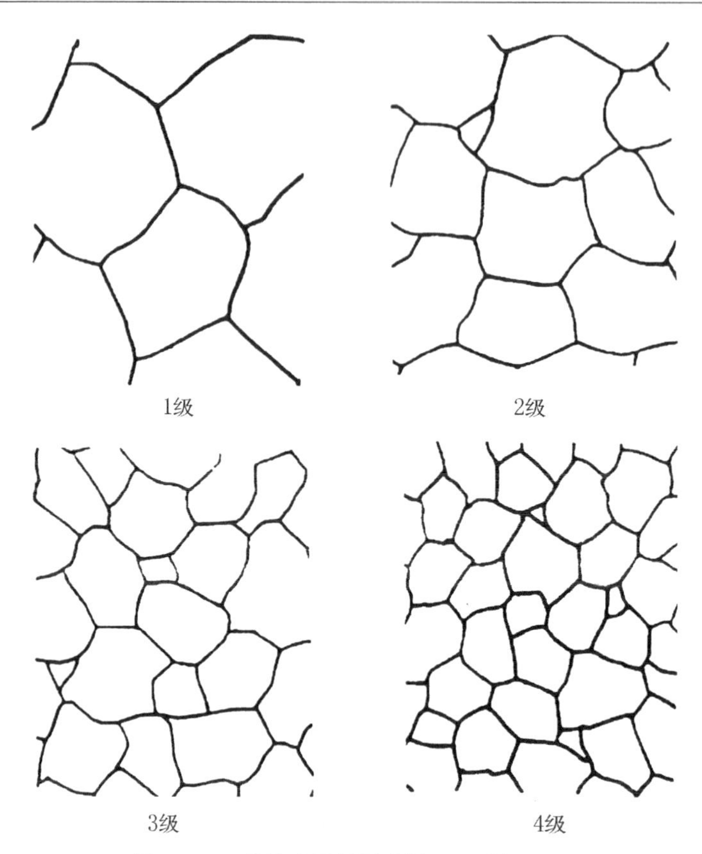

图 1-23 晶粒度评级标准图 1～4 级 100X

$G=2\lg\frac{2L}{L_1}$,因 $L=32\text{mm}$,$2\lg2=5$,所以 $G=10.0000-6.6439\lg L_1$

当放大倍数为 1 时,晶粒度级别按式 $G=-3.2877-6.6439\lg L_1$ 计算。

(5) 面积法

测定方法是将已知面积 A 的圆形测试网络位于测定晶粒的图像上,选用合适的放大倍数 M,使视场内至少能获得 50 个晶粒,统计完全落在网格内的晶粒数 N_1 和网线截割的晶粒数 N_2,计算出该面积内的晶粒数 N 和每平方毫米内的晶粒数 N_A。

$$N=N_1+1/2N_2 \quad N_A=NM^2/A$$

常用 5000mm^2 的测试网络进行测定,这时

$$N_A=0.002NM^2$$

晶粒度等级 $G=-2.9542+3.3219\lg N_A$

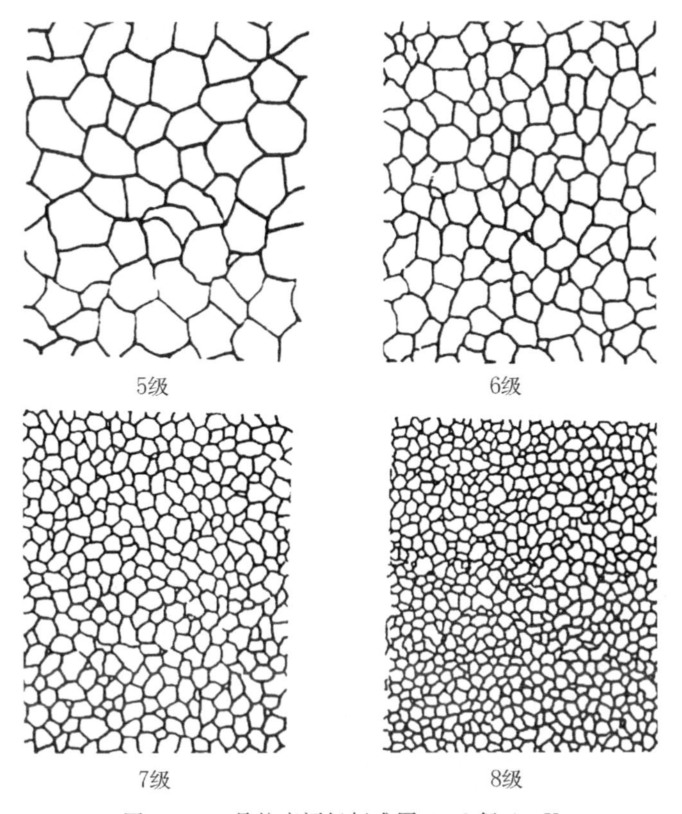

图 1-24　晶粒度评级标准图 5～8 级 100X

1.3.2　实验

实验 5　晶粒度样品的显示方法与晶粒度测定

1. 实验目的

(1) 学习奥氏体晶粒度的样品制备方法；

(2) 熟悉奥氏体晶粒度的测定方法；

(3) 掌握晶粒度的评级方法。

2. 实验概述

晶粒度是影响材料性能的重要指标，是评定材料内在质量的主要依据之一。对工程中的钢铁材料，在热处理加热和保温过程中获得奥氏体，其晶粒的大小影响着随后的冷却组织粗细。对奥氏体晶粒度的概念有以下几种，起始晶粒度、本质晶粒度和实际晶粒度。起始晶粒度是指钢刚完成奥氏体化后的晶粒度，而实际晶粒度是指供应状态的材料和实际中使用的零部件所具有某种热处理条件下的奥氏体晶粒度。而本质晶粒度是指将钢加热到一定的温度下并保温足够的时间后具有的晶粒度,表示奥氏体晶粒长大和粗化的倾向。

1) 奥氏体晶粒度的显示方法

显示奥氏体晶粒度的方法有渗碳法、氧化法、网状铁素体法、网状珠光体法和网状渗碳体法等。

(1) 渗碳法

渗碳法就是是利用渗碳处理的方法,提高表层的含碳量,获得过共析成分,渗碳后缓慢冷却,使渗碳体沿奥氏体晶界析出,显示剂常采用2%~4%硝酸酒精溶液或5%苦味酸酒精溶液等。此法主要用于渗碳钢或含碳量小于或等于0.6%的钢种。

(2) 氧化法

氧化法是利用奥氏体易氧化而形成氧化物来测定奥氏体晶粒的大小。有气氛氧化法和熔盐氧化法。常用的是气氛氧化法,适应各钢种,特别是中碳钢和中碳合金钢。

(3) 网状铁素体法

主要适应0.25%~0.6%的碳素钢和中碳调质碳素钢,显示剂常采用2%~4%硝酸酒精溶液或5%苦味酸酒精溶液等。

(4) 网状渗碳体法

网状渗碳体法适应于含碳量高于1.0%过共析钢,样品在820±10℃下加热,至少保温30min分钟,随炉缓冷,以便在晶界析出网状渗碳体。腐蚀剂同上。

(5) 网状珠光体

网状珠光体即网状托氏体法,适应于用其它方法不易显示的碳素钢和低合金钢,如共析成分附近的某些钢种,用尺寸适合的材料进行不完全淬火,方法是将加热后的样品一端淬入水中冷却,在不完全淬硬的小区域原奥氏体晶界有少量屈氏体析出以便显示出原奥氏体晶界形貌,腐蚀剂同上。

(6) 特殊化学试剂腐蚀法

特殊化学试剂腐蚀法有直接腐蚀晶界法和马氏体腐蚀法。

直接腐蚀法适应于合金化高的能直接淬硬的钢,如高淬透性的铬镍钼钢等。直接腐蚀法将样品加热到900±10℃,保温1小时淬火,得到马氏体或贝氏体,有的钢种还需要一定温度的回火,制成金相样品。用有强烈腐蚀性的试剂腐蚀,直接显示原奥氏体晶界。腐蚀剂为含0.5%~1%烷基苯磺酸钠的100ml的饱和苦味酸水溶液,或含0.1%~0.15%十二醇硫酸钠的100ml的饱和苦味酸水溶液,温度为20~70℃,时间为0.5~30min。

马氏体腐蚀法适应淬火得到的马氏体钢，对粗大的奥氏体晶粒效果较好，而细晶及有带状及树枝状偏析的影响测定。将样品加热到 930℃保温 3 小时淬火得到的马氏体，再进行 150～250℃的 15min 的回火，以增加衬度，用腐蚀剂为 1g 苦味酸＋5ml 的盐酸＋100ml 的酒精。或 1g 氯化铁＋1.5ml 盐酸＋100ml 的酒精，是使各晶粒显示不同层次的深浅来显示奥氏体晶粒大小。

2）实际晶粒显示方法

在交货状态的钢材或零件上取样，不需进行热处理，取样后制备，用合适的腐蚀剂腐蚀，以显示晶粒，但由于钢种、化学成分及状态不同效果不同，应由实验确定得出合适的腐蚀剂等条件。

（1）结构钢和调质钢

适应结构钢淬火和调质钢的原奥氏体晶界的腐蚀剂为：饱和苦味酸水溶液或饱和苦味酸水溶液＋少量的新洁尔灭（或洗净剂）。

（2）多数钢种

适应大多数钢种淬火回火态的原奥氏体晶界的腐蚀剂为：饱和苦味酸水溶液＋10ml 的新洁尔灭（或洗净剂）＋0.1ml 盐酸（或硝酸等）。

3）晶粒度的测量方法

晶粒度是晶粒大小的度量，通常是用晶粒度级别指数 G 表示。钢的晶粒度标准级别分为 8 级或 8 级以上，1～4 级属粗晶粒，5～8 级为细晶粒，8 级以上为超细晶粒。晶粒度的测定方法有比较法、截点法、面积法，最常用的是比较法，前一节已讲述，不再重复。

3. 实验内容

参考表 1-9 的条件制备金相试样。

表 1-9　材料热处理状态与样品晶粒度显示参考条件

<table>
<tr><th>钢号</th><th>处理状态</th><th>参考腐蚀剂（晶粒度）</th><th>参考温度/时间</th><th>实际温度/时间</th><th>组织腐蚀状况</th></tr>
<tr><td>40/45</td><td>850℃/1h 淬火＋200℃回火</td><td rowspan="3">100ml 的饱和苦味酸水溶液＋适量洗净剂或 1g 苦味酸＋5ml 的盐酸＋100ml 的酒精。或 1g 绿化铁＋1～5ml 盐酸＋100ml 的酒精</td><td>18～20℃/2～10min</td><td></td><td></td></tr>
<tr><td rowspan="2">T12</td><td>900℃/1h 淬火</td><td rowspan="2">18～20℃/2～10min</td><td rowspan="2"></td><td rowspan="2"></td></tr>
<tr><td>900℃/1h 淬火＋200℃回火</td></tr>
<tr><td>W18Cr4V</td><td>淬火或淬火加回火</td><td>5%～10%硝酸酒精</td><td>18～20℃/2～10min</td><td></td><td></td></tr>
</table>

(1) 制备金相样品;

(2) 显示出要测量样品的晶界或晶粒反差;

(3) 拍照组织,注意放大倍数。

(4) 用比较法测量晶粒度。

4. 实验仪器与材料:

1) 实验材料

40、45、T12、W18Cr4V 钢、不同热处理状态试样若干。

砂纸、玻璃板、抛光机、腐蚀剂、竹夹子等金相制样材料。

2) 实验仪器

抛光机、吹风机、金相显微镜及数码金相显微镜等。

5. 实验流程

(1) 先按表 1-9 中的配方配制好腐蚀剂,盖上盖子,放置到安全处待用。

(2) 3～5 人为一小组,每位同学按一般的金相样品的制备方法制样,制备表 1-9中所列样品。

(3) 用普通腐蚀剂腐蚀。再制备一块显示晶界,选用合适腐蚀剂腐蚀,参考表 1-9 。可重复抛光腐蚀 2～3 次或 3～5 次。也可适当改变腐蚀剂成分或时间或温度等。

(4) 样品制备效果比较理想时,画出或拍照自制样品的组织,将腐蚀剂、温度、时间、注意事项、腐蚀结果等注明在所画的组织示意图像下方,再注明到表 1-9中。

(5) 用比较法进行测量。不同放大倍数晶粒度级别的对照换算见表 1-10。

表 1-10　不同放大倍数晶粒度级别的对照

级别 放大倍数	1	2	3	4	5	6	7	8	9	10
50	−1	0	1	2	3	4	5	6	7	8
100	1	2	3	4	5	6	7	8	9	10
200	3	4	5	6	7	8	9	10	11	12
400	5	6	7	8	9	10	11	12	13	14
800	7	8	9	10	11	12	13	14	15	16

6. 实验报告要求

(1) 每位同学写出自做实验的报告。

(2) 拍照自制样品的组织图,将样品及腐蚀条件注明。

(3) 用比较法进行测量，注意放大倍数换算等。

(4) 同学之间结果可以共享，用于分析讨论。

7. 思考题

(1) 举例说明钢的本质晶粒度有何实际用途。

(2) 结合本次实验采用的晶粒显示技术，你认为还应该有什么改进之处。

实验 6　金相定量分析与金相样品组织的特殊显示

1. 实验目的

(1) 熟悉用定量金相法测量晶粒尺寸及相的相对量。

(2) 熟悉定量金相样品组织的特殊显示方法。

2. 实验概述

由于材料的显微组织与其性能密切相关，描述显微组织的特征参数需要利用定量金相的方法来测量和计算。定量金相学的基础是体视学和数理统计。从二维图像推断三维图象，利用点、线、面和体积来定量表示组织特征，要用统计的方法，在足够多的视场测量多次，才能保证结果的准确性。由于人工测量费时，误差大，因此可采用自动图像分析仪用于定量分析，它能够方便迅速地进行测量和计算。它是将电子束扫描和计算机结合，用一个摄像管把显微组织的衬度变化变成强弱不同的电流，在其内，成像探测器能分辨不同灰度的测试相，提供其分析数据，例如晶粒度，相和质点的体积百分数等，因此曾被广泛应用于定量分析中。现在数字图像技术的发展，可以很方便地获取金相组织的数字图像，然后可利用专业的分析软件或通用软件如 MATLAB 中的图像处理工具箱等软件进行分析测量，获取多个组织特征值，从而对组织特点有更深刻的认识。

在进行定量分析工作时，测量前应选好具体的测量方法和测量参数。首先，选择的样品应能反映材料的客观情况，即样品应具有很好的代表性，在此基础上，关键是应仔细制备样品，使组织特征得以清晰明显地显示，为后续的准确测量分析奠定基础。在测量分析中一般每个样品上的测试视场不应少于 5 个。

1) 测量方法的应用

传统的定量分析常用的有比较法、计点法，截线法、截面法及联合截取法等。随着计算机技术的发展，特别是数字图像技术的进步，各种图像处理软件(通用、专用)不断涌现，定量分析也可以借助这些计算机软件更为方便地进行，但传统方法是一个基本技能，也是理解和灵活运用软件的基础，需要通过这次实验学习掌握。

(1) 相的相对量测量

在金相检验中,常需要确定组织中某一相或组织组成物的相对含量,即为该测量相的体积百分比 V_V。$V_V=V_A/V_T\times100\%$,V_A 为被测物所占的体积,V_T 为测试用的总体积。根据定量分析公式,$V_V=L_L=P_P$,即可测量算出点分数或线分数,就可得到 V_V。

例如用计点法测试点分数 P_P,如图 1-25 所示。

使用 4×4 的网格,测试点的总数为 P_T为 16,在网格测试点上粒子有 4 个,和测试点相切的 2 个,则可求出:

$$P_P=P/P_T=5/16\times100\%$$

注意:应选用合适的网络,使落在被测相面积内的点数不大于 1,网络中线的间距大小与被测相相近,应至少测量 5 个以上的视场。

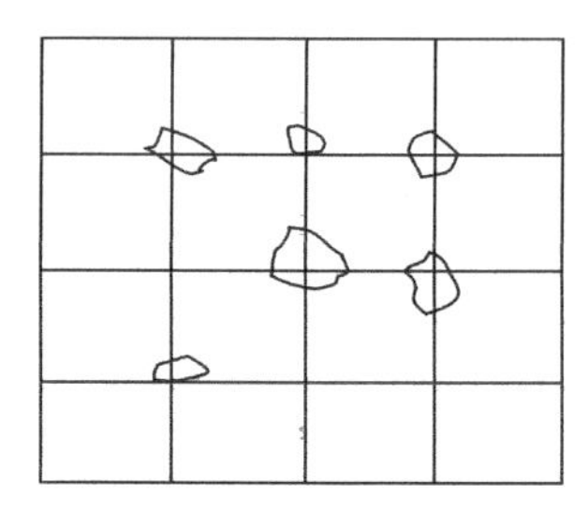

图 1-25 点测试

(2) 晶粒尺寸和分散粒子尺寸的截线法测定

晶粒的平均直径和分散粒子尺寸的测定,即平均截线长度的测定。

平均截线长度是指在截面上任意测试直线穿过每个晶粒长度的平均值,适用于测量形状不规则的晶粒的直径或第二相的尺寸。若测量算出晶粒的平均直径后,可根据该值查表 1-11,获得相应的晶粒度级别 G。

表 1-11 晶粒度级别 G 与晶粒平均直径的对应值

晶粒度级别 G	1	2	3	4	5	6	7	8	9	10
平均截线长度/ μm	226.0	160.0	113.0	80.0	56.6	40.0	28.3	20.0	14.1	10.0

例如:如图 1-26、图 1-27 所示,用已知长度的测试线,其总长为 L_T,在放大 M 倍的图像上或照片上,任意截取,其上晶粒的总数为 N,或截线与晶粒的交点数为 P。则:

如图 1-26 所示,晶粒的平均截线长度 L 为:

$$L=L_T/NM=L_T/PM$$

如图 1-27 所示,当测试的粒子分散分布时,平均截线长度 L 为:

$$L=L_T/NM=2L_T/PM$$

测试线的交点位于晶界时。计为 0.5,位于三叉晶界时计 1.5 个,为保证精度,单次测量的交点数至少应为 50 个,测量 5 次以上。

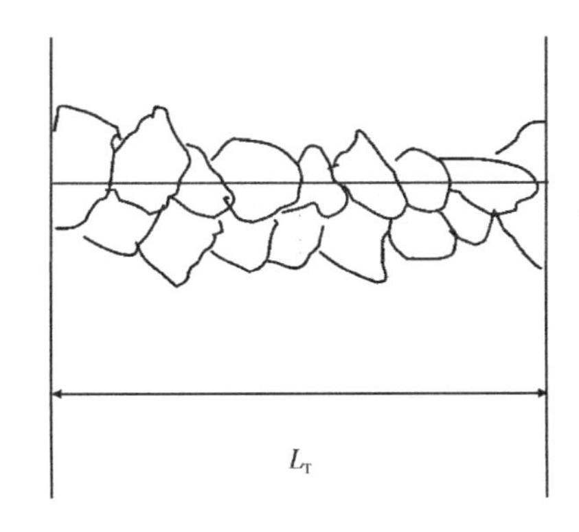

图1-26 截线测粒子交点

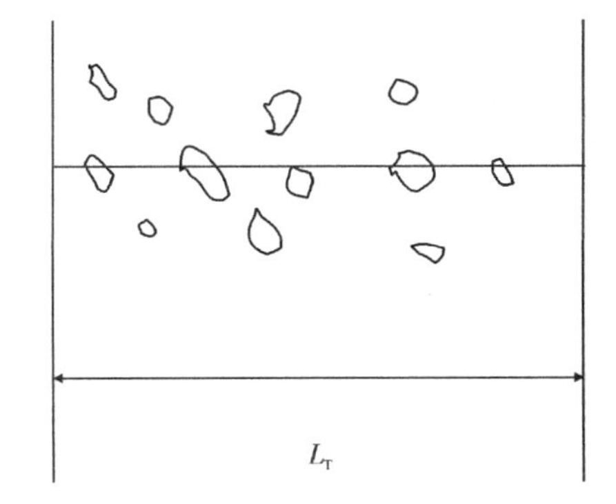

图1-27 截线测晶粒交点

2）样品组织的特殊显示方法

无论是传统的测量方法，还是使用计算机软件，对于定量分析，前提是拥有一幅衬度明显的高质量组织照片。用于获取定量分析组织照片的样品应精心制备，往往对其要求衬度明显。若用一般方法制备的金相样品组织达不到要求的话，就要采取特定组织的特殊显示方法，以便获得良好的组织衬度。用于定量分析常用的组织显示方法有热染法、化学试剂染色法，真空镀膜法等。热染法简单方便，适应于加热时组织不变化的材料。化学试剂染色法简单，不需要特殊设备，但它们都要经过反复的实践摸索，才能取得实验材料特定处理状态下的良好组织衬度效果。

(1) 热染法

将按一般方法制备好的样品，在氧化性的气氛中加热一定的时间，使表面生成一层干涉薄膜，膜的厚度或性质与材料的成分、晶体结构等有关，但只有膜的厚度在400～5000Å范围内，才产生色差，出现彩色衬度。

(2) 化学试剂染色法

化学试剂染色法是在样品的制备过程中，腐蚀时用化学着色试剂，通过化学和电化学作用，在样品表面的微电池的阴极或阳极上沉积薄膜，使组织着色。化学试剂染色法，因膜的形成机理不同而分为：阳极试剂、阴极试剂和复合试剂。阳极试剂是以偏亚硫酸盐为基的试剂，阴极试剂是以硒酸或钼酸盐水溶液为基的试剂系列。复合试剂的机理很复杂，配制也复杂，请参考其它资料。

3. 实验内容

(1) 每3～5个人为一组,制备表1－12中所列材料的金相样品,可以用一般制备方法显示组织和特殊的组织显示方法,以便比较分析。

(2) 将制备好的样品组织,选择一种定量方法,进行相的相对量测定。如对一种碳钢的珠光体量或铁素体量进行测定,可以采用计点分析法或截线法。

(3) 根据结果换算晶粒度级别。

(4) 计算出标准偏差或绝对误差。

表1－12　样品组织的特殊显示方法

<table>
<tr><th>碳钢材料</th><th>处理状态</th><th>热染法(参考)
温度300℃;
时间10min</th><th>实际温度/实际时间</th><th>组织效果</th><th>试剂腐蚀法(参考)
温度20℃;
时间1～2min</th><th>实际温度/实际时间</th><th>组织效果</th></tr>
<tr><td rowspan="4">20/25
40/45</td><td>退火</td><td rowspan="8">样品按一般方法制备后,在氧化性气氛中加热,形成获得不同厚度的干涉膜,在显微镜下可观察带彩色图象</td><td></td><td></td><td rowspan="8">1g偏重亚硫酸钠＋5g硫代硫酸钠＋100ml水或3g偏重亚硫酸钾＋1g氨基磺酸＋100ml水或2ml盐酸＋2ml硒酸＋100ml乙醇(有的需要用3%的硝酸酒精予腐蚀或适当调节试剂成分或加热)</td><td></td><td></td></tr>
<tr><td>正火</td><td></td><td></td><td></td><td></td></tr>
<tr><td>淬火</td><td></td><td></td><td></td><td></td></tr>
<tr><td>回火</td><td></td><td></td><td></td><td></td></tr>
<tr><td rowspan="4">T12</td><td>退火</td><td></td><td></td><td></td><td></td></tr>
<tr><td>球化退火</td><td></td><td></td><td></td><td></td></tr>
<tr><td>淬火</td><td></td><td></td><td></td><td></td></tr>
<tr><td>正火</td><td></td><td></td><td></td><td></td></tr>
<tr><td colspan="8">测量数据</td></tr>
<tr><td colspan="8">误差计算</td></tr>
</table>

4. 实验仪器与材料

1)实验材料

40、45、T12钢不同热处理状态试样若干。

砂纸、玻璃板、抛光机、抛光粉、腐蚀剂、竹夹子等金相制样材料。

2)实验仪器

抛光机、吹风机、金相显微镜、数码金相显微镜及图像分析软件等。

5. 实验流程

(1) 先按表1－12中的配方配制好腐蚀剂,盖上盖子,放置到安全处待用。

(2) 3～5人为一小组,每组按一般的金相样品制备方法制样,制备表1-12中所列样品。

(3) 用普通腐蚀剂腐蚀。再制备一块,选用合适的特殊腐蚀剂腐蚀,参考表1-12。

(4) 也可适当改变腐蚀剂成分、时间或温度等。观察分析组织的显示情况。

(5) 样品制备效果比较理想时,拍照组织图。

(6) 对组织图进行比较分析,至少选择一种方法进行定量测量。

(7) 要求用分析测试软件测量,鼓励同学自己查找合适软件完成。

(8) 不同放大倍数晶粒度级别的对照换算见表1-10。

6. 实验报告要求

(1) 写出自做实验的报告,包括实验目的、实验内容等。

(2) 包括实验测量原始数据的计算。

(3) 组织图中,将样品处理状态及腐蚀条件注明。

(4) 将组织显示的条件及效果填入表1-12中。

(5) 进行定量测量。

(6) 并对测量数据进行误差计算。

7. 思考题

(1) 分析制备定量分析样品的质量及改进措施。

(2) 简述自己采用的定量测量方法和步骤,为什么可以将测量的数据按正态分布对待?

(3) 选取一张组织照片,分别用一种传统定量方法和一种计算机辅助软件分析方法处理,分析各自的优缺点。

1.3.3 扩展知识:数字图像及其处理技术

1. 金相组织分析与数字图像

在材料研究领域,显微组织分析是一个基本的和常用的手段。材料的性能取决于其内部的显微组织结构,通过改变材料成分、加工工艺使得材料的显微组织改变,从而可以获得不同的性能。材料成分、加工工艺和性能之间的内在关系在于对其显微组织的认识和分析理解。获取材料的显微组织是研究材料的经常性工作。除本课程介绍的金相技术可以获得微米和亚微米尺度的组织外,现代分析手段包括扫描电镜、透射电镜、原子力显微镜、隧道扫描电镜、超高电压透射电镜等先进的设备手段可以获得纳米尺度到原子团簇等更为深入的材料内部组织细节。无论是一般的金相分析还是现代的电子分析手段,对于显微组织分析而言,都是首先获得一张组织图像照片,而后进行定性或定量的特征分析。

在数字图像处理技术普及以前,显微组织的分析中获得的照片是通过相机先获取一张曝光合适、组织细节清晰的底片,然后进行底片冲洗、放大印像,最终得到一张印在相纸上的图像照片。这种通过照相底片冲洗印制所得的照片,获取过程繁琐、不便长期保存、也不方便进行交流。现在数码相机技术成熟并普遍应用,获取数码照片已很容易,在金相显微镜和电子显微镜上配接数码图像采集系统,金相显微组织图像照片可以直接以数码图像方式采集存储起来,即使以前的普通照相所得照片也可通过高分辨率的扫描仪使其数字化,保存在计算机中,以供进一步分析使用。图像数字化技术的成熟与普及为金相组织的计算机分析创造了条件。

2. 图像与数字图像

视觉是我们人类从自然界中获取信息的最主要手段。图像则是观测客观世界获得的作用于人眼产生的视觉实体。它代表了客观世界中某一物体的生动的图形表达,包含了描述其所代表物体的信息。例如,一张图书馆大楼的照片就包含了我们人眼所看到的真实大楼的全部形象化信息,它的外形、构成、颜色、尺寸等。就我们的材料研究而言,图像是指由各种材料表征手段(如光学和电子显微镜、光谱、能谱等)所获得的有关材料结构的各种影像。

图像就是单个或一组对象的直观表示。图像处理就是对图像中包含的信息进行处理,使它具有更多的用途。一般光学图像、照相图像(照片)、电视图像(显示器显示的图像)都属于连续的模拟图像,不能直接适用于计算机处理。可供计算机处理的图像是所谓的数字图像。数字图像是将连续的模拟图像经过离散化处理后得到的计算机能够辨别的点阵图像。严格讲,数字图像是经过等距离矩形网格采样,对幅度进行等间隔量化的二维函数,因此,数字图像实际上就是被量化的二维采样数组。

通常,一幅数字图像都是由若干个数据点组成的,每个数据点称为像素(pixel)。比如一幅图像的大小为256×512,就是指该图像是由水平方向上256列像素和垂直方向上512行像素组成的矩形图。每一个像素具有自己的属性,如灰度和颜色等。颜色和灰度是决定一幅图像表现能力的关键因素。其中,灰度是单色图像中像素亮度的表征,量化等级越高,表现力越强,一般常用256级。同样,颜色量化等级包括单色、四色、16色、256色、24位真彩色等,量化等级越高,则量化误差越小,图像的颜色表现力越强。当然,随着量化等级的提高,图像的数据量将剧增,导致图像处理的计算量和复杂程度相应增加。

数字化图像按记录方式分为矢量图像和位图图像。矢量图像用数学的矢量方式来记录图像,以线条和色块为主。其记录文件所占的容量较小,比如一条线段的数据只需要记录两个端点的坐标、线段的粗细和色彩等,数据量小。这种图像很容易进行放大、缩小及旋转等操作，不失真，可制作3D图像。但其缺点是不易制成色调丰富或色彩变化很多的图像，绘制出来的图形不很逼真，无法像照片一样精确的描绘自然景象，因此在材料的金相组织中一般不采用这种矢量图像来记录，更多的是采用位图图像来记录。位图方式就是将图像的每一个像素点转换为一个数据，如果以8位来记录，便可以表现出256种颜色或色调($2^8=256$)，因此使用的位元素越多所能表现出的色彩也越多。因而位图图像能够制作出色彩和色调变化丰富的图像，可以逼真地表现自然景色图像。通常我们使用的颜色有16色、256色、增强16位和真彩色24位。这种位图图像记录文件较大，对计算机的内存和硬盘空间容量需求较高。

对于数字图像，除了像素和位这两个常用的术语外，还有分辨率这一概念。一幅数字图像是由一组像素点以矩阵的方式排列而成，像素点的大小直接与图形的分辨率有关。图像的分辨率越高，像素点越小，图像就越清晰。一个图像输入设备(如扫描仪、数码摄像头等)的分辨率高低常用每英寸的像素值来表示，即PPI (Pixel Per Inch)，它决定了图像的根本质量，反映了图像中信息量的大小。如一幅1024ppi×768ppi图像的质量远高于254ppi×512ppi，当然它们所包含的信息量也相差甚大。而对于图像输出设备(如打印机、绘图仪等)的分辨率则用每英寸上的像素点DPI(Dot Per Inch)来表示，这一数值越高，对于同一图像输出效果越好。但是，图像的根本质量取决于采集输入时所用设备的分辨率大小，一幅本质粗糙的图像，不会因为使用一台高dpi的输出设备而变得细腻。除过输出打印外，计算机处理图像还主要通过屏幕显示来观察效果，计算机屏幕的分辨率是指显示器上最大可实现的像素数的集合，通常用水平和垂直方向的像素点来表示，如1024×600等，显示器的像素点越多，分辨率越高，显示的图像也越细腻。

对于金相组织图像现在一般采用高分辨率的数码摄像头获取，其像素值达上千万，图像品质几乎可达到眼睛在目镜中所观察到的效果。在采用数码金相显微镜获取的图像保存于计算机后，图像中的组织组成物的大小可根据图像的大小和放大倍数来进行标定，但最好是在摄取时就根据放大倍数，带上标尺标注在图像中。计算机中保存的图像文件，在操作系统下可通过在图像文件上点击右键获取属性来查看图像的分辨率和大小，如图1-28所示。这是一幅T12钢淬火后低温回火的组织照片，采用数码金相显微镜获取，物镜放大倍数40×/0.65，CCD为13mm(1/2 in.)的800×600感光器，当照相目镜不再放大时，其拍摄的视场为试样上的0.254×0.191mm区域(当照相目镜再放大时，则实际视场按照相目镜放大倍数再缩小)。图片用T12文件名以bmp格式保存。查看文件的属性可看到，该图像原始大小为800像素宽×600像素高，代表在500X下所看到的图像127mm×95.5mm。

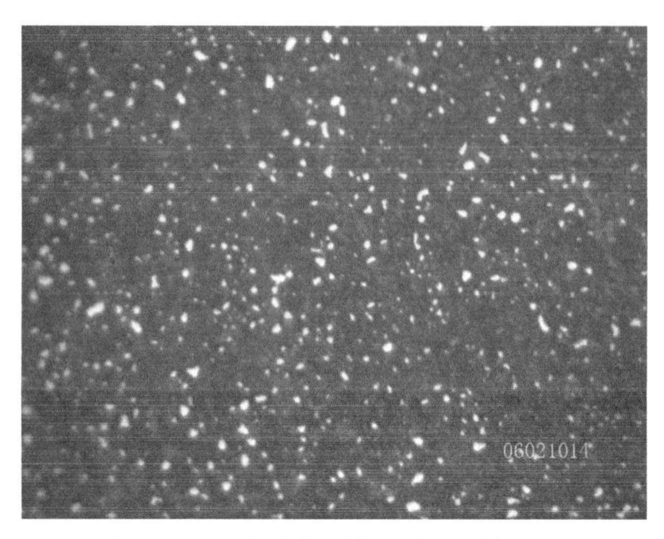

图 1-28　T12 钢淬火后低温回火组织数码照片

计算机采集的图片文件一般要在 Word 文档中进行处理使用。对于不同的照相物镜放大倍率，CCD 拍摄到的大小始终是 0.4′×0.3′=10.16mm×7.62mm。以 800×600 像素在计算机显示器上显示才和 CCD 拍摄的一致。显示器采用其他分辨率时，相当于按照一定的比率对其缩放。将计算机以 800×600 像素分辨率采集的图像保存后，代表着实际感光器上 10.16mm×7.62mm 大小的图像，因此在 Word 中使用时，应当将 800×600 像数的图片尺寸定为10.16cm×7.62cm 大小，方可和在实际显微镜下目镜放大倍数为 10 倍时观察的图像大小一致。

与模拟图像相比，数字图像具有精度高，处理方便和重复性好的优势。目前的计算机技术可以将一幅模拟图像数字化为任意的二维数组，也就是说，数字图像可以有无限个像素组成，其精度使数字图像与彩色照片的效果相差无几。而数字图像在本质上是一组数据，所以可以使用计算机对其进行任意方式的处理，如放大、缩小，复制、删除某一部分，提取特征等，处理功能多而且方便。数字图像以数据的方式可以储存起来，不似模拟图像如照片，会随时间流逝而退色变质，数字图像在保存和交流过程中，重复性好。

3. 数字图像的处理技术及软件介绍

数字图像处理就是用计算机进行的一种独特的图像处理方法。对于数字图像根据特定的目的，可采用计算机通过一系列的特定操作来“改造”图像。

常见的数字图像处理技术有图像变换、图像增强与复原和图像压缩与编码，这些操作技术主要针对图像的存储和质量要求而处理。当然，一般的数字图像很难为人所理解，需要将数字图像从一组离散数据还原为一幅可见的图像，这一过程就是图像显示技术。对于数字图像及其处理效果的评价分析，图像显示技术是必需的。

对材料的组织分析而言，更多的还会用到所谓的图像分割技术和图像分析技术。它们是将图像中有意义的特征(即研究所关心的特征组织)提取出来，并进行量化描述和解释。图像分割是数字图像处理中的关键技术，它是进一步进行图像识别、分析和理解的基础。图像有意义的特征主要包括图像的边缘、区域等。

此外还有图像的识别、图像隐藏等技术。不同的图像处理技术应用于不同的领域，发展出许多不同的分支学科。

对于上述的图像处理功能，许多通用软件和专业软件都可实现。常用的图像处理专业软 Photoshop 就具有强大的图像处理功能，如路径、通道、滤镜、增强、锐化、二值化等。对于材料研究中图像处理常常进行的材料聚集结构单元的测量，可利用这一软件中的图像二值化来分离出目标颗粒，并消除背景干扰，如图 1-28 中的白色渗碳体，可利用这一软件通过二值化进行图像分离提取后，见图 1-29，再进行统计分析。这一软件对于材料研究图像处理而言，可作为辅助工具使用。

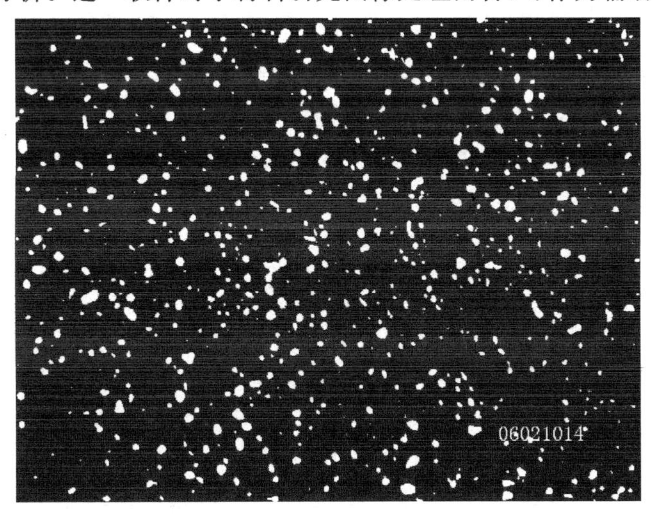

图 1-29　采用 Photoshop 二值化处理后 T12 组织照片

除常用的 Photoshop 软件外，较为专业的 MATLAB 软件中的图像处理工具箱在图像的处理与分析方面，特别是在图像的分割、特征提取和形态运算方面具有强大的功能，许多专业图像分析软件都是在 MATLAB 图像处理工具基础上开发的。

MATLAB 是世界流行的高级科学计算与数学处理软件，其本意是所谓矩阵实验室(Matrix Laboratory)，是一种以矩阵为基本变量单元的可视化程序设计语言，是进行数据分析与算法开发的集成开发环境。在时间序列分析、系统仿真、控制论以及图像信号处理等产生大量矩阵及其他计算问题的领域，MATLAB 为人们提供了一个方便的数值计算平台,得到了广泛的应用。

MATLAB 又是一个交互式的系统,具备图形用户界面(GUI)工具,用户可以将其作为一个应用开发工具来使用。除基本部分外,根据各专门领域中的特殊需要,MATLAB 还提供了许多可选的工具箱,这些工具箱由各领域的专家编写例程,代表了该领域的最先进的算法。MATLAB 的图像处理工具箱就是为图像处理工程师、科学家和研究人员提供的直观可靠的一体化开发工具。利用这一图像处理工具箱可完成以下工作:

1)图像采集与导出;

2)图像的分析与增强;

3)高层次图像处理;

4)数据可视化;

5)算法开发与发布。

对于金相组织分析工作,MATLAB 的图像处理工具箱提供的大量函数用于采集图像和视频信号,并支持多种的图像数据格式,如 JPEG、TIFF、AVI 等。尤为重要的是,该工具箱提供了大量的图像处理函数,利用这些函数,可以方便地分析图像数据,获取图像细节信息,进行图像的操作与变换。该工具箱中还提供了边缘检测的各种算法和众多的形态学函数,便于对灰度图像和二值图像进行处理,可以快速实现边缘监测、图像去噪、骨架抽取和粒度测定等算法,为金相组织的特征提取与分析提供了多种强有力的手段,成为各种专业图像处理软件的编程基础。

4. 金相组织照片(图像)颗粒大小表征分析

材料的显微组织分析包括两个方面,一是确定显微组织中组织组成物的类型,如钢中的铁素体、珠光体、渗碳体等,二是确定组织组成物的数量、大小、形状和分布。同一种组织组成物在显微镜下呈现一定的相同特征,可以利用图像处理工具箱中的图像分割函数,如阈值分割、边缘检测等,将组织照片中的特征区域分离出来,并进行标注,以便后续开展定量分析。一旦某一组织组成物被成功分离标注,后续的定量分析可利用相关的函数,只是一个简单的计算问题。MATLAB 图像处理工具箱对于二值图像提供了丰富的区域选择、对象标注和特性度量函数,可用于对特征区域组织组成物定量分析。分离出的每一个特征区域在数码照片中可作为一个目标粒子,对某一组织组成物的定量分析就转化成对这些目标粒子的统计分析计算。

表征颗粒的大小除面积(area)外,可用于比较的常常是一个颗粒的当量直径。常用的当量直径有投影面直径 da(与颗粒投影面积相同的圆的直径),和周长直径 dc(与颗粒投影外形周长相同的圆的直径)。表示颗粒大小分布则常用大小范围来表示，有矩形图和累计百分率频率分布图示法。这些在 MATLAB 软件中都很容易实现。

仍然以 T12 的淬火后低温回火组织为例，其中的渗碳体对性能有重要影响，我们对例图 1－28 组织（图像）中的渗碳体进行分离与分析计算。以下为采用 MATLAB 图像工具处理箱进行分析的 M 文件。

```
% Read image and display it.
I = imread('T12.bmp');
imshow(I)
%bw
level=graythresh(I);
bw=im2bw(I,level);
imshow(bw)
%label
[labeled, numObject]=bwlabel(bw,4);
numObject
%particle
particledata=regionprops(labeled, 'basic');
allparticles=[particledata.Area];
A1=max(allparticles)
A2=Mean(allparticles)
hist(allparticles,20)
%canny
I1=im2double(bw);
BW=edge(I1, 'canny');
figure, imshow(BW)
```

首先读入数码照片图 T12. bmp，然后进行阈值分割，得到图 1－30 所示的结果图。

对图中的渗碳体（白色）进行标注，并统计计数 numObject＝762。对所有渗碳体计算面积，找出最大面积为 362 和平均面积为 38.8，并进行统计直方图描绘，得到图 1－31 所示的结果图。最后尝试使用 Canny 算子对渗碳体进行边缘分割提取，得到图 1－32 的结果图。对于这张组织照片中的渗碳体也可利用图像处理专业软件，如 Image Pro Plus 6.0，进行分析处理。同样，利用这一软件时，先读入组织照片文件 T12. bmp. 在增强处理（Enhance 下拉菜单）中利用对比度（Contrast hancement）将黑白对比度拖到最大（100），得到下图。在测量（Measure）下拉菜单

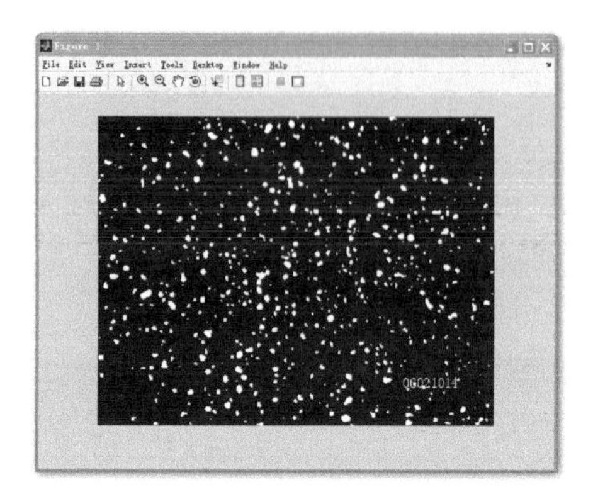

图 1-30 T12 种渗碳体阈值分割分离结果

中,使用计数/尺寸(Count/Size)功能统计白色目标图像的面积、当量直径和周长,得到结果见图 1-33。

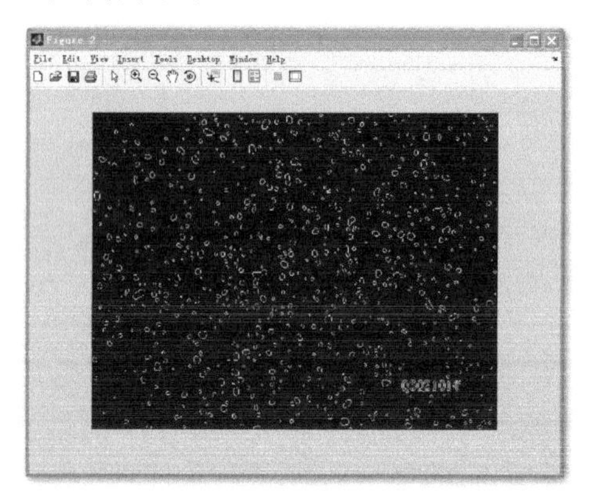

图 1-31 Canny 法分离提取渗碳体标注图

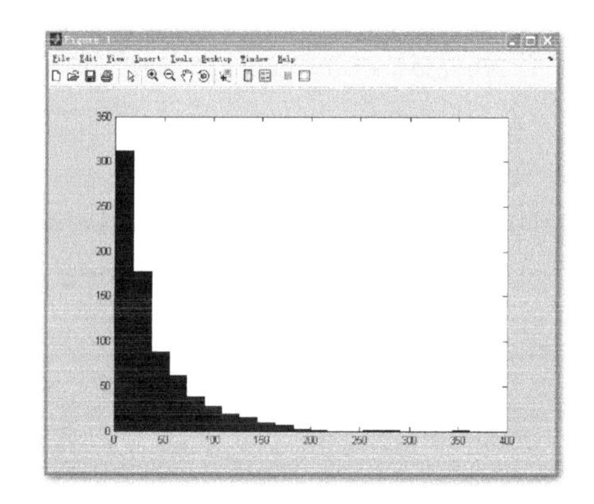

图 1-32 组织组成物渗碳体统计分析直方图

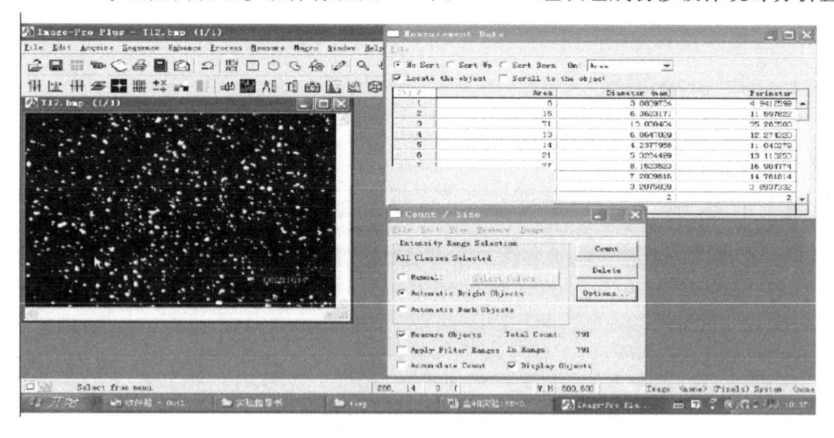

图 1-33 Image Pro Plus 6.0 处理结果截图

1.4　结晶凝固与塑性变形组织

实验 7　结晶与晶体生长形态观察

1. 实验目的

(1) 观察盐类结晶的过程，熟悉树枝晶的的长大方式。

(2) 了解晶体的生长形态和影响结晶的因素。

2. 实验概述

结晶凝固是物质由液态转变成固态的过程。

金属及其合金的结晶凝固是在液态冷却的过程中进行的，需要有一定的过冷度，即实际开始结晶温度低于熔点才能结晶，见纯金属冷却曲线图 1－34。

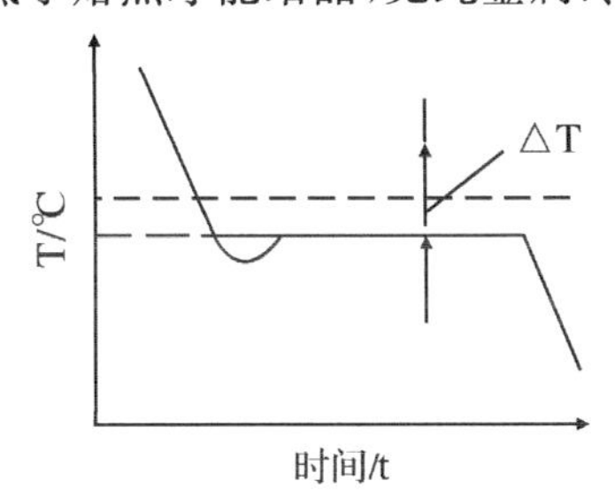

图 1－34　纯金属冷却曲线

结晶包括形核和长大两个过程，如图 1－35 所示。

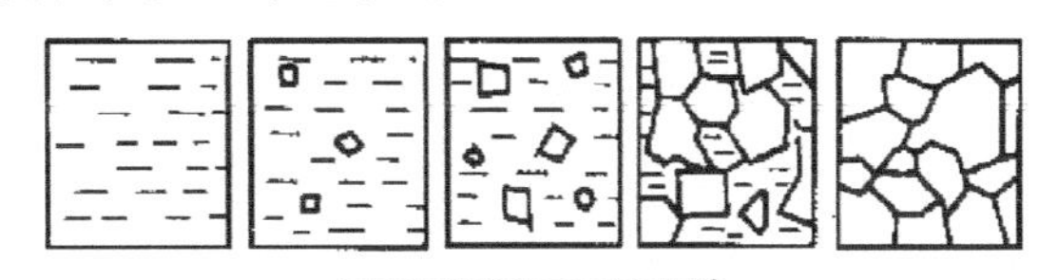

图 1－35　纯金属结晶过程示意图

1)形核

形核分为均质形核和非均质形核。均质形核为自液体中由于温度起伏和能量起伏，液体中近程有序集团的尺寸达到和超过临界尺寸作为晶核。而非均质形核则是借助液体中存在的外来固体核心形核，图 1－36 为非均质形核示意图，其中能量变化和液体表面张力、固体表面张力、液－固界面能以及润湿角有关。

$$\Delta G_c^* = \Delta G_c \frac{2-3\cos\theta+\cos^3\theta}{4}$$

式中：ΔG_c 为均质形核的最大(临界)形核功，其值为临界晶核表面能的三分之一。

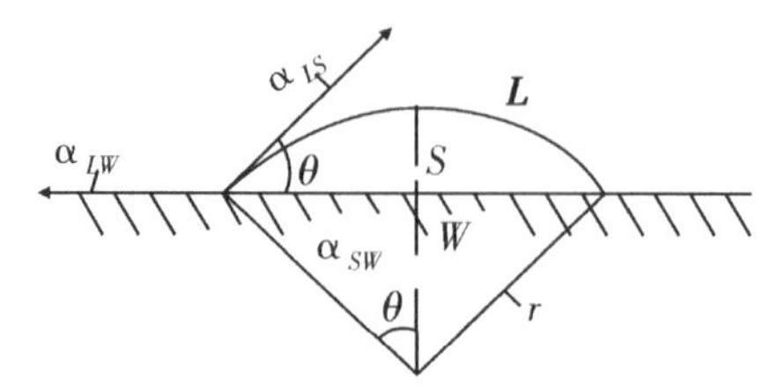

图 1-36 非匀质形核示意图

由此式可见,非均质形核取决于合适的异质夹杂物质点的存在。

对结晶形核而言,临界晶坯既可长大也可变小,以减小系统自由能。只有使晶坯维持长大,该晶坯才能成为结晶晶核。因此形核速率既与系统中晶坯数有关,也与原子的扩散有关,这两项均随温度的变化而变化。图 1-37 为形核速率与液体过冷度关系。当过冷度较小时,需要的形核功较高,形核速率很小,当过冷度增加时,形核速率随之增大,但当过冷度太大时,由于原子扩散困难,而使形核速率减小。因此,一般金属结晶时冷却速度越大,过冷度越大,生成的晶粒多尺寸越细小。

2)长大过程

晶核一旦形成,为使其继续长大,液相原子必须向液-固界面上迁移堆积。晶体生长就是晶核消耗液体而堆积长大过程。晶体的进一步长大由原子向液-固界面堆积的动力学条件所限定,而晶体生长形态取决于晶体的长大过程特点,即主要取决于液-固界面原子尺度的特殊结构——液-固界面的微观结构。

材料的结晶形貌特点可分成两大类。一类为非小晶面长大,主要是金属和一些特殊的有机化合物。这类晶体具有宏观上光滑的液-固界面,且显示不出任何结晶面的特征,图 1-38(a)所示为非小晶面界面晶体长大后外形,呈树枝状,原子在向液-固界面上堆积时是各向同性的。第二类为小晶面长大,主要是类金属、矿物及一些有机物晶体。这类晶体在宏观上呈锯齿状的液-固界面,显示出结晶面的特征,图 1-38(b)所示为其生长的外形。不同晶面的长大速度是不同的,从而形成有棱角的外形。

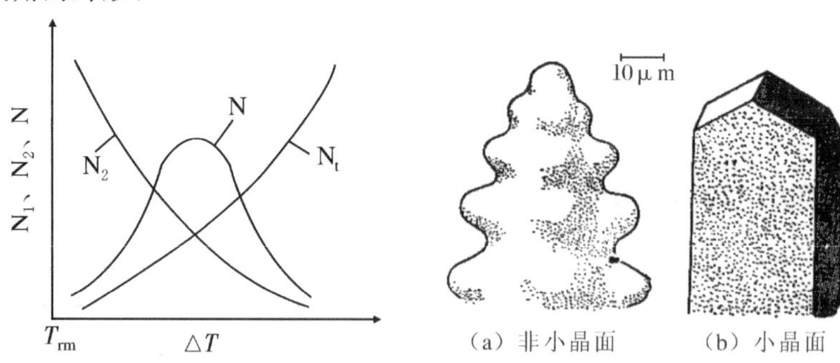

图 1-37 ΔT 对结晶形核率的影响　　图 1-38 界面的宏观形态

晶体长大机制指结晶过程中晶体界面向液相推移的方式，具体某种晶体长大按小晶面还是非小晶面方式，这取决于液-固界面的微观结构，也即需要讨论其液-固界面的自由能，主要和熔化熵相关。

液-固界面的微观结构可用 Jackson. K. A 模型来描述。该模型认为液一固界面粗糙化过程中界面能的变化 ΔG_s，晶体外表面取界面能最低的低指数密排面，设界面上可被原子占据的位置数为 N，在此光滑界面上随机地增加固相原子，并以 Na 表示界面相被固相原子所占据的位置数，则固相原子在界面上所占位置的分数 $x = Na/N$，有：

$$\Delta G_s / NkT_m = ax(1-x) + [x\ln x + (1-x)\ln(1-x)]$$

式中：ΔG_s：液-固界面相对自由能变化；T_m：熔化温度；α：界面因子，主要与熔化熵和结晶晶面指数有关。

液-固界面相对自由能变化与界面上原子堆积概率的关系计算结果如图 1－39所示。$\alpha \leqslant 2$ 时，ΔG_s 在 $x=0.5$ 时有一个最小值，即 ΔG_s 在界面原子位置有 50％被堆积时最小，也就是说，有一半原子位置被堆积时，其自由能最小，此时的界面形态就是被称之为粗糙界面(在原子尺度)。$\alpha > 2$ 时，在 x 值接近 0 和 1 的地方 ΔG_s 最小，$x=0$ 界面层上原子没有堆积，和 $x=1$，界面层上位置全部为原子堆积，其物理意义是一样的，即液一固界面在原子尺度上是光滑的，称为光滑界面。

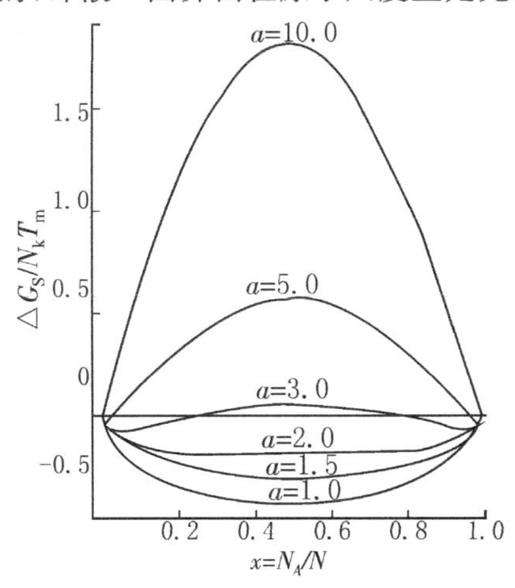

图 1－39　不同 α 值相对自由能变化与界面原子分数关系

凡属 $\alpha < 2$ 的材料在凝固时，其液一固界面是粗糙的，由于原子向晶体表面上附着容易，晶体长大所需的过冷度几乎为零，大部分金属属于此类粗糙界面生长长大。凡属 $\alpha > 5$ 的材料在凝固时，其液一固界面是光滑的，固液两相结构与原子结合键力差别都很大，原子向晶体表面上附着困难，晶体长大需要的过冷度就很大，非金属和部分有机物就属于这类材料。

对于微观光滑界面,其界面结构为小晶面的光滑界面,这种界面从原子尺度来衡量是光滑的,对于这种界面结构,因为单个原子与晶面的结合力较弱,在堆积时很容易逃离晶面,因此这类界面的长大,只有依靠在界面上出现台阶,液体中扩散来的原子堆积在台阶的边缘,依靠台阶向其侧面扩展而长大,称之为“侧面长大”模式。台阶的来源主要有二维晶核台阶和晶体中的缺陷(特别是螺型位错造成的台阶),如图1-40所示。

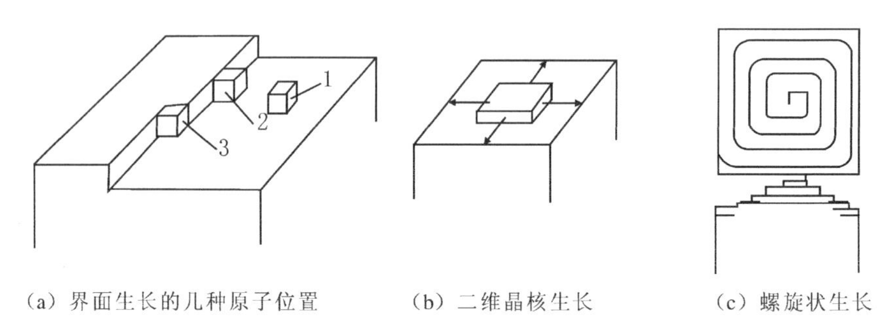

(a) 界面生长的几种原子位置　(b) 二维晶核生长　(c) 螺旋状生长

图1-40　光滑界面的生长机制

对于粗糙界面,界面结构为非小晶面的粗糙界面,这种界面从原子尺度衡量是坎坷不平的,对于接纳从液相中来堆积的原子来说,各处都是等效的,从液相中来的原子很容易与晶体连接起来,晶体长大比光滑界面容易,只要堆积原子的供应没有障碍,其长大可以连续不断地进行,因此称之为“连续长大”模式。

以上讨论了晶体长大的微观机制,金属晶体开始生长后,其形态还取决于界面前沿液相内的温度分布。纯金属及固溶体合金在正的温度梯度下结晶为平面状生长,而在负的温度梯度下呈树枝状生长。这主要是界面前沿的液相内的温度分布影响了界面的稳定性。温度梯度为正,界面稳定,反之则界面不稳定。

当含微量杂质时,即便在正的温度梯度下因有成分过冷也会生长成胞状晶或树枝晶。金属和合金的成分、液相中的温度梯度和凝固速度是影响成分过冷的主要因素。晶体的生长形态与成分过冷区的大小密切相关。在成分过冷区较窄时形成胞状晶,而成分过冷区较大时,则形成树枝晶。

由于金属是不透明的,一般说来,我们不能观察到它的结晶过程。但金属和盐类的结晶都是由形核和长大两个基本过程组成,通过观察透明盐类的结晶,如氯化氨的结晶,有利于了解树枝晶的结晶过程和长大形态。

将质量分数为25%～30%的氯化氨,即接近饱和状态的水溶液,滴几滴在玻璃板上或倒入少量于玻璃皿中,其结晶过程是靠水分蒸发和降温来驱动结晶的。结晶过程为首先从液体的边缘处开始,慢慢向内扩展,在首批晶核长大的同时。又不断地形成新的晶核并长大。整个过程是不断形核和晶核长大的过程。最后,各晶粒边界相互接触，相互妨碍生长，直到液体耗尽，各晶粒完全接触，结晶完成。

通过化学中的取代反应也可观察树枝晶的生长过程。在硝酸银的水溶液中放入一段细铜丝，铜开始溶解，而银发生沉淀现象。将银冲水吹干，在显微镜下观察，也可看到银的枝晶生长过程。

3. 实验内容

(1) 观察质量分数为25%～30%的氯化氨溶液在玻璃皿空冷的结晶过程。

(2) 观察质量分数为25%～30%的氯化氨溶液在玻璃皿空冷时，在其上撒入少量的氯化氨粉末的空冷结晶过程。

4. 实验材料与设备

氯化氨、玻璃皿、天平、吸管、玻璃棒、放大镜、

5. 实验流程

(1) 按水的体积多少，计算氯化氨的用量，并用天平称取；

(2) 在烧杯中配制质量分数为25%～30%的氯化氨水溶液；

(3) 滴几滴在玻璃板上或倒入少量于玻璃皿中；

(4) 在部分玻璃皿中撒入少量的氯化氨粉末空冷结晶；

(5) 观察不同条件下氯化氨水溶液结晶过程。

6. 实验报告要求

画出氯化氨水溶液结晶组织示意图；

(1) 氯化氨水溶液空冷的结晶组织示意图；

(2) 撒入少量的氯化氨粉末空冷结晶组织示意图。

7. 思考题

(1) 什么是成分过冷？它对结晶凝固的组织形态有何影响？

(2) 凝固结晶包括那两个过程？形核速率对晶粒细化有何影响？试比较不同条件对氯化氨水溶液空冷的结晶组织的影响。

实验8　二元共晶系合金的组织观察与分析

1. 实验目的

(1) 熟悉共晶系合金的显微组织特征；

(2) 掌握用相图分析合金结晶组织的方法；

2. 实验概述

相图是分析显微组织的最基本的依据。在组织分析中，相或组织组成物的数量、形态与分布等对组织与性能有很大的影响，常需要借助于相图研究分析。有

许多二元共晶系的合金如 Pb—Sb、Pb—Sn、Al—Si、Cu—O，Fe—C(白口铸铁部分)等，现以 Pb—Sn 合金为例来分析，见图 1-41。

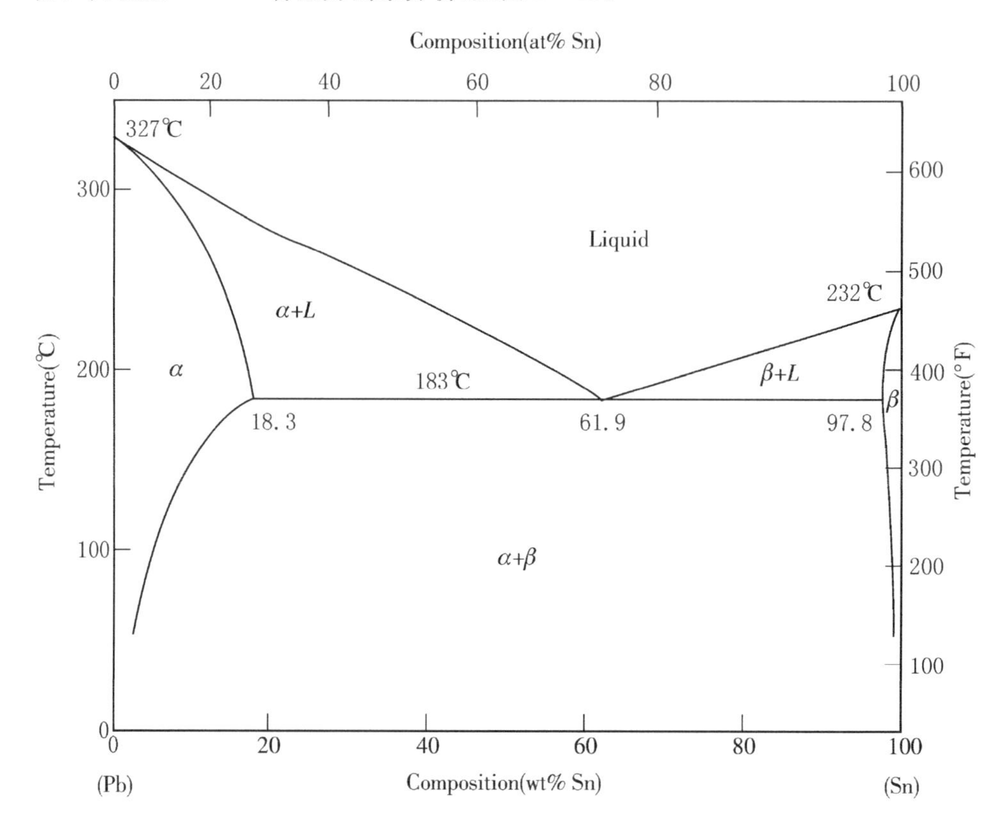

图 1-41 Pb—Sn 合金相图

1) 端际固溶体

位于相图的两端，分别是含 Sn 的质量分数小于 18.3%的合金与含很少量 Pb 的合金。这类合金在结晶终了将得到单相固溶体，α 固溶体和 β 固溶体，将其冷到固溶度线以下，将析出二次 β 或二次 α，通常呈粒状或小条状分布于晶界与晶内。

2) 共晶线上的合金

成分处于共晶线上的合金，在温度降到共晶温度时，都要发生共晶反应，组织中有共晶组织特征。按成分分为亚共晶合金、共晶合金和过共晶合金几种。

(1)共晶合金

如 Pb—Sn 二元合金成分处于共晶点上，在共晶温度时，发生共晶反应，其反应式为：L_E—a+β，结晶完毕，得到全部的共晶组织。一般说来，共晶体的成分是确定的，由一定成分的固溶体组成。例如，在 Pb—Sn 合金中，共晶体由 a+β 两相组成，a相是Sn在Pb中的固溶体，Sn在Pb中的质量分数为18.3%，β相是Pb在Sn中的固溶体，由于Pb在Sn中的固溶度很小，所以，β相的成分与纯Sn的成分接近，可认为其共晶体由a+Sn组成。

共晶体的形态因合金不同而呈各种形态。有片状、枝状、棒状，球状、针状等形态，主要由组成相的本质和相对数量决定。当二元合金为金属—金属型时，共晶反应时，两相的液一固界面为微观粗糙型，结晶后易形成规则的共晶体，如Pb—Sn合金的共晶为片状。而金属—非金属型的合金，共晶组织常呈复杂的形态，由于金属相的液一固界面为微观粗糙型，而非金属相的液一固界面常为微观光滑型，它们的生长速度不同，使生长速度慢的非金属相产生分枝，形成了各种复杂的形态，如Pb—Sb合金中(Sb呈弱金属性)，共晶组织形态为树枝状。

在分析共晶组织时，由一个晶核长成的同方向区域为一个共晶领域，由几个领域组成的区域称共晶团，共晶团的周围组织较为粗大，这是由于该处最后结晶，要放出结晶潜热，使其过冷度降低，成核数下降引起。

(2)亚共晶合金和过共晶合金

亚共晶合金的成分位于共晶点左侧，而过共晶合金成分位于共晶点右侧。它们在冷却时，首先要结晶出初生晶体，而后结晶到达共晶温度时发生共晶反应，即剩余的液相生成共晶体。组织特征为初生晶体加共晶体。成分离共晶点越近，初生相的数量越少，若有固溶度变化，冷到室温，会析出二次相。例如，Pb—Sn合金的亚共晶组织为a+(a+Sn)，过共晶组织为Sn +(a+Sn)。

初生相的形态也与合金的本质和数量有关，纯金属及其固溶体的初生晶体一般呈树枝状。而金属性差、晶体结构复杂的元素或化合物，数量较少时常呈规则形状，如正方、三角、菱形等。而数量较多时，也可呈树枝状、卵状等。

3) 枝晶偏析与离异共晶、伪共晶

上述讨论的是二元合金的平衡态组织，即缓慢冷却下结晶的组织特征。而当二元合金不平衡结晶时，也就是在快冷时，固相成分扩散不均匀，固相成分偏离平衡相图上固相线的位置，结晶后的组织成分不均匀，先结晶的枝杆，含高熔点组元多，后结晶的枝间含低熔点组元多，即所谓的枝晶偏析现象。由于枝晶偏析，组织呈树枝状分布，具有此种组织的合金性能下降，可通过扩散退火消除偏析提高性能。如Cu—Ni合金等。

快冷时，处于共晶恒温线上两端点附近的合金，由于初生晶的数量较多，在共晶转变时，与初生相相同的相依附于初生相长大，另一相孤立存在，具有这种特征的共晶体称离异共晶。另外，快冷时共晶成分的合金将偏离原共晶点，形成伪共晶组织，而成分靠近共晶点的合金，快冷时，甚至来不及析出初生相就发生共晶反应，而结晶出全部的伪共晶组织。总之，快冷时，会导致初生相及二次相析出数量减少或来不及析出、原成分点及固相线的位置要发生变化以及形成的组织不均匀,较为细致等特点。

3. 实验内容

(1) 认真预习实验指导书与课程的相关内容;

(2) 用金相显微镜观察表1-13中所列合金的组织;

(3) 结合相图等知识分析不同成分合金平衡结晶的组织特征;

(4) 分析合金非平衡结晶的组织特征;

(5) 按要求画出组织示意图,并标注相关条件。

4. 实验材料与设备

二元合金金相样品一套,见表1-13。

多媒体课件、设备一套,金相显微镜若干台。

表1-13 二元合金金相样品

序号	合金系名称	类别	质量分数	显微组织
1	Pb-Sn	亚共晶	(30%~50%)Sn	
2		共晶	61.9%Sn	
3		过共晶	(70%~80%)Sn	
4	Pb-Sb	亚共晶	(5%~8%)Sb	
5		共晶	11.2%Sb	
6		过共晶	(20%~75%)Sb	
7	Al-Si	亚共晶	(3%~11%)Si	
8		共晶	11.6%Si	
9		过共晶	(12%~70%)Si	
10	Sn-Sb	铸态	12%Sb	
11		铸态	30%Sb	
12	Al-Si	亚共晶	3%Si	
13	Pb-Sb	亚共晶	(4%~5%)Sb	

5. 实验流程

(1) 正确操作金相显微镜,注意选择合适的放大倍数,观察表1-13中所列合金的组织。

(2) 结合相图等知识观察分析不同成分合金平衡结晶的组织特征。

(3) 观察分析不同非平衡结晶的组织特征。

(4) 按要求画出组织示意图,并标注相关条件。

6. 实验报告要求

(1) 要求将显微组织填入表1-13中。

(2) 画出下列组织示意图。

任选一组合金的亚、共、过共晶组织。共晶离异任选一。

要用铅笔画在直径30～50mm的圆内,并注明组织组成物、放大倍数、样品材料状态及腐蚀条件注明。

7. 思考题

(1) 什么是共晶反应?共晶体的形态受哪些主要因素影响?变质处理改变铸造铝硅合金组织形态的机理是什么?

(2) 是否只有处于共晶恒温线上的合金才能有共晶反应?如何解释单相固溶体合金在区域熔炼时末端产生的共晶体?

实验9 塑性变形与再结晶组织观察与分析

1. 实验目的

(1) 观察塑性变形与再结晶的组织特点;

(2) 了解变形度对再结晶组织晶粒大小的影响;

(3) 结合工艺和组织特点分析材料机械性能的变化。

2. 实验概述

材料在外力作用下,所发生的变形为弹性变形和塑性变形,当应力在弹性极限以下,发生弹性变形,而当应力大于弹性极限时,发生不可恢复的变形,即塑性变形。塑性变形的基本方式为滑移和孪晶。

1) 滑移

滑移是晶体在切应力的作用下,金属薄层沿滑移面相对移动的结果,其实质为位错沿滑移面运动造成的。滑移后,滑移面两侧的晶体位向保持不变。将抛光的样品进行变形,在样品的表面上产生许多变形台阶,在显微镜下观察时,看到的是由许多黑色的线条组成,每条黑线称滑移带,而实质是样品表面出现的一组细小的台阶所致。滑移线的形状主要取决于材料的晶体结构,有直线形的、波浪状的、平行的和相互交叉的等。

多晶体滑移的特点是各晶粒内滑移的方向不同,变形程度不同,同一晶粒内的变形也不同,所以不同的晶粒和同一晶粒内的滑移带数量不同。另一方面,可看到滑移沿几个滑移系进行,如双滑移,即两组黑线交叉起来。

2) 孪晶

在不易滑移的材料中,变形常以孪晶的方式进行,孪晶是在切应力的作用下,晶体的一部分以一定的晶面,即孪生面为对称面,与晶体的另一部分发生对称移动,其结果使孪生面两侧的晶体位向发生变化,形成镜面对称。而在显微镜下,可看到较宽的孪生带。在滑移系较少的晶体如密排六方的锌中,常呈孪生变形。而面心立方的铁常以滑移方式变形,只在低温冲击时,才发生孪生变形。

某些材料再结晶退火后,出现退火孪晶,如纯铜或黄铜的退火孪晶,呈方形特征。这是由于再结晶过程中,新晶粒界面发生层错的缘故。

3) 冷变形后显微组织和性能

塑性变形不仅使材料的外形发生变化,其内的晶粒也拉长了。当变形度很大时,晶粒沿变形方向拉长,呈纤维状,在变形过程中,晶粒破粹成许多亚晶粒,晶格严重变形,位错密度增加,使进一步变形困难,产生加工硬化现象,即随着变形量的增大,硬度、强度增加,而塑性、韧性下降。

4) 变形材料加热时组织和性能的变化

变形后的材料,处于不稳定的状态,在加热时,要发生恢复、再结晶和晶粒长大等过程。也引起材料机械性能的改变。

而材料的机械性能与晶粒大小密切相关,而晶粒大小又取决于变形度和再结晶退火的温度,当变形度一定时,晶粒大小仅受再结晶退火温度的控制。

当变形度很小时,晶格畸变能很小,不能发生再结晶,材料能进行再结晶的最小变形度,一般在2%～10%的范围内,这时候,再结晶的晶粒异常粗大,称该变形度为临界变形度,如铁的临界变形度约为5%,铜的临界变形度约为2%等。而当变形度超过临界变形度后,再结晶的晶粒随变形度的增加而减小。粗大晶粒使材料性能降低,在实际生产中,应尽量避免临界变形度范围内的变形。

(1) 恢复

恢复是在加热温度较低时,晶体内点缺陷、位错产生运动,使亚晶合并和多边形化等,由于温度较低,组织和性能变化不大,即晶粒外形无明显变化,强度和硬度稍有下降,塑性、韧性稍有增加。

(2) 再结晶

当加热温度较高时,位错等缺陷的运动能量增大,晶粒外形开始发生变化,拉长的晶粒变成新的等轴晶粒,而晶格类型不变,故称为再结晶。这时,材料的强度、硬度不断降低,而塑性、韧性显著升高,加工硬化现象消失。

(3) 晶粒长大

当温度继续升高时,发生聚集再结晶,晶粒粗化,此时,强度和塑性都降低。

3. 实验内容

(1) 按金相显微镜的操作规程调节图像,观察表 1-14 所列的样品组织。

(2) 分析各组织的特点与形成条件,了解滑移线和孪晶的区别。

(3) 将变形度、再结晶温度与晶粒大小结合起来进行分析,观察分析临界变形度对晶粒大小的影响。

(4) 按要求画出组织示意图,并标注相关条件。

4. 实验材料与设备

塑性变形与再结晶样品组织一套,多媒体设备一套,金相显微镜若干台。

5. 实验流程

(1) 实验前应认真阅读实验指导书与相关的理论知识,明确实验目的、内容等。

(2) 正确操作金相显微镜,注意选择合适的放大倍数,观察表 1-14 中所列合金的组织。

(3) 观察分析不同的组织特征与区别,特别是组织组成物的分析。

(4) 按要求画出组织示意图,并标注相关条件。

6. 实验报告要求

(1)明确实验目的,内容。

(2)将下列材料的组织示意图画在直径为 30～50mm 的圆内,并注明组织特征、放大倍数、材料状态及腐蚀条件等。

- 变形度样品、再结晶样品各选两个画出。
- 滑移线、孪晶各选一个画出。

(3)分析所画组织的形成条件,总结材料塑性变形与再结晶组织性能的变化规律。

7. 思考题

(1) 金属中常见的 3 种晶体结构中,哪种结构的滑移系最多?

(2) 铜合金为什么在退火时易产生退火孪晶组织?

表 1-14 塑性变形与再结晶样品组织观察

序号	材料名称		处理状态	放大倍数	显微组织
1	不同变形度材料	纯铁	0%		
2		纯铁	20%		
3		纯铁	40%		
4		20 钢	40%		
5		40 钢	50%		
6		T8	60%		
7	变形后不同条件下加热	纯铁	变形+高温退火		
8		20 钢	40%变形+510℃15min		
9		20 钢	40%变形+510℃20min		
10		20 钢	40%变形+640℃15min		
11		T8	50%变形+510℃15min		
12	低碳钢临界变形度		完全再结晶		
13	纯铁滑移线		微量变形		
14	纯铁孪晶		低温冲击		
15	纯锌孪晶		变形		
16	纯铜孪晶		退火		

1.5 材料相图与结构

实验 10 Pb-Sn 二元相图测定及其组织分析

1. 实验目的

(1)掌握用热分析法测定材料的临界点的方法。

(2)学习根据临界点建立二元合金相图。

(3)自制二元合金金相样品,并分析组织。

2. 实验概述

1) 相图的概念

相图也称状态图或平衡图,是一种表示合金状态随温度、成分变化的图形。根据相图可以确定合金的浇铸温度,分析进行热处理的可能性和形成各种组织的条件等。

由于纯金属与合金的状态发生变化时，将引起性能发生相应的变化，如液态金属结晶或发生固态相变时会产生热效应，合金中的相变会伴随着电阻、体积、磁性等物理性质变化等。纯金属和合金发生固态相变时，包括液体结晶，所引起它们的某些性质发生变化时，所对应的温度称临界点。利用此特征可以测定它们的临界点，然后把不同成分中同类的临界点联结起来，就可绘制出合金成分、温度变化与组织关系的状态图。

临界点测定方法有很多种，有热分析法、热膨胀法、电阻测定法、显微分析法，磁性测定法等，但最常用和最简单的方法是热分析法。

2）热分析法

把熔化的金属或合金自高温缓慢的冷却，在冷却的过程中每隔相等的时间进行测量，记录一次温度，由此得到温度与时间的关系曲线，称冷却曲线。金属或合金当无相变发生时，温度随时间的增加均匀地降低，一旦发生了某种转变，则由于热效应的产生，冷却曲线上就会出现水平台阶或转折点，水平台阶或转折点的温度就是发生相变开始或终了的温度，即为临界温度或临界点。表 1－15 为 Pb－Sn 合金参考临界点值。热分析法测定由液体转变为固态时的临界点效果较为明显，固态溶解度变化小潜热小，难用此法测定。

表 1－15　铅锡合金的成分及临界点

编号	成分	参考熔点/℃
1	Pb	327
2	90% Pb +10%Sn	285
3	70%+30%Sn	250
4	38.1% Pb+61.9%Sn	183
5	20% Pb +80%Sn	220
6	Sn	232

3）测定方法

利用热分析法进行 Pb－Sn 合金转变点的相图测定与描绘，方法是首先测定一定成分的 Pb－Sn 合金的转折点，测量若干组不同成分合金的数据，根据测量数据作出冷却曲线，即温度与时间的关系曲线，而后按曲线上的转折点进行绘制相图，如图 1－42 所示。

3. 实验内容

(1) 按表 1－15 配制所选定的合金成分。

(2) 用热分析法测定铅锑合金的临界点。

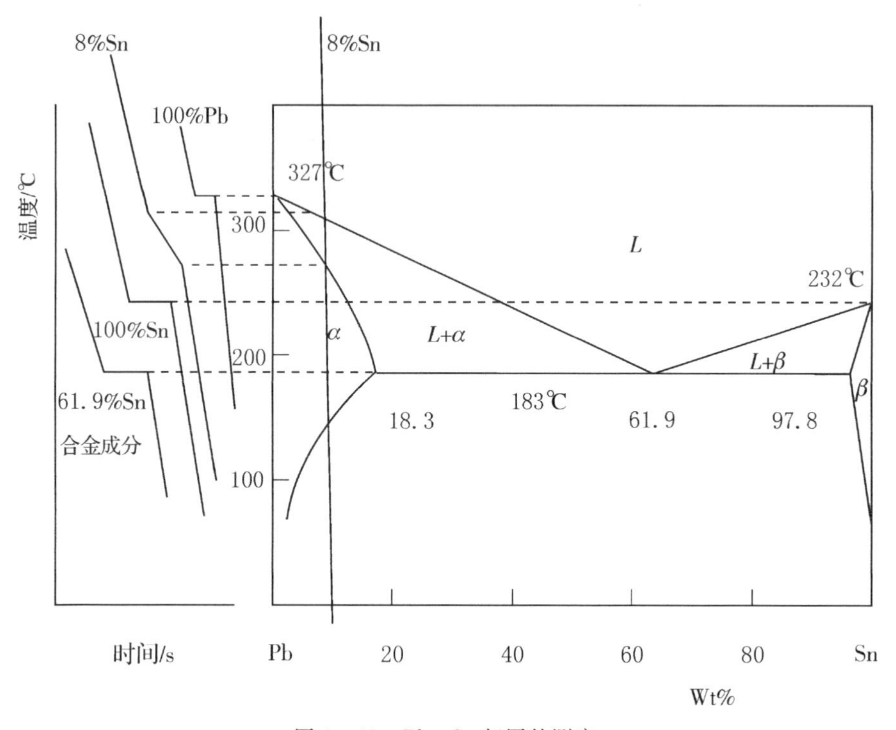

图 1-42 Pb-Sn 相图的测定

(3) 用浇铸法制成二元合金样品。

(4) 制备二元合金金相样品。

(5) 分析合金组织。

4. 实验仪器与材料

所涉及到的实验材料及仪器有:

(1)Pb-Sn 合金原料。

(2)坩埚、石英棒、坩埚钳、特制模具、锯条等。

(3)特制可测量冷却曲线的马福电炉。

5. 实验流程

(1) 每小组约 4～7 人,每组按表中要求配制一种成分合金 250g,放入坩埚,把坩埚放入电炉内加热,加热温度在熔点以上 100℃度左右,熔化后,用石英棒搅拌,使成分均匀。为防止氧化,应在上面上覆盖一层木碳粉或石墨或加盖。

(2) 合金融化后,应立即关闭电源,打开炉门,把坩埚盖去掉,把温度计或热电偶连同保护瓷套管插入液体中,注意热电偶的工作端应处于液体的中部,自由端应接到温度测量装置上,注意电极正负。若用水银温度计测量,不要超过最大值,使用前要把它烘热到100℃～150℃，再进行测量。取出时不要放入水泥台上，以免损坏。

(3) 当液体冷却时，每隔30s记录一次温度，不必测量到室温，至完全凝固终止后，再降低20℃即可，测量结果记录在表1-16中。

(4) 完成测量后，再将坩埚放入电炉中，加热熔化后，关闭电源将其取出，把液体表面的石墨层用刀片或锯条除掉，重新放入电炉中，加热充分熔化后取出，除掉液体表面的氧化层。每组将该液体浇铸到内壁涂有石英砂或其他脱膜剂的模子内空冷。将另一个涂有石英砂的模子放在底面涂有石英砂的坩埚内浇铸，浇铸后连同坩埚一起放入电炉内加热到充分熔化后，关闭电源随炉冷却，冷到室温后取出。

(5) 脱膜后，可进行金相样品的制备与组织分析工作。

注意事项：

在热处理炉内拿出或放入陶瓷坩埚时，要切断电源，十分小心地操作。温度计和坩埚都不能直接用手去拿，防止烫伤。

由班长分组，每组4～7人，选出小组长，作为一个实验小组，指定配制某一成分的合金。小组长负责整个实验包括测温、浇铸、金相试样制备与分析等的安排和安全等事项。

如晶粒度样品的制备与测定、定量分析样品的制备与测定、综合实验热处理操作、测量硬度、样品制备、数码拍照、打印图片等都由实验组的小组长全部负责。班长负责指导教师与小组长之间的联系工作等。

6. 实验报告要求

(1) 简述热分析法测定二元相图的方法。

(2) 每位同学根据本人所在实验组记录的温度随时间的变化数据，绘出测定合金的冷却曲线，注明其成分与临界点，并分析制备的样品组织，撰写个人实验小报告。

(3) 以第一个实验小组的每位同学作为各个报告组的组长，组织其他各实验小组的相应序号的同学为一个报告组，把各组的冷却曲线以温度和成分为坐标，作出二元合金相图。分析相图各点、线、区的意义，进行小组讨论与汇报，撰写小组实验报告。

7. 思考题

(1)什么是理论结晶温度？结合对Pb或Sn的冷却曲线测定，你认为纯金属在理论结晶温度下能否结晶凝固？

(2)根据本次实验，分析为什么共晶成分的合金铸造性能最好？

表 1-16 测量记录数据

读次	时间间隔	温度/℃	读次	时间间隔	温度/℃
注明金属或合金的成分与临界温度					

实验 11　晶体结构的堆垛与位错模拟分析

1. 实验目的

(1)加深对晶体学相关基础概念的理解；

(2)熟悉面心立方结构与密排六方结构原子堆垛次序的区别；

(3)增强对面心立方晶体中的单位位错、肖克莱不全位错及扩展位错的感性认识。

2. 实验概述

固态物质根据其内原子(分子或离子)排列是否有序分为晶体和非晶体。晶体中的原子(分子或离子)在三维空间的具体排列方式称为晶体结构。材料的性质与其晶体结构相关,晶体结构对于材料研究、开发与使用是最基本的基础知识之一,通过本实验试图加深同学们对晶体结构及其内的堆垛层错与位错缺陷的理解与认识。

在晶体学中基本的概念包括空间点阵、晶胞、晶面与晶面指数、晶向与晶向指数等。典型的晶体结构有金属晶体中的面心立方(A1 或 fcc)、体心立方(A2 或 bcc)和密排六方(A3 或 hcp)。面心立方和密排六方结构都是密堆结构。面心立方结构的密排面是{111},密排方向是⟨110⟩,而密排六方结构的密排面是{0001},密排方向是$\langle 11\bar{2}0\rangle$。这两种密堆结构密排面上的原子排列方式完全相同,原子中心的连线构成一个个等边三角形(图 1-43),其中有正立的三角形(图 1-44),也有倒立的三角形(图 1-45)。

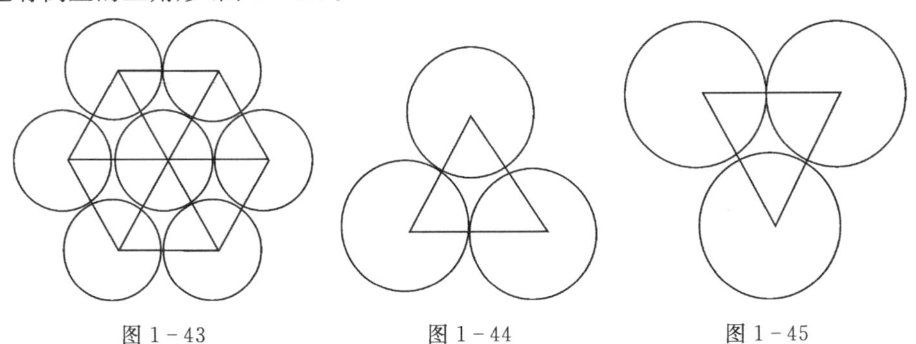

图 1-43　　图 1-44　　图 1-45

面心立方结构和密排六方结构按密排面的堆垛次序是截然不同的。面心立方结构是密排面按照 ABCABCABC……次序堆垛而成的,如果你的双肩与$[\bar{1}10]$方向平行,就会看到:第二层(B 层)的原子位于第一层(A 层)原子正立的三角形形心的上方,第三层(C 层)的原子又位于第二层的原子正立的三角形形心的上方,如此重复。所有相邻的两层密排面,上层原子都位于下层原子正立的三角形形心的上方，构成所谓△△△△△……堆垛(图 1-46)。

密排六方结构则是密排面按 ABABAB……次序堆垛而成，如果你的双肩与 $[\bar{1}2\bar{1}0]$ 方向平行，就会看到：第二层(B 层)的原子位于第一层(A 层)原子正立的三角形形心的上方，第三层(A 层)的原子又位于第二层(B 层)的原子倒立的三角形形心的上方，第四层(B 层)的原子又位于第三层(A 层)的原子正立的三角形形心的上方，如此重复，构成所谓的△▽△▽△……堆垛(图 1-47)。

将密排面按上述两种不同的次序堆垛，就会分别获得面心立方结构和密排六方结构，这是本次实验的一个基本任务。

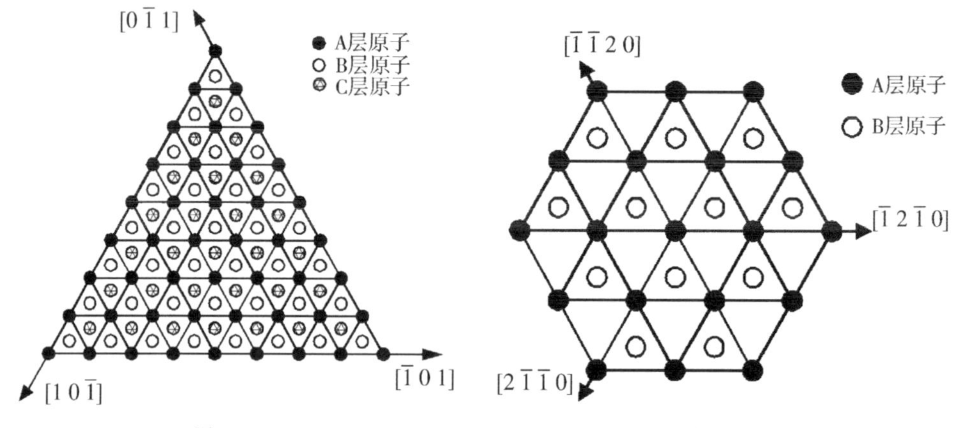

图 1-46　　　　图 1-47

如果密排面堆垛过程中其中某一层原子发生错排，就会出现层错，这是晶体中的一种缺陷。所谓的堆垛层错缺陷就是指这种原子正常的堆垛次序遭到破坏的现象。在这种层错区，虽然原子仍处于力学平衡位置，但由于不是正常位置，会发生晶体结构的变化，在面心立方结构中会部分地出现密排六方结构，同样在密排六方结构中会部分出现面心立方结构。

晶体中的缺陷是指实际晶体中与理想的点阵结构发生偏差的区域。按其在空间的分布方式分为点缺陷、线缺陷和面缺陷三大类。上述的层错为面缺陷一种，而晶体中的位错为线缺陷。本次实验中除要堆垛出层错外还要进行各种位错的堆垛的模拟。

在面心立方晶体中位错的基本类型有单位位错、不全位错和扩展位错。考虑到结构条件和能量条件的限制，面心立方晶体中单位位错的柏氏矢量必须是 $\frac{a}{2}\langle 110\rangle$。如果让一部分晶体在{111}面产生 $\frac{a}{2}\langle 110\rangle$ 大小的刚性滑移，就会在{111}内产生一个柏氏矢量为 $\frac{a}{2}\langle 110\rangle$ 的单位位错——已滑移区和未滑移区的分界线。经过滑移，各部分的原子仍处于正常的堆垛位置，没有产生层错。图 1-48

所示为堆好的面心立方结构中最上面的两层(111)原子面，如果将 ab 线上的 B 层原子连同 ab 线右侧的所有 B 层原子都沿 $[\bar{1}10]$ 方向产生 $\frac{a}{2}[\bar{1}10]$ 大小的滑移，就会得到图 1－48 的结果，在 ab 位置处产生一个方向为 $[\bar{1}01]$ 柏氏矢量 $\vec{b}=\frac{a}{2}[\bar{1}10]$ 的混合型单位位错。经过滑移的 B 层原子仍处于 A 层原子正立的三角形形心上方，这是面心立方结构中的正常堆垛位置，因而没有层错的存在。

面心立方晶体结构中{111}面的 $\vec{b}=\frac{a}{2}[\bar{1}10]$ 全位错(单位位错)可以分解为 2 个柏氏矢量为 $\frac{a}{6}\langle 112\rangle$ 的不全位错(分位错)，即肖克莱位错。如果让一部分晶体在{111}面产生 $\frac{a}{6}\langle 112\rangle$ 大小的刚性滑移，就会在{111}面内产生一个柏氏矢量为 $\frac{a}{6}\langle 112\rangle$ 的肖克莱不全位错。由于这个滑移矢量不是点阵矢量，经过滑移的原子虽然处在力学平衡位置上，却是不正常的位置，因而产生了层错。如将图 1－48 中 ab 线上的 B 层原子连同 ab 线右侧的所有 B 层原子在 $[\bar{2}11]$ 方向上产生 $\frac{a}{6}[\bar{2}11]$ 大小的滑移，结果如图 1－50 所示。这样在 ab 位置处就留下一个方向为 $[\bar{1}01]$，柏氏矢量 $\vec{b}=\frac{a}{6}\langle 112\rangle$ 的混合型肖克莱不全位错。经过滑移的 B 层原子位于 A 层原子倒立三角形形心的上方，这是面心立方晶体中的不正常的堆垛位置，因而出现了层错。

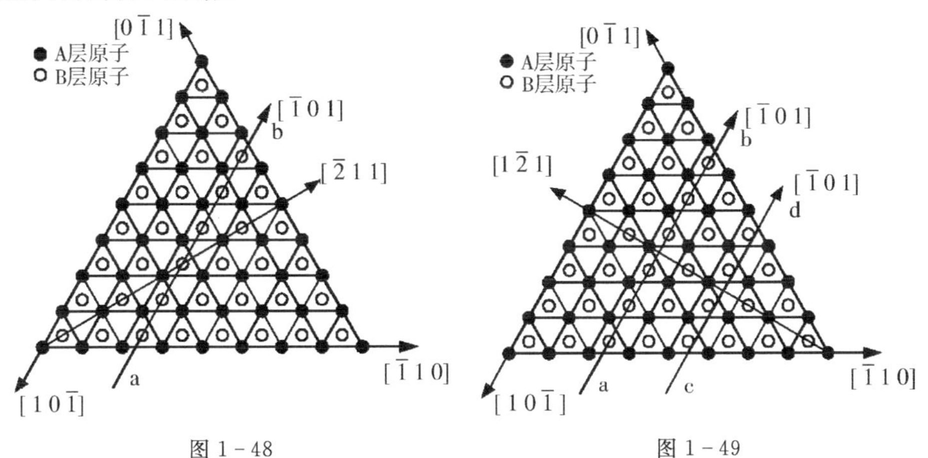

图 1－48　　图 1－49

如果将图 1－49 中 ab 线与 cd 线之间的两排 B 层原子沿 $[1\bar{2}1]$ 方向滑移 $\frac{a}{6}[1\bar{2}1]$，可得图 1－51 所示的结果。这是一个由 $[\bar{1}01]$ 方向上 $\vec{b}=\frac{a}{2}[\bar{1}10]$ 的

单位位错分解而来的扩展位错。ab 处原来的单位位错已变成了 $\vec{b}=\frac{a}{6}[\bar{2}11]$ 的肖克莱不全位错，cd 处又产生了一个 $\vec{b}=\frac{a}{6}[\bar{1}2\bar{1}]$ 的新肖克莱不全位错，两个肖克莱不全位错之间的 B 层原子位于 A 层原子倒立的三角形形心上方，是一个层错区。因此面心立方晶体中的全位错分解表达式为：

$\frac{a}{2}[\bar{1}\bar{1}0]\rightarrow\frac{a}{6}[\bar{1}2\bar{1}]+\frac{a}{6}[\bar{2}11]+S.F.$ 其中，S. F. 为堆垛层错(Stacking Fault)。

这对不全位错和其中间夹的层错位称为扩展位错。

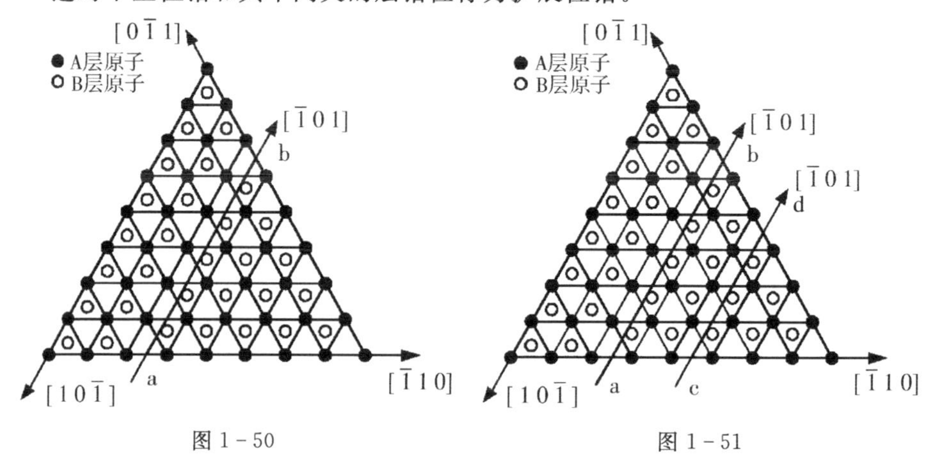

图 1 - 50　　　　图 1 - 51

3. 实验内容

1)在四面体有机玻璃盒中用三色玻璃球(A 层红色、B 层蓝色、C 层黄)按 ABCABC……顺序堆出面心立方结构；在正六棱柱有机玻璃壳中用两色玻璃球(A 层红色、B 层蓝色)按 ABABAB……顺序堆出密排六方结构。

2)在已堆好的面心立方结构的最上层原子面(111)上模拟出下列位错：

1) $d\vec{l}\rightarrow[\bar{1}\bar{1}2],\vec{b}=\frac{a}{2}[\bar{1}10]$；2) $d\vec{l}\rightarrow[\bar{1}\bar{1}2],\vec{b}=\frac{a}{6}[\bar{2}11]$

3) $d\vec{l}\rightarrow[\bar{1}\bar{1}2],\vec{b}=\frac{a}{6}[\bar{1}2\bar{1}]$；4) $d\vec{l}\rightarrow[\bar{1}\bar{1}2]$，$\frac{a}{2}[\bar{1}10]\rightarrow\frac{a}{6}[\bar{2}11]+\frac{a}{6}[\bar{1}2\bar{1}]$

5) $d\vec{l}\rightarrow[0\bar{1}1],\vec{b}=\frac{a}{2}[\bar{1}10]$；6) $d\vec{l}\rightarrow[0\bar{1}1],\vec{b}=\frac{a}{6}[\bar{2}11]$

7) $d\vec{l}\rightarrow[0\bar{1}1],\vec{b}=\frac{a}{6}[\bar{1}2\bar{1}]$；8) $d\vec{l}\rightarrow[0\bar{1}1]$，$\frac{a}{2}[\bar{1}10]\rightarrow\frac{a}{6}[\bar{2}11]+$

$\frac{a}{6}[\bar{1}2\bar{1}]$

4. 实验材料

四面体有机玻璃盒(即立方体之一角)10个,正六棱住有机玻璃盒10个,夹子若干,三色玻璃球或钢球若干。

5. 实验流程

(1) 认真阅读实验指导书,了解实验目的和内容;

(2) 领取一套实验材料,听取指导教师安排;

(3) 堆出面心立方结构和密排六方结构;

(4) 堆出8个位错;做好实验原始记录。

6. 实验报告要求

(1) 示意画出面心立方和密排六方结构的密排面堆垛次序。

(2) 画出上述8个位错中的4个,指出它们的类型、层错区和扩展位错。

(3) 对本次试验的意见和建议。

7. 思考题

(1)为什么说面心立方和密排六方结构都是密堆结构?

(2)面心立方晶体中的一个全位错分解成2个肖克莱不全位错时,为什么必然夹有一个堆垛层错?

实验12　三元相图的制作

1. 实验目的

(1) 增强三维相图的空间想象能力。

(2) 加深对三元相图基本概念的理解。

(3) 通过制作正确理解三元相图的投影图并能够分析结晶过程。

2. 实验概述

三元系是指含有三个组元的系统,如合金材料中的Fe-Cr-C,Al-Mg-Cu。由于组元间的相互作用,组元间的溶解度会改变,也可能出现新的转变,产生新相,因此三元系统的合金的性能不能简单的通过二元系合金的性能来推断。对于三元系材料的成分、组织和性能的关系需要通过三元系相图来研究分析。在恒压条件下,三元系统有三个独立变量:温度和两个成分。三元相图不同二元系的平面相图而是一个立体图,对其理解把握需要良好的空间想象能力。

1)三元系相图的成分表达与三元相图坐标

在三元相图中三元系的成分常用如图 1－52 的等边三角形表达,为成分三角形或浓度三角形。在垂直于浓度三角形的方向加上一个表示温度(T)的坐标轴就构成了三元相图的坐标框架,如图 1－53 所示。

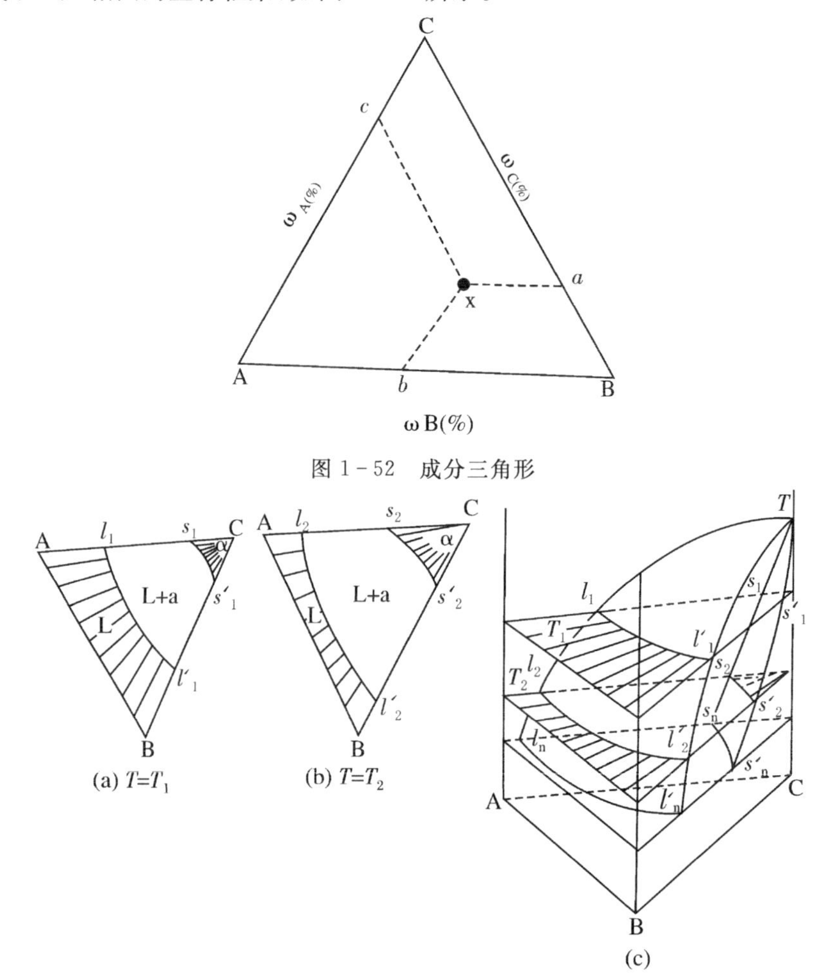

图 1－52 成分三角形

图 1－53 三元相图坐标体系

2)三元匀晶相图

三元系统中三个组元在液态和固态都无限固溶的三元相图为三元匀晶相图。在实际工程材料中,Fe－Cr－V、Cu－Ag－Pb 都是具有匀晶转变的三元合金系。

图 1－54 为三元匀晶相图,它有两个曲面,分别是液相面和固相面,它们相交于三个纯组元的熔点。液相面和固相面将相图分为三个区,即液相面以上的液相区,固相面以下的固相区,以及两面之间的液、固相平衡共存区。

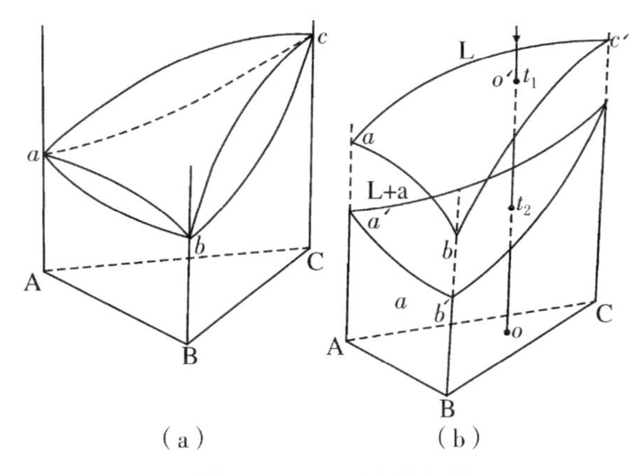

图 1-54　三元匀晶相图

图 1-55(a)为三元匀晶相图的等温截面图，它表示三元系统在某一温度下的状态。图 1-55(b)为等温截面的投影图，等温截面与液相面和固相面的交线分别为 l_1l_2 和 s_1s_2，称为共轭曲线，它将等温截面分成三个相区：固相 α 区、液相 L 区及液固共存 L+α 区。在等温截面的两相区中的任一点成分的合金在这一温度下，两平衡共存相(L 与 α)的成分符合直线法则，即合金成分点与两平衡相必须位于一条直线上，如图 1-55(b)中 O 点合金的直线 mn，也称为共轭连线，此共轭连线具有唯一性，而且不可能位于从三角形顶点引出的直线上，这可由选分结晶原理确定。在共轭线上可应用杠杆定律来计算两平衡相的相对含量。实际的等温截面图并不是从立体图中截取而获得，而是通过实验的方法直接测定的，本实验是为了加强同学们的三维理解能力和对课堂知识的掌握而特意安排的。

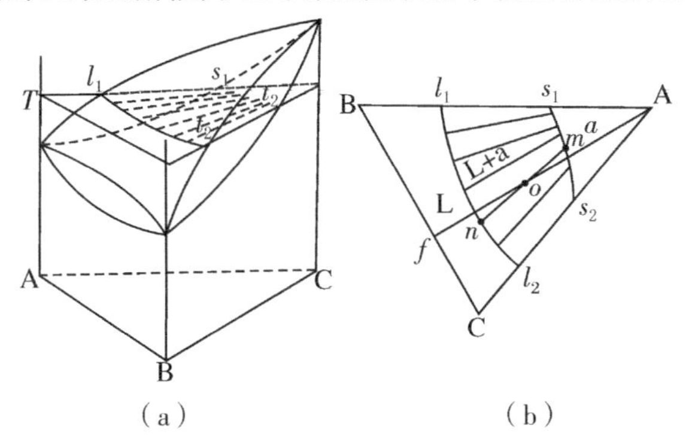

图 1-55　三元相图等温截面与等温截面投影图

利用匀晶相图可以进行合金结晶过程分析。图 1-56(a)为成分为 O 点的合金凝固结晶过程。温度下降到液相面时有液相中结晶出成分为 s 的固相，随温度继续下降，结晶出的固相成分沿固相面变化，相平衡的液相成分沿液相面变化，其过程符合选分结晶原理，即随温度的下降，液相成分沿液相面逐渐向低熔点组元偏移。根据直线法则，在每一温度下，过成分轴线可做共轭连线，将其和液相成分变化曲线和固相成分变化曲线共同投影到浓度三角形中，得到图 1-56(b)所示的蝴蝶图形，称为蝴蝶形迹线，这表明三元匀晶合金系固溶体结晶过程中，反应两平衡相对应关系的共轭连线是非固定长度的水平线，随温度下降，它们一方面下移，另一方面绕成分轴转动，这些共轭连线不处在同一垂直截面上。

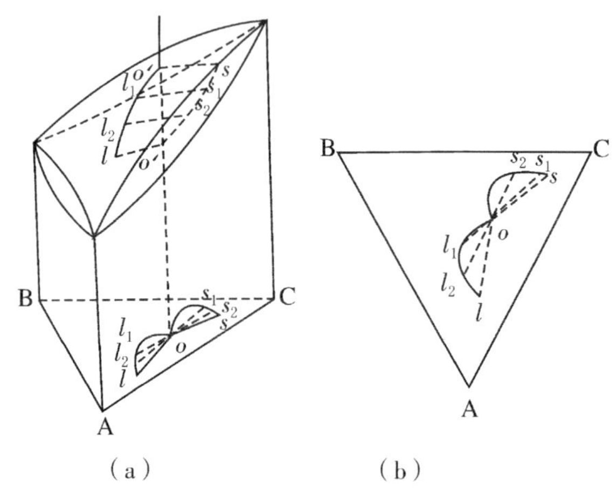

图 1-56 凝固结晶过程与蝴蝶形迹线图

在三元匀晶相图中，为表示某一系列合金在不同温度下的状态，可作其变温(垂直)截面，实际中变温截面也是用实验方法测得的。图 1-57 和图 1-58 分别为两种不同合金系的变温截面。利用它们可以方便地分析合金的结晶过程，确定转变温度，但要注意的是，三元变温截面中的液相线和固相线是截取三维相图中的液相面和固相面所得，并非固相及液相的成分变化迹线，它们之间不存在相平

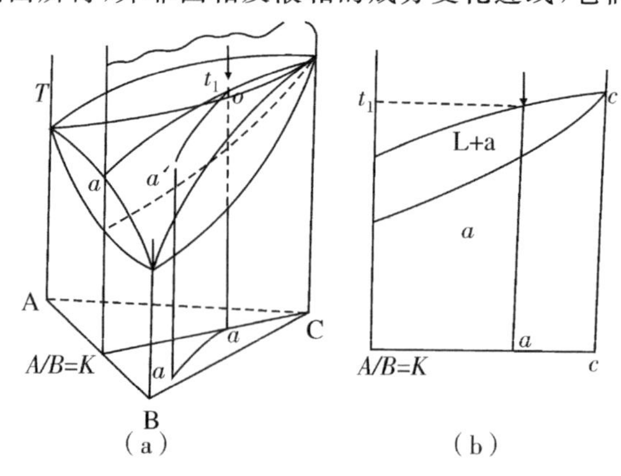

图 1-57 A/B=K 成分线变温截面

衡关系，不能根据这些线确定两平衡相的成分及相对量，这也是这次实验希望能从三维立体关系能体会到的结果。

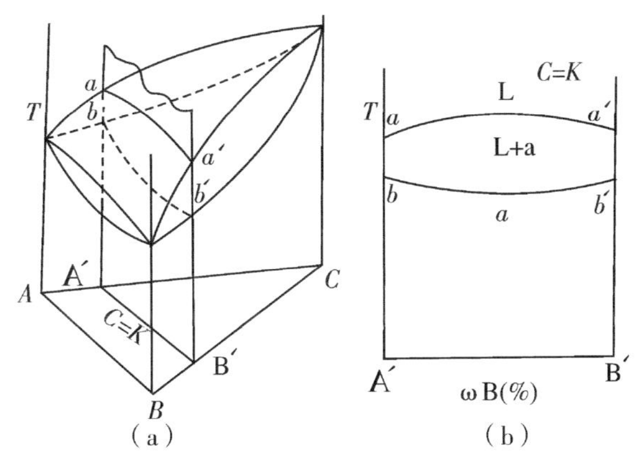

图 1-58　C=K 成分线变温截面

3)具有共晶型四相平衡反应的三元系相图

三组元在液态完全互溶、固态部分互溶或完全不互溶，冷却过程中发生三相共晶转变的相图称为三相共晶相图，如图 1-59 模型相图所示，图 1-60 为其分离图。

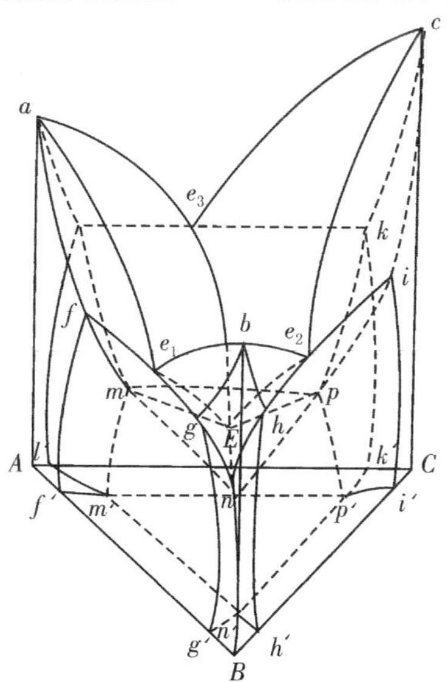

图 1-59　三相共晶相图模型图

此相图中有三个液相面：ce_3Ee_2c、be_2Ee_1b 和 ae_1Ee_3a。固相面与液相面为共轭面，对应的固相面为：cipkc、bgnhb 和 afmla。由二元系固溶度曲线扩展而成的固溶度曲面有 6 个：分别是 ff′m′mf、ll′m′ml、gg′n′ng、hh′n′nh、ii′p′pi 和 kk′p′pk。

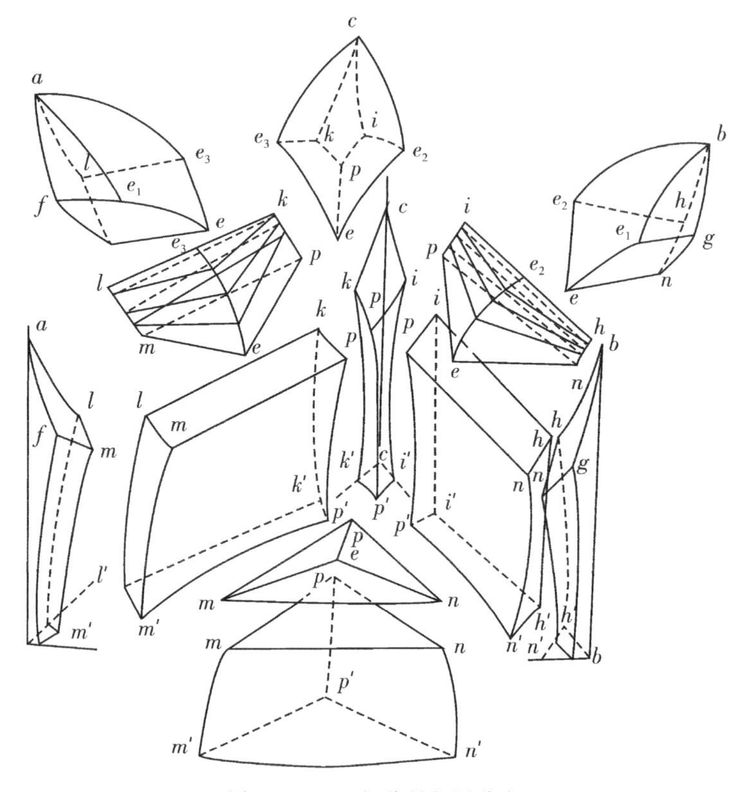

图 1-60　三相共晶相图分离

三个液相面在空间相交形成的三条空间曲线 e1E、e2E 和 e3E 称为三元系的液相线，处于这三条液相线上的液相，当温度降至与液相线相交时将进入相应的三相区而发生共晶型的三相平衡反应，故这三条液相相线也称为共晶线。相图棱角处的固溶度曲面两两相交形成三条交线 mm′、nn′、pp′是固相三相区($\alpha+\beta+\gamma$)的三条成分变温线。

此相图中共有 4 个单相区，除单相液相外，其余三个固相 α、β、γ 单相区由固相面以及由固溶度曲面在靠近相图的三个棱变的地方所隔离出的区域围成(见图 1-61)。相图中的两相区共有 6 个。液相面与固相面之间的空间是 $L+\alpha$、$L+\beta$ 和 $L+\gamma$ 三个两相区；每一对共轭的溶解度曲面包围一个固相两相区，分别是 $\alpha+\beta$、$\beta+\gamma$ 和 $\alpha+\gamma$，当合金随温度下降进入固相两相区时分别发生 $\alpha\rightarrow\beta_{II}$，$\beta\rightarrow\alpha_{II}$，$\beta\rightarrow\gamma_{II}$，$\gamma\rightarrow\beta_{II}$，$\alpha\rightarrow\gamma_{II}$，$\gamma\rightarrow\alpha_{II}$ 的脱溶过程。

此相图中还有 4 个三相区。液固三相区的三条棱变线(成分变温线)分别从相图侧面二元共晶相图的共晶线上三个平衡相的成分点引入，终止于四相平衡平面，因而存在于液固两相区与共晶型四相平衡平面之间的是 $L+\alpha+\beta$、$L+\beta+\gamma$、L

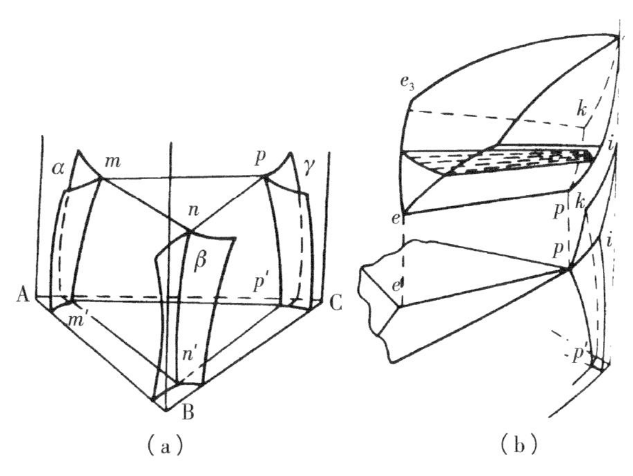

图1-61　相区接触情况图

+α+γ三个固液三相区;在四相平衡平面之下的是α+β+γ固相三相区。它与单相区α、β、γ分别以变温线mm′nn′pp′相接触。合金冷至此区域,若单相固溶体的固溶度随温度下降而减小,则单相固溶体中将会同时析出两个次相:$\alpha\rightarrow\beta_{\mathrm{II}}+\gamma_{\mathrm{II}}$,$\beta\rightarrow\alpha_{\mathrm{II}}+\gamma_{\mathrm{II}}$,$\gamma\rightarrow\beta_{\mathrm{II}}+\alpha_{\mathrm{II}}$。

将立体的三元系相图分层次的投影到浓度平面上是为相图的投影图,见图1-62。其最上层为液相面,液相面的三条交线(液相线、共晶线)把液相面分成三个部分,分别表示三个液固两相区在浓度三角形上的最大成分范围,见图1-62(a)。在完整的投影图1-62(c)上,固相面的投影区是AfmlA、BgnhB、CipkC;三相区的投影区域fmeng、hnepi、kpeml分别表示能够发生L→α+β、L→β+γ、L→α+γ共晶型三相平衡反应的成分范围见图1-62(b)。合金凝固过程中各平衡相成分的变化可利用图1-62投影图确定。

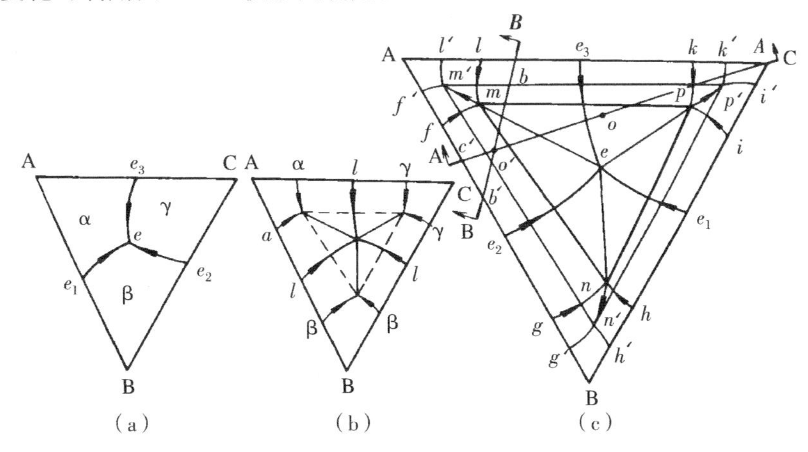

图1-62　三元共晶相图的投影图

3. 实验任务

(1) 三元匀晶相图制作及等温截面与变温截面描绘、举例分析某一成分合金结晶过程;

(2) 制作具有两相共晶反应的三元系相图,描绘任一温度下等温截面的共轭三角形以及含共晶反应三相区的变温截面图;

(3) 制作具有共晶型四相平衡反应的三元系相图,描绘液相区投影图和完整的投影图,分析其中一种合金的结晶过程。

4. 实验仪器与材料

钢棒、细铁丝、塑料薄膜、小手钳、胶水。

5. 实验流程

(1) 领取实验材料一套;

(2) 制作立体的三元匀晶相图,具有两相共晶反应的三元系相图以及具有共晶型四相平衡反应的三元系相图;

(3) 根据制作的相图,分别描绘三元匀晶相图的等温截面与变温截面图、两相共晶反应的三元系相图在任一温度下等温截面的共轭三角形或含共晶反应三相区的变温截面图、具有共晶型四相平衡反应的三元系相图的液相区投影图和完整的投影图。

(4) 选取一种合金根据制作的相图分析其结晶凝固过程以及组织组成。

6. 实验报告要求

1) 示意画出三元匀晶相图及其上任一等温截面与共轭连线,分析任一成分的结晶过程。

2) 根据兴趣选做以下问题之一:

(1)画出具有两相共晶反应的三元系共晶反应的三相区的变温截面图以及任一温度下等温截面的共轭三角形;

(2)画出具有共晶型四相平衡反应的三元系完整的投影图,分析其中一种合金的结晶过程。

3) 对本次试验的意见和建议。

7. 思考题

1)根据选分结晶原理解释为什么共轭连线是唯一的,且不通过成分三角形的顶点。

2)在三元共晶相图的投影图中指出能够发生四相共晶反应的合金成分范围。

附录1　XJP-6A金相显微镜数字图像采集系统操作规程

1. 开始使用

(1)双击桌面图像处理软件图标,运行软件;

(2)当金相显微镜的相机与计算机连接正常后,单击左侧边栏相机列表对应的型号,即可开启视频预览窗口。

2. 相机初始化设置

第一次使用金相显微镜相机接口进行视频预览时,图像色彩、亮度、对比度、帧速率可能存在偏色、失真、迟滞拖尾等现象,需要进行以下设置,使相机进入正常的工作状态:

1)将显微镜上玻片打到空白位置,点击白平衡,然后再将玻片打到需要观察的标本上;

2)点击颜色调整,将饱和度调整到3-5之间,Gamma值112-118之间即可。

3)当图像出现较为明显的帧速率过低,图像拖尾的情况时,请检查此处的帧速率选项所设置的位置,如果计算机性能足够好,请将它设置到最高速模式,如果视频不能显示,请减小速率,直至可以显示视频。

4)如需进行彩色图像拍摄时,可选择“多色”模式;如需进行黑白图像拍摄时,可选择“单色”模式。

5)当观察到的物体与屏幕方向不一致时,可通过勾选“水平”和“垂直”选项来使其与目视位置相符。如果是角度偏差,请调节旋转相机的位置,使其与屏幕相适应。

6)直方图属性页:

(1)通过拖动直方图两边的粉色竖线,可以对图像的色彩分布进行扩展和拉升,使图像的对比度,亮度等曲线得到改善。

(2)也可在图表下方的数字框中直接输入所要的精确数值,进行直方图扩展调整。

(3)当移动了视野或更换场景时,请点击“刷新”按钮来更新直方图分布数据。

(4)也可以单独选择不同的颜色通道来独立设置扩展的数值范围。

(5)此设置仅适用于当前的操作,关闭软件后再次进入该页面时数值将被重置为初始状态。

3. 系统倍率定标

1)将定标尺放在物镜下观察,找到刻度。将相机的分辨率设置到最大,并将显示缩放倍率设置到100%。

2)单击"定标"工具按钮 ,将出现一条红色的定标辅助线,拖动红线两端的方块,将其放置到刻度上,红线上将实时显示其对应的像素值。

3)在弹出的对话框中,选择或者输入当前物镜的倍率,如:100X,然后输入红线所对应的实际长度,选择正确的单位后,单击"确定"按钮,便完成了定标。如有多个镜头,请重复此操作,直至定标结束。

4. 拍摄、录像及保存

(1)如需拍摄单张照片,将图像调整到需要拍摄的画面时,点击"捕获"即可;

(2)如需录制录像点击"录像"即可;

(3)图片或录像可通过菜单栏"文件"菜单中的"另存为"单张的保存到指定目录,也可通过"批量保存"一次性全部保存。

附录2 部分材料的金相图谱

1. 钢铁平衡组织观察实验部分相关材料金相图谱

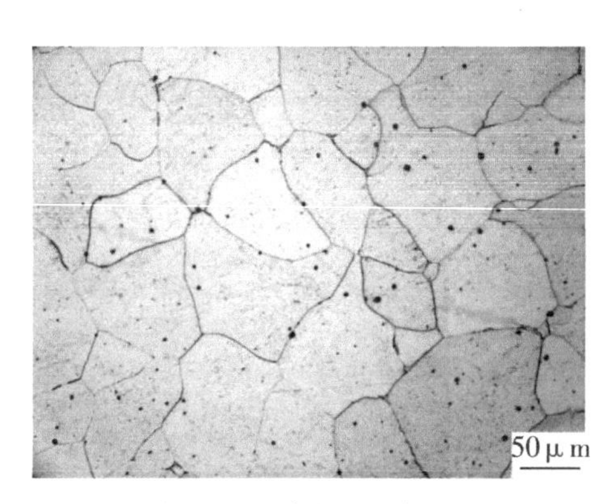

工业纯铁 退火 4%硝酸酒精 $F+Fe_3C_{III}$

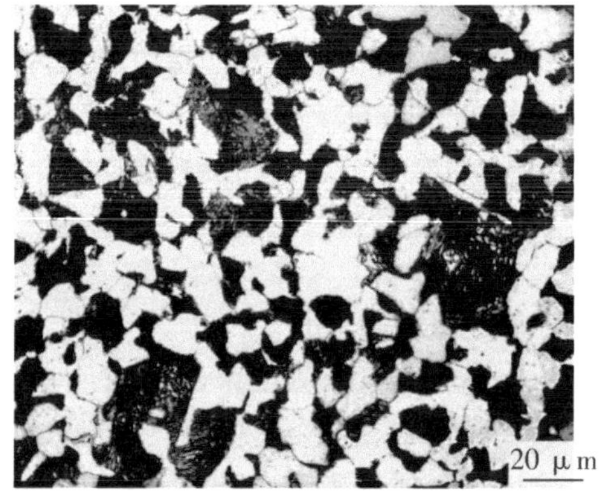

40钢 退火 4%硝酸酒精 F+P

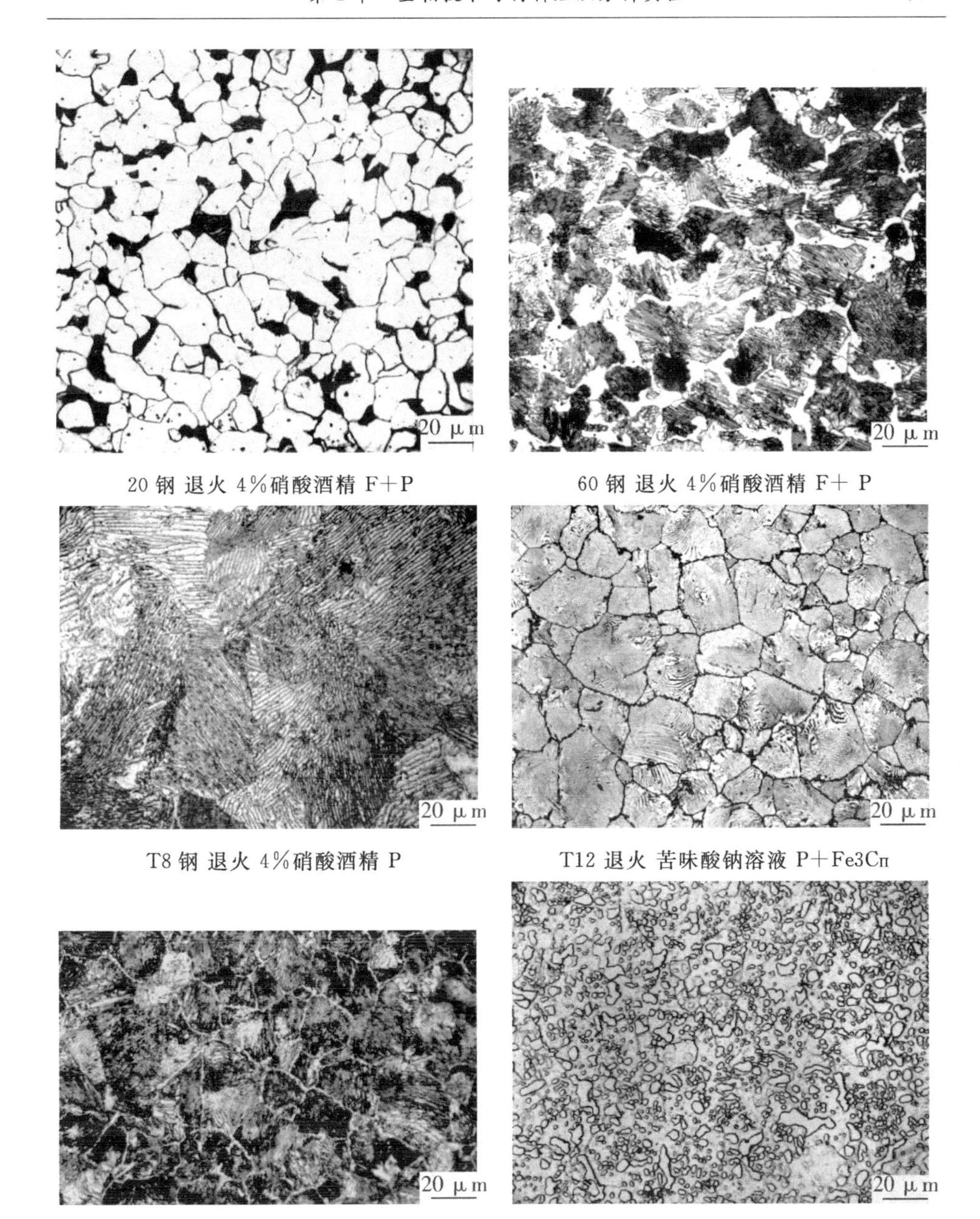

20 钢 退火 4%硝酸酒精 F+P

60 钢 退火 4%硝酸酒精 F+ P

T8 钢 退火 4%硝酸酒精 P

T12 退火 苦味酸钠溶液 P+$Fe3C_{II}$

T12 退火 4%硝酸酒精 P+Fe_3C_{II}

T12 球化退火 4%硝酸酒精 P 球(F+ Fe_3C)

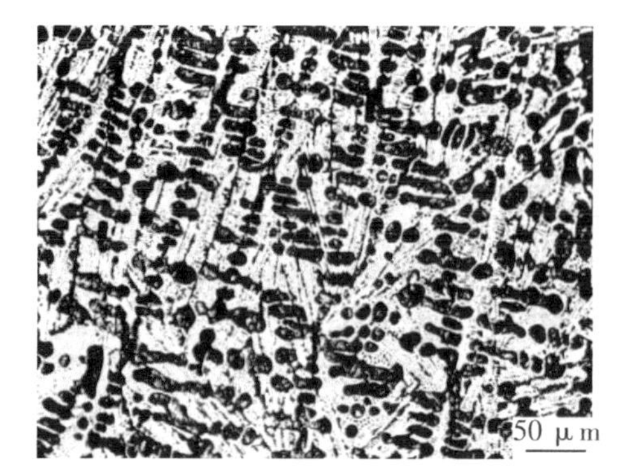

亚共晶白口铸铁 铸态

4%硝酸酒精 P＋Fe_3C_{II}＋Ld′

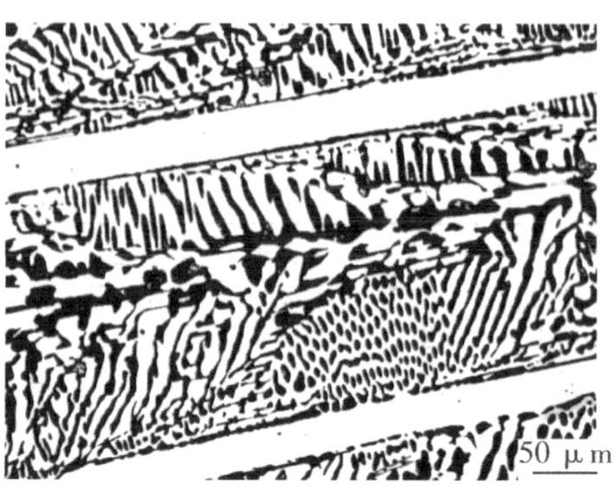

过共晶白口铸铁 铸态

4%硝酸酒精 Fe_3C_{I}＋Ld

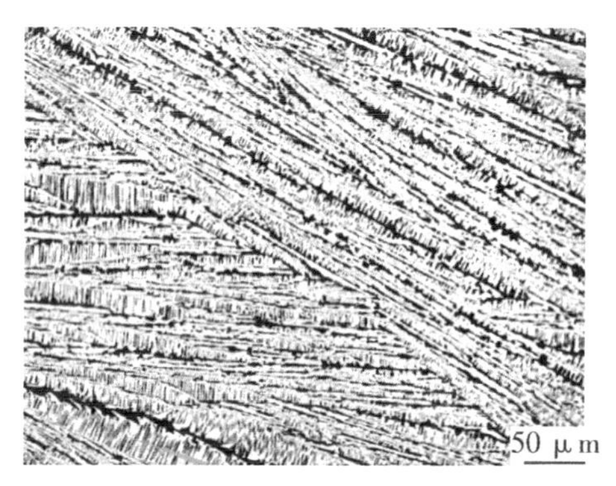

共晶白口铸铁 铸态 4%硝酸酒精 Ld′

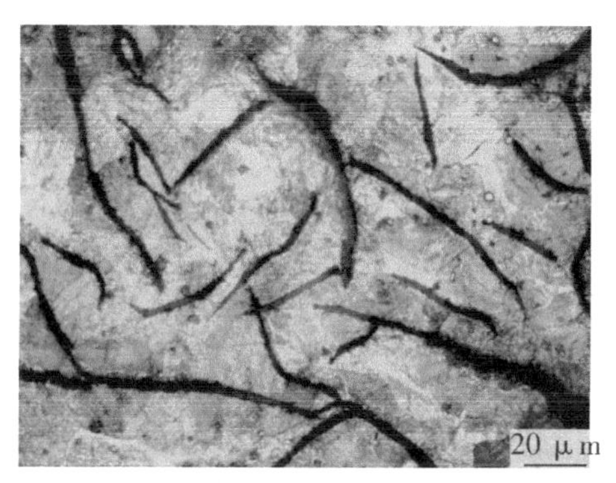

灰铸铁 铸态 4%硝酸酒精 P＋G片

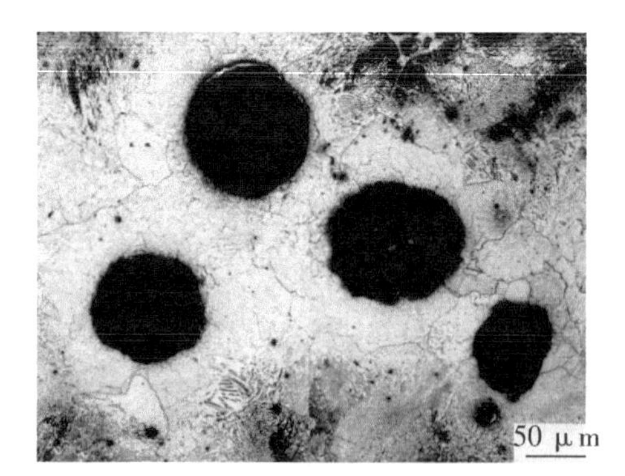

球墨铸铁 铸态 4%硝酸酒精 F＋P＋G球

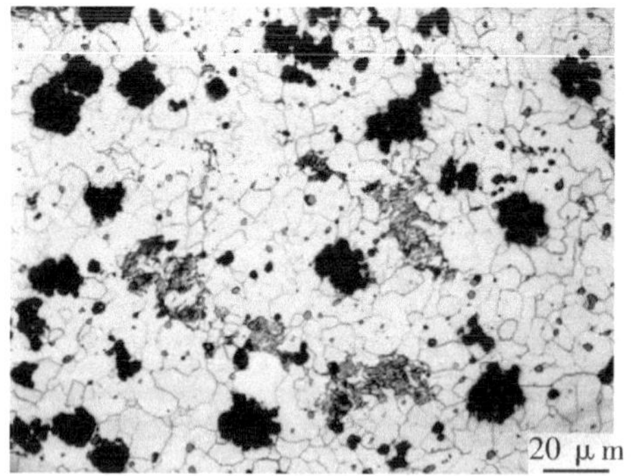

可锻铸铁 石墨化退火 4%硝酸酒精

F＋P＋G团

2. 钢铁非平衡组织观察实验部分相关材料金相图谱

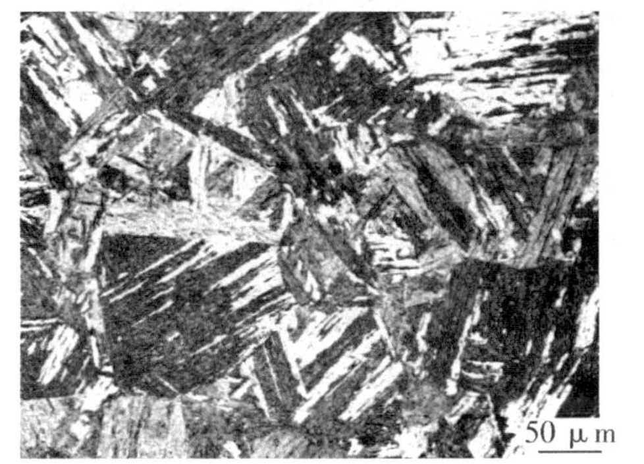

15 钢 淬火 4%硝酸酒精 M 低

球墨铸铁 淬火 4%硝酸酒精

M+A′+G 球

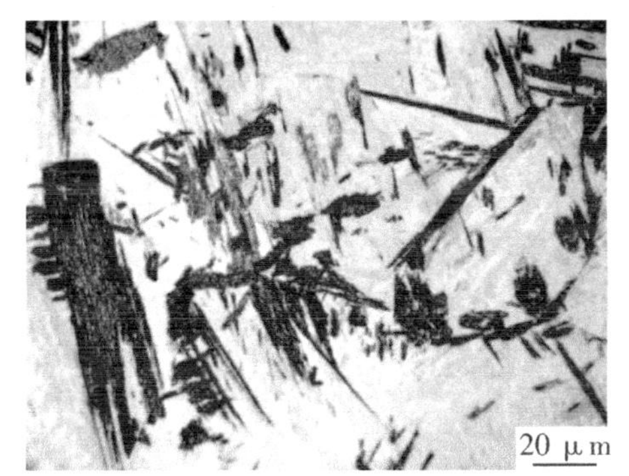

40Cr 460 等温淬火 4%硝酸酒精

B 上+M+A′

T8 钢 280℃等温淬火 4%硝酸酒精

B 下

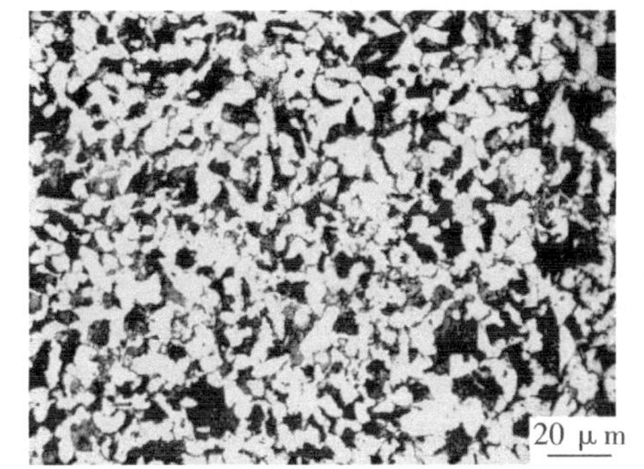

40 钢 860℃正火 4%硝酸酒精

F+P

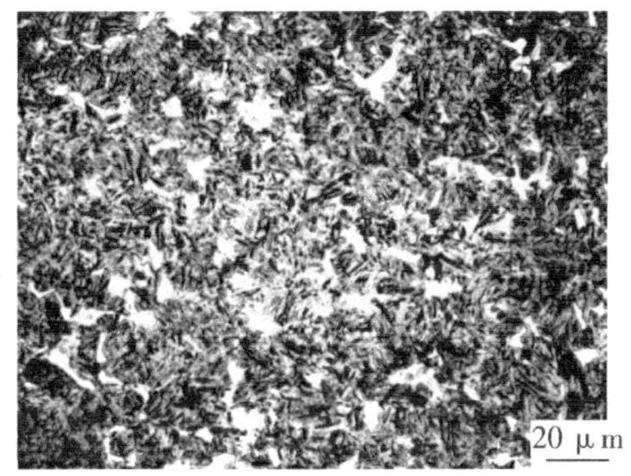

40 钢 760℃淬火 4%硝酸酒精

F+ M

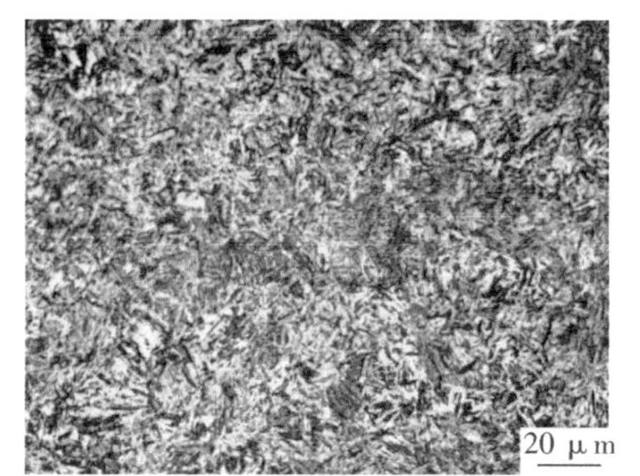

40 钢 860℃淬火 4%
硝酸酒精 M

40 钢 860℃淬火+200℃回火 4%
硝酸酒精 M 回

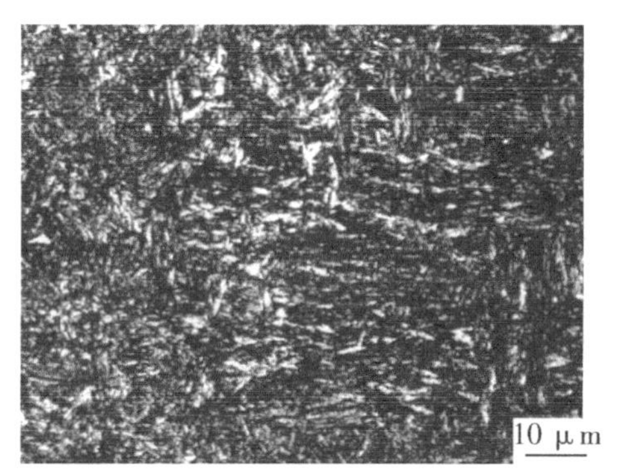

40 钢 860℃淬火+400℃回火 4%
硝酸酒精 T 回

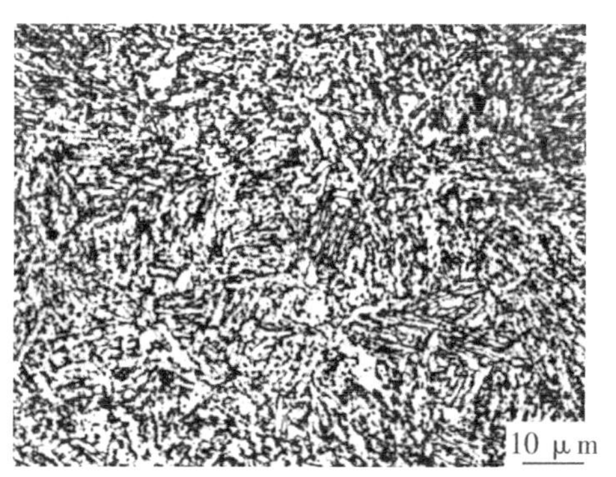

40 钢 860℃淬火+600℃回火 4%
硝酸酒精 S 回

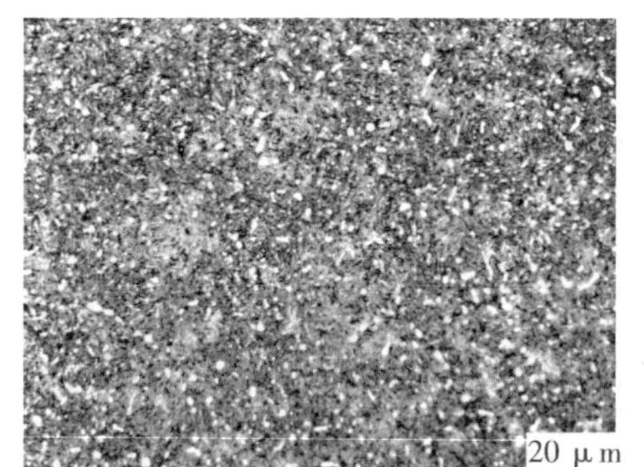

T12 780℃淬火 4%硝酸酒精
M+Fe_3C

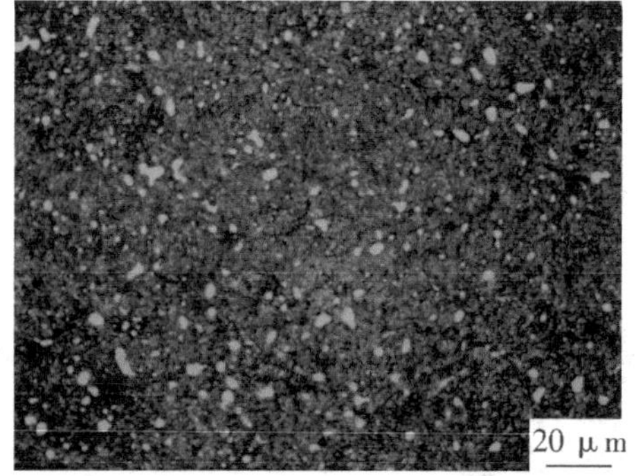

T12 780℃淬火+200℃回火 4%硝酸酒精
M 回+ Fe_3C

T12 1200℃淬火 4%硝酸酒精 M+A′

3. 金相样品制备过程产生缺陷

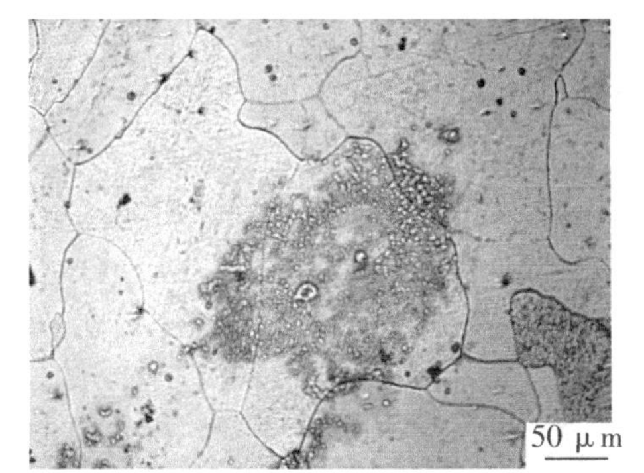

纯铁退火 水迹

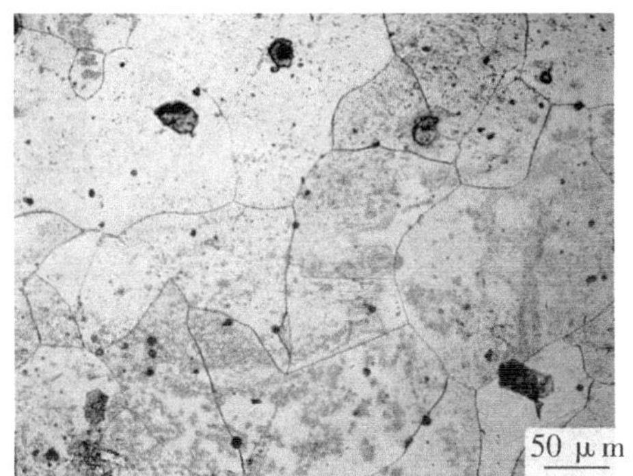

纯铁退火 污染

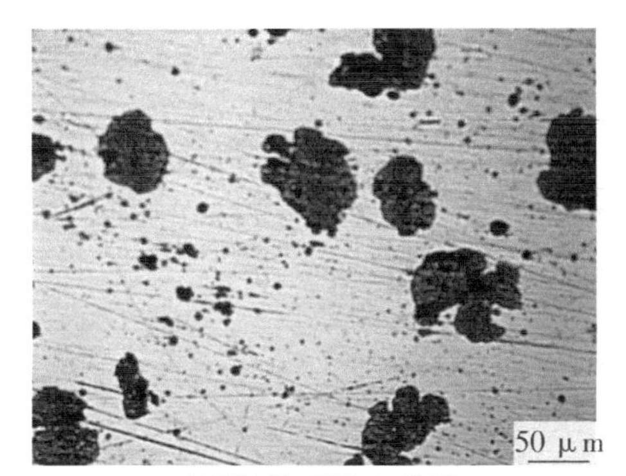

球墨铸铁 麻坑+划痕

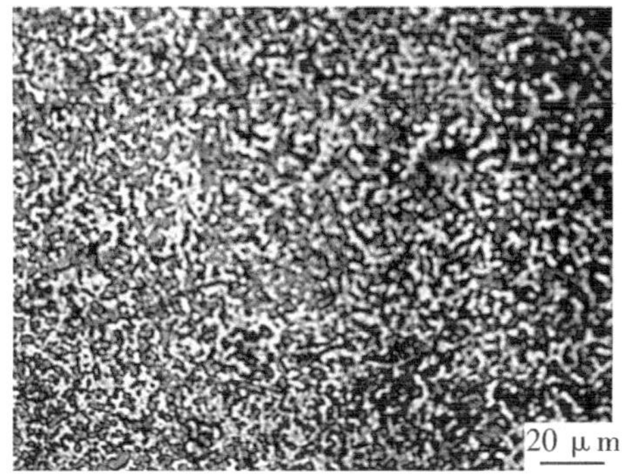

T12 球化退火 变形层

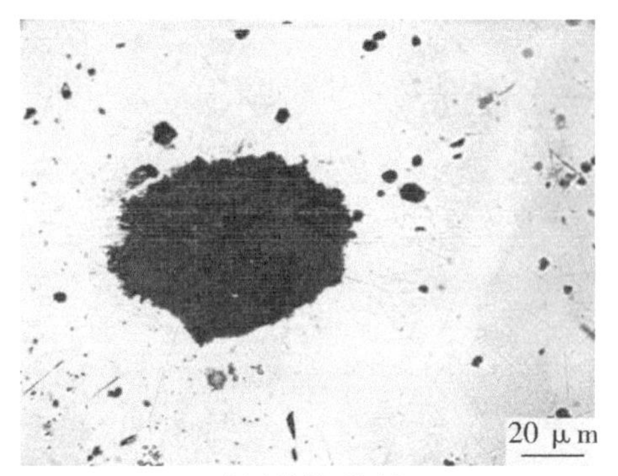

球墨铸铁 拖尾

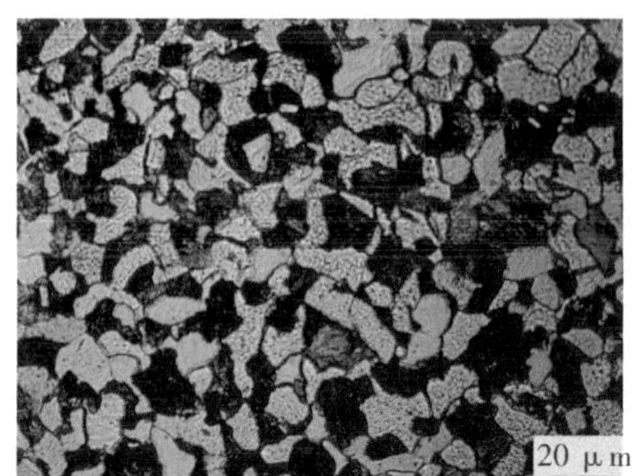

40钢 退火 腐蚀过深

4. 二元共晶系合金的显微组织

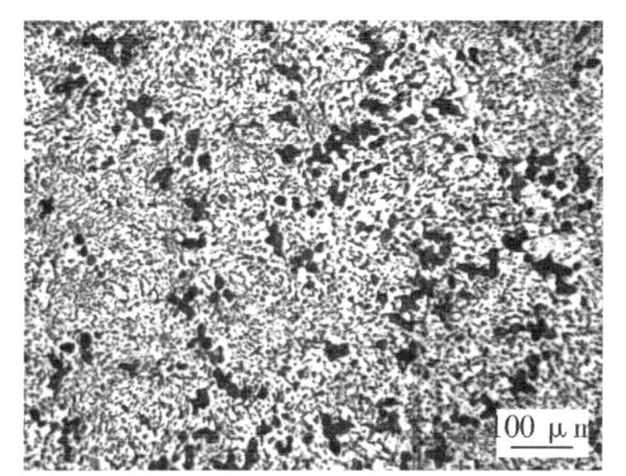

Pb－Sn 亚共晶 4％硝酸酒精 α＋(α＋β)

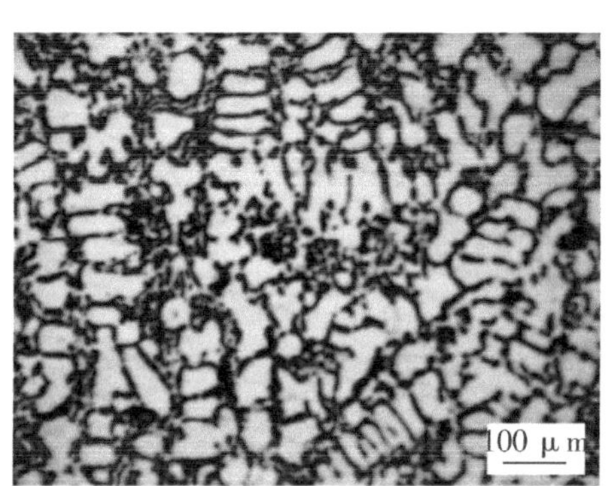

Pb－Sn 过共晶 4％硝酸酒精 β＋(α＋β)

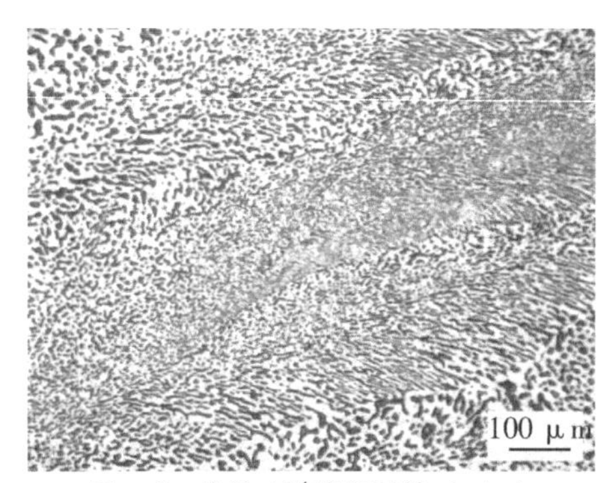

Pb－Sn 共晶 4％硝酸酒精 (α＋β)

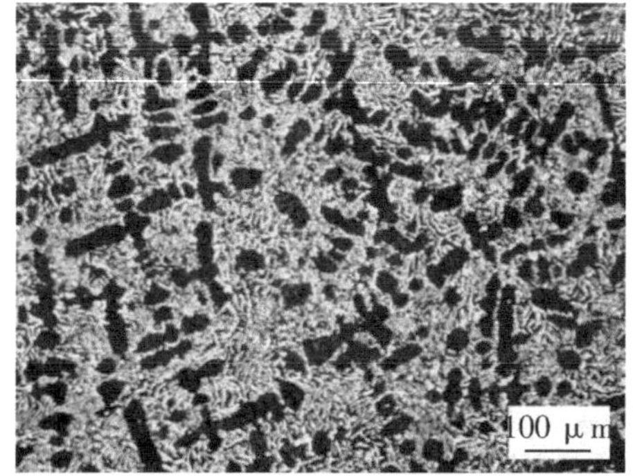

Pb－Sb 亚共晶 4％硝酸酒精 α＋(α＋β)

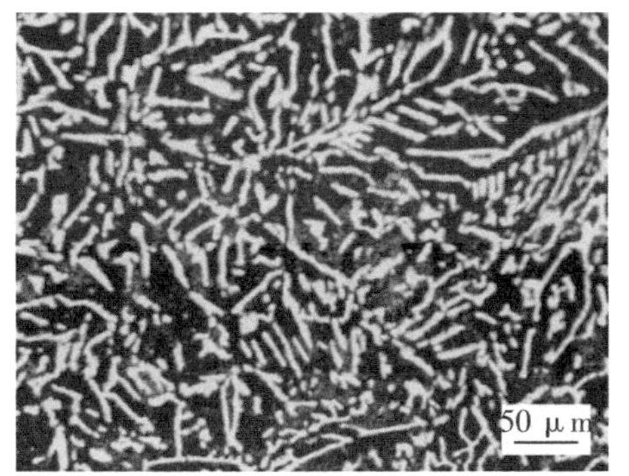

Pb－Sb 共晶 4%硝酸酒精（α+β）

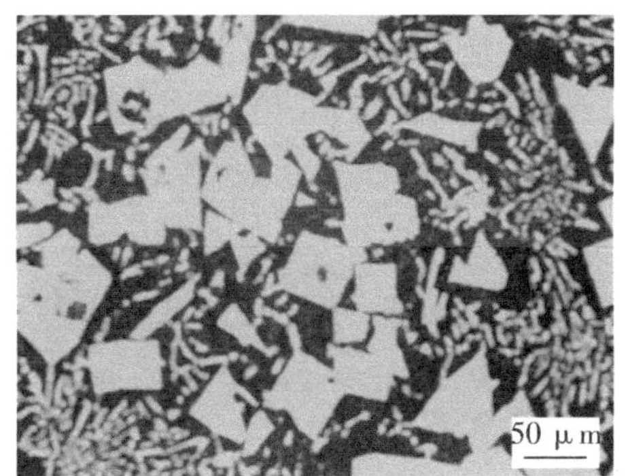

Pb－Sb 过共晶 4%硝酸酒精 β+（α+β）

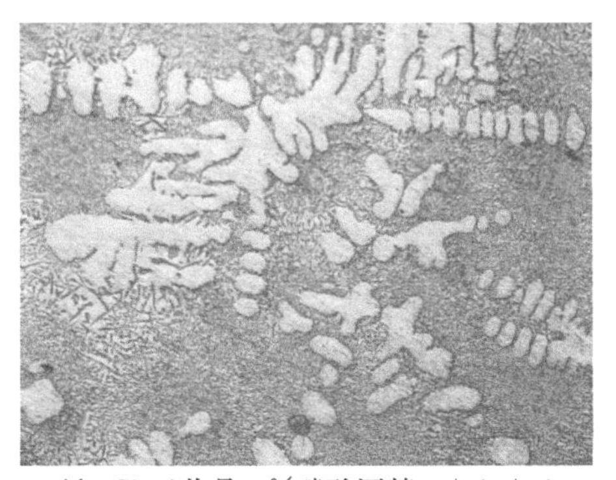

Al－Si 亚共晶 4%硝酸酒精 α+（α+β）

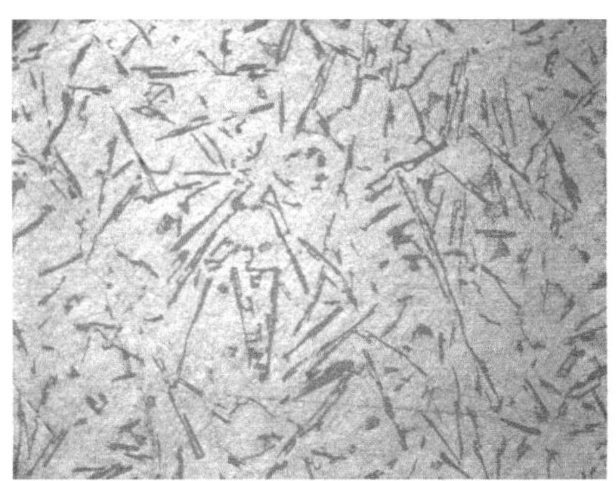

Al－Si 共晶 4%硝酸酒精 α+（α+β）

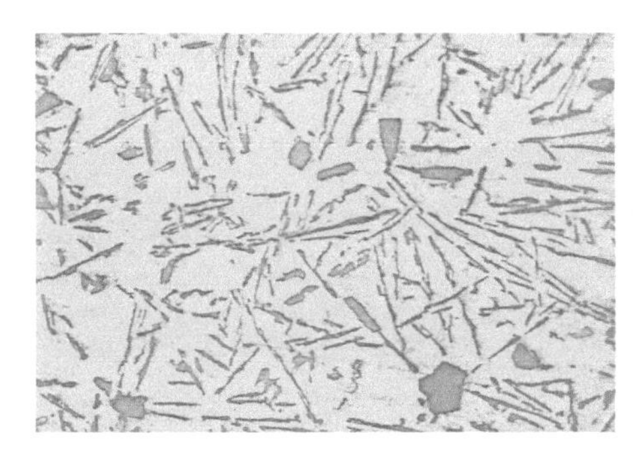

Al－Si 过共晶 4%硝酸酒精 β+（α+β）

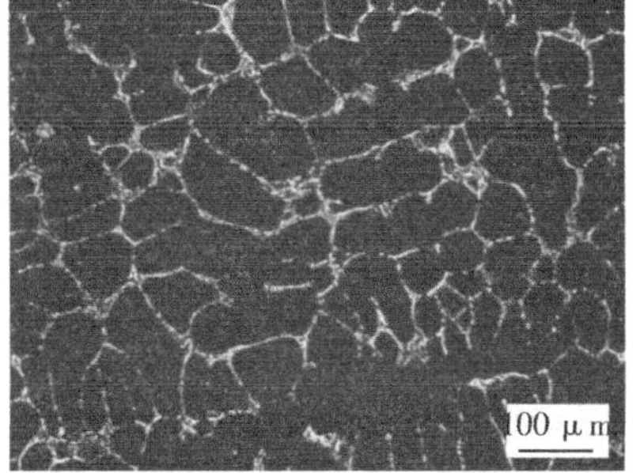

Pb－Sb 亚共晶（共晶离异）

4%硝酸酒精 α+（α+β）→α+β

5. 塑性变形与再结晶的显微组织

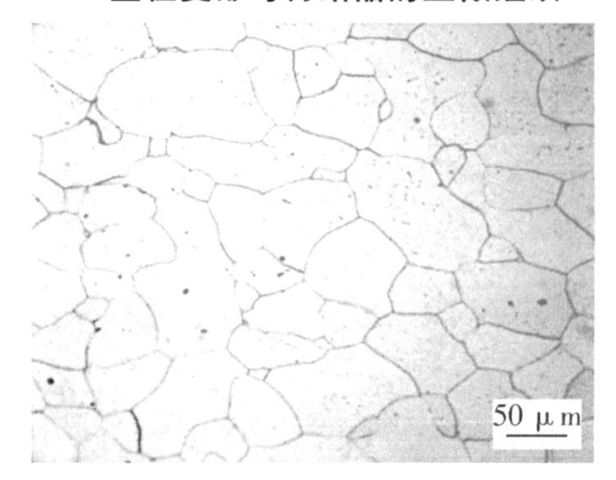

纯铁 变形度20% 4%硝酸酒精 F

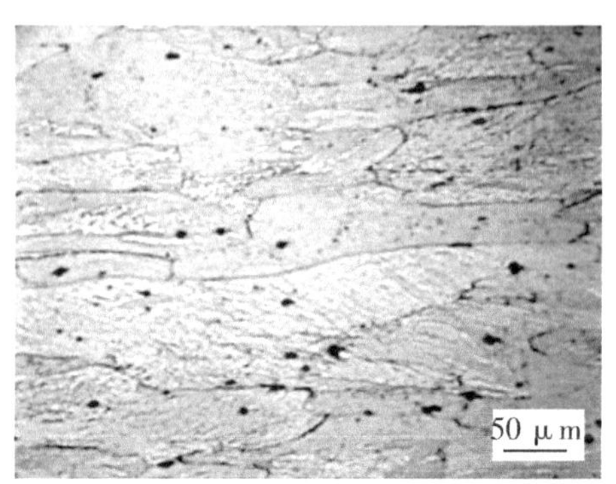

纯铁 变形度60% 4%硝酸酒精 F

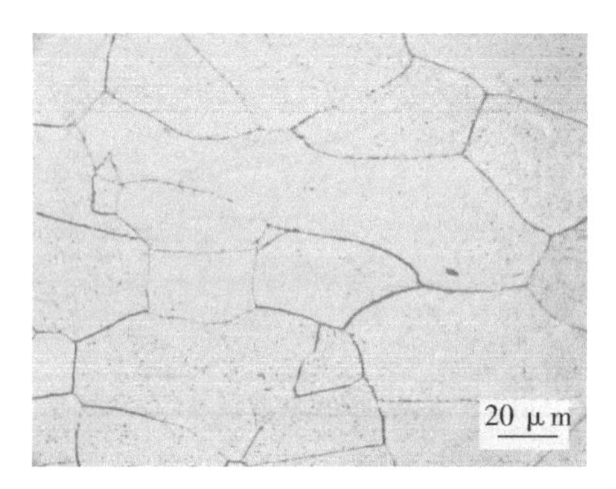

纯铁 变形度40% —4%硝酸酒精 F

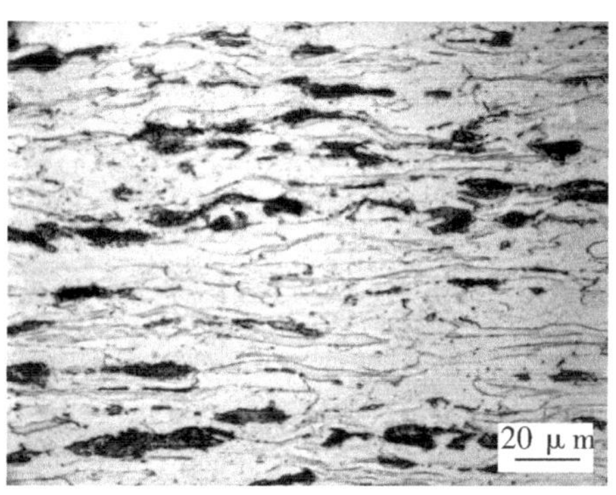

低碳钢 变形度80% 4%硝酸酒精 F+P

纯铁 微量变形 4%硝酸酒精 F+滑移线

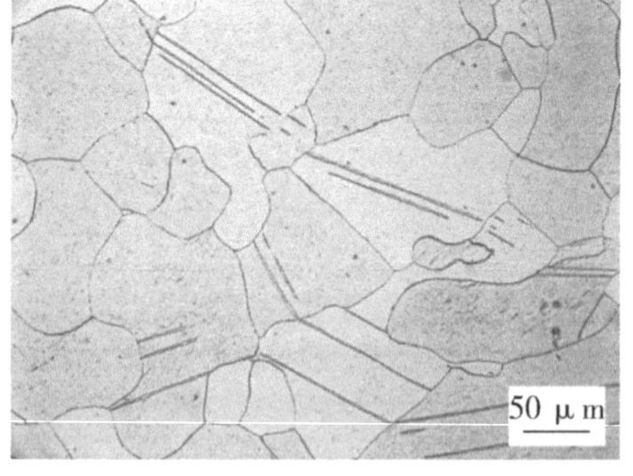

纯铁 冲击变形 4%硝酸酒精 F+孪晶

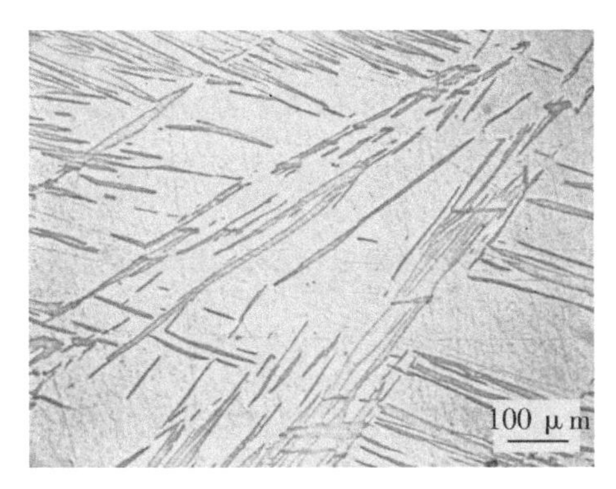

纯锌 变形 4%硝酸酒精 a+孪晶

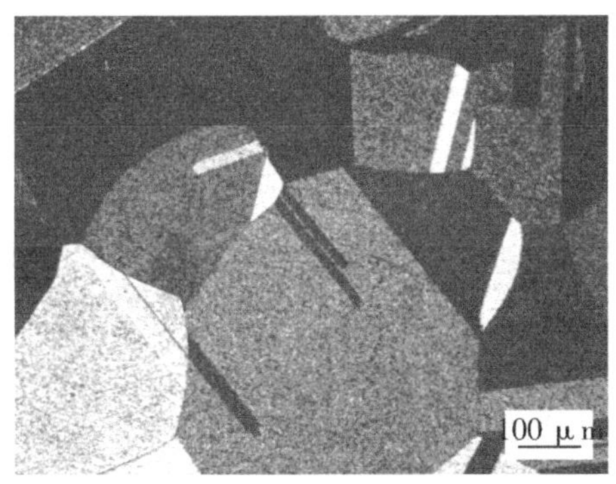

三七黄铜 加工退火 氯化铁盐酸水溶液 α

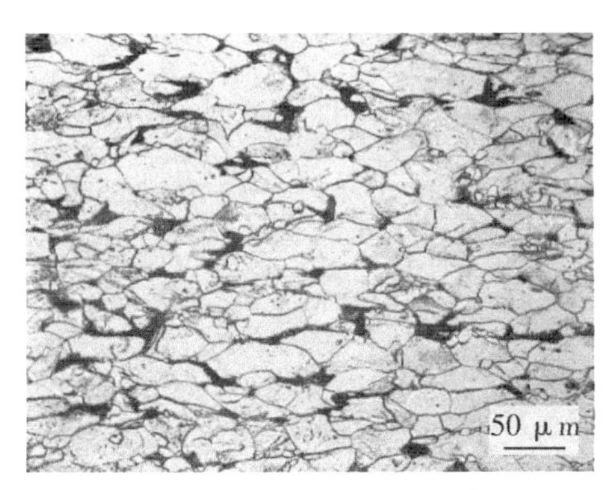

低碳钢 变形度 40% 640℃加热退火 15 分
4%硝酸酒精一 F+P

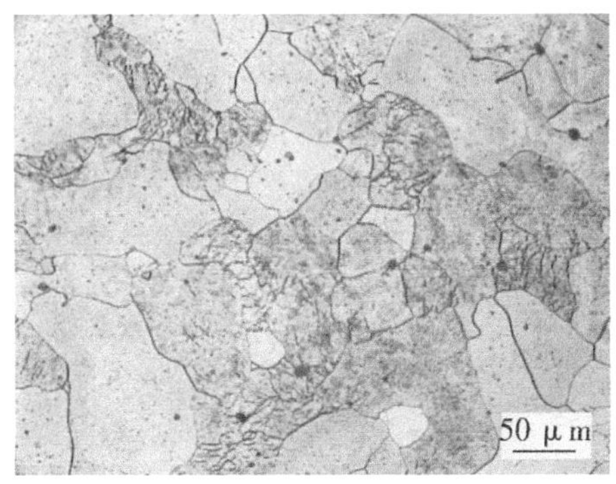

纯铁 变形 高温退火 4%硝酸酒精
F+亚晶粒

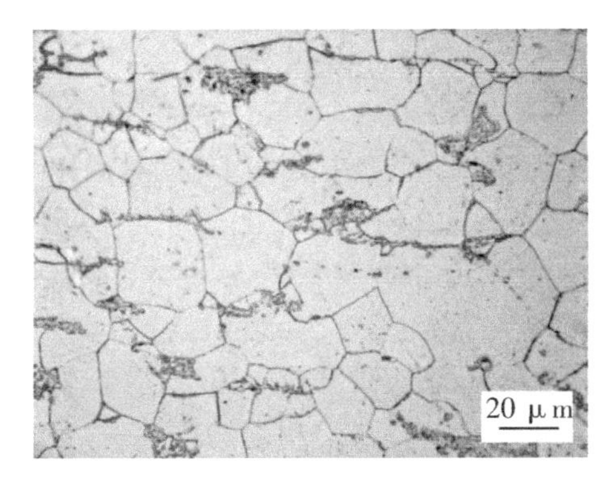

低碳钢 变形度 40% 700℃加热退火 15 分
4%硝酸酒精一 F+P

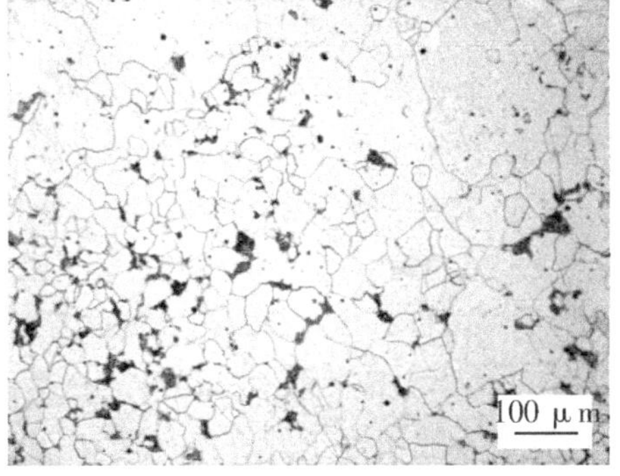

低碳钢 不均匀变形(临界变形度)再结晶退火
4%硝酸酒精 F+P

附录3 具有两相共晶反应的三元系相图介绍

图1-63为具有两相共晶反应的三元相图。三个组元两两组成二元系，其中两个二元系具有共晶反应(B-C和C-A)，一个具有匀晶反应(A-B)。图1-64为其分离图，表示出：两个液相面abe′e和cee′、两个固相面aa′b′a和cc′d，其间为两个液固两相区，即aa′b′e′eba围成的L+α和ce′edc′c围成的L+β；两个固溶度曲面a′fgb′和c′hid，固溶度曲面与固相面及相图侧面围成两个单相区，即aABbb′gfda围成的α单相区和cChc′diCc围成的β单相区。两个固溶度曲面之间为α+β两相区。两液相面的交线ee′称为液相线，在这个相图中为共晶线。

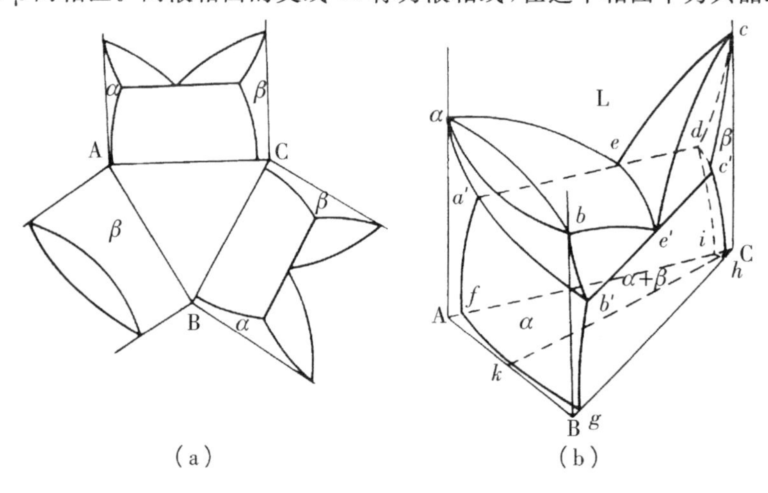

图1-63 具有两相共晶反应的三元相同

在这个相图中有特色的是三相区，由a′b′e′e、ee′cd及a′b′c′d三个侧面围成。按相区接触法则，三相区与两相区为面接触，与单相区为线接触，因此此相图中的三相区存在的区域是在L+α、L+β两相区之下，α+β两相区之上的空间中，aa′、bb′及ee′分别为α、β及L相与三相区的接触线，其三个侧面a′b′e′e、ee′c′d及a′b′c′d分别与L+α、L+β和α+β两相区相接。

在三相区，按照相律三元系三相平衡其自由度为1，对其取等温截面时，自由度变为0，即在恒温下的三相平衡，三个共存相的成分任意一相都不可变动，在等温截面上是满足热力学平衡的三个成分点(见图1-65(a))。三相平衡时，三个相也两两平衡，按两相平衡的直线法则，两两平衡相间可做出三条共轭连线，这三条连线在等温截面上围成一直边三角形，称为共轭三角形(见图1-65(b))，其三个顶点表示三个平衡相的成分点。位于共轭三角形内的合金，其成分在共轭三角形

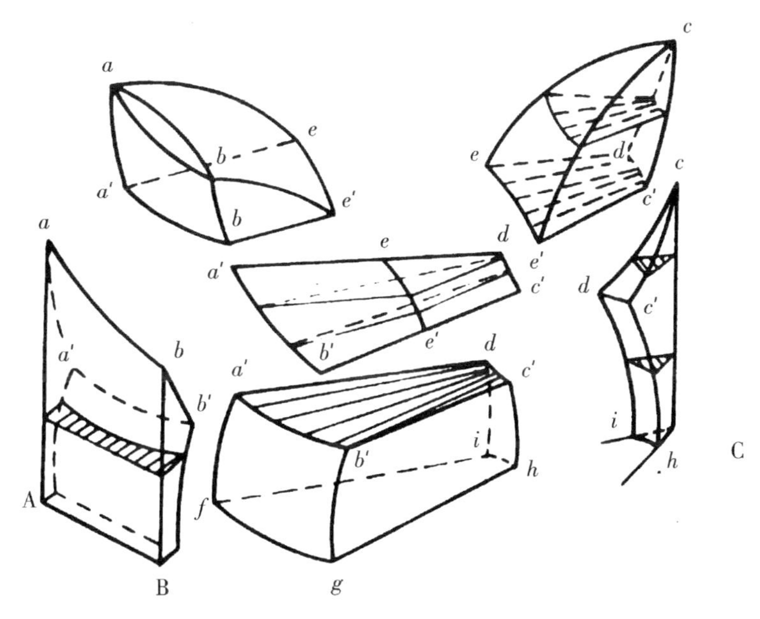

图 1-64　具有两相共晶反应的三元相同的分离图

内变动时，三个平衡相的成分固定不变。截取足够多的等温截面，其上的共轭三角形叠加形成一空间三棱柱区即是三相区，其三条棱变分别表示三相共存时每一相的成分随温度的变化迹线(成分变温线)。在共轭三角形内可以应用重心法则确定合金处于三相平衡时的三相相对含量，即处于三相平衡的合金，其成分点必位于共轭三角形的重心位置(质量中心，图 1-66)。

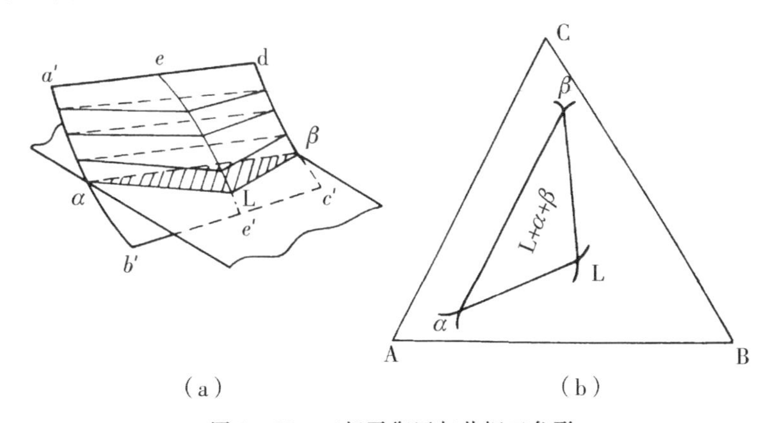

(a)　(b)

图 1-65　三相平衡区与共轭三角形

图 1-67 为这一三元系合金相图的变温截面图，可以用来分析其凝固结晶过程。液相进入三相区后发生液相随温度下降不断结晶出两个固相(α+β)的共晶

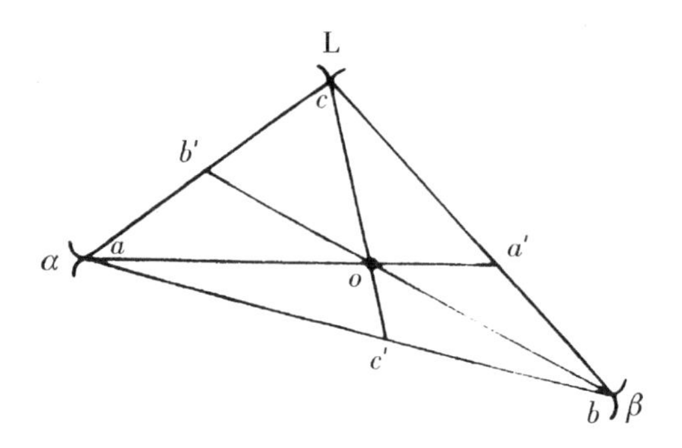

图 1-66 重心法则

型三相平衡反应,它是在一个温度范围内完成,在反应过程中,三个相的成分都在随温度的下降而发生改变,但是在不同温度下的成分及相的相对量只能利用相应温度下的等温截面上的共轭三角形求解。

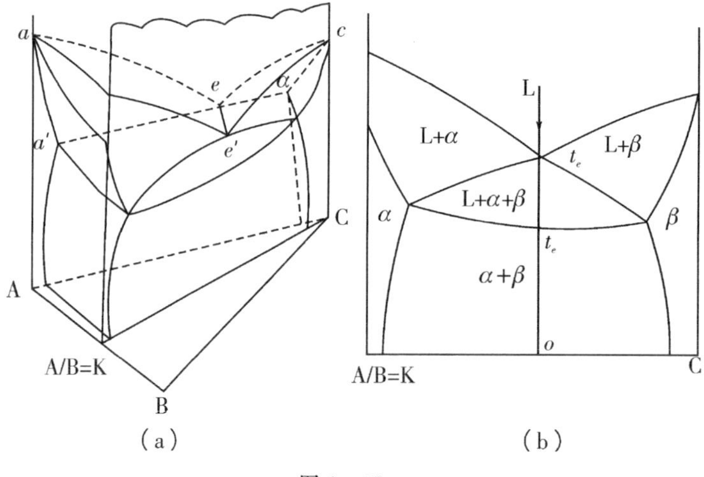

图 1-67

第2章　材料分析测试技术实验

2.1　本章概要

材料测试技术实验课是材料科学与工程类专业的实验技术基础课之一。本课程以现代材料物理研究方法中的四种物理研究方法为框架，介绍和讨论物理研究方法中的研究设备和仪器在材料研究过程中的具体应用，以及实验过程和实验技术。该课程是以实验技术和实验环节为主的课。在该课程里还介绍了近年来新近发展起来的一些实验技术。该课程内容总体分为五大部分十二个实验内容：第一部分讨论特殊金相技术的实验技术；第二部分讨论X射线在材料研究中的实验过程及技术；第三部分讨论透射电镜、扫描电镜电子探针及与其相关的一些新型实验技术在材料研究中的实验过程；第四部分讨论材料物理性能测试技术在多种材料中的实验方法；第五部分为实验技术和实验数据结合案例的分析讨论。

本课程在设置过程中主要考虑到培养和启发学生的自主创新能力以及提高实验动手能力，并且培养学生分析问题和解决问题的能力。通过实验课程学习，要求学生了解和掌握材料物理研究方法的主要基本实验技术。

为进一步体现现代材料研究方法和技术的发展，本章中选取了比较典型和常用的实验内容和方法做为材料测试技术综合实验的基本教学内容，同时将我们在科学研究中开发出的材料研究新技术和新方法也做为本课程的一部分内容，并且设置了与学生互动的分析技术讨论课。

通过本课程的学习期望得到以下目标：1）通过实验和分析，初步了解和掌握材料物理研究方法的基本内容和知识，了解和掌握金相、X射线、电子显微分析、物理性能等各种材料测试技术的基本技能，并能利用这些技术解决和解释材料研究中的问题。2）培养和提高学生科学实验的动手、创新、实验方案的设计和制定能力，激发学生的科研热情和创新能力。3）培养严肃认真，实事求事，科学严紧的科研作风。

2.2 特殊金相分析实验

2.2.1 特殊金相分析技术概述

1. 暗场照明方式

在一般情况下,用金相显微镜观察和分析材料的显微组织,主要是在明场照明方式下进行的。所谓明场,就是来自光源的光线经过物镜垂直照射到金相样品表面上,样品表面的平整光亮部分产生的反射光线,进入物镜成象,对应于图像上的明亮区域,而反射能力差的部分及沟渠等处产生的衍射光线不能进入物镜成象,对应于图像上的暗黑部分。而暗场照明方式是入射光线绕过物镜斜射于样品上,样品表面光滑的部分反射出来的光线不能进入物镜,所以,对应于图像上的暗黑部分,而样品上浮雕部分使光线产生漫反射,有部分光线可以进入物镜、目镜成像,所形成的图像是明亮的。例如,一些透明或半透明的夹杂物,可在暗场下观察到固有色彩。

1)暗视场照明的工作原理

暗视场与明视场在光路设计上的主要不同在于,明场的入射光束通过物镜后直接照射在样品上,而暗视场是入射光束绕过物镜斜射于样品上,这样的光束是通过附件环形光栏和环形反射镜获得,如图 2-1 所示。

来自光源的光经聚光镜后成为平行光束,此光束通过环形光栏后,被限制沿环形管道前进,至环形反射镜反射后,将转向前进,并且不能通过物镜,而射入物镜两边的曲面反射镜上,使再反射出来的光束斜照到样品上,使样品上光滑部分反射的光线不能进入物镜成像。而浮雕处(如夹杂物等),因产生漫散射使部分光线到达物镜成像,在目镜里可看到暗黑的基体上,有亮的部分,某些透明或半透明的物相由于产生内反射,故可看到它的体色。例如球墨铸铁和氧化铜在暗场下的特征,见图 2-2 和图 2-3 所示。

2)应用

暗视场主要用于观察平滑视场上分布着细小的颗粒,如常用于非金属夹杂物的鉴定方面。原因在于暗场照明避免了物体表面反射光的混淆作用,能够显示透明夹杂物的固有颜色。

2. 偏振光照明

自然光的振动方向是向各个方向的,且各方向上的振动强度大小相等。而偏振光是在一个固定的平面内只有一个振动方向。金属材料的晶体结构可分为各

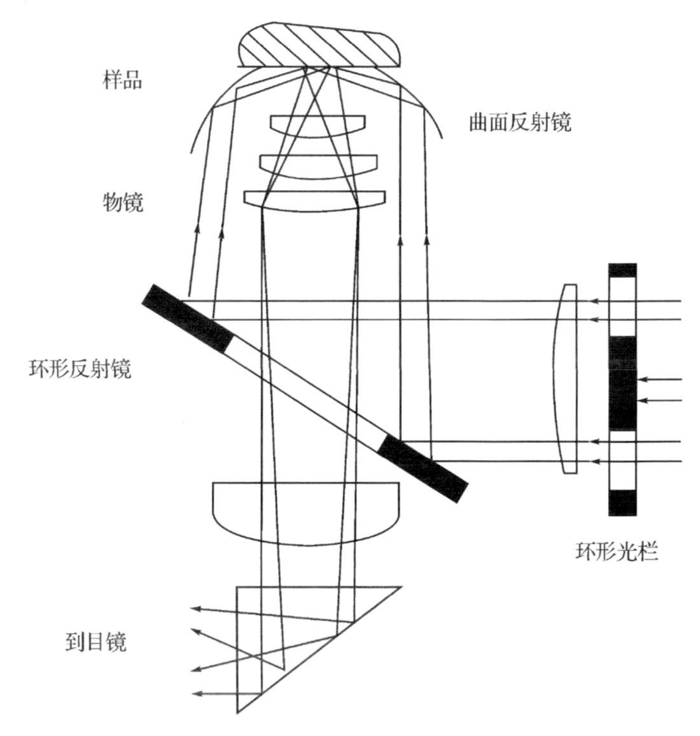

图 2-1　暗视场照明光路

向同性和各向异性，各向同性的如立方点阵，对偏振光不起作用，而各向异性的如正方、三斜等对偏振光很灵敏。

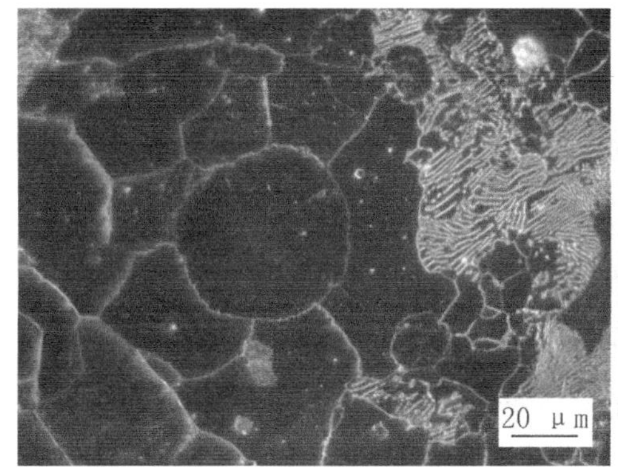

图 2-2　暗场下球墨铸铁的特征

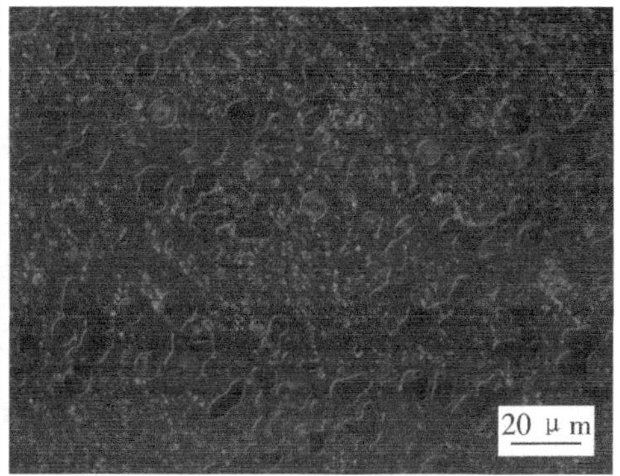

图 2-3　暗场下氧化铜的特征

1)偏光显微镜的工作原理

(1) 偏振光在各向异性材料磨面上的反射

各向异性材料,晶粒位向不同,光学性质不同,可用光矢量进行分析,见图2-4所示。反射光可分解为平行或垂直于晶体光轴的两个光矢量,H 表示平行于光轴的反射光强度,V 表示垂直于光轴的反射光强度,由于各向异性,$H > V$(假定正光性晶体)。当强度为 S,偏振方向为 SS 的偏振光与光轴成 α 角垂直照到晶体表面上时,分解成两个互相垂直的分振动,强度为 $S\cos\alpha$ 和 $S\sin\alpha$,因为 $H > V$,所以合成后的反射偏振光的矢量 $S1S1$ 的方向不再为原来的 SS 方向。它向 H 方向转了一个角度 θ,振动面的转动角 θ 的大小与 α 有关。

当 $\alpha = n \times \pi/2$(n 为整数)时,即 $\alpha = 0$、$\pi/2$、π、$3\pi/2$ 时

H 或 $V = 0$　　所以 $\theta = 0$　　　振动面不发生旋转

而当 $\alpha = \pi/4$、$3\pi/4$、$5\pi/4$、$7\pi/4$ 时,　　振动面旋转最大。

在正交偏振下,振动面发生旋转,就改变了正交位置,光线就能通过检偏镜,振动面旋转越大,通过的光线就越多。转动载物台一周,相当于改变振动面与晶体光轴的夹角 α,能看到四次明亮和四次暗黑。

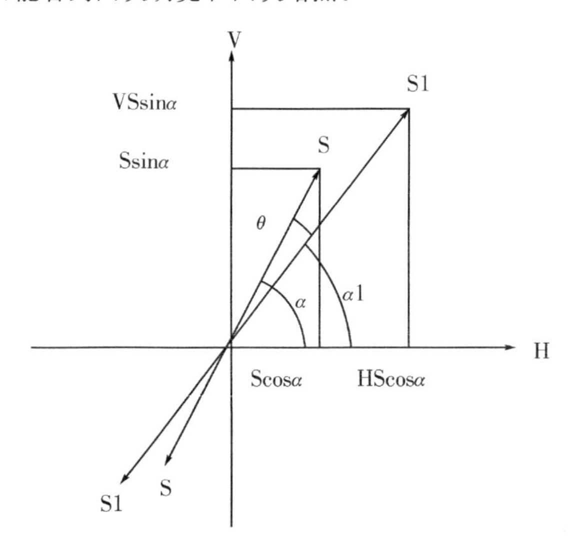

图 2-4　偏振光在各向异性材料磨面上的反射情况

(2) 偏振光在各向同性材料磨面上的反射

由于各向同性材料,各个方向上的光学性质是相同的,不能使反射偏振光的振动面发生旋转,只能看到暗黑一片。

2)偏光显微镜的组成

偏光装置示意图见图 2-5。显微镜的偏光装置是在入射光路和观察镜筒内各装入一个偏光镜构成。前一个偏光镜称起偏镜,它把来自光源的自然光变成偏

振光。后一个称检偏镜,用于检验样品反射出来的光的偏振状态。当二者振动方向一致时称平行偏振。而当二者的振动方向垂直时称垂直偏振或正交偏振。

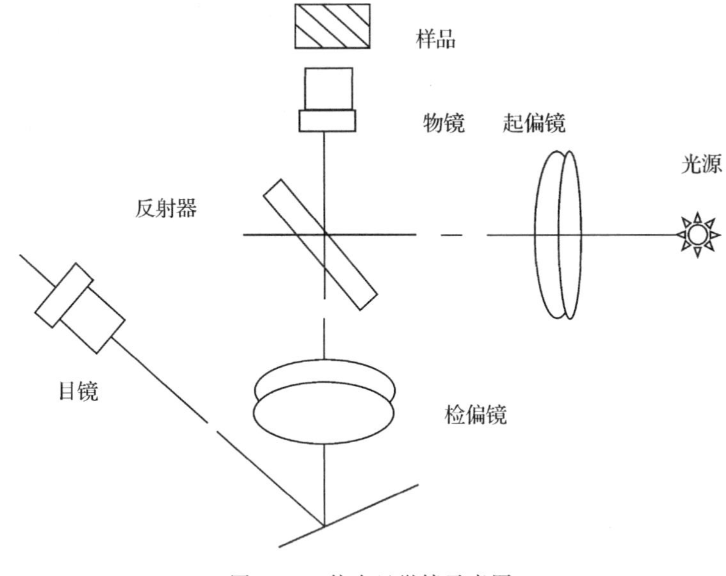

图 2-5　偏光显微镜示意图

3)偏光显微镜的调整

需要对起偏镜和检偏镜的位置和载物台中心位置进行调整。方法如下:用一个抛光未蚀各向同性的金相样品进行调节,将样品放置于载物台上,插入起偏镜,在目镜下观察,转动起偏镜,当观察到光强度最大时,就是正确的位置。既要保证照到样品表面上的光为线偏振光,这时候插入检偏镜,并转动它,在目镜内观察到最暗的消光现象时,即二者为正交位置,而观察到光强度最大时,则二者呈平行位置。将载物台中心用调节螺钉进行调整对中。

4)偏振光的应用

对于各向异性的多晶体的组织来说,不需腐蚀,可直接在偏振光下看到明暗不同的晶粒图像,因此,偏振光主要用于各向异性材料的组织观察、相分析及非金属夹杂物的金相鉴定等方面。而对各向同性材料来说,一般不能用偏振光进行研究。只有当表面进行特殊处理后如深腐蚀等,才能在偏振光下观察研究。例如正交偏振光下,球墨铸铁和氧化铜的特征见图 2-6 和图 2-7 所示。

图 2-6　正交偏光下球墨铸铁的特征

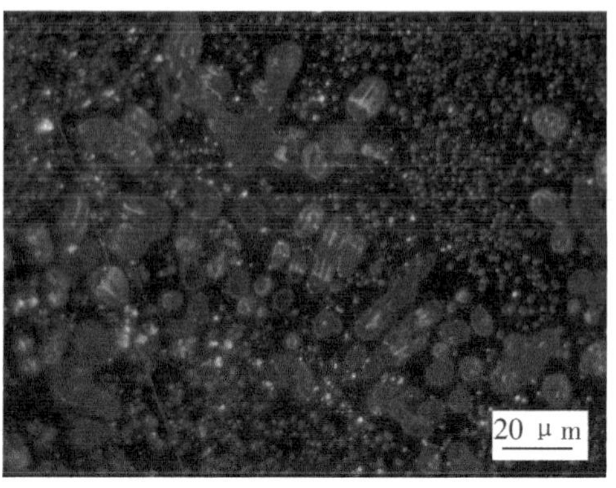

图 2-7　正交偏光下氧化铜的特征

2.2.2　实验

实验1　非金属夹杂物鉴定分析

1. 实验目的

(1)了解金相显微镜中一些附件的原理及使用场合。

(2)学习非金属夹杂物的金相鉴定方法。

2. 实验概述

钢中不可避免的存在着非金属夹杂物,它是炼钢及铸锭过程中产生的,是钢中的合金元素和杂质元素之间的作用或它们与炉气等的作用而形成的。虽然在钢中的含量很少,但是对钢的性能影响却不容忽视,而且影响程度与夹杂物的类型、大小、数量和分布相关,因此钢中非金属夹杂物的鉴定,在提高钢材质量,改进材料性能等方面起着重要作用。

1)非金属夹杂物的产生

内生夹杂物:主要来源于钢的熔炼过程中,是钢液中的脱氧剂、合金添加剂与钢中的合金元素发生化学反应而生成的产物保留于钢中,或它们与大气接触,而形成的氧化、氮化等的产物及溶解度的降低产生和析出的各种夹杂物。

外来夹杂物:主要来源于冶炼、出钢、浇铸时钢水、炉渣与耐火材料相互作用等被卷入钢中或与原材料同时卷入的非金属夹杂物。

一般地说,外来夹杂物较为粗大,若工艺、操作适当可减少或避免。而内生夹杂物较为细小,适当的工艺措施可减少其含量,并控制其大小和分布,但很难完全消除。这里主要介绍内生夹杂物的分类及鉴定方法。

2)非金属夹杂物分类(内生)

非金属夹杂物常按其组成分为氧化物、硫化物、硅酸盐及氮化物。由于它们降低材料机械性能，破坏材料基体的均匀连续性，往往成为产生裂纹的源头。其影响程度大小与夹杂物的类型、大小、数量和分布有关，因此，必须对钢中的夹杂物进行分析和鉴定。

3)非金属夹杂物鉴定方法

方法一般分为三类：形态分析、成分分析和结构分析。

(1)形态分析

研究夹杂物的大小、形貌、分布、数量和性质。方法有金相法、岩相法、电子显微镜分析法等。

(2)成分分析

确定夹杂物的组成与含量。有化学分析法、光谱分析法，电子探针、激光探针等。

(3)结构分析

确定组成物的结构类型，如晶体结构、晶体学参数的测定，有射线衍射分析、电子衍射分析、红外光谱分析等。

由于每一种方法都有其优点和局限性，所以夹杂物相的鉴定通常采用综合分析法。对于钢中常见的非金属夹杂物的定量分析方法有金相法、光谱分析法、原子分析法、电子探针分析法等。钢中非金属夹杂物的常规检验常采用金相法。一般采用金相法可进行较满意的鉴定。

4)非金属夹杂物的金相鉴定方法

主要是鉴定内生夹杂物。可分为定性鉴定和定量鉴定。

(1)定性鉴定

定性鉴定即判定夹杂物的类型，一般适应于分析新钢种中夹杂物产生的原因，或解决生产中出现的质量问题。达到改进冶炼工艺，控制它的形成的目的。

(2)定量鉴定

测定夹杂物的大小、数量、形态和分布。一般用于材料的常规检验，直接判定材料的质量。具体分析方法为定量金相法和评级法。近些年来，图像分析仪和定量分析软件的应用，使定量分析方便、迅速、省时省力，深受广大金相工作者的欢迎。

(3)制样要求

金相样品的制备，要保证夹杂物外形完整，防止污染与脱落。抛光完毕，充分干燥后，可在金相显微镜下进行观察和分析。

5)非金属夹杂物的金相鉴定方法(定性)

主要是采用明场、暗场和偏光照明观察其形状、分布、色彩等特征，分辨其类型。

(1)在明场下

观察夹杂物的形态和分布及反光能力。其反光能力表现为明场下不同的颜色,反光强的为亮黄色、金黄色等,而能力低的为暗灰和深灰色等。塑性差的如钢中的氧化物呈细小粒状,成群分布,加工后呈链状分布。而塑性较好的,沿加工方向伸长与基体交界也较光滑。如图 2-8 和图 2-9 所示。

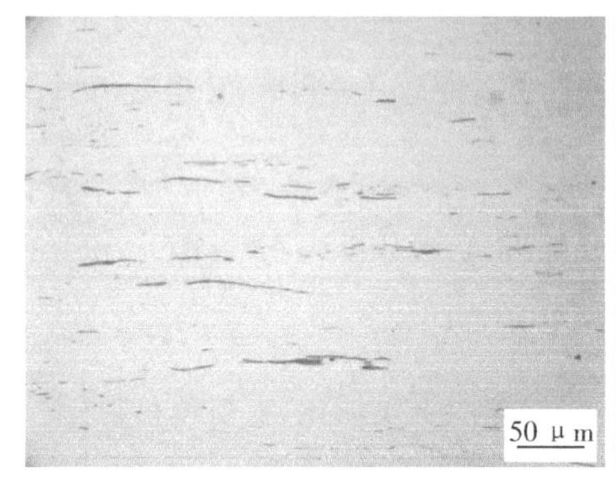

图 2-8 明场下硫化物的特征

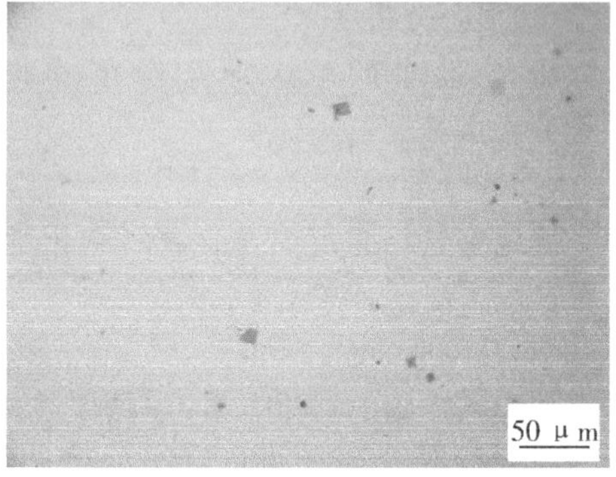

图 2-9 明场下氮化钛的特征

(2)在暗场下

鉴别夹杂物的透明度和固有颜色。因为暗场避免了样品表面反射光的干扰作用。透明的夹杂物在暗场下是发亮的,并能显示出夹杂物的体色,而不透明的夹杂物,在暗场下表现为黑暗,有时可看到其边缘的细亮线,这是边缘对光线产生漫散射所形成的。

(3)在偏光下观察

主要是在正交偏振光下进行观察,一是也可看到夹杂物的透明度和颜色,各向同性的透明夹杂物观察到的颜色和暗场下的颜色一致,即为透射光下呈现的颜色。而各向异性透明的夹杂物,可看到的颜色包括体色和表色。只有在消光位置才能看到与暗场一致的颜色体色。二是鉴别夹杂物的各向异性,在正交偏振光下,转动载物台一周,各向异性夹杂物可出现二到四次光的极大和极小变化,而各向同性的夹杂物无此效应。转动载物台一周,只能看到暗黑,而无亮度变化现象。

(4)特殊的光学效应

在明场下,球状的透明的夹杂物,可显示出等色环,也就是说在夹杂物图像边缘附近呈现亮环。这是夹杂物的内外表面反射光之间产生的等厚干涉现象所引起的。这种特征在正交偏振光下观察时也可看到,而且同时还可看到夹杂物图像上出现黑十字效应。黑十字效应与正交位置的起偏镜与检偏镜位置相对应。以上两种效应仅与夹杂物的形状与透明度有关,而与是否各向异性无关,如图 2-10、图 2-11 和图 2-12 所示。

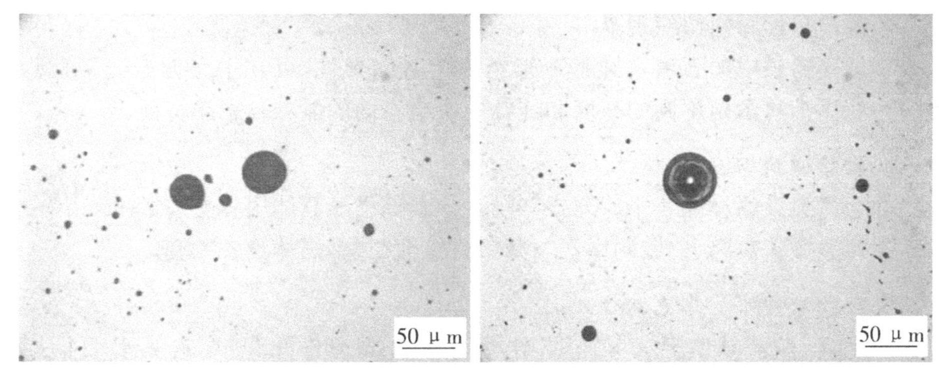

图 2-10　明场下硅酸盐特征　　图 2-11　明场下玻璃质 SiO_2 的特征

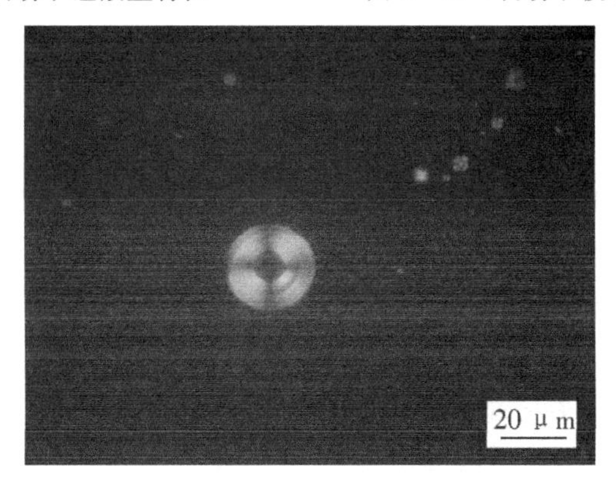

图 2-12　正交偏光下玻璃质 SiO_2 的特征

(5)辅助分析

夹杂物的力学性质和化学性质，主要是硬度和化学稳定性，可应用显微硬度计测定，选择特定的化学试剂浸蚀。常作为夹杂物的辅助分析方法。

3. 实验内容

1)鉴定几种常见的非金属夹杂物

(1)明场观察

用显微镜明场观察表中列出的金相样品，样品为抛光态，注意观察非金属夹杂物的形状，分布、颜色等。

(2)偏光下观察

在偏光下观察含氧铜中的氧化铜、含氧生铁中的球状硅酸盐等，注意颜色，亮度等特征。

(3)暗场下观察

在暗场下观察含氧铜中的氧化铜等，注意观察颜色与亮度。

2)各向异性材料组织观察

如球墨铸铁中的石墨及纯锌变形组织为各向异性,可在正交偏振光下,观察到一个石墨上显示出不同的亮度和纯锌中明暗不同的晶粒与孪晶特征。

4.实验材料与设备

非金属夹杂物样品若干。球铁、纯锌、渗碳等样品具体内容见表2-1。

金相显微镜数台、物镜测微尺与测微目镜数个、多媒体设备一套。

5.实验流程

(1)实验前应认真预习实验指导书与相关的理论知识,明确实验目的、要求等。

(2)正确谨慎操作金相显微镜。特别注意视域选择、样品移动问题等。

(3)仔细观察表2-1中所列合金的组织。

(4)注意观察分析不同的照明方式的组织特征与区别,

(5)按要求画出组织示意图,并标注相关条件。

6.实验报告要求

画出下列组织示意图:

(1)画图:任选4个,要标明抛光态、夹杂物、照明情况等。

(2)简述显微镜下尺寸的测量方法。

(3)简述非金属夹杂物的金相定性鉴定方法。

7.思考题

(1)为什么要分析材料中的夹杂物?

(2)明场与暗场、偏光观察分析的金相样品制备方法一样吗?为什么?

表2-1 金相样品

序号	材料	状态	夹杂物或组织	偏光下或其它
1	含氧铜	抛光态	Cu_2O	透明、各向同性、呈鲜红色
2	含氧生铁	抛光态	玻璃质 SiO_2	各向同性、黑十字特征
3	铸钢	抛光态	沿晶界分布的FeS, MnS夹杂与它们的复相夹杂	FeS弱各向异性、MnS及固溶体各向同性、MnS弱透明其它不透明
4	45钢轧制	抛光态	条形FeS、MnS夹杂与它们的复相夹杂	同上
5	20CrMnTi	抛光态	TiN、Ti(C、N)	各向同性、不透明
6	1Cr18Ni9Ti	抛光态	TiN、Ti(C、N)	各向同性、不透明
7	纯锌	轻微腐蚀	变形孪晶及晶粒	各向异性
8	球墨铸铁	腐蚀态	石墨球	各向异性

2.3　X 射线衍射技术实验

实验 2　利用 X 射线衍射仪进行多晶体物质的相分析

1. 实验目的

(1)了解 X 射线衍射仪的结构及使用。

(2)练习用 PDF(ASTM)卡片及索引对多晶物质的计算机物相分析结果进行校核。

2. 实验概述

1)X 射线衍射仪简介

随着自然科学的发展,X 射线衍射仪得到了越来越广泛的应用。20 世纪 70 年代以来,X 射线衍射仪的自动化促进了自动化方法的大力发展,计算机及其硬件接口用于控制衍射仪后,分析精度的提高和大量的数值处理变为可能。

传统的衍射仪由 X 射线发生器、测角仪、记录仪等几部分组成。而自动化的衍射仪涉及到如下四个方面:

(1)用步进马达及相关的电子设备置换 $\theta-2\theta$ 同步马达。

(2)用一个可远距离调整,读取的定标器/定时器替换常用的模拟定标器/定时器。

(3)把各种警报器、限位开关及断续器控制转换为计算机的可读信号。

(4)生产一个计算机接口,使计算机能控制上述 1—3 项。

目前只需把一个组合件直接接入新型计算机总线,就可实现上述四项。

计算机自动化提高了测量衍射角的精度,它的算法有很高的智能处理数据能力,这是一般人工测量做不到的。算法涉及两个方面:第一个是控制采集数据的算法;第二个是把数据还原成 d 值和强度的算法。对于材料表征而言,用于处理数值化的阶梯扫描数据的技术基本是全新的,这些数据来自自动衍射仪或者自动底片黑度计。

自动化的衍射仪在衍射峰背底测定、数据平滑处理、重叠峰定位、衍射强度的精确确定及提高准确度的外标法与内标法方面比传统的衍射仪有大幅度提高。

图 2-13 为我国丹东射线仪器股份有限公司生产的 DX-2500 射线衍射仪外形图,图2-14为日本帕纳科的 X′pert pro 衍射仪外形图,上述两种设备均属自动化衍射仪。

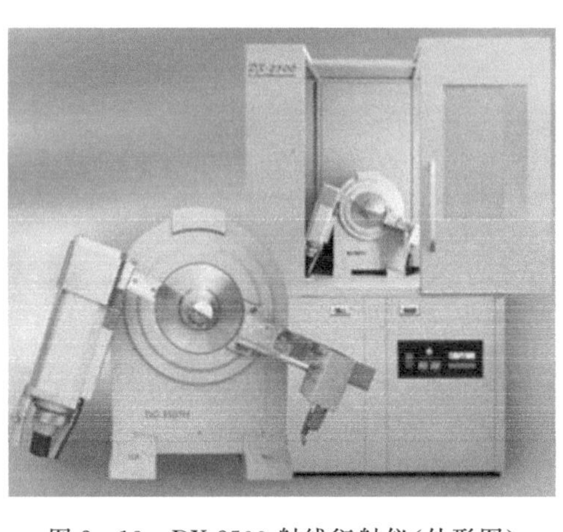
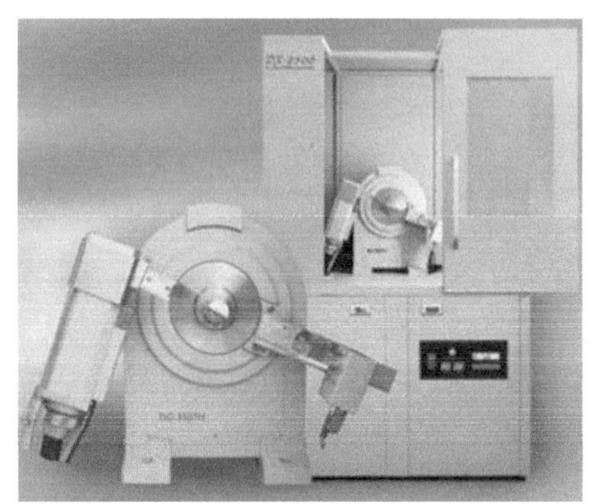

图 2-13　DX-2500 射线衍射仪(外形图)

图 2-14　X′pert pro 射线衍射仪(外形图)

自动化衍射仪工作原理及衍射几何光学布置图如图 2-15 所示。从图中可看出,X 射线发生器产生的 X 射线经过狭缝照射到多晶体样品上,衍射线经过单色器反射后被探测器的计数管接收,所产生的电脉冲进入计数存储装置的脉冲放大器后再进入脉冲高度分析器。经过处理的脉冲信号通过计数存储装置中的计数率仪、电位差计将信号记录下来,再通过数据记录和输出装置将衍射图显示在显示器上,还可通过打印机将分析数据及图形进行打印。

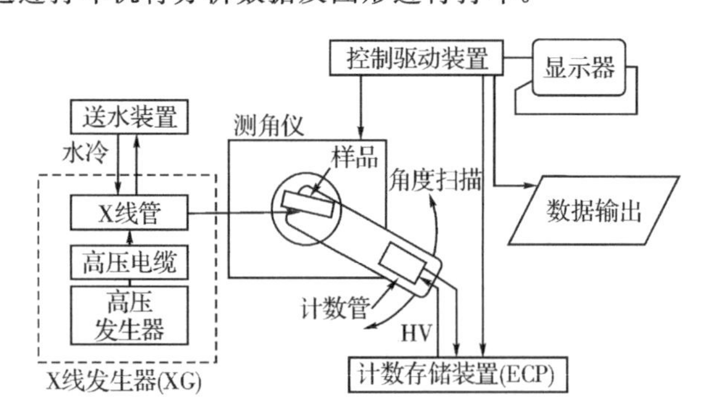

图 2-15　自动化 X 射线衍射仪工作原理及衍射几何光学布置方框图

物相定性分析是 X 射线衍射分析中最常用的一项分析工作。自动化衍射仪在分析过程中,仪器按所设定的条件进行衍射数据的自动采集,然后进行寻峰处理并自动进行物相检索。当检索开始时，为了使检索结果更准确可靠，分析者要通过计算机输入一些必要的限定条件和参数，如：选择输出级别、所检索的数据库、测试时所选用的阳极靶、扫描范围参数、实验误差范围估计、试样的元素信息等。上述工作完成后系统将进行自动检索匹配，并将检索分析结果在显示器上显示或以数据及图形形式打印。

2)衍射仪物相分析

为了让初学者进一步理解 X 射线物相分析的原理，并加强基础训练，本实验分析过程中多以手工衍射仪和人工检索为基础进行描述。

(1)试样：衍射仪一般采用块状平面试样，可以用研磨后平均粒径为 5μm 左右(通过 320 目的筛子)粉末在玻璃试样框中压制，或者直接用整块的多晶体样品。对于金属、陶瓷等固体材料可直接在大块样品中切取合适尺寸的样品。有的样品根据分析需要进行磨平或侵蚀，分析氧化层时表面一般不处理。

(2)测试参数的选择与衍射数据的采集。在进行衍射图像获取前首先必须确定实验参数，实验参数的选择需根据被测样的特性而定。由于自动化衍射仪上都装有单色器，所以被选的参数常有 X 射线阳极管的种类、管压、管流等，而测角仪的参数如发散狭缝、防散射狭缝、接收狭缝的选择。在分析时衍射仪需设置的主要参数有：脉冲高度分析器的基线电压、上限电压；计数率仪的满量程，时间常数、记录仪的走纸速度，扫描方式、扫描速度、扫描起始角和终止角度等。上述的选择和设定可通过计算机上的键盘输入或通过程序输入。

当上述参数选择好后，将制备好的试样装置在试样台上，关好防护罩，接通冷却水和电源，加上高压并将其调至所需数值。自动化控制的 X 射线衍射仪启动后，即可按程序自动采集数据，数据采集完成后启动关闭程序。

(3)衍射图像的分析：自动化衍射仪在数据采集完毕后，可利用自动寻峰程序将衍射峰的位置及强度找出，并以图形或表格方式打印出来，同时还可打印出对应的 d 和 I 系列。为了掌握和了解标定的基本过程，先将衍射图上比较明显的衍射峰的 2θ 值测量出来。测量可用三角板米尺来完成。将米尺的刻度与衍射图的角标对齐，令三角板一直角沿米尺移动，另一角边与衍射峰的对称(平分)线重合，并以此作为峰的位置。通过米尺的刻度可结算出百分之一度的 2θ 值，通过工具书可查出对应的 d 值和 d 值所对的衍射强度 I 值。上述工作重复多次将衍射图中对应的 2θ 值和 I 值全部测出，随之按衍射峰对应的 I 值的大小依次排队，从而得到 d 和 I 对应的系列表。取前反射区三根衍射强度最高的线为依据，查阅 Hanawalt 索引，以最强线的 d 值确定物相所属的组类，以次强线的 d 值进一步确定物相的出现范围，用尝试法找到最可能的卡片，再进行详细对照。如果对试样中的物相及化学元素有初步的了解和估计，即可借助字母索引来检索。

(4)实验案例:氧化物物相分析是X射衍射仪物相分析中最常见的分析内容,也是物相分析中较成功的案例,本案例采用的衍射仪为X′pert pro型全自动衍射仪。试样为经过研磨并经320目过筛的粉末多晶样品,样品压制在分析仪的玻璃框样品盒中。根据对被分析样品的初步了解,阳极靶选用Cu靶X射线管的CuKa照射,管压选择40kV,管流选择30mA,单色器采用石墨秀曲晶体;发散狭缝、防散射狭缝均选用1°接收狭缝0.2mm。测角仪连续扫描速度选用0.03°/s,计数率量程1000cps,测量2θ范围20～100°,角度2θ为20mm,所测的衍射图如图2-16所示。

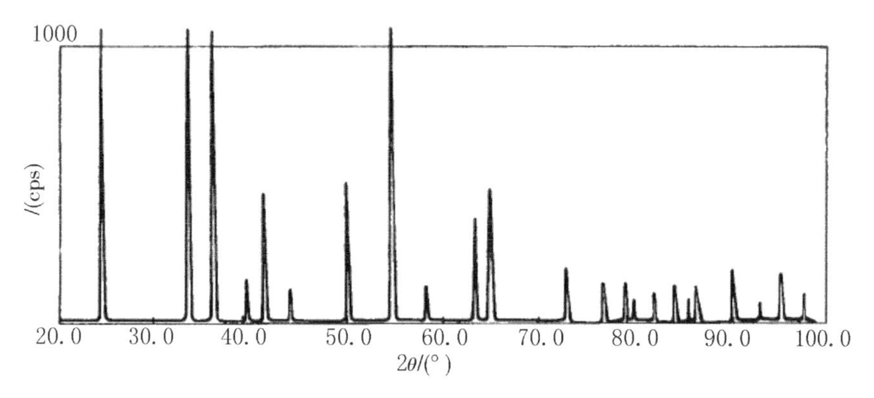

图2-16　实验所采集的X射线衍射图

将各衍射峰对应的2θ、d值及I/I_i列成表格,如表2-2所示。

表2-2　各衍射峰对应的2θ、d及I/I_i

实验数据				卡片数据(38—1479,Cr_2O_3)		
No	2θ	D,A	I/I_1	$d/\text{Å}$	I_nt	hkl
1	24.484	3.6327	79.1	3.631	73	012
2	33.590	2.6658	100.0	2.665	100	101
3	36.198	2.4795	86.4	2.480	93	110
4	39.741	2.2660	5.4	2.266	7	30
5	41.480	2.1852	29.6	2.1752	35	113
6	44.206	2.0471	4.1	2.0477	6	202
7	50.213	1.8154	32.1	1.8152	38	024
8	54.830	1.6729	73.9	1.6724	87	116
				1.6115	<1	211
9	58.405	1.5788	5.4	1.5799	7	122
10	63.446	1.4649	22.4	1.4649	28	21
11	65.106	1.4315	30.3	1.4316	39	300

续表

实验数据				卡片数据(38－1479,Cr_2O_3)		
No	2θ	D,A	I/I_1	$d/\mathring{A}$	I_nt	hkl
12	72.915	1.2963	9.1	1.2959	14	1010
				1.2900	6	119
13	76.825	1.2397	5.1	1.2394	9	220
14	79.059	1.2102	4.2	1.2103	6	306
15	79.940	1.1991	0.0	1.1959	1	223
16	82.044	1.1736	2.0	1.1731	4	312
17	84.223	1.1487	4.5	1.1485	7	0210
18	85.667	1.1329	0.8	1.1329	2	0012
19	86.505	1.1241	4.9	1.1238	7	134
20	90.189	1.0875	9.1	1.0875	13	226
21	93.080	1.0612	0.0	1.0602	1	042
22	95.305	1.0422	7.7	1.0421	9	2110
23	97.599	1.0237	1.1	1.0306	1	1112

对表 2－2 中 $2\theta<90°$的反射区的数据进行整理,并找出 8 强线对应的 d 值,在寻找过程中首先选出强度最大的三根衍射线。从表中发现第二根衍射线为最强线,其对应的 $d_1=2.67A$;次强线为第三根线,其对应的 $d_2=2.48A$;第三强线为第一根线,其对的 $d_3=3.63A$。三强线找出后按物相分析步骤依次找出其它 5 强线,并将三强线对应的 d 值按强度递减的次序排列,其余线条之值按强度递减顺序列于三强线之后,如表 2－3 所示。

表 2－3　实验数据的 8 强线排列

N	2θ	$D.A$	I/I_i
1	33.590	2.6658	100.0
2	36.198	2.4795	86.4
3	24.484	3.6327	79.1
4	54.830	1.6729	73.9
5	50.213	1.8154	32.1
6	65.106	1.4315	30.3
7	41.480	2.1852	29.6
8	63.446	1.4649	22.4

根据对所分析样品的情况了解,及相关氧化铬文献资料的调研,在哈氏数值

索引分组里寻找相关组数。以第一强线对应的 $d_1=2.67A$ 值为依据,判定卡片所处的大组,在哈氏数值索引晶面间距分组中检索适当 d 组。用次强线 d 值判定卡片所在位置,找出与 $d_1d_2d_3$ 值复合较好的一些卡片。根据 d_1 的值找 $d=2.69\sim2.65A$ 范围一组索引卡,并在第二强线 $d_2=2.48A$ 值这一列中寻找物相出现范围。表 2-4 是在 $d=2.69\sim2.65A$ 范围内的一组,在第二列为$d=2.48A$附近的几行。

表 2-4　查对的相近化合物的 d 值

2.67	2.48	4.57_6	1.81_5	2.63_3	1.92_3	1.50_3	2.12_2	…	Mn_2GeO_4	…	20—710
★2.67	2.48	1.67_9	3.63_7	1.43_4	1.82_4	2.18_4	1.47_3	…	Cr_2O_3	…	38—1479
2.64	2.48	2.11	2.01	1.58	1.54	2.20_7	3.36_5	…	$Sr_3Al_{32}O_{51}$	…	2—964

对表 2-4 中的数据进行分析,并与所列出的 8 条强线的 d、I 值仔细对照,可看出物相Cr_2O_3与待测样最为匹配。按卡片号 38—1479 找到卡片,将其 d、I/I_i hkl 系列抄于表 2-2 的右边,以便对照分析。在分析中考虑到实验数据或有误差,故允许所得的 d 及 I/I_i与 φ 卡片的数据略有出入。一般说,d 是可以较精确得出的,误差约为 0.2%,不能超过 1%,它是鉴定物相的最主要根据;而 I/I_i的误差则允许稍大一些,因为导致不精确的因素较多。

从上述分析与实验结果表中可看出,实验数据与查到的卡片数据中 d 系列对应得很好,只是 I/I_i值对应有些偏差,这可能是实验条件引起的误差,但基本顺序规律还是相符。

根据上述分析可得出,待鉴定的物相是三氧化二铬(Cr_2O_3),其 PDF 卡片号为 38—1479。

3. 实验内容

1)由实验老师现场介绍衍射仪的构造,进行操作表演,并完成指定的物相分析测试。

2)以 2—3 人为一组,用 PDF 卡片及索引对所采集的衍射图进行物相定性分析。

4. 实验仪器与材料

所涉及到的材料和设备有:

(1)准备 X′pert pro X 射线衍射仪(或其它型号 X 射线衍射仪)和相关的 PDF 卡片。

(2)准备进行物相分析的样品。

5. 实验流程

(1)教师介绍 X 射线衍射仪的结构,进行操作表演,采集并描画一张衍射图,有条件时进行物相自动检索表演。

(2)学生以 2—3 人为一组,借助索引及卡片对所采集的衍射图进行物相检索分析。

6. 实验报告的要求

(1)简述衍射图的采集过程。

(2)记录衍射图的测试条件,将实验数据及结果以表格列出。

(3)写出实验的体会与疑问。

7. 思考题

(1)X 射线衍射是进行材料研究的重要方法,请指出 X 射线衍射获得材料结构信息的基础(即从哪几个方面获得相关信息),并各举一个实例说明之。

(2)物相定性分析的原理是什么? 用 X 射线法进行成分分析和物相分析其原理有什么区别?

(3)利用 Co 靶(λ=0.17902nm)对未知相进行分析,各衍射线对应的 θ 角为 25.19°,35.92°,44.38°,51.72°,58.37°,64.58°,70.48°,76.15°,判断该相的晶体结构,初步估计点阵常数,写出各衍射线的晶面指数。

实验 3　宏观残余应力的测定

1. 实验目的

1)了解 X 射线应力仪的基本结构及宏观应力的测定方法。

2)用固定 ψ_0 法中的 0～45°法及 $\sin^2\psi$ 法分别测量同一工件中的宏观残余应力。

2. 实验情况

1)测定原理

残余应力是一种内应力,内应力根据国际贯例一般分为三类,第一类内应力在较大的材料区域(多个晶粒范围)存在并平衡的内应力,第二类内应力在材料内几个晶粒或晶粒内的区域存在并平衡的内应力,第三类内应力在几个原子间距间存在并平衡的内应力。上述各类内应力对晶体 X 射线衍射现象具有不同的影响,第一类内应力引起 X 射线衍射谱线位移,第二类内应力使谱线展宽,第三类内应力使衍射强度下降。

残余应力是一种弹性应力,它与材料中局部区域存在的残余弹性应变相联系,也是材料中发生不均匀的弹塑性变形的结果。受残余应力作用的区域,点阵常数也发生均匀的增大或缩小,在其 X 射线衍射相上的线条位置将向小角度或大角度方向移动。应力越大,点阵常数变化越大,X 射线衍射相上的衍射线条位置移动的距离也越大。根据线条移动大小,可以计算出这类应力的大小。

用X射线衍射法测定材料中的残余应力,不是直接测出应力,而是先测量应变,再借助于材料的弹性特征参量确定应力,在这所测的应变是晶体材料的晶格应变,而不是宏观应变。

晶体材料内的残余应力引起不同方位同族晶面间距变化是有规律的,这种变化反应在X射线衍射分析中就是衍射角的相对变化。通过测量晶体材料中某些晶面在无残余应力和有残余应力时,衍射角 2θ 相对于晶面方位的变化,即被测试样表面法线与反射晶面面法线的夹角 φ 的变化率,反应了由应力所造成的面法线方向上的弹性应变,建立残余应力 σ_ψ 与空间某方位上的应变 $\varepsilon_{\varphi\psi}$ 之间的关系式就计算出被测区域残余应力的大小。

因X射线的穿透深度约 $10\mu m$,所以采用平面应力状态(或双轴应力状态),即在物体的自由表面法线方向的应力为零,是X射线法检测残余应力的基本假设。其残余应力测定的基本公式是:

$$\sigma_\phi = -\frac{E}{2(1+\mu)}\frac{\pi}{180}\frac{\Delta 2\theta_{\phi\psi}}{\Delta \sin^2\varphi}\cos\theta_0$$

令

$$K = -\frac{E}{2(1+\mu)}\frac{\pi}{180}\cot\theta_0$$

$$M = \frac{\Delta 2\theta_{\varphi\psi}}{\Delta \sin\psi^2}$$

则

$$\sigma_\phi = KM$$

式中 K 为应力常数,它取决于被测材料的弹性性质(弹性模量 E、泊松比 μ)及所选衍射面的衍射角(衍射面间距及入射光的波长 λ);M 为 $2\theta_{\varphi\psi} \sim \sin^2\psi$ 直线的斜率,由公式可看出,$M>0$ 为压应力,$M<0$ 时为拉应力。

2)X射线残余应力测定的两种设备及测定方法

X射线残余应力测定常用设备有X射线衍射仪和专用的X射线应力测定仪二种。利用X射线衍射仪测量残余应力时,由于设备结构条件的限制主要用于较小试样的测量,专用的X射线应力测定仪可用于大工件的应力测定。

根据 $\sigma_\varphi = KM$ 可知,要确定试样表面某方向的残余应力,必须在此方向平面内测出至少两个不同 φ 方位的衍射角 $2\theta_{\varphi\psi}$,求出 $2\theta_{\varphi\psi} \sim \sin^2\varphi$ 直线的斜率 M,根据测试条件取用应力常数,即可得到应力值。为了便于测定衍射面的方位 φ,目前常选用的衍射几何方式有同倾法和侧倾法两种,如图 2-17 所示。

下面分别介绍X射线衍射仪和专用X射应力测定仪的测量方法。

(1)衍射仪法测定宏观残余应力

①同倾法中固定 φ 测定法

用衍射仪法测定宏观残余应力时往往采用小试样,而对小试样的宏观残余应

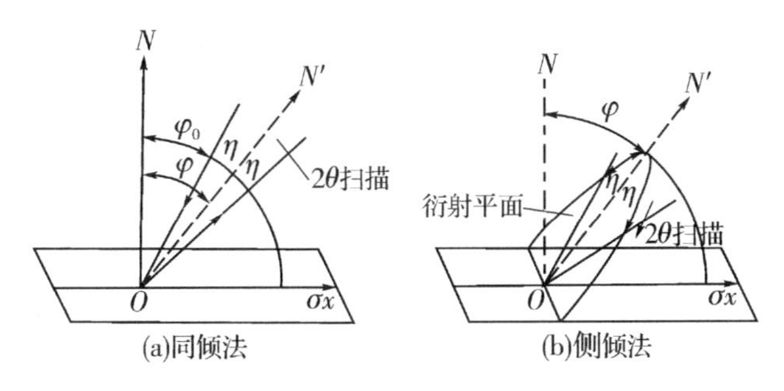

图 2-17 同倾法与侧倾法

力测量的方法常利用同倾法中的固定 ψ 法。因为同倾法的衍射几何特点是测量方向平面和扫描平面重合。在对试样进行对称衍射时，入射线与计数管轴线刚好对称布置在试样表面法线两侧，在测定过程中X射线管与计算管分别向相反方向转动，而 ψ 角保持不变。在试验中欲测 $\psi=0°$ 时的衍射角 2θ，只需按照一般描画衍射图的手续进行即可，即在理论 2θ 附近某范围内、令试样与计数管以 2∶1 的角速连动扫描，此时所测得衍射角就是由平行于试样表面的晶面所提供(见图 2-18(a))，从 $\psi=0°$ 位置使试样绕衍射仪轴单独转动 ψ 角后，再进行 $2\theta/\theta$ 扫描测量，衍射面法线与试样表面法线的夹角就等于所转过的 ψ 角。在固定 ψ 法测量中，选取晶面方式常采用 0°—45°法(两点法)或 $\sin^2\psi$ 法。0°—45°法即 ψ 选取 0°和 45°(或两个其他适当的角度)进行测定(如图 2-18(b)所示)。由两个数据点求得 $2\theta_{\varphi\psi}-\sin^2\psi$ 关系直线的斜率 M。此法适用于已确认 $2\theta_{\varphi\psi}-\sin^2\varphi$ 关系有良好线性或测量精度要

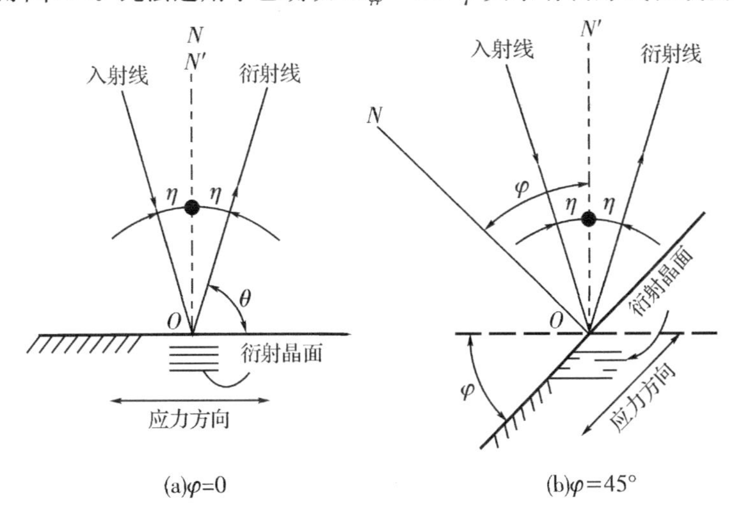

图 2-18 固定 ψ 法

求不高的情况。为减少偶然误差,可在每个方位上测量二次或更多,然后取平均值。在固定 ψ 的 $0°-45°$法中,由于 $0°-45°$法是 $\sin^2\psi$ 法的简化,故应力计算公式的简化式为:$\sigma_\psi=2K\Delta2\theta_{\varphi\psi}$。

对于测量精度要求较高的分析,选取晶面方位角常采用 $\sin^2\psi$ 法。因为 $2\theta_{\varphi\psi}$ 测量中必然存在偶然误差,故用两点法会影响应用测量精度。故可取几个 ψ 方位进行测量(一般 $n\geqslant4$),然后用作图法或最小二乘法求出 $2\theta_{\varphi\psi}-\sin^2\psi$ 直线的最佳斜率 M。$\sin^2\psi$ 法中 ψ_i 常取 $0°$、$25°$、$35°$、$45°$,其定峰方法可以采用半高法或三点抛物线法。

在分析测量过程中,要保证 $\varphi=0°$的衍射角 2θ 就是平行于试样表面晶面所提供的,必须是采用平行入射光束。当测量 ψ 角时的衍射角 $2\theta_\psi$ 时,须将试样从 θ_0 位置按顺时针方向转过 ψ 度,转动试样时计数管暂在理论 2θ(或 $2\theta_0$)处固定,然后恢复 $\theta-2\theta$ 连动关系。扫描前使 $\theta-2\theta$ 逆时针后退一小段角度,以使所测衍射峰完整。

为了减少进行 $\psi\neq0$ 的测量时,衍射几何布置偏离衍射仪聚焦条件,使衍射线宽化和不对称造成的散焦影响,一般选用小的发散狭缝。

由于 $0°$及 $\psi°$时聚焦几何的改变,即使是无应力试样,其 $2\theta_0$ 与 $2\theta_\psi$ 一般也不相等,其差值随仪器及具体情况而异。做应力测量时须校正这一仪器因素。测定钢铁材料时可用过 325 目筛的退火铬粉或铁粉作为校证样(无应力标样),亦可用加载试样来校正仪器。

②倾斜法中固定 ψ_0 测定法

在衍射仪下测定大而形状复杂零件的应力时,必须利用衍射仪的应力测量附件。附件中有一个可以放置较大试样件的样品台和两个平行光管。平行光管中的梭拉狭缝金属片与衍射仪园垂直(常规衍射仪梭拉狭缝的金属片与衍射仪园平行),这样就消除了入射和衍射束的发散,获得平行光束。这种附件同时适用于固定 ψ 法和固定 ψ_0 法。但对于形状复杂的零件的应力测定,还需在衍射轴上安置侧倾附件,才可实现测量目的。一般情况下侧倾附件是根据衍射仪的型号自行设计,它的关键部件是一个使样品作 ψ 倾转的试样架,其转轴必须与衍射仪轴垂直相交。在用侧倾法测量时往往采用固定 ψ_0 法测定残余应力,图 2-19 是固定 ψ_0 法的测试几何条件,可由 ψ_0 及测得的衍射 θ 计算 ψ:

$$\psi=\psi_0+\eta=\psi_0+(90°-\theta)$$

ψ_0 为入射线与试样表面法线的夹角,待测工件不动,通过改变 X 射线的入射方向获得不同的 ψ 方位。也就让应力仪的计算管扫描平面仍然保持在常规法那样的垂直位置上,而试样架则可以转动,使试样绕 $c-c$ 轴作 ψ 角转动,这种转动也可借助测定结构的试样架来完成。在用侧倾法测量时,光源应取点焦点位置,选用较大的发散狭缝,但光束在垂直高度上应用挡板限制,以使入射光斑是垂在 ψ 轴上的矩形,避免 $\psi\neq0$ 时出现大的散焦。

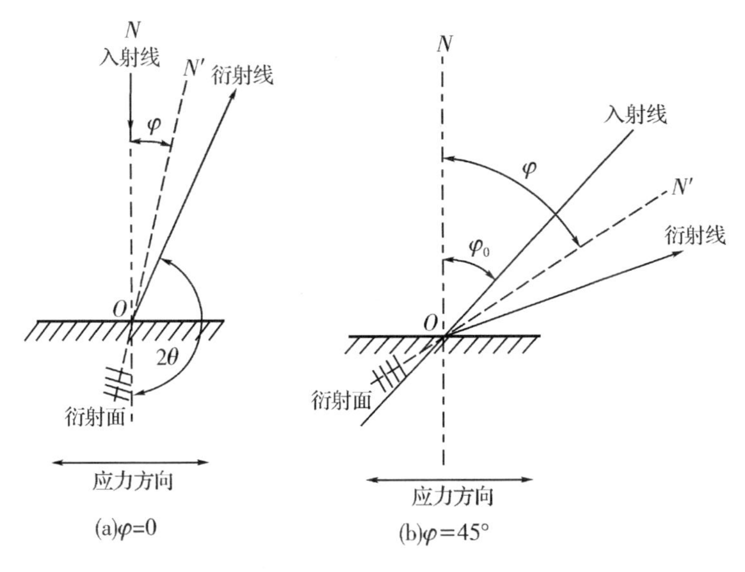

图 2-19　固定 ψ_0 法

(2)X 射线应力仪法测定残余应力

专用应力测定仪是为了适应大型构件及工程现场应力测定而设计的。此类设备国内邯郸无损探测仪器厂以及日本和美国等生产厂家均有商品生产。

应力仪是在衍射仪的基础上发展起来的,所以它们之间有许多共同之处。但为了适应工况的需要,应力仪的测角仪为立式、计数管可以以试样上测试点为中心在竖直平面扫描。X 射线管也可以该点为中心在上述平面内转动,并且采用聚焦光束或平行光束。

室内使用的应力仪多为立式或台式,图 2-20 是一台日本产的 SMF 型立式应力仪的外形图。它也是由测角仪、微处理机、电源控制三个主要部分组成。可看出它的测角器由立柱和横梁支撑并伸出主机体外,测角器可以在垂直面上升、转动或取一定的仰角或俯角。被测工件位于测角器下方不动,通过改变 X 射线的入射方向获得不同的 ψ 方位。由于采用了微机控制,测量及数据处理均可自动完成。在工程现场大型工件应力检测时,可采用便携式应力仪或将立式应力仪的测角仪与便携式主机检测系统联用。

由残余应力测试原理可知,应力测量要求测得尽可能高的 2θ 角,故它的 2θ 范围一般为 143°～164°,若利用小型 X 光管则最高衍射角可达 168°～170°,所以应力仪设计时不能做全谱扫描。如果在应力仪中加长臂长,可使其测量功能增加。它

图 2-20 SFM-3 型 X 射线应力图

不但可适应用于钢铁材中的残余奥氏体的测量，还可使其低角检测范围延展到 120°左右，适应更多材料的检测。

应力仪的检测方式有固定 ψ_0 法和固定 ψ 法，固定 ψ_0 法在老式应力仪中应用较为普遍。近年来为了适应测量复杂形状工件表面应力，充分利用低角衍射线进行应力测定，提高测量精度，在专用衍射仪上大量使用侧倾法的固定 ψ 法。国产的应力仪即是使用侧倾法。

一般应力仪的测角器上都不带基准面的试样架，所以在检测前要对试样的设置和光路的调整进行校准。各种仪器有不同的校验工具，如标定杆，标定板和直角验块等，所以在做检测前应根据不同设备的校准要求对设备进行校准。

在用应力仪进残余应力测定时，其衍射峰的确定一般采用半高法或多点抛物线法(经最小二乘方法自动处理求出峰值)。其 K 值选用所需测定晶面的相应弹性应力值。

(3)检测程序及步骤

用应力仪进行应力测量的主要过程与用衍射仪进行测量的过程相近。例如用 C_rK_d 射线照射 $\alpha_{Fe}(211)$ 晶面时，$\theta=78.2$，$\eta=90°-\theta=11.8°$，若选用 $\sin^2\psi$ 法测定应力时，选择 $\psi_0=0°$、15°、30°及 45°。ψ_0 为入射线与试样表面法线间夹角。因 $\psi=\psi_0+\eta$，故所对应的 ψ 为 11.8°、26.8°、41.8°及 56.8°。在测量过程中衍射峰的确定可采用半高法或三点抛物线法，计算应力公式用 $\sigma_\psi=K_iM$，应力常数的选取与衍射仪法测量一样，选用 $K'_2=483.2$ MPa/(°)。但因 ψ 值与衍射仪法中的不同，故其 $\sin^2\psi$ 值亦有相应变化。

在用应力仪测量残余应力前应做好如下准备工作：①试样的处理。试样的具体情况对应力测定的精度有很大影响，所以在测量前要进行样品表面的污垢、氧化皮及涂层的清理工作。清理方法可采用不影响样品表面残余应力改变的电解抛光或化学侵蚀法。②实验参数的选择：根据被测试样的已知资料，选择 X 光管及相应的被测$\{hkl\}$晶面，X 射线管采用较高的管压、管流。狭缝、时间常数选择可适当放宽，狭缝值可选 2°、2°、4mm，时间常数可选 8s，扫描速度可选在 2°/min 左右。衍射角尽可能选高的衍射角，并查得无应力的衍射角及应力常数值 K；定峰选用半高法或三点抛物线法。③仪器校验与试样安装。试样开始测量前用无应力的粉末状试样在选定的测试条件下进行测试校验，其测量值在±20MPa 范围内为合格，此时将样品被检测面对准测角器安放待测。④测量。将设备按照开机操作说明程序开机，当设备达到工作状态时，通过人机对话输入测量条件，如：狭缝值、ψ_0 站、扫描范围、扫描速度、时间常数、定峰方法、应力常数等，并命令仪器按照测量者要求执行测量、数据处理同时打印检测结果。

3. 实验内容

根据实验条件可选用衍射仪或应力仪，用固定 ψ_0 法测定试样上指定方向的残余应力。采用 0°－45°法（两点法）及 $\sin^2\psi$ 四点法及半高法（或三点抛物线法）定峰和处理数据。

4. 实验仪器与材料

所涉及到的实验材料及设备有：

（1）X 射线应力分析仪（或衍射仪）。

（2）实验所用的样品。

5. 实验流程

（1）教师介绍 X 射线应力衍射仪的构造，进行操作表演，采集并描画一张衍射图。

（2）学生以 2－3 人为一组，每组测定一个 ψ 角下的衍射峰三点强度，将各组数据集中后以作图法求“$2\theta_\psi-\sin^2\psi$”直线的斜率，并用给出的应力常数计算应力值。

6. 实验报告要求

（1）简述宏观应力测定的基本原理及所用设备在应力测定状态下的衍射几何特点。

（2）写出测试报告，包括：

试样：名称、材料牌号、冷热加工过程及热处理状态；

测试条件：光源、所测衍射面、衍射测量各参数；

测量数据：列表（参考教材《材料研究方法》(谈育煦著中相关表 13－2）给出 0°

$-45°$法及 $\sin^2\psi$ 法的计算结果。

(3)实验的体会。

7. **思考题**

(1)衍射仪法测定宏观应力的方法有哪些?

(2)简述用 X 射线进行内应力测定的原理,并说明三种不同的内应力将对衍射谱线有什么影响。

(3)在一块冷轧钢板中可能存在几种内应力?它们的衍射谱有什么特点?

(4)X 射线应力仪的测角器 2θ 扫描范围 $143°-163°$,在没有“应力测定数据表”的情况下,应如何为待测应力的试件选择合适的 X 射线管和衍射面指数(以Cu 材料试样为例说明)。

2.4 透射电子显微分析技术实验

实验4 电子显微镜样品的制备

1. **实验目的**

了解和掌握各种材料透射和扫描的电镜样品制备过程和方法,重点掌握金属材料双喷电解减薄制样工艺。

2. **实验概述**

透射电镜的加速电压大多为 200kV 到 300kV,电子束对薄膜样品的穿透能力大约 100nm 到 500nm。为了适应不同的研究目的,应分别选用适当厚度的薄膜样品用于在透射电镜下观察。对于金属材料而言,样品厚度都在 200nm 以下。薄膜样品应具备以下条件:首先,薄膜样品的组织结构必须和大块样品相同,制备过程中,不发生组织结构变化;第二,样品相对于电子束而言必须有足够的“透明度”,只有电子束能穿透样品,才能对样品进行观察和分析;第三,薄膜样品应有一定的强度和刚度,在制备、夹持和操作过程中,不会引起变形或损坏;最后,在样品制备过程中不允许表面产生氧化和腐蚀,否则会使电子束对样品的穿透能力下降,并产生多种假象。

满足扫描电镜要求的样品应具备以下条件:首先,样品大小应能放入扫描电镜内;第二,样品表面干净无异物;第三,对不导电的材料应进行导电处理,即进行表面喷金、喷碳等处理。

1)透射电镜金属薄膜样品制备过程

薄膜试样制备方法概括起来可分成两大类:第一类是直接制备薄膜如磁控溅

射法或喷镀法等;第二类是由大块试样直接制备,其过程分为两阶段。首先是利用机械减薄法或化学减薄法作初步减薄,然后再利用电解抛光或离子减薄法制成薄膜。

(1)双喷电解抛光法

①制样装置:双喷电解抛光仪

使用双喷电解抛光法制备透射薄膜样品的装置见图 2-21 双喷电解抛光装置只适应于金属导电的材料,其原理示意图如图 2-22 所示。电解液通过耐酸泵将低温电解液打到两个喷嘴上,通过电解液喷嘴直射试样表面。电解液经液氮冷却后,不使样品因过热而氧化同时又可得到表面平滑而光亮的薄膜。直径为 3mm 的样品置于聚四氯乙烯制作的夹具上(见图 2-21)。样品

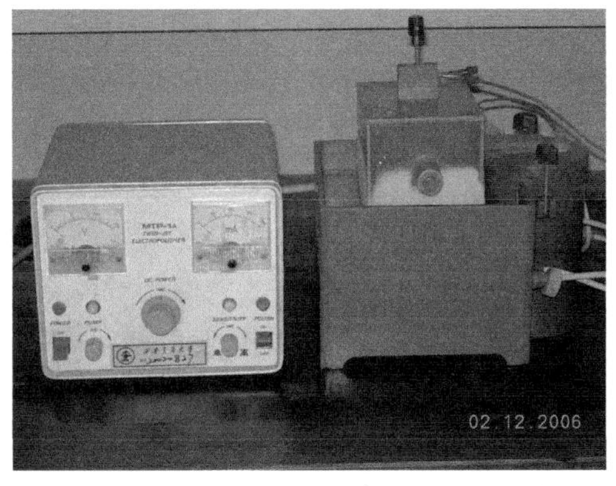

图 2-21　双喷电解抛光装置

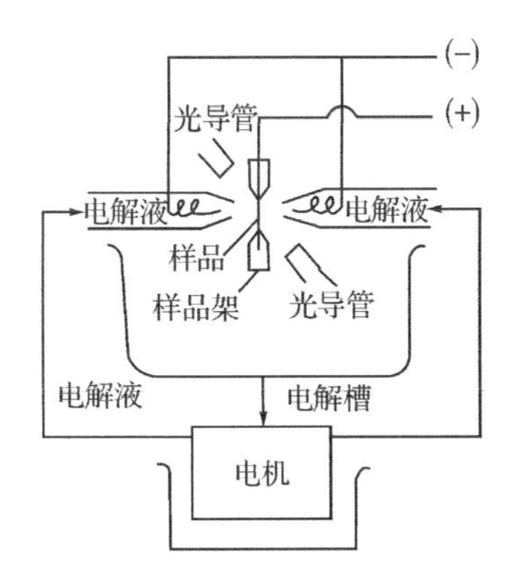

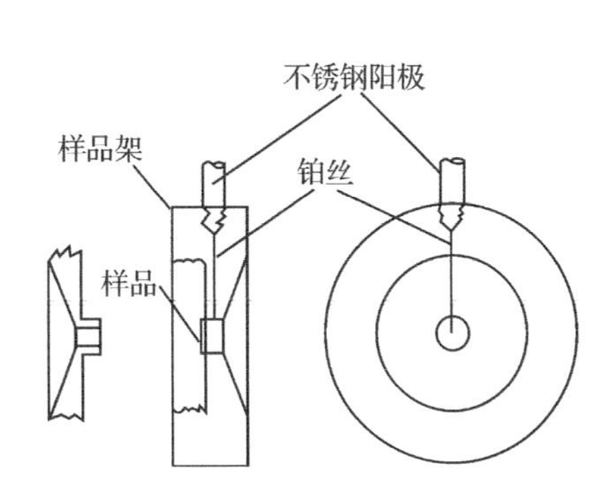

图 2-22　装置示意图

通过样品夹具内的铂丝连到不锈钢阳极上保持电接触,样品夹具放在两喷嘴之间。调节喷嘴位置,使两喷嘴喷出的电解液在一条直线上,并同时打到样品上。在两个喷嘴中一侧装有灯源并通过光导纤维管传到样品上,另一侧装有光导纤维管和光敏元件。电解抛光时,当样品刚一穿孔,由光敏电阻进行报警并断电。电解抛光时,样品是接在阳极上的,电解液为阴极。对不同的材料选择不同的电压,电流和不同的电解液。当电解液浓度一定时,温度升高电流增大,电压升高电流

增大;当电解液浓度增大时,电流增大,此电流的大小与电压大小,温度高低,电解液浓度的大小有关。

②制样过程

首先将大块试样经过线切割或砂轮机切片成厚为 0.3 到 0.5mm 的片状试样,再用水磨金相砂纸逐级磨到小于 50μm 的薄片,对于研究晶体缺陷等试样,试样厚度不应小于 80μm,否则会引入缺陷与变形。此试样也可利用化学减薄法。化学减薄法是利用化学抛光,使试样厚度薄化到 20~50μm。不同材料所适用的薄化剂见表 2-5。对于普通碳钢和合金钢一般可选用 $HF:H_2O:H_2O_2:=1:4.5:4.5$ 溶液。

在小冲床上或用剪刀将上述磨好的样品剪成直径为 ϕ3mm 园片试样。

将无锈无油厚度均匀的表面光滑的直径为 3mm 圆片试样,放在如图 2-21 双喷电解抛光装置的试样夹中,使试样与铂丝接触良好,将试样夹具放在喷嘴之间,样品接阳极,电解液接阴极。将理想的电解液置于电解槽中,电解液配方可参考表 2-5 和表 2-6,在电解液温度和流速确定时,逐渐升高电压,记录电流值,作出该溶液的电压—电流曲线(图 2-23),并选取 AB 段作为合适的抛光条件。在 V_A—V_B 电压值下进行抛光。

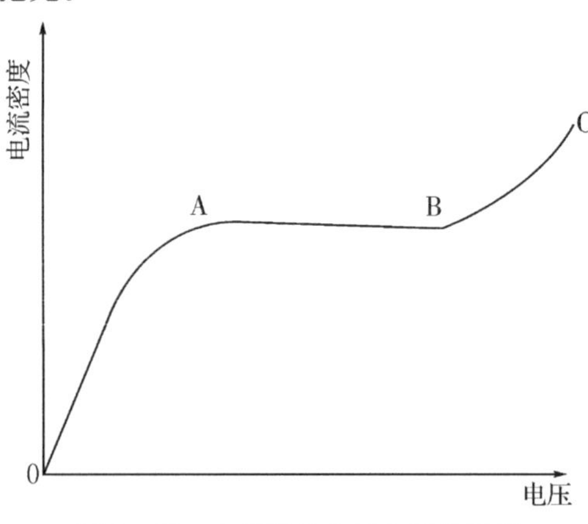

图 2-23 电解抛光电压电流关系图

调节用于循环电解液的电极速度,使从两个喷嘴中喷射出的电解液几乎相连。调节穿孔警报器的光敏电阻灵敏度。为了获得中心小孔的金属薄膜,可采用已有中心小孔的试样(或用厚黑纸用细针孔~中心小孔)来调整报警器的灵敏度并配合调节其照明灯泡的亮度。先将灵敏度置于 0,灯泡亮度置于中间位置,此时试样即使有大孔也不报警。随后在参照样品具有小孔时,调节灵敏度直到报警为止,并检查改变照明强度时其反应的快慢,就可找出合适的灵敏度与照明亮度的匹配.确定这两个旋组的位置,进行正式试样的抛光。

将正式试样置于试样夹中,并进行双喷电解抛光。一旦发出警报,立即取出试样夹并在酒精中清洗(注意试样夹只能垂直上下清洗,不能左右来回用力清洗以免薄区被破坏)。将试样从夹中取出再于干净的酒精中清洗两遍,用滤纸干燥后可直接在透射电子显微镜中观察。

透射薄膜做好后若暂时不用,必须保存在真空或干燥器中。从抛光结束到漂洗完毕,动作要迅速,争取在几秒内完成,否则残留电解液会腐蚀金属薄膜表面。值得注意的是在制样过程中,难免会有许多假象,就是说在材料中不存在,但在薄膜上却显示出来的图像。假象给综合分析带来困难,如不正确排除会得出错误的结论。因此,在制样过程中,只要认真制做,假象会大大减少。

(2)离子减薄法

①离子减薄装置:离子减薄仪

离子减薄法是在离子减薄仪(见图2-24)上进行的,是采用0~10kV的离子直接轰击试样,使样品中的原子或分子逸出表面。这个过程需要在真空中进行。故离子减薄装置由工作室、电器系统以及真空系统组成。真空系统与真空喷镀仪(如图2-25所示)相似,是由机械泵、扩散泵以及真空阀V_1,V_2,V_3组成。图2-26仅画出离子薄化试样的工作室部分,它是由离子枪、观察室、微电机等组成。纯净Ar_2在6000V的电场中产生等离子体Ar^+,在0~10kV加速电压下的Ar^+轰击围绕ss'轴旋转的试样上,试样旋转轴ss'与仪器轴yy'的夹角ϕ是试样薄化中的一个重要控制参数,ϕ角即为入射氩离子束与试样表面的夹角,ϕ角影响氩离子的穿透深度以及薄化速率。为了获得具有较大薄区的试件,应该选择较小的ϕ角,但太小的ϕ角将降低减薄速率,为此选择合适的ϕ角是满足试样制备过程既快又好的必要条件。

图2-24 离子减薄仪

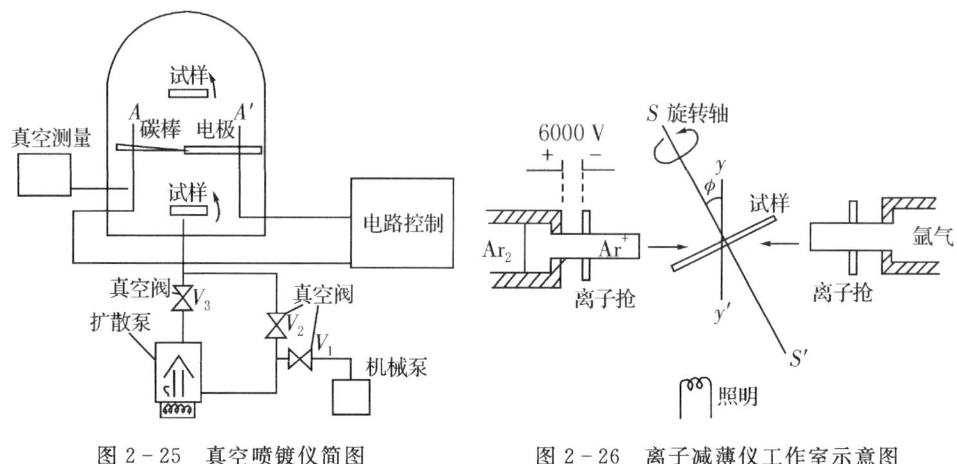

图 2-25　真空喷镀仪简图　　　　图 2-26　离子减薄仪工作室示意图

②制样过程及操作步骤

在使用离子减薄仪之前,样品应进行预减薄处理,处理后的样品厚度为0.03mm左右。对于非导电试样(如陶瓷,半导体等较脆的材料)可先用机械减薄法进行预减薄处理后再用凹坑仪进行研磨,获得具有一定深度凹坑的试样,随后置于离子减薄仪中用 Ar 离子轰击,薄化。

对于金属样品可采用机械减薄法进行预减薄处理,将预减薄处理后样品厚度为 0.03mm 左右的样品冲成 ϕ3mm 的圆片,按要求装入离子减薄仪的样品夹中;按离子减薄仪操作程序将仪器真空抽到工作状态;选择好样品与离子束的角度;连接使样品旋转的电机;打开氩气阀门,缓慢加入氩气发射离子束,直到合适的电压值和电流值,此时样品两侧可观察到发射的离子束,样品开始减薄;当从观察孔看到样品穿孔时,样品就做好了,这时,关掉离子束电流电压,按照操作程序取出样品,直接在透射电镜中进行观察。

离子减薄时注意事项:

·检查试样中心是否为两枪发射出来的离子束中心。

·选择合适的离子束与样品夹角 ϕ,并据此调节好试样的倾斜位置。在薄化初期,选用高电压,大电流,大角度(20°)以便薄化速率高。但此时试样坡度太大,很难获得所需的薄区。待试祥具有芽孔趋势时,逐渐减少试样倾转角 ϕ 并降低电压,最后以 5°或 7°倾转角减薄既可获得较大的面积和坡度较小的薄区。

2)扫描电镜样品制备

扫描电子显微镜主要用于观察样品表面形貌特征,扫描电镜照片的成像原理主要是依靠接收由样品表面层 2～10nm 深度范围内被入射电子束激发出来的二次电子成像的。扫描电镜的样品必须是导电样品,对于导电材料的样品,直接放入电镜中观察；而对于不导电或导电性能差的样品要进行表面导电处理。表面导电处理是采用金属喷镀技术将整个样品的表面喷镀一层导电金属(金属层厚度在 100～200Å 厚为宜)。表面喷镀处理的样品还要用导电胶将样品粘在样品架上，使其彼此间保持良好的导电性能。

表面导电处理采用的金属喷镀技术是在金属喷镀仪(或叫做金属覆盖，如图 2-27)上完成的，其基本原理就是在真空喷镀仪的真空罩里把所要喷镀的金属加热，使其在真空下蒸发并喷射到样品表面，这样处理的样品在进行扫描观察时就可把样品的电子以及由入射电子所产生的热导离除掉，而使信噪比得到改善，结果使成像清晰，分辨率得以提高。当然，金属喷镀本身也可使标本表面形态得以加固。目前扫描电镜样品的导电处理大部分是采用金属喷镀仪进行喷金处理，具体操作步骤如下：

图 2-27　JFC—1100 型金属喷镀仪

真空罩放气——放入样品——装上真空罩抽真空——真空值达到 10^{-2} 毫米汞柱高——镀金到 10nm 厚放气取出样品。

表 2-5　试样薄化技术

材料	方法	条件
Al 和 Al 合金	电解抛光　62%磷酸+24%水+14%硫酸+160g/L 铬酸	9～12V 70℃
	化学抛光　40mL 氢氟酸+60mL 水+0.5 克氯化镍	30℃
	电解抛光　20%高氯酸+80%乙醇	15～20V <30℃
Cr 合金	电解抛光　5%高氯酸+95%甲醇	−40℃到−50℃

续表

材料	方法	条件
Co合金	电解抛光　2%高氯酸+8%柠檬酸+10%丙酮+80%乙醇+50g/L硫氢酸钠	
Cu	化学抛光　50%硝酸+25%醋酸+25%磷酸	20℃
Cu合金	电解抛光　20%硝酸+80%甲醇， 33%硝酸+67%甲醇	5～9V −30℃
Cu−Ni合金	电解抛光　30mL硝酸+50mL醋酸+10mL磷酸	2.9V 20℃
Fe，低合金钢不锈钢	化学抛光　50%盐酸+10%硝酸+5%磷酸+35%水 15%盐酸+30%硝酸+10%氢氟酸+45%水	热 热
	电解抛光　133mL醋酸+7mL水+25g铬酸	25～30V <30℃
不锈钢	化学抛光　15%盐酸+30%硝酸+10%氢氟酸+45%水	
	电解抛光　5%高氯酸+95%醋酸 60%磷酸+40%硫酸 10%高氯酸+90%乙醇	20V，<15℃ 25V 12V，0℃
GaAs	化学喷射抛光　盐酸:过氯化氢:水=40:4:1	
Ge	化学抛光　氢氟酸:硝酸:丙酮:溴=15:25:15:0.3	2min
Mg−合金Al	化学抛光　80%正磷酸+20%乙醇	
Mo，Mo合金	电解抛光　8%高氯酸+92%乙醇	30～50V −55℃，不锈钢阴极
		−30℃
Ni合金	喷射　10%硝酸+90%水	
Ni基高温合金		铂阳极
	电解抛光 20%高氯酸+80%乙醇	22V，0℃
Nb，Nb合金	化学喷射　60%硝酸+40%氢氟酸	25℃
Si	化学薄化　氢氟酸:硝酸:醋酸=1:3:2	

续表

材料	方法	条件
Ti	化学抛光　30%氢氟酸(浓度 48%)+70%硝酸	0℃
Ti 合金	电解抛光　30mL 高氯酸(30%浓度)+175mL 丁醇+300mL 甲醇	11～20V <-25℃,不锈钢阴极
Ti-Al 合金	电解抛光　甲醇:丁醇:高氯酸=60:35:5	-20℃
Ti-Ni 合金	电解抛光　6%高氯酸+94%甲醇	20V,-60℃
W 及 W 合金	电解抛光　10g 氢氧化钠+100mL 水	5V
U	电解抛光　133mL 醋酸+25g 铬酐	35～40V,10℃
V 合金	电解抛光　100g/L 氢氧化钠水溶液	5V
Zn	电解抛光　50%正磷酸+50% 乙醇	
Zr	电解抛光　2%高氯酸+98% 甲醇	-70℃
Zr 合金	电解抛光　5%高氯酸+95% 乙醇	70V,-50℃

表 2-6　金属材料双喷电解抛光规范

材料	电解液(体积比),(-30℃)	技术条件	
		电压(V)	电流(mA)
低碳合金钢	5%高氯酸+乙醇	50	50
铝及铝合金	5%高氯酸+乙醇	40～50	30～40
钛合金	5%高氯酸+乙醇 5%高氯酸+甲醇	40 50	30～40 50
不锈钢	10%高氯酸+乙醇 5%高氯酸+甲醇	70 30～50	50～60 50～70
镁及镁合金	10%硝酸+乙醇 5%硝酸+甲醇	50 50	50～70 50～70
钛及钛合金	10%高氯酸+乙醇	80～100	80～100
马氏体时效钢	10%高氯酸+乙醇	80～100	80～100
6%Ni 合金	5%高氯酸+乙醇	30～50	30～50
铜及铜合金	5%硝酸+甲醇	50	50

3. **实验内容**

(1)透射电镜样品的机械预减薄;

(2)使用双喷电解抛光仪减薄金属样品;

(3)使用离子减仪减薄金属或非金属薄膜样品;

(4)使用金属喷镀仪对非导电样品进行表面喷金处理。

4. **实验材料与设备**

所涉及到的实验材料及设备有:

(1)双喷电解抛光仪;

(2)离子减薄仪;

(3)金属喷镀仪;

(4)砂纸、剪刀、刀片、烧杯、镊子、502 胶、坩埚、橡皮、乙醇、丙酮、甲醇、高氯酸、硝酸;

(5)低碳合金钢试样。

5. **实验流程**

实验前,应仔细阅读实验指导书,明确实验目的、内容,任务。实验以组为单位,每组 10 人,每人必须从头到尾完整地做好一个透射薄膜样品。

(1)低碳合金钢试样预先由实验老师线切割成 0.3mm 厚,尺寸约为 10mm×10mm 的薄片试样。老师按学生数量给每个同学准备一个用来磨薄膜样品的金属块和一片线切割的薄片试样。

(2)按组每人领取一片线切割的薄片试样和一个金属块。

(3)老师先向全组学生讲解机械减薄的减薄程序和注意事项,每个学生再自己动手减薄试样。先将薄片试样的一面用 502 胶粘在金属块上,用较粗的砂纸将薄片试样的一面磨平,并保证这一面没有线切割的痕迹。然后将金属块和薄片试样一起放入丙酮溶液中,溶解掉 502 胶,用刀片轻轻将薄片试样起下,将薄片试样反过来再次粘在金属块上,磨擦另一面。先用较粗的砂纸后用较细的砂纸,直到将薄片磨到约 0.06mm 厚时,放入丙酮溶液中溶解 502 胶,用刀片轻轻起下薄片试样,用丙酮将试样上的 502 胶清洗干净。如果试样上有划痕或没有达到厚度要求,这时可用橡皮压着试样进行磨擦,直到将薄片试样厚度磨到 0.06mm 左右,此时,金属薄膜样品的机械减薄就完成了。

(4)按组每人独立将机械减薄好的试样在双喷电解抛光仪上进行双喷电解抛光减薄,先由教师讲解示范,学生再按减薄的程序逐个进行减薄,每个学生必须至少做好一个透射薄膜样品。

(5)将做好的透射薄膜样品放入试样袋中,写好自己的班级姓名,由教师统一放入干燥箱中保管。

(6)按组示范在离子减薄仪上进行金属或非金属的透射电镜薄膜样品制备过程。

(7)按组示范在金属喷镀仪上进行非导电材料的扫描电镜样品表面的喷金处理。

6. 实验报告要求

每位学生撰写一份实验报告：

(1)试述双喷电解抛光法制膜工艺过程。

(2)试述薄膜样品制备方法的优缺点及样品制备过程中的注意事项。

7. 思考题

(1)金属薄膜样品的制备过程有哪些特点？怎样才能制备出合乎要求的样品？

(2)制备透射电镜薄膜样品的基本要求是什么？常用的制备方法有那几种？它们各有什么优缺点？

实验 5　透射电镜结构原理及典型组织的观察

1. 实验目的

(1)熟悉透射电镜的基本结构和工作原理，了解从装入样品到摄像记录的操作过程。

(2)了解金属薄膜组织形貌观察过程和学习分析钢中典型组织图像。

2. 实验概述

1)透射电镜的工作原理和基本结构

透射电子显微镜是以波长极短的电子束作为照明源，用电磁透镜聚焦成像的一种具有高分辨率、高放大倍数的电子光学仪器。在观察物体放大像的同时可以鉴定物质的晶体结构，被广泛用于材料的组织结构、晶体缺陷观察和分析等，是材料科学领域中最重要的分析手段之一。

透射电镜中的电磁透镜将入射电子束聚焦成近似平行的光线穿过样品，再由成像系统的电磁透镜成像放大，并照射到透镜下方的荧光屏上激发荧光形成观察图像，透射电镜的分辨率及穿透样品的能力与电镜的加速电压有一定关系，常规的透射电镜加速电压一般为 100～200kV，其点分辨率为 0.2nm～0.35nm，随着加速电压的增加分辨率会有所提高。对于现代的 1000kV 级高压电镜，点分辨率已达到0.1 nm，其对样品的穿透能力也随加速电压的升高而增加。透射电镜的放大倍数一般在 30～100 万之间，场发射电子枪的电镜其放大倍数可达到 150 万以上。

图 2-28 是两种型号的透射电镜外观图,透射电镜一般由电子光学系统,真空系统,电源及控制系统三大部分组成,透射电镜的基本结构简图见图 2-29。透射电镜的主要部件结构及工作原理将在电镜的结构章节中介绍。

JEM200CX

JEM2100F高分辨电镜

图 2-28 两种型号的透射电镜外观图

下面对透射电镜的基本结构作简单介绍。

(1)电子光学系统

透射电子显微镜的电子光学系统完全置于显微镜筒之内。镜筒类似积木式结构,自上而下顺序排列着电子枪、聚光镜、样品室,物镜、中间镜、投影镜、荧光屏及照相装置,通常又把上述组件划分为照明、成像和显像三部分。

透射电镜照明部分由电子枪、聚光镜和相应的平移及倾斜装置组成。其作用是提供一束亮度高,孔经角小,稳定度高且平行度较好的电子束流照明样品。

电子枪是透射电镜的电子源。电子枪的种类不同,电子束的会聚直径、能量的发散度也不同。

这些参数在很大程度上决定了照射到样品上的电子的性质。大致可以将电子枪分为热发射型和场发射型两种类型。在过去的射电显微镜中,使用的是直经为 0.12 毫米热发电子型的发夹式钨灯丝阴极。近年来,已广泛使用同样是热电子发射型的,高亮度的 LaB6 单晶灯丝。最近已开始在分析电子显微镜中使用能

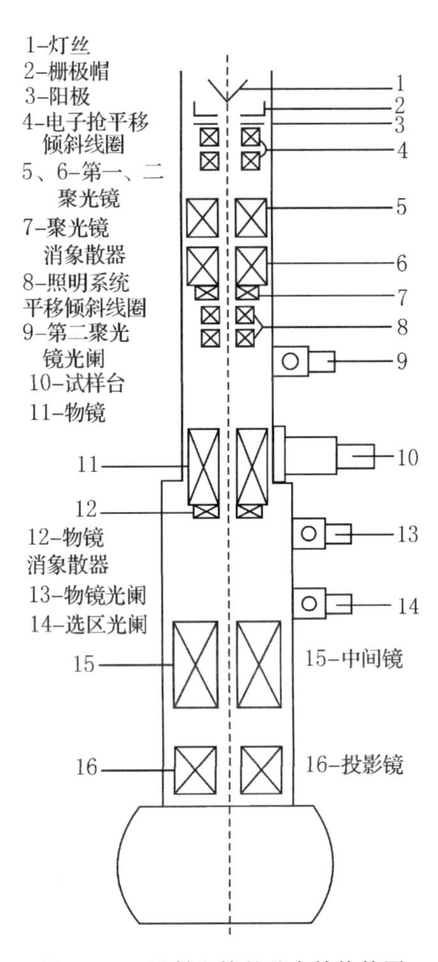

图 2-29　透射电镜的基本结构简图

发射出亮度高、相干性好的电子束的场发射型电子枪(FEG:field emission gun)。在场发射型中,有冷阴极方式和热阴极方式(称为热场发射型)。一般透射电镜的电子枪由阴极灯丝、栅极帽和阳极组成,阴极与栅极帽一起装在高压瓷瓶上。阴极灯丝发射出电子被加速管(阳极)高压作用下向下运动。通常将加速管一侧作为地电位,灯丝上加一负高压,在紧靠灯丝的下面有一个韦氏极,在其上加一个比灯丝更负的电压,这个电压称为偏压(bias voleage)。这个偏压自动控制电子束流和它的扩展状态,保证发射的电子束电流稳定,称为自偏压系统。

自偏压的工作原理是:与发射电子束流相等的电流流过偏压电阻,偏压电阻上电压下降的份额加在灯丝与韦氏极之间,这种反馈作用限制了发射的电子束流,结果使发射的电子束流保持稳定。偏压电阻和阴极发射温度的合理匹配,可使束电流达到饱和值。这时灯丝电子束亮度较高,自偏压的调节可以延长灯丝的使用寿命。

用于分析电子显镜中的电子枪,一般选用场发射型电子枪(FEG),其原理是在灯丝表面加一个强电场、灯丝表面的势垒变浅,由于隧道效应,灯丝内部的电子穿过势垒从金属表面发射出来,这种现象叫场发射。为了使阴极的电场集中,将尖端的曲率半径做成小于 0.1μm 的尖锐的形状,这样的阴极称为发射极。较之使用 LaB6 单晶灯丝的热电子发射电子枪,场发射电子枪亮度要高约 1000 倍,光源尺寸也非常小,因为这样微小的探针样子的阴极容易制作,并且其电子束的相干性很好,所以,它可用于电子全息照相术中。对于热阴极 FEG,它已不采用韦氏极控制电子束流和它的扩展形态,而是采用吸出极和静电透镜来控制。

这种场发射电子枪,在分析电子显微镜和高分率的扫描电镜中的应用正在大量普及。

透射电子显微镜的电子枪设有对中装置(机械的或电磁对中线圈),通过调节对中装置能使电子枪作合轴调整。

透射电子显微镜中电子枪发射的电子束要经过聚光镜来细聚焦。一般的电镜采用双聚光镜,而高分率的分析电镜采用三聚光镜。双聚光的两个透镜一般是整体的,简化了它们相对的对中操作。第一聚光镜是强激磁透镜,它的焦距很短。它的作用是将来至电枪的电子束值经进行细聚焦,束斑缩小率为 10~50 倍左右,将电子枪第一交叉点束斑缩小为 ϕ1~5μm;第二聚光镜是弱磁透镜,是一个长焦距透镜,它的作用是使第一聚光镜缩小的束斑直径作适当放大,其放大倍数为 2 倍左右,这样可以达到相干性和平行较好的电子束便于进行衍射操作,同时可使聚光镜与物之间的距离增大,便于样品台和其它附件的装入。通常在第二聚光镜中还装有消象散器。

整个照明部分通过调节对中装置,可以做相对物镜的平移或以样品与物镜光轴交点为中心的倾斜运动。

透射电镜的成像放大部分一般由样品室、物镜、中间镜及投影镜组成。近年来快速发展的高分辨分析电镜中,其均有双物镜和双中间镜结构,可以在较宽的范围内改变显微像、衍射像的放大倍率。

样品室位于照明系统与物镜之间,它的作用是在不破坏电镜真空状态下,移动和换置被观察的样品。

物镜是使透过试样的电子第一次成像的透镜,透射电子显微镜的像质量好坏以及它的分辨率高低几乎取决于物镜的性能。

物镜是由透镜线圈、轭铁(磁回路)、极靴构成的。物镜上下极靴之间形成旋转对称的强磁场。被观察试样几乎在极靴的中央,平行的入射电子束与晶体试样作用后，产生透射束和衍射束。在试样下面物镜的背焦面上装有多孔的物镜光阑，物镜光阑可改变物镜成像时的孔径角，并可挡去一定数量的散射或衍射电子，从而提高图像衬度，同时也可减小物镜的像散，物体的各级衍射束就会聚在物镜的背焦面上，形成衍射斑点。各级衍射束在向下传播过程中相互干涉可在物镜像平面上形成反映物体特征的形貌像(图 2-30)。在物镜的像平面上还有选区光栏，通过光阑来选择所观察图像的范围，从而保证做电子衍射时图像中的物相和衍射花样的一一对应，物像的聚焦是由调节物镜电流来控制的，为了消除像散，在下极靴下面装有消像散器。

物镜所形成的衍射斑点或形貌像需径中间镜和投影镜进一步放大后投影到荧光屏上。

中间镜是一个弱激磁、长焦距变倍透镜。它可对电镜的放大倍数进行调节，同时在做选区电子衍射时，通过调节中间镜电流，可将形貌像和它所对应的电子衍射花样分别经投影镜投影在荧光屏上，如图 2-30。

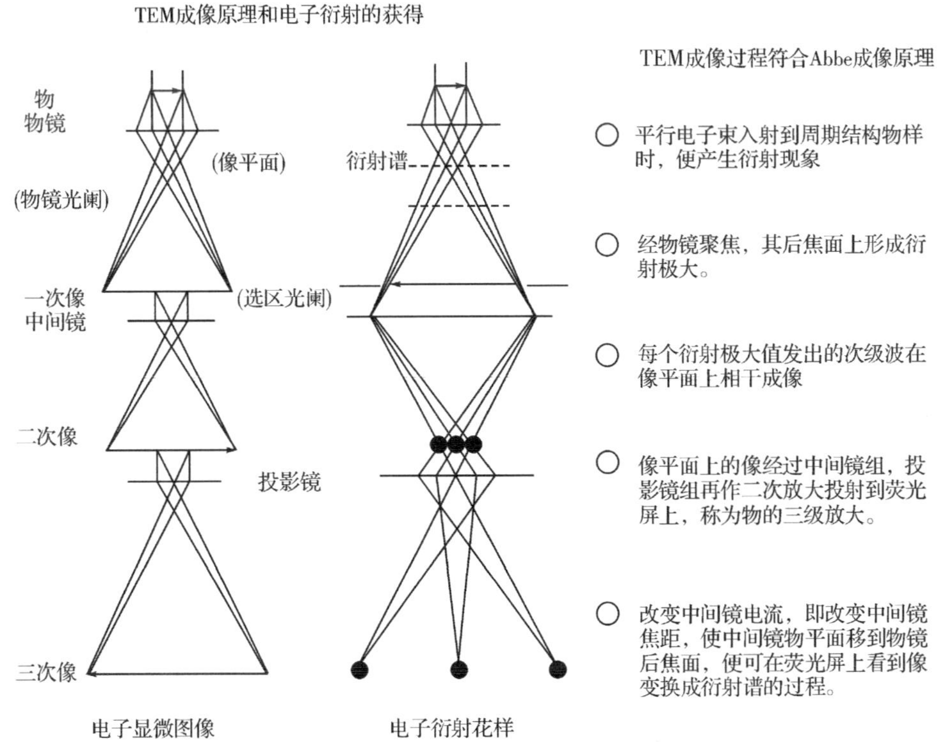

图 2-30　透射电镜成像原理图

投影镜是一个强激磁、短焦距透镜，它将中间镜的图像进一步放大投影在荧光屏上。

透射电镜的显像与记录装置包括荧光屏与照相机构。在荧光屏下面放置一个自动换片的照相暗盒，照相时荧光屏自动垂直竖起，电子束使照相底片曝光。

新型的电镜在观察区装有CCD采集系统，利用计算机可将图像采集在显示器上观察与保存。

(2)真空系统

电子显微镜工作时，为了确保电子枪电极间绝缘，防止成像电子在镜筒内受气体分子碰撞改变运动轨迹，提高阴极灯丝使用寿命减少样品污染，整个电子通道都置于真空系统之内。真空由机械泵和扩散泵来完成，一般的真空度要求优于5×10^{-5}托，新型的高分辨电镜中用离子泵提高真空度，真空度可达133.322×10^{-8} Pa。

(3)电源及控制系统

透射电镜的电源主要是提供给使电子枪电子加速运动的高压发生器，和使各透镜产生大电流的电源。从高压发生器输出的电压和供透镜的电流发生变化，都会引起色差造成电子显微像的拖尾，降低透镜的分辨本领，所以透镜加速电压和电流的稳定度是电镜的重要指标，目前各厂家生产的电镜，都配有特制的稳压稳流装置和各个系统的供电自动控制系统。此系统均由计算机控制，保证电子光学系统、真空系统和其它用电部位的自动控制。

2)透射电镜的操作简述

(1)了解电子显微镜面板上各个钮的位置和作用。

(2)在电子显微镜正常运转下，加高压，逐渐升高灯丝加热电流使之达到饱和点，在荧光屏上观察到均匀亮度。再逐渐降灯丝加热电流，同时改变第二聚光镜电流，获得聚焦的灯丝像。

(3)改变第一、二聚光镜，物镜和中间聚的电流，观察其各透镜的作用。

(4)检查电子显微镜中不严格合轴所造成的影响，如移动聚光镜光阑，观察当改变第二聚光镜电流时光的移动情况。

(5)在无试样时，检查聚光镜是否存在像散。并通过聚光镜消像散进行调整使像散消失。如果改变第二聚光镜电流时，光斑呈同心收扩，则像散已消除。加入微栅试样用以观察物镜的像散情况。改变物镜电流使处于过聚焦状态，在微栅试样的微洞内侧出现黑色条纹即费涅尔衍射环，当物镜磁场是均匀时，该费涅尔衍射环是均匀的，环与微洞边缘成等距离分布，且环的粗细也是均匀的。若呈现非均匀性，通过调节物镜消像散器，使之均匀。为使物镜磁场尽可能轴对称，调节物镜电流使之逐渐接近正聚焦状态，此时磁场的微小不均匀性均可反映。

(6)上述 5 项可由实验室专职操作人员完成,也可由参与试验人员练习完成。

(7)将制备好的钢材试样放入电镜中进行观察分析。

3)透射电镜下典型组织观察

钢铁材料透射电镜典型显微组织形貌、亚结构和电子衍射花样如下:

(1)珠光体

材质:45 钢;工艺:750℃转变 10min;组织:铁素体和渗碳体的混合体,见图2-31。

(2)上贝氏体

材质:Fe-4Cr-0.34C;工艺:在高的等温转变温度下形成;组织:杆状 Fe_3C 分布于平行排列的条状铁素体之间,见图 2-32。

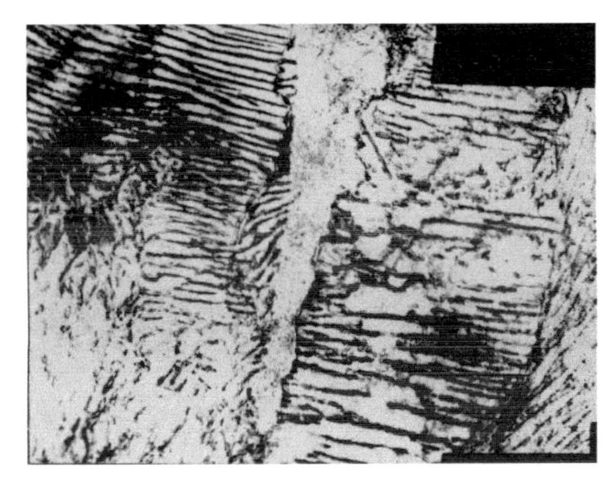

图 2-31　珠光体形貌

图 2-32　上贝氏体形貌

(3)下贝氏体

材质:Fe-1.87Si-54C-0.79Mn-0.3Cr;工艺:275℃保温 17h。

组织:与凸透镜状铁素体轴成 55℃～60℃方向上分布着细小的六方 ε-碳化物。晶体位向关系为$(0001)_{\varepsilon}//(011)_{\alpha}$,形貌见图 2-33。

(4)板条马氏体

材质:14MnNi;工艺:920℃水淬+500℃回火+40%形变+200℃。

组织:平行的马氏体板条及条内位错缠结交织,形貌见图 2-34。

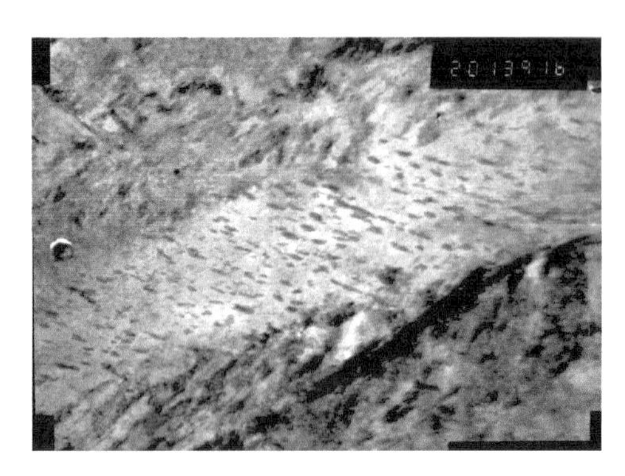

图 2-33 下贝氏体形貌

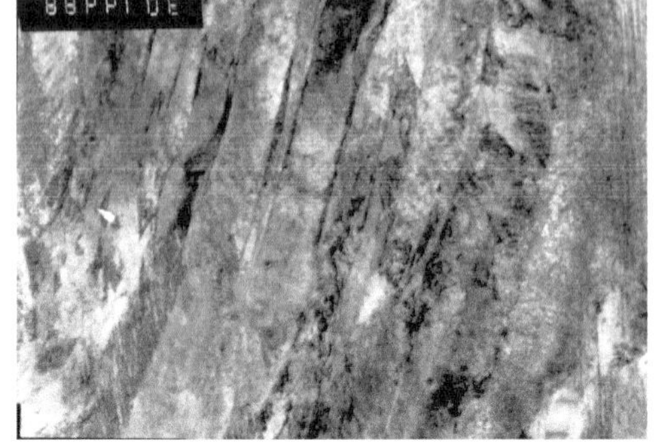

图 2-34 板条马氏体形貌

(5)片状马氏体

材质:GCr15(Ms——90℃);工艺:850℃加热+油冷。

组织:马氏体内存在大量精细的孪晶亚结构,见图 2-35。

(6)回火索氏体

材质:30CrMnSiNi2;工艺:880℃油冷+650℃ 2h 回火水冷。

组织:铁素体和粒状碳化物,见图 2-36。

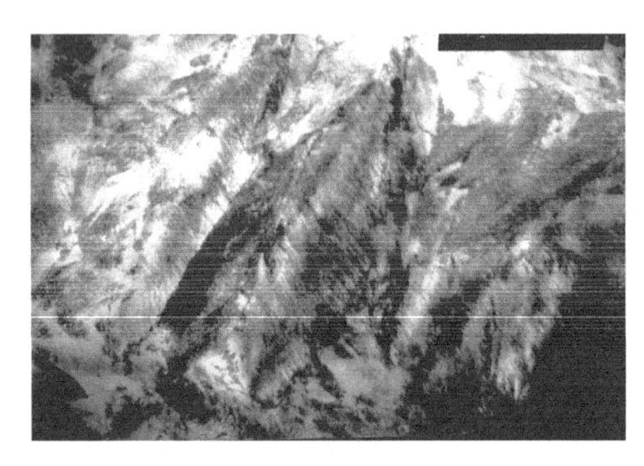

图 2-35 片状马氏体形貌

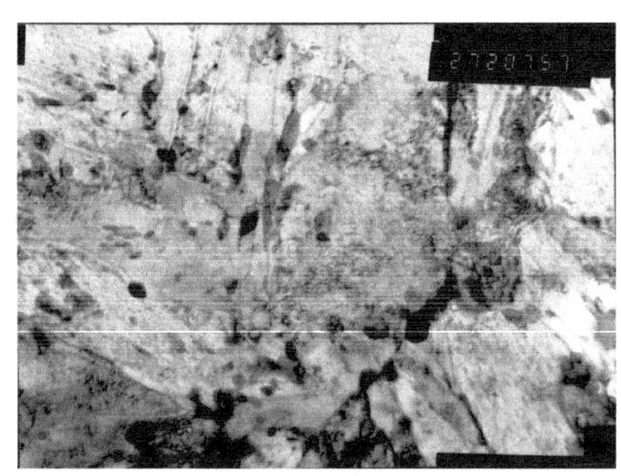

图 2-36 回火索氏体形貌

(7)合金钢及铜合金

合金钢及铜合金的透射电镜显微组织照片中的亚结构形貌观察,组织形貌见图 2-37～图 2-40。

(8)多晶体、单晶体和非晶体

多晶体、单晶体和非晶体的电子衍射花样观察,见图 2-41～图 2-43。

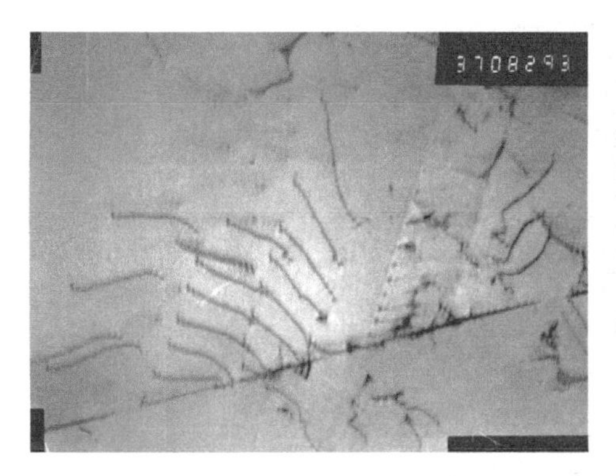

图 2-37　位错形貌

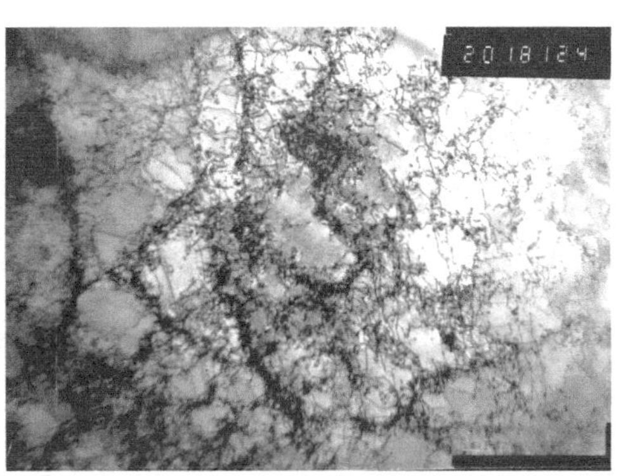

图 2-38　位错胞

图 2-39　层错

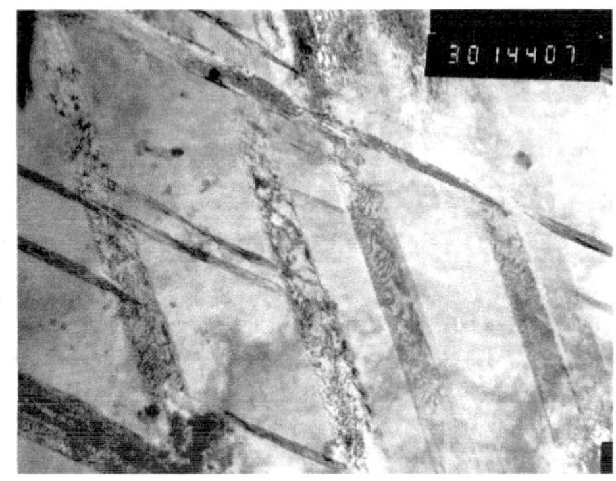

图 2-40　铜合金中的孪晶形貌

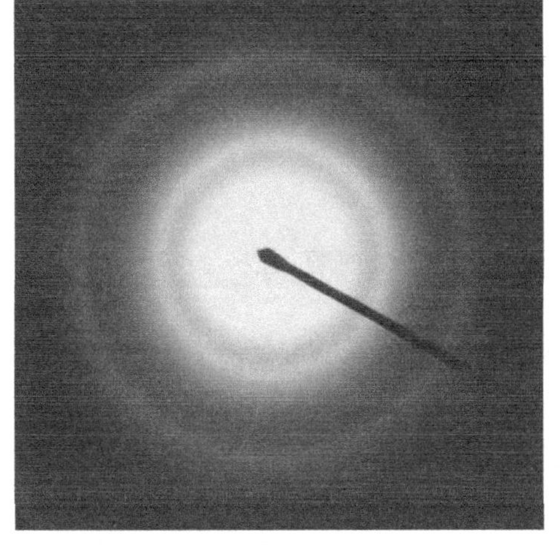

图 2-41　非晶体的衍射花样

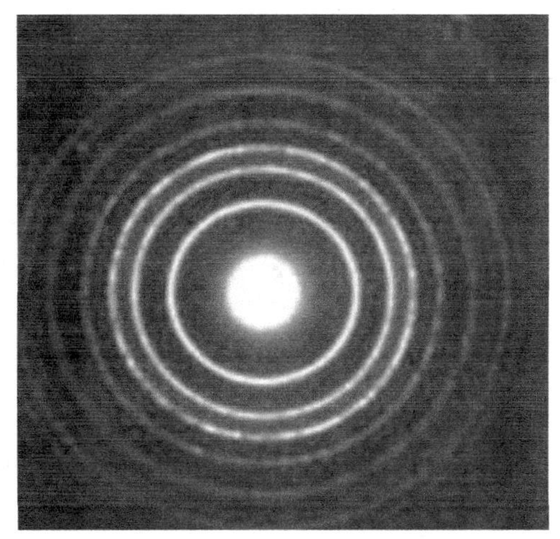

图 2-42　多晶体的衍射花样

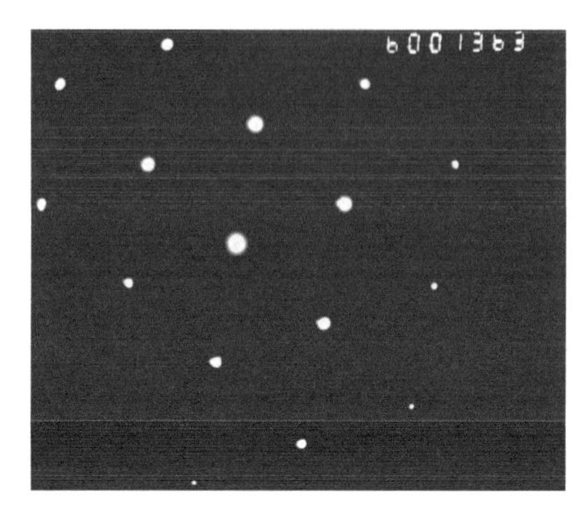

图 2-43 单晶体的衍射花样

3. **实验内容**

(1)结合透射电镜实物介绍其基本结构及工作原理,以加深对透射电镜结构的整体印象,加深对透射电镜工作原理的了解。

(2)通过在透射电子显微镜上对钢中典型组织样品的观察,了解金属薄膜组织形貌观察过程,了解和学会分析本次实验中观察到的典型组织:珠光体,贝氏体,马氏体等显微组织特征。

(3)了解和学会分析本次实验中观察到的透射电镜组织中的亚结构特征和衍射花样的类型。

4. **实验材料与设备**

(1)JEM-200CX 透射电子显微镜或其它型号透射电镜。

(2)准备各种用于观察钢种典型组织和亚结构组织形貌观察的透射电镜薄膜样品:45 钢,贝氏体钢,低碳钢,不锈钢等材料。

5. **实验流程**

(1)实验前应仔细阅读实验指导书,明确实验目的、内容、任务。实验以组为单位进行,每组 10 人。

(2)老师先结合 JEM—200CX 透射电子显微镜讲解透射电镜的原理、结构,各部件的用途和使用方法及透射电镜操作时应注意的事项,再由老师进行操作示范,然后每个同学按顺序在老师的指导下进行操作并将准备好的样品依次放入电镜中进行组织观察,在观察中老师和同学一起分析讨论组织结构特征。

(3)在上述实验做完后,同学们将自己在透射电镜样品制备实验中做的薄膜样品放入电镜中,看看自己做的样品是否有薄区能看到组织特征。

6. **实验报告要求**

每人写一份实验报告:

(1)简述透射电镜的基本结构。

(2)绘图说明所观察的钢中典型组织的特征。

7. **思考题**

(1)说明透射电子显微镜成像系统的主要构成、安装位置、特点及其作用。

(2)透射电镜中聚光镜光栏、物镜光栏、选区光栏各有什么作用?

(3)何谓衬度? TEM 能产生哪几种衬度像? 在材料研究中它们各有何用途?

实验 6　透射电镜的选区电子衍射和明暗场像观察

1. **实验目的**

(1)通过选区电子衍射的实际操作,了解电子衍射的原理及必要性。

(2)选择合适的样品,通过明暗场像操作的实验,了解明暗场像成像原理,掌握明暗场像实验程序。

2. **实验概述**

1)透射电镜的选区电子衍射。

(1)选区电子衍射原理

为了充分发挥透射电子显镜能将形貌图像和晶体结构信息一一对应分析的优越性,通常采用选区电子衍射的分析方法,有选择地分析样品不同微区范围内的形貌及对应的晶体结构特性。

选区电子衍射原理见图 2-44,入射电子束通过样品后,透射束和衍射束汇聚在物镜的背焦面上形成衍射花样,然后各斑点光线向下传播干涉后在像平面上成像。在物镜的像平面处插入一个孔经可变的选区光阑,用光阑孔套住想要分析的那个微区,那么只有所选住的微区范围内的成像电子能够通过选区光阑,并在荧光屏上形成衍射花样或形貌像。

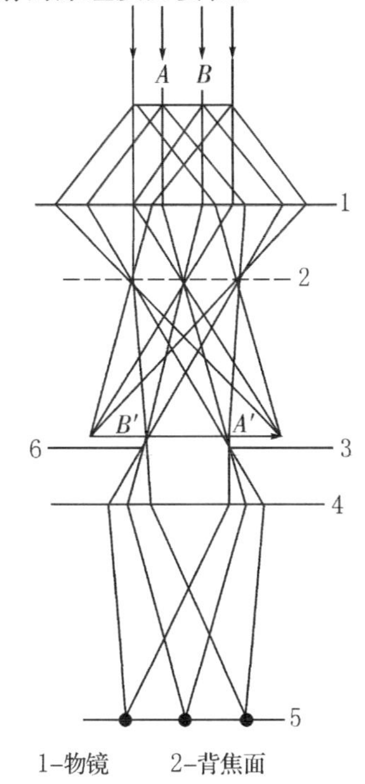

1-物镜　2-背焦面
3-选区光阑　4-中间镜
5-中间镜像平面
6-物镜像平面

图 2-44　选区电子衍射光路图

在进行选区操作时,物镜的像平面和中间镜的物平面都必须和选区光阑的水平位置对齐。如果两者重合与光阑的上方或下方,则所观察的形貌像和衍射斑点就不能一一对应。在用选区光阑做选区分析时,选区范围不宜太小,否则将带来较大的误差。对于 100 kV 的透射电镜,最小的选区衍射范围约 0.5μm,随着加速电压的升高和束斑直径的变细,选区范围会变小,加速电压为 1000 kV 时,最小的选区范围可达 0.1μm。

(2)选区电子衍射的操作步骤

在成像的操作方式下,使物镜精确聚焦,获得清晰的形貌像。

在选区成像模式(SA MAG)下,于×10K 倍数下选择一个厚度合适的待分析晶体相(如析出相、小晶粒等)。

加入选区光阑,并调节光阑上的 x、y 位移钮,使之处于荧光屏中心(即对中)。利用在此模式下的中间镜电流微调钮,使光阑边缘清晰(即光阑聚焦)。

调节物镜电流,使物相聚焦。至此,选区光阑与中间镜物平面及物镜像平面已处于同一平面。

按下选区衍射按钮,调节在此模式下的中间镜电流微调钮,得到清晰的衍射花样,即衍射斑点细而亮(此时中间镜物平面已处于物镜的后焦平面上)。

减弱第二聚光镜电流,使入射电子束尽可能平行,再次调节中间镜微调钮,使衍射花样更细且锐。

拍摄电子衍射花样,选择合适的曝光时间,此时不应该以曝光表为准,通常选用自动测光表所显示的时间的 1/2~1/3 即可。

若衍射斑点太密集,可调节在此模式下的中间镜电流粗调节钮(改变有效相机常数)。

(3)选区电子衍射的应用

单晶电子衍射花样可以直观地反映晶体二维倒易平面上阵点的排列,而且选区衍射和形貌观察在微区上具有对应性,因此选区电子衍射一般有以下几个方面的应用。

根据电子衍射花样斑点分布的几何特征,可以确定衍射物质的晶体结构;再利用电子衍射基本公式 $Rd=L\lambda$,可以进行物相鉴定。

确定晶体相对于入射束的取向。

在某些情况下,利用两相的电子衍射花样可以直接确定两相的取向关系。

利用选区电子衍射花样提供的晶体学信息,并与选区形貌像对照,可以进行第三相和晶体缺陷的有关晶体学分析,如测定第二相在基体中的生长惯习面、位错的布氏矢量等。

2)明暗场成像原理及操作过程

(1)明、暗场成像原理

薄膜样品上不同部位对电子的散射或吸收作用将大致相同,所以不可能利用质厚衬度来获得满意的图像反差,如利用晶体材料中各晶粒的晶体位向和结构不同，使其满足布喇格衍射条件存在偏差，从而导致各晶粒的衍射强度和透射强度产生差异，就能获得所谓的“衍射衬度”即衍射衬度像。如果只让透射束通过物镜光阑而把衍射束挡掉得到图像衬度叫明场(BF)像，如果移动物镜光阑位置，使其光阑孔套住某一衍射斑点而把透射束挡掉得到图像衬度叫暗场(DF)像，明暗场衍衬成像的光路原理如图 2-45 所示。

从图 2-45(a)图中可看出，明场成像时是把选区中所有晶粒产生的衍射线全部挡掉，只让透射束通过光束成像。此时各晶粒由于位向和结构不同，形成满足布喇格条件程度不同，从而造成各晶粒的衍射强度存在差异，反之也形成各个晶粒的透射强度形成差异，从而得到了明场像的亮暗衬度。反之，暗场像的衬度高低则与物镜光束所套住的衍射束强度有关。在一个晶粒内，在双光束衍射条件下，明场像与暗场像衬度恰好相反。

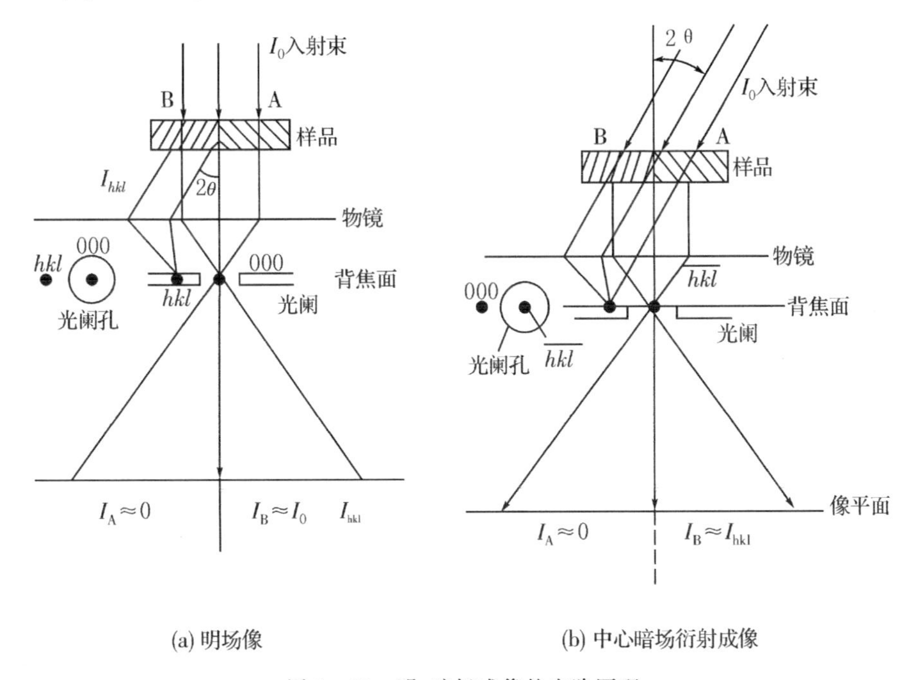

(a) 明场像　　(b) 中心暗场衍射成像

图 2-45　明、暗场成像的光路原理

(2)明场像操作过程

明场成像是透射电镜最基本也是最常用的技术方法，当透射电镜进行合轴调整好后处于正常工作状态时，进行以下操作可以获得明场像，操作及其要点如下：

将样品装入样品架后，插入到样品室中，真空抽到后将样品架插入镜筒。

选择合适的电压，按下 HV 钮加高压。

加灯丝电流:慢慢顺时针转动 FILAMENT EMISSION 到制动器处,转动两个样品移动把手,找到观察孔洞并移到荧光屏中心(注意这时的物镜和选区光栏在拉开位置,功能键在 LOW MAG,当找到观察孔洞并移到荧光屏中心后功能键转到 SCAN),功能键从 SCAN 键转换到 SA MAG 键,用 SA MAGNIFICATION 钮将放大倍数调到 10000X 以上,顺时针转动大的 CONDENSER 钮,配合小的 CONDERSER 钮和左右 ALIGHMENT:TRANS 钮的调整,以获得足够的均匀的亮度。

用大、小 FOCUS:MEDIUM 钮使图像初聚焦。

将功能键转到 DIFF 进入衍射方式,这时可以看到多晶的衍射花样。

插入物镜光拦,用最小的光拦孔套住中心斑点(透射斑),将功能键转到 SA MAG 进入 图像方式,用大、小 FOCUS 钮:MEDIUM 钮和 FINE 钮使图像精确聚焦,这时可以看到清晰的明场像。

(3)暗场像成像操作

暗场成像是透射电镜分析组织中析出相、位错、孪晶等最基本也是最常用的技术方法,最常用的暗场成像是中心暗场像,其操作步骤点如下:

在被观察的试样上找到电子束能穿过的薄区,并在明场像下寻找感兴趣的视场。

利用位于物镜像平面上的选区光阑,套住所研究的视场。

按功能键“Diff(衍射)”转入衍射操作方式,取出物镜光栏,此时荧光屏上将显示选区域内晶体产生的衍射花样。为获得较理想的衍射束图像,适当地倾转样品调整其取向。

移动荧光屏上方的指针,使针指向中心斑点位置,按下 DARK 钮进入暗场衍射方式。

明暗场对中操作:调整暗场 DARK FLELD 钮的大、小钮,将中心斑点移到指针指的中心位置。

调整暗场 DARK FLELD 钮的大、小钮,将所选的衍射斑点移到指针指的中心位置,用最小物镜光拦套住衍射斑点既中心位置。

按功能键 SA MAG 按钮转入图像操作方式,取出选区光拦,此时荧光屏上显示的图像即为该衍射束形成的中心暗场像,这时通过明暗场钮(DARK、BRIGHT)进行明场像和暗场像的转换观察。

通过倾斜入射束方向,把成像的衍射束调整至光轴方向,这样可以减小误差,获得高质量的图像。用这种方式形成的暗场像称为中心暗场像。在倾斜入射束时,应将透射斑移至原强衍射斑(hkl)位置。而($\overline{hkl}$)弱衍射斑相应地移至荧光屏中心,而变成强衍射斑点,这一点应该在操作时引起注意。

(4)明暗场像的应用举例

图 2－46 是管线钢马氏体岛的明场和暗场像。由于马氏体岛的某晶面满足布喇格条件,衍射束强度较高,因此在明场像中显示暗衬度。图 2－46(b)是马氏体岛的衍射束形成的暗场像,因此马氏体岛显示亮衬度,而基体铁素体则为暗象。图 2－47 是显示马氏体钢回火碳化物析出相在基体中分布的明场和暗场像,图 2－47(b)是析出相衍射束形成的暗场像。利用暗场像观测析出相的尺寸、空间形态及其在基体中的分布,是衍衬分析工作中一种常用的实验技术。图 2－48 是孪晶的明暗场像,明场像中位错线显现暗线条,暗场像衬度恰好与此相反。

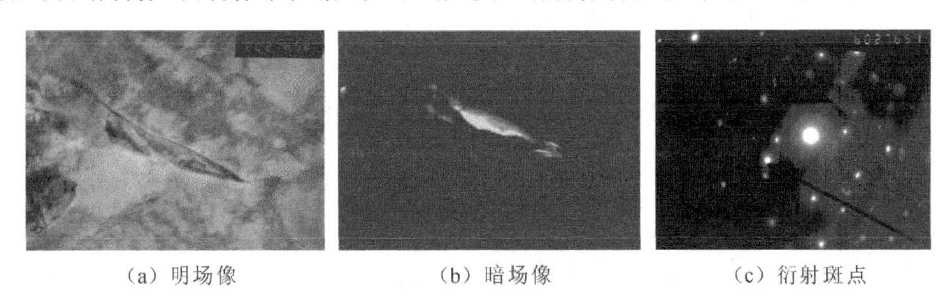

(a) 明场像　(b) 暗场像　(c) 衍射斑点

图 2－46　显示管线钢马氏体岛晶粒形貌的衍衬像

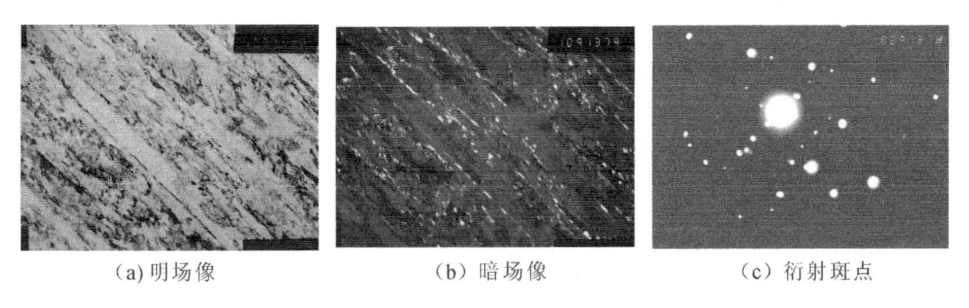

(a) 明场像　(b) 暗场像　(c) 衍射斑点

图 2－47　显示马氏体钢回火碳化物析出相在基体中分布的衍衬像

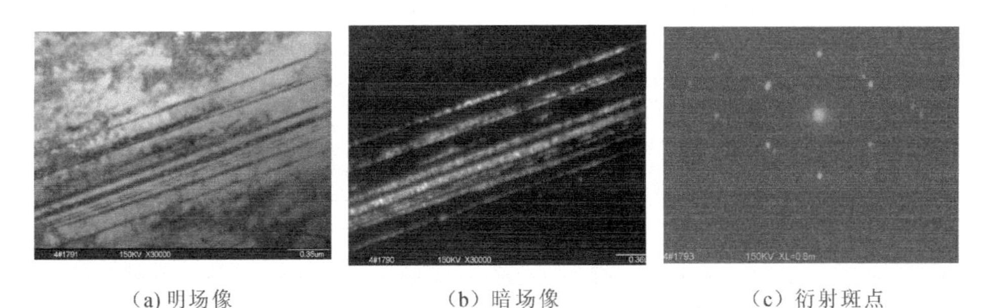

(a) 明场像　(b) 暗场像　(c) 衍射斑点

图 2－48　合金钢孪晶分布形态的衍衬像

3.实验内容

(1)了解选区电子衍射原理和选区电子衍射操作过程;

(2)掌握明、暗场像操作过程和明、暗场像成像原理。

4.实验材料与设备

本实验所涉及到的材料和设备有:

(1)JEM－200CX(或其它型号的)透射电子显微镜和双喷电解抛光仪;

(2)准备试样:双喷电解抛光的薄膜样品,组织为高温回火马氏体组织;

(3)镊子,滤纸,乙醇,高氯酸,剪刀等。

5. 实验流程

(1)实验前应仔细阅读实验指导书,明确实验目的、内容、任务。实验以组为单位进行,每组10人。

(2)老师先结合JEM－200CX透射电子显微镜讲解透射电镜的光栏的作用和各个旋钮的作用和使用方法及透射电镜操作时应注意的事项,再由老师进行选区电子衍射操作,明、暗场像操作示范,然后每个同学按顺序在老师的指导下进行操作。

6. 实验报告要求

每个学生完成一份实验报告。

(1)绘图说明选区电子衍射的基本原理。

(2)绘图并举例说明暗场成像的原理。

7.思考题

(1)假定需要衍射分析的区域属于未知相,但根据样品的条件可以分析其为可能的几种结构之一,试根据你的理解给出衍射图标定的一般步骤。

(2)说明多晶、单晶及非晶衍射花样的特征及形成原理。

(3)在电子衍射过程中,电子束方向和晶带轴是严格保持重合的,从几何意义来看,二者重合不可能产生衍射,但观察中能看到大量的衍射斑点,为什么?简述其影响因素。

2.5 扫描电镜及电子探针分析技术实验

实验7 扫描电镜的结构原理及图像衬度与断口形貌观察

1.实验目的

(1)了解扫描电镜基本结构及工作原理。

(2)了解扫描电镜图像衬度原理及其应用。

(3)观察断口形貌,识别断裂类型。

2. 实验概况

1)扫描电镜的基本结构与工作原理

扫描电镜的主要结构与透射电子显微结构有很大的相似性,它也含有电子光学系统、电源控制系统、图像显示和记录系统及真空系统,而在扫描电镜中装有电子束扫描系统和信号接收系统。扫描电镜中的电子光学系统与透射电镜中的电子光学系统作用有所不同,其透镜不起成像和放大作用,它只是提供了一束经过细聚焦的扫描电子束。扫描电镜的加速电压和放大倍数均低于透射电镜,电压一般在1~35 kV,放大倍数一般在10倍至35万倍之间连续放大,场发射电子枪的电镜放大倍数可达到60万倍左右。

扫描电镜的实物见图2-49,其基本工作原理可由图2-50示意地说明。由电子枪发射出来的电子束经过聚光镜系统和末级透镜的会聚作用,形成一个直径很小的电子探针束投射到试样表面上,同时,镜筒内的偏转线圈使这个电子束在试样表面作光栅式扫描。在扫描过程中,入射电子束依次在试样的每个作用点激

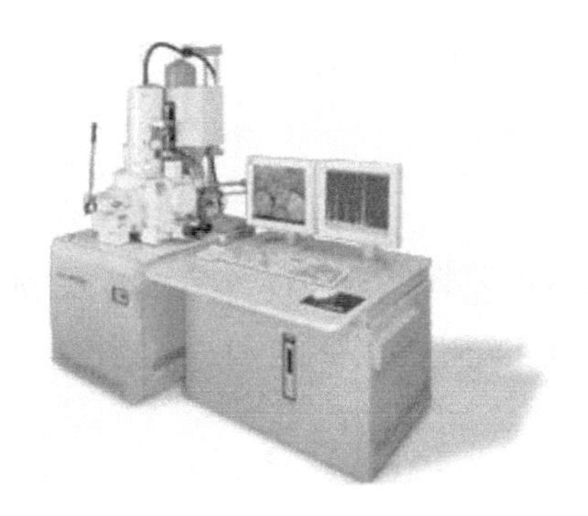

(a)日本产场发射扫描电子显微镜

(b)JSM—35C型扫描电子显微镜

图2-49 两种不同型号的扫描电子显微镜

发出各种信息,例如二次电子、X 射线和背散射电子等。安装在试样附近的各类探测器分别把检测到的有关信号,经过放大处理后输送到阴极射线管(简称 CRT)的栅极调制其亮度,从而在与入射电子束作同步扫描的 CRT 上显示出试样表面的图像。根据成像信号不同,可以在扫描电镜的 CRT 上分别得到试样表面的二次电子像、背散射电子像、X 射线元素分布图和吸收电流像等。

扫描电镜像的分辨率取决于:①入射电子束的直径与束流;②成像信号的信噪比;③入射电子束在试样中的扩散体积和被检测讯号在试样中的逸出距离。这些因素都和 SEM 装备的电子枪类型及加速电压有关。目前一般扫描电镜的分辨率为 4~5nm,而场发射枪的 SEM 可优于 2nm。为了充分发挥 SEM 的仪器性能,获得尽可能高的分辨率与高质量的图像,操作人员应了解电子束直径与束流的关系以及信噪比对成像的影响。

假定电子枪发射的有效光源(即交叉截面)直径为 d_0、孔径角 α_0,经过聚光镜系统和末级透镜反复聚焦,其直径缩小为 d ,面孔径角为 α。然而透镜的像差对最终的电子探针束尺寸有明显影响,如果只考虑末级透镜而且不计色差的影响,则经过该透镜会聚形成的电子探针束直径 d 为

$$d^2 = \left(\frac{1}{2}C_s\alpha^3\right)^2 + (1.22\lambda/\alpha)^2 + \frac{4}{\pi^2}(I_p/\beta\alpha^2) \tag{2-1}$$

式中,C_s为末级透镜的球差系数;λ 为入射电子波长;I_p为电子束电流;β 为电子束的亮度。

对于热发射的钨丝电子枪其亮度可表达为

$$\beta = J_c eV/\pi kT\,(\mathrm{A/cm^2 \cdot sr}) \tag{2-2}$$

式中,J_c是电子枪的发射电流密度;V 为加速电压;k 为玻尔兹曼常数;T 是电子枪灯丝工作温度(K);e 是电子的电荷。

(2-1)式中第一项为球差,第二项是衍射差引起的,第三项是无像差透镜形成的电子束直径。电子束的束电流 I_p为

$$I_p = \frac{\pi^2}{4}\beta d_0^2\alpha^2 \tag{2-3}$$

以上述关系式为根据,可以按照实验目的选择适当的仪器工作条件,如加速电压(V)、入射束电流(I_p)、末级透镜(即物镜)光阑、工作距离和扫描速度等。

2)扫描电镜工作条件的选择

(1)电子枪的加速电压

当电子枪加速电压增高时,电子束的波长减小从而使电子探针的直径减小而亮度增大,这有利于改善分辨率和提高信噪比。但另一方面,由于入射电子能量增大,它们在试样内的扩散体积增大导致空间分辨率变坏。因此,加速电压过高

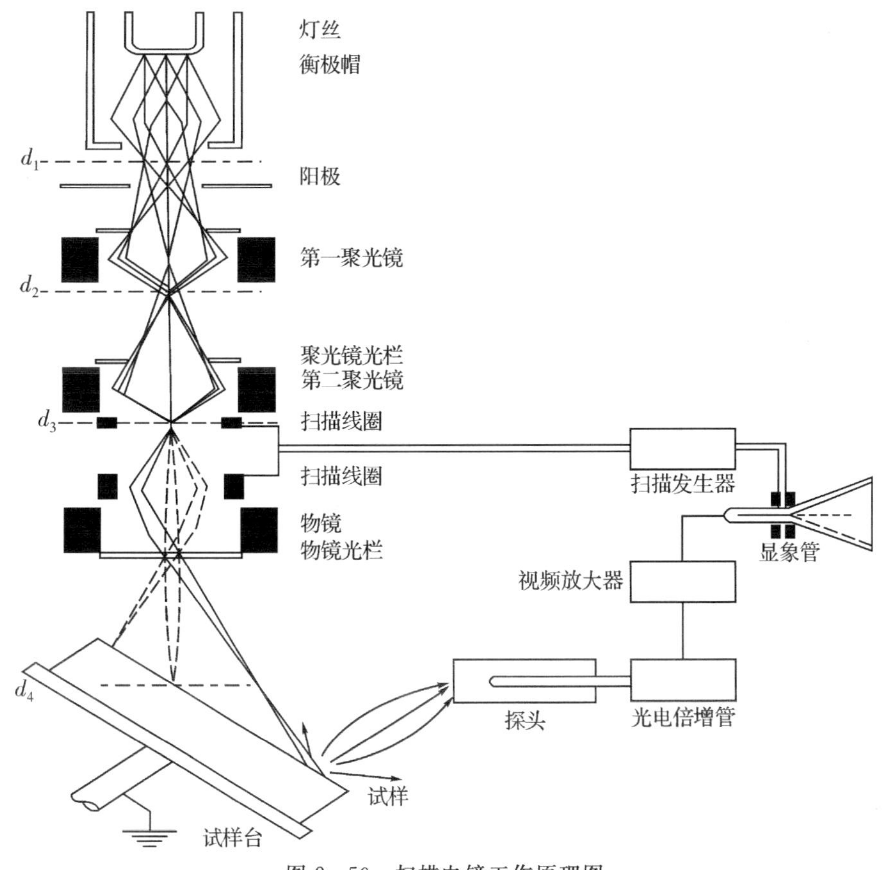

图 2-50　扫描电镜工作原理图

不能改善 SEM 成像的分辨率，还会使像的细节变得不清晰并产生反常的衬度；反之，如果加速电压太低则会使入射束直径增大而损害成像的分辨率。为此，在成像上应在保持入射束直径小于一定值的前提下（即在保证观察所要求的分辨率条件下）尽量采用低些的加速电压，一般在 5～30kV 范围，对于观察金属与合金试样可用 15～25kV。观察导电性不良的试样时，如果发生电荷积累，降低加速电压是有效的解决方法。目前，许多 SEM 可在 0.3～0.5kV 的低电压下工作，这对于绝缘体试样及表面层的分析十分有利。

（2）入射电子束尺寸和束流

图像的信噪比也是影响 SEM 分辨率的重要因素，而信噪比则直接受入射电子束电流和直径的影响。假设在 SEM 的 CRT 上每个像元被检测到的二次电子数目为 n，由于发射电子时的随机统计涨落及其他因素的影响而形成的附加噪音为 $\triangle n$，通常 $\triangle n=\sqrt{n}$ 。经验表明：显示屏（CRT）上相信区域的信号差 $\triangle s \geq 5\triangle n$

时,人眼才能识别出有关的两个区域,即存在一个最低衬度

$$(\triangle s/s)_{\min}, 而且 (\triangle s/s)_{\min} \geq 5\triangle n/n = 5\sqrt{n}/n \quad (2-4)$$

由于二次电子数 $n = Kt_f I_p / N^2 e$,因此得到

$$(\triangle s/s)_{\min} = 5\ (eN^2/KI_p \cdot t_f)^{\frac{1}{2}} \quad (2-5)$$

式中,N^2是扫描一帧图像的总像元数目,t_f为扫描一帧图像的时间;K 是取决于二次电子发生效率与探测效率的常数。因此可得到为了达到最低衬度所需的入射电子束电流下限为 $I_{p_{\min}}$ 为

$$I_{p_{\min}} = 25eN^2/K \cdot t_f \cdot (\triangle s/s)^2_{\min} \quad (2-6)$$

例如:当 $K=0.1$,$t_f=100\mathrm{s}$,$N=1000$ 时,为了获得10%的衬度,要求入射电子束电流 I_p为 10^{-11}A 以上,根据(2-3)式可得到相应的电子探针束直径为 10nm 以上。

影响电子探针束电流的因素有电子枪亮度、加速电压和探针束的孔径角等。采用高亮度的电子枪是提高信噪比 ,改善分辨率的关键。对于热发射钨丝电子枪来说,可以通过改变聚光镜电流大小或电子枪的栅偏压来调节探针束电流大小,增大透镜光阑尺寸或照明孔径角也可明显增加电子束电流。在观察高分辨率像和吸收电流像时,束流可选在 $10^{-11} \sim 10^{-12}$A 范围,而在放大倍数低于一万倍观察时,允许使用较大的探针束尺寸,束流超过 10^{-11}A 也是可行的。

(3)工作距离与物镜光阑的选择

扫描电镜的工作距离(W. D.)是指由物镜(即末级透镜)极靴下端到试样表面的距离(参见图 2-51)。设物镜光阑孔的半径为 R,物镜光阑到试样表面的距离为 D,则物镜孔径角 $\alpha = R_0/D$。在进行 SEM 观察时,对工作距离(W. D.)和物镜光阑尺寸的选择主要出于对景深的考虑。SEM 的景深可由下式表达:

$$l = \pm[(r/M) - d]/2\alpha \quad (2-7)$$

式中,M 是 SEM 像的放大倍数;r 是在 CRT 上能够用人眼分辨的最小距离。

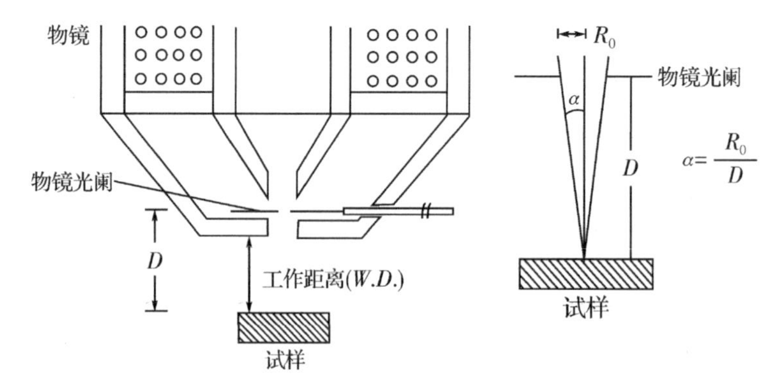

图 2-51 扫面电镜工作距离和物镜孔径角示意图

由此可见,使用较小的物镜光阑,入射束孔径角较小,可获得较大的景深。扫描电镜的最小入射孔径角对应于最大的工作距离。但是当孔径角过小时,由于入射电子束电流下降过多、图像的信噪比减小从而使图像质量下降,此外,过小的孔径角还因衍射像差增大而进一步使分辨率下降。与此相反,当孔径角 过大时,尽管入射电流增大使信噪比提高,但是景深减小,同时由于透镜球差的影响增大而使分辨率下降。研究表明如果仅考虑物镜(即末级透镜)的球差和衍射差的影响,可找到一个最佳孔径角 α_{opt}:

$$\alpha_{\text{opt}} = (d/C_s)^{1/3} \tag{2-8}$$

这时所形成的电子探针束直径最小而电子束流最大。实际工作中一般选用直径 200μm 左右的物镜光阑和 5～15mm 范围的工作距离。

(4)扫描速度与扫描线数

扫描电镜镜筒内的偏转线圈和 CRT 上的偏转线圈是用一个锯齿波电源控制,使入射电子束和 CRT 的电子束在 X 与 Y 方向作编址的同步扫描。Y 方向上的扫描线在 250～2000 线之间可分成几个阶段改变。根据观察目的不同可以选择使用不同的扫描速度,例如在图像的 X 方向用 10ms 扫描一条线,而沿 Y 方向扫描 1000 线,则完成一帧图像所需的时间为 $10\times10^{-3}\times1000=10\text{s}$。在用眼睛观察 CRT 上的图像时一般用 0.5～20s 扫完一帧图像画面,而在用照相胶片记录图像时,是把照相机快门打开,在一个短余辉的 CRT 上慢速扫描,使照相底片对 CRT 上的扫描线一条线一条线地依次曝光。摄照一幅图像通常需要 60～100s。在理论上,摄照图像时的帧扫描速度慢、曝光时间长可得到较高信噪比而改善图像质量。但实际工作中由于仪器的稳定性及试样本身的一些原因,拍摄图像的帧扫描时间不宜超过 60～100s.

(5)放大倍数

扫描电镜图像的放大倍数通常可在 10 倍至几十万倍之间连续变化,放大倍数的变化是通过调节电子束偏转使入射电子束在试样上的扫描面积改变而实现的。由于物镜的作用仅是将入射电子束聚集到试样表面上,它没有光学意义上的放大作用。在改变图像放大倍数时不需要调节物镜电流。

通常 CRT 上最小的光点直径约为 100μm,因而说试样上相应像素的直径大小与放大倍数有如下关系:像素直径=100μm/放大倍数。例如放大倍数为 1000 时,像素直径为 0.1μm ;而放大 50000 倍时,像素直径为 2nm 。只有当入射电子束在试样上的取样面积(或相互作用区尺寸)小于像素尺寸时,图像才算真正聚焦了。否则,试样取样区内会发生一个以上的像素重叠,这将导致试样的一些形貌像细节变得模糊不清。例如在用直径为 10nm 的电子束形成二次电子像时,放大倍数在一万倍以下时,图像是清晰的;而放大倍数增加到几万倍时,由于像素重叠而使图像上的一些形貌细节变得模糊不清。在实际工作中主要根据操作人员目测 CRT 上的图像反差及图像清晰程度来调节有关的工作参数。

(6)试样的倾斜角度

适当的试样倾角可以改善扫描电镜上二次电子像等图像的质量。假定放射电子束与试样表面法线之间的夹角为θ,由试样内 p 点到试样表面的最短距离为$x\cos\theta=L_{\min}$。当θ角减小时,这个距离增大。因而由 p 点处产生的二次电子在试样内被吸收的比例增大,致使发射出表面作为信号的二次电子量减少。在 0°～80°的角范围内,二次电子信号的强度 $I_s\propto 1/\cos\theta$。当 $\theta=0$ 时,二次电子强度最小。而 $\theta=80°$时该讯号强度电(渐)大(见图 2－52)。

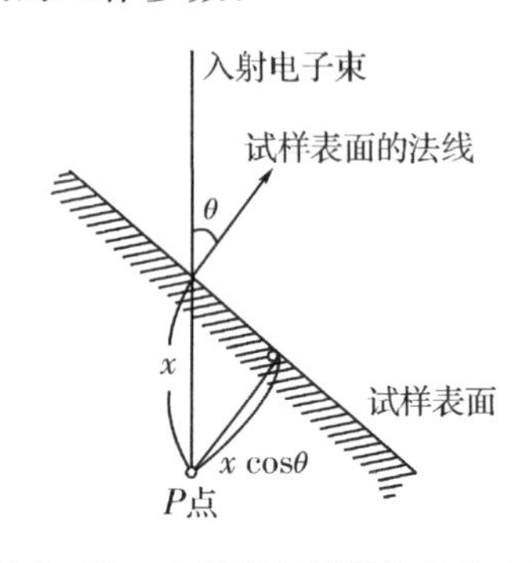

图 2－52　入射束与试样的夹角 θ 和二次电子的逸出深度示意图

调节 SEM 仪器上试样台的倾转机构使试样倾转,同时观察 CRT 上二次电子像的亮度,可见到随着试样倾角的变化,像的衬度也发生变化。据此可选择一个较为满意的像衬度和倾角进行摄照。但应注意,如果试样倾转角过大会使图像边缘处聚焦欠佳。

3)扫描电镜的基本操作

(1)SEM 设备的启动

一台扫描电镜启动时,首先要对镜筒抽真空。启动机械水泵并接通扩散泵的冷水,保持水流量为 2～4L/min,水温 18℃左右。达到一定真空度后(约 10min 左右)扩散泵自动开始工作,仪器真空系统的各阀门按给定程序自动进行变换直到达到预定要求(对热发射钨丝电子枪的 SEM 而言,要求真空度达到 1.3×10^{-13} Pa)。这个约需要 20～30min,这时指示灯亮(ready)。表明真空状态已储备好。

在确认真空达到工作状态、指示灯亮而且电子枪灯丝加热电流置于零位后,可施加加速电压。接通高压开关,将加速电压调节到预定值(例如 20kV)。这时电子束流表的指针应指到相应位置(例如 20μA),表明电子枪已正常地施加了高压。如果电子束流表指针位置不正确或发生抖动,应立即断开高压开关,找出原因后再重新施加高压。

施加加速电压后,可以给电子枪灯丝接通加热电流。这时应注视着电子束流表,缓缓转动灯丝加热电流旋钮,使电子束流表指针逐渐增加直到饱和值。扫描电镜便处于工作状态了。

在施加高压之前应预先接通透镜电源和显示装置等的稳压电源并预热 30min 左右使其稳定。调节 SEM 显示器(CRT)的亮度与衬度旋钮,如果 CRT 上亮度变化正常，表明仪器状态良好。

(2)电子光学系统的合轴调整

SEM电子光学系统的合轴调整现在多半采用电磁方法，在最新的一些型号上可通过计算机控制。当SEM已施加加速电压而且灯丝加热电流达到饱和后，首先接通二次电子探测器开关，调节信号的亮度与衬度旋钮直到CRT上显示出一个二次电子扫描图像。调节合轴用的X与Y旋钮直到在CRT上得到最大的亮度。可用下面方法检查电子光学系统的合轴情况：当改变聚光镜电流大小时，CRT上的图像位置不变化而仅仅亮度改变，表明聚光镜已对中，然后改变放大倍数在CRT上获得一个放大5000倍左右的试样像。改变物镜聚焦电流时，CRT上图像位置不改变。如果图像随着聚焦钮转动而移动的话，就应该调节对中物镜光阑，其方法如下。

在CRT上先调出一个放大1000倍左右的二次电子像，再转动物镜聚焦钮使其在欠聚焦和过聚焦两个状态之间变化，同时观察CRT上试样像的某个特征形貌是否移动，如果该像特征移动，则慢慢调节物镜光阑的X与Y螺旋调节钮、对中物镜光阑，直到物镜聚焦量在欠焦与过焦之间变化时，CRT上的像不移动而仅仅失焦，这里物镜光阑已初步对中。再将二次电子像放大倍数提高到5000～10000倍，重复上述操作。如果图像在较高放大倍数下也不随物镜聚焦电流变化而改变，这时物镜光阑的对中基本符合要求。

物镜光阑与电子光学光源合轴不好以及光阑孔污染等都会引起像散。必须合轴良好并使用清洁的光阑才能得到高放大倍数、高质量的图像。

(3)试样交换

SEM的试样交换方式有直接式和预抽式两种。直接交换式的设备在换试样时是将扫描电镜镜筒放气后，把试样台连同试样一同直接送入试样室，重新抽真空。而预抽式的SEM上设计有预抽室，先把试样和试样台送入预抽室，等预抽室真空度达到要求后再打开阀门把试样从预抽室转移到试样室，在试样交换过程中不破坏镜筒真空。

进行试样交换时，先把尺寸适宜的试样待观察面朝上，用导电胶固定在专用试样座上，再把粘有试样的试样座插入试样台。检查并确认试样与显微镜试样台之间具有良好导电通路，这一点对导电性不良的试样尤为重要。确认SEM的加速电压已关闭、电子枪灯丝电流已回零位、二次电子探测器的高压已断开后，可以开始换试样。具体操作方法因仪器不同而有差别，应按仪器说明书规定的步骤进行。交换试样后，显微镜要重新抽真空度达到要求后再施加高压和灯丝电流。然后先在较低放大倍数下检查试样，寻找有兴趣的试区，再逐步提高放大倍数对该区进行观察。

(4)像的聚焦和消像散

在CRT上选择视场和进行初步聚焦时,可采用快速扫描或TV模式,用0.5～2s扫完一幅画面。在CRT上选择试样上感兴趣的区域聚焦。SEM图像的过程实际上是调节物镜将电子束在试样表面处会聚成最小束斑。该束斑的尺寸和形状是决定SEM像分辨率的关键因素,而消像散则是获得高质量图像的一个关键环节。换试样后或改变加速电压、或改变工作距离后可能要重新消像散。消像散的方法如下:

首先在CRT上得到一个放大几千倍的二次电子像,尽可能将它聚焦。在这扫描像上任选一个特征形貌(例如一个球形小颗粒),转动物镜聚焦旋钮使图像在欠聚焦与过聚焦两个状态之间变化,如果物镜有像散,特征形貌(小颗粒)的像在这两种状态下将沿着互相正交的两个方向伸长变模糊。仔细调节消像散器同时慢慢调节聚焦钮小粒子像在散焦时不再伸长,而只是均匀地散焦变模糊,在正聚焦时呈现出边缘清晰、形貌与试样特征相符的像。这时像散已基本上消除。如果要拍摄高放大倍数的像,一般应先在更高大倍数下消像散。

(5)放大倍数的选择

放大倍数的选择要与所要求的分辨细节相适应。扫描电镜的放大倍数可用$M=R/r$式表示。式中M为放大倍数,R为人眼分辨率,r为试样分辨率。R约0.2～0.3mm,M在扫描电镜中是已知的,那么r是可以求出的。在一般失效件的断口观察中常采用20～1000倍,对于疲劳断口和组织观察时可选用1000～15000倍。在场发射电子枪扫描电镜下观察纳米材料时,可选用10万倍以上的放大倍。

(6)亮度与衬度的选择

要获得一幅高质量的图像,就应选择适当的亮度和衬度。二次电子像的衬度受试样表面形貌凸凹不平而引起激发电子量多少的影响。由于衬度调节是控制光电倍增管的高压来调节输出信号的强弱,而亮度调节是调节前置放大器输入信号的电平而使荧光屏上亮度变化。所以,试样凸凹不平严重时衬度应选择小一点,以达到明亮对比清楚使暗区的细节能清楚观察。如果亮暗对比十分严重时则有必要加大灰度处理,使亮暗对比适中。平坦试样应加大衬度。

(7)图像的照相记录

在扫描电镜的CRT上获得一个满意图像后,可用照相底片或一次成像片拍摄此图像。SEM的专用照相机聚焦在一个短余辉CRT上(在观察图像是在长余辉的CRT上)。照相前先选择好适当的扫描速度,确定照相底片已正确装入相机。由于照相时所需的图像亮度和衬度往往与直接用眼睛观察时不同,摄照前应再次调节图像及照相用CRT本身的亮度与衬度,使之符合照相底片的要求,然后按下照相按钮,照相机快门立即打开,这时底片将对短余辉CRT上的扫描线逐行曝光直到整幅图像扫描完毕，照相机自动关闭。摄完一幅图像需要 60～100s 的曝光时间。

记录 SEM 图像用的照片底片可选用市售的普通 120 或 135 黑白胶卷(感光度 ASA100 至 ASA400)，也可以用专用的一次成像片(如 Polaroid 的适当型号)。在进行动态观察时(如试样加热、冷却或拉伸过程)，可采用快速扫描并将 SEM 图像显示在 TV 显示器上，用录像机进行动态记录。在一些新型号设备上还可以将图像储存在计算机内，再调出进行处理或摄影。新型扫描电镜的图像观察和记录均由计算机控制，图像为一次成像，并可连续观察和记录。

(8)中断使用及关机

在观察试样像的过程中，如果要中断或暂时停止观察，应随时将电子枪的灯丝加热电流退回零位。若中断观察时间较长，还应断开加速电压的开关。这是因为电子枪灯丝寿命很有限(例如一个发卡式钨灯丝的寿命为 50h 左右，而 LaB_6 灯丝寿命约 100h)。在暂停使用或镜筒真空度有可能恶化或放气的情况下，都应首先关闭灯丝电流。另一方面，尽可能减少不必要的电子束辐照还可避免或减少电子束通路上因辐照形成的污染，从而减轻杂散电场的影响，有利于改善成像的质量。

在完成工作后，应先将 SEM 的灯丝加热电源、高压电源、显示装置电源等全部断开，然后关闭真空系统，真空系统将自动变换并关闭有关阀门，等扩散泵冷却后关闭机械泵并放气，最后关闭冷却水、断开主电源。

4)扫描电镜图像衬度观察

(1)样品制备。扫描电镜与透射电镜相比其优点之一就是样品制备简单，对一般的金属断口而言将其制备成样品台可放入的尺寸，并用乙醇或丙酮在超声波清洗器清洗后就可直接观察。但样品如果发生锈蚀、氧化等时，必须对断口进行相应的清理，否则会造成形貌像的假像及图像不清楚现象，对不导电样品要进行导电处理后才能进行观察。导电处理常用的方法有在样品表面喷镀一层厚度为 5～10nm 金膜或碳膜。

(2)表面形貌衬度观察。扫描电子显微镜像衬度主要是利用样品表面微区特征(如形貌、原子序数或化学成分、晶体结构或位向等)的差异，在电子束作用下产生不同强度的物理信号，导致阴极射线管荧光屏上不同的区域不同的亮度出现，获得具有一定衬度的图像。表面形貌衬度是利用对样品表面形貌变化敏感的物理信号，作为调制信号而得到的一种像衬度。因为二次电子信号主要来自样品表层 5～10nm 深度范围，它的强度与原子序数没有明确的关系，但对微区刻面相对于入射电子束的位向却十分敏感，也就是说在入射电子束位向不变时，样品上不同区域形貌的凸凹不平改变会产生不同强度的二次电子信号，随着样品倾斜角 θ

的增大,入射电子束在样品表层5~20nm范围内运动的总轨迹增长,引起价电子电离的机会增多,产生的二次电子数增加。其次,随样品倾斜角θ的增大,入射电子束作用体积较靠近,甚至暴露于表层,作用体积内产生的大量自由电子离开表层的机会增多。正是由于这个缘故,样品表面尖棱、小粒子、坑穴边缘等部位,在电子束作用下将产生高得多的二次电子信号强度,故在扫描像上这些部位就显得特别亮,而在样品微区比较平坦的地方,则产生较小的二次电子信号强度,故在扫描像上这些部位就显得相对较暗。

因为二次电子的来源和产生额有上述特点,所以在扫描电镜下观察样品表面形貌时几乎均采用二次电子成像。其应用范围涉及到机械制造、材料、生物、刑事案件侦破、病理诊断等科学领域与工程的研究。在材料科学领域的研究中,尤以机械零件失效和材料断裂的断口表面形貌特征研究与表征为代表。

下面就以机械零件失效的断口形貌和组织形貌分析为例,来描述表面形貌衬度的应用。在扫描电镜下研究断口不需要像透射电镜那样制备复型,不至于在制样过程中引入假像,它允许在很宽的倍率范围内连续观察,特别是在研究确定断口中断裂起源位置时,可对断口进行低倍(10倍左右)大视域观察,从而确定起裂源的位置。在此基础上对感兴趣的区域(如裂纹源、夹杂物等)进行高倍观与分析,显示断口形貌的细节特征,提示其断裂机理。同时可分析组成相在裂纹产生和扩展过程中的作用,分析裂纹扩展的途径及断裂方式等信息,进而确定裂纹生产的原因。

本实验主要介绍金属中几种典型的断口形貌及其显微图像特点,分析这些断口的断裂机理。

金属材料中常见的断裂方式有塑性断裂、脆性断裂、疲劳断裂等。塑性断裂的微观电子断口的特征是韧窝形态,脆性断裂的微观断口形貌是以解理、准解理或晶间断为主,而疲劳断裂的微观断口形貌的主要特征是含有明显的疲劳辉纹(条纹)。下面分别介绍上述几种断裂机制的微观断口形貌。

①脆性断裂的断口形貌。

解理断口形貌:解理断裂是金属在拉伸应力作用下,由于原子间结合键的破坏而造成的穿晶断裂。一般情况下是严格沿着一定的结晶学面(晶面)断开,有时也可沿着滑移面或孪晶面发生解理断裂。一般讲解理是脆性断裂,典型的解理断口具有以下特点:即在断口上存在"解理台阶"、"河流状花样"、"舌状花样"等形貌。"解理台阶"是因为解理面是一簇相互平行的位于不同高度的晶面,不同高度解理面之间发生断裂就形成"台阶"。由于"解理台阶"边缘形状尖镜产生的二次电子较多,所以在扫描电镜图像上显得异常的亮。"河流花样"是解理断裂的重要标志。

在解理裂纹扩展过程中,众多解理台阶相互汇合便形成河流花样。根据河流的流向可以判定解理裂纹的扩展方向，一般情况下“上游”的许多较小台阶汇合成“下游”的较大台阶。“河流”的流向与裂纹扩展方向一致。

“舌状花样”的形成与裂纹沿孪晶与基体的界面扩展有关。这种孪晶是由解理裂纹以很高速度向前扩展时，塑变只能以机械孪晶的方式进行而在裂纹前端形成。由于裂纹先沿着晶界与晶体主解理面扩展，然后沿着孪晶面而产生二次解理，最后金属在解理裂纹扩展过程中产生局部撕裂的结果。也就是说舌状花样是沿形变孪晶面{112}发生二次解理的结果，一般几个舌状花样的方向往往互相垂直。由于“舌”的形状关系，当“舌”的一侧面向探测器，而另一侧背向探测，所以在扫描电镜图像上，舌状花样的一侧显亮一侧显暗。典型的解理断口形貌如图 2－53(a－1)所示，舌状花样如图 2－53(a－2)所示。

准解理断口：准解理断口虽说属于解理，但两者又不完全相同，准解理断口中局部存在明显的塑性撕裂特征，在断口上可以发现不同百分比的韧窝花样和平坦

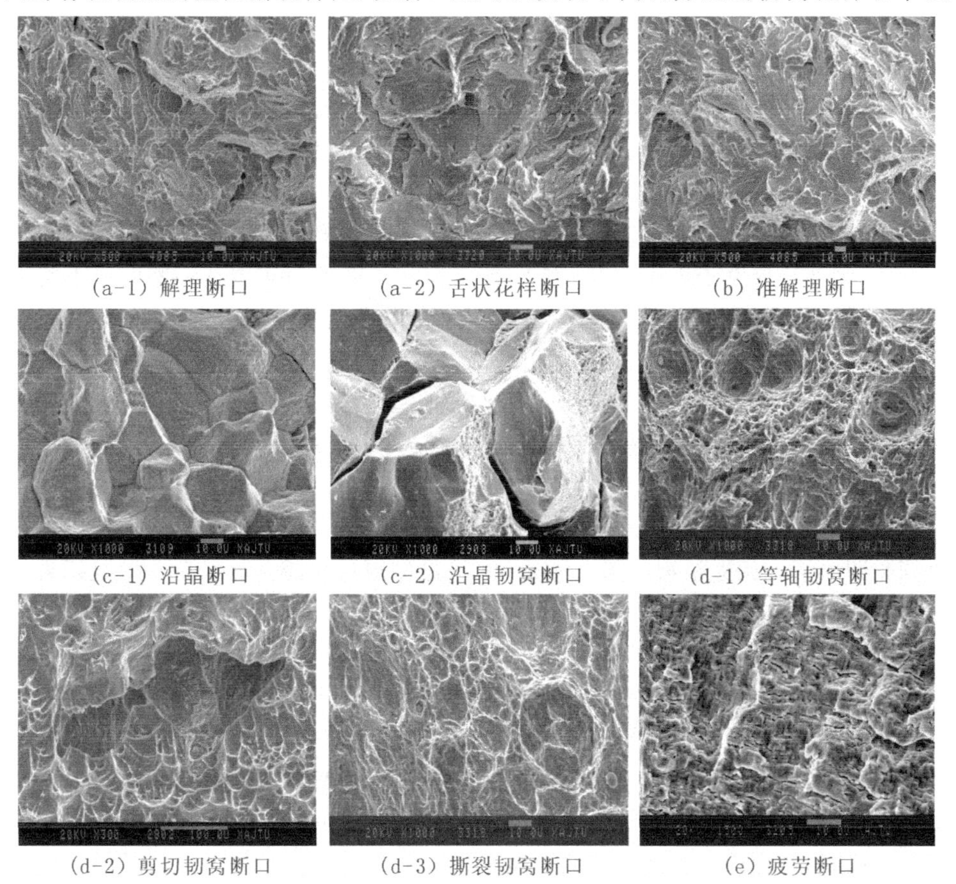

(a-1) 解理断口　(a-2) 舌状花样断口　(b) 准解理断口

(c-1) 沿晶断口　(c-2) 沿晶韧窝断口　(d-1) 等轴韧窝断口

(d-2) 剪切韧窝断口　(d-3) 撕裂韧窝断口　(e) 疲劳断口

图 2－53　几种具有典型形貌特征的断口二次电子像

的小晶面。在产生小晶面方面亦具有解理断口上的台阶,舌状花样和撕裂棱线等特征。准解理断裂大多数发生在钢的淬火回火组织中,其解理面对原奥氏体晶粒是穿晶的,但比回火马氏体的小尺度特征大很多。准解理为不连续的断裂过程,各种隐藏裂纹连接时发生剧烈塑性变形,形成所谓撕裂棱或微孔聚合的韧窝,其河流花样由点状裂纹源向四周放射。准解理断口的形貌特征见图 2-53(b)。

晶间断口:金属沿晶粒边界所发生的分离,称为沿晶断裂或晶间断裂。氢脆、应力腐蚀,蠕变、回火脆性、低温脆性、以及焊接热裂纹等常发生晶间断裂。沿晶间断裂也是一种脆性断裂,其断口的微观形态基本特征是晶界上一般相当平滑,整个断面上多面体感很强,没有明显的塑性变形,呈现出不同程度的晶粒多面体,外型,呈岩石状花样或冰状花样,如图 2-53(c-1)所示。但某些材料的沿晶断却显示出一定的延性,如图 2-53(c-2)所示,其断口上除呈现出晶间断裂的光滑晶面特征外,在局部晶面或大部分晶面上呈现出塑性断裂的微坑特征,此种断裂也称为沿晶韧性断裂。

②韧性断裂断口形貌

韧性断裂的最大特点是材料发生塑性变形,金属的塑性变形本质是原子面间发生相对的逐步滑移,而滑移是沿着特定的晶面和晶粒界面进行的。因此,可以认为韧性断裂的实质是显微裂纹的形成与长大过程。显微裂纹或者由于脆性夹杂物(包括第二相)的断裂,或者由于夹杂物(或析出相)与基体界面脱开后造成的,所以韧性断口电子金相形貌主要特征是韧窝。韧窝的实质是一些大小不等的圆形或椭圆形的凹坑组成,是材料微区塑性变形产生的空洞聚集长大,最后相互连接导致材料的断裂而在断口上留下的痕迹。微坑一般均形核于夹杂物或第二相质点处,在扫描电镜下可观察到质点与微坑基本是一一对应的。

微坑的形状一般有等轴、剪切长形和撕裂长形三种。其形状的变化与材料变形过程中受力状态有关。

不同形状的微坑形貌如图 2-53 所示。其中图 2-53(d-1)是等轴韧窝,可观察到微凹中第二相夹杂物。图 2-53(d-2)是剪切韧窝,图 2-53(d-3)是撕裂韧窝的形貌。

③疲劳断口形貌。材料在低于拉伸强度极限的交变应力反复作用下,缓慢发生裂纹和扩展并导致最后突然破坏方式,称为疲劳破坏。疲劳断裂属于脆性断裂,所以它的宏观断口比较平齐。疲劳断口一般分为三个区域,即疲劳源区、疲劳裂纹扩展区和瞬时断裂区。疲劳源一般起源于零件表面应力集中或表面缺陷位置,如机械加工的缺陷或材料的夹杂、白点、气孔等部位。所以在扫描电镜下观察疲劳源区时,首先应在失效零件的表面寻找。疲劳断口上三个不同区域的微观断口形貌有所不同,一般情况下,在裂纹的萌生和慢速扩展区的微观断口形貌,显示

少量的静断特征加疲劳辉纹，有些材料的疲劳源区只能观察疲劳辉纹，这与材料的性能和应力状态有关。疲劳条纹的起伏造成二次电子产额的差别，从而使扫描电子显微图像上出现的条纹花样。裂纹扩展区的微观形貌主要显疲劳辉纹形貌，裂纹快速扩展区断口形貌为疲劳辉纹加静载断裂的微观形貌。断口的瞬时断裂区的微观形貌主要显示一次断裂的韧窝、解理或沿晶断裂特征。疲劳断裂可分为韧性疲劳和脆性疲劳两类，后者在宏观断口上可观察到从源区向外发展的放射状花样，而疲劳辉纹被放射状台阶分割成短而平坦小条纹。疲劳断口的微观形貌如图 2-53(e)所示。

④显微组织形貌观察。与光学显微镜相比，扫描电镜显示材料表面微观组织，具有分辨率高、景深大和放大倍数大的优点。特别是对于光学显微镜无法分辨的显微组织更为适用。由于光学显微镜观察组织形貌的成像原理与扫描电镜观察组织的成像原理不相同，所以在腐蚀试样时，腐蚀深度要比光学金相样品适当深一些。

金相组织的扫描电镜形貌如图 2-54 所示，其中图 2-54(a)为管线钢中碳化物分布在晶界上的形貌，图 2-54(b)为钻杆钢的回火马氏体组织形貌。

(a) 管线钢显微组织二次电子像

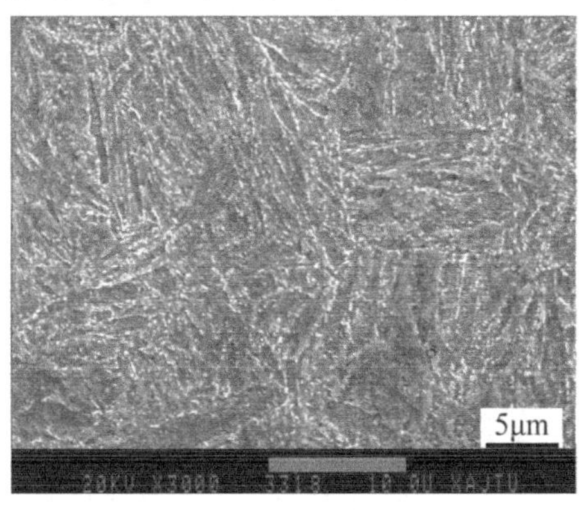

(b) 钻杆钢回火马氏体二次电子像

图 2-54　金相组织的扫描电镜形貌

(3)原子序数衬度观察

在扫描电镜中观察样品时，电子束激发出样品微区中的背散射电子、吸收电子和 X 射线量的多少，与该区域中原子序数或化学成分的变化有关。利用不同区域中激出背散射电子、吸收电子，特征 X 射信号的强度调制成像，就能显示不同区域所含的原子序数或元素的变化，这就是所谓的原子序数衬度像。

背散射电子是被样品原子反射回来的入射电子，当入射电子能量在 10～40keV 范围时，样品背散射系数 η 随元素原子序数 Z 的增大而增加。对于原子序数 Z 小于 40 的元素，背散射系数随原子序数的变化较为明显，也就是背散射电子的产额对原子序数十分敏感。在进行分析时,样品表面上平均原子序数较高的区域,由于收接到的背散射电子数量较多,故荧光上的图像较亮。因此,利用原子序数造成的衬度变化(像的亮、暗变化),可以对金属和合金进行定性的成份分析,同时也可进行显微组织分析。显然,样品中重元素区域相对应的图像上是亮区,而轻原素区域则为暗区。

吸收电子像的衬度是与背散电子和二次电子像的衬度互补。因此,背散射电子图像上的亮区在相应的吸收电子图像上必定是暗区。

(a)34CrMo 钢中夹杂物的二次电子像

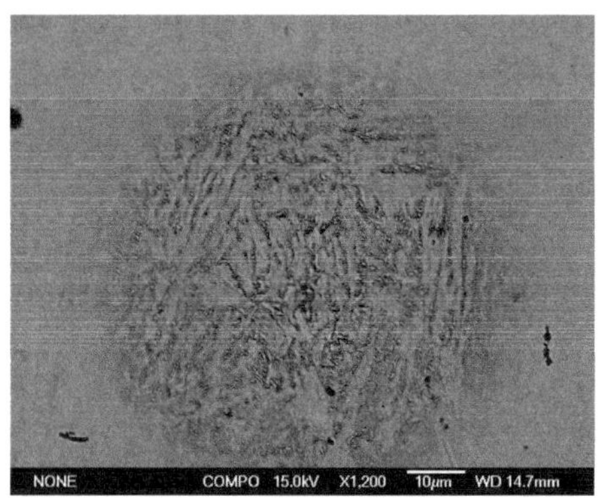

(b)34CrMo 钢中夹杂物的背散射电子像

图 2-55 34CrMo 钢中夹杂物的二次电子像和对应的背散射电子像

图 2-55 是 34CrMo 钢中夹杂物的二次电子像和背散射电子像,其中图 2-55(a)是二次电子像,图 2-55(b)是背散射电子像。从图中 2-55(b)可看出,马氏体固溶体的基体由于其平均原子序数较大,产生的背射电子信号强度较高,显示较亮的图像衬度,而在基体中存在的缺陷组织为氧化物,因其平均原子序数小于基体而显示较暗的衬度。它们的衬度与二次电子像刚好相反,因为氧化物是凹凸不平的,所以它在二次电子成像时显出更高的亮度。图 2-56 为铁素体球墨铸铁断口的背散射电子和吸收电子像,二者正好互补。

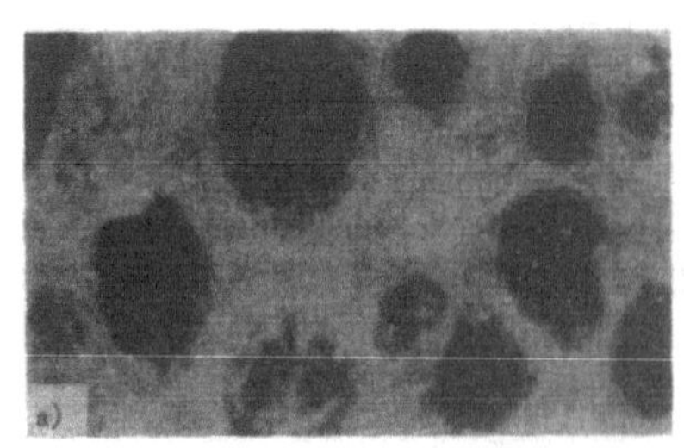

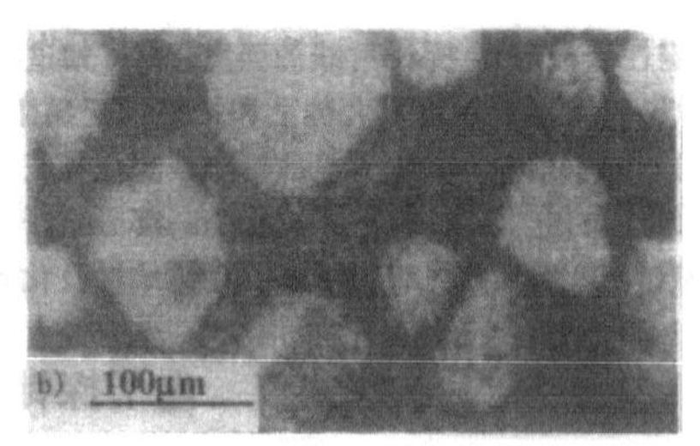

(a)背散射电子像,黑色团状物为石墨相;(b)吸收电子像,白色团状物为石墨相

图 2-56 铁素体球墨铸铁拉伸断口的背散射电子像和吸收电子像

用背散射电子进行成分分析时,为了避免形貌衬度对原子序数衬度的干扰,被分

析的样品只进行抛光，而不必腐蚀。对有些既要进行形貌分析又要进行成分分析的样品，可以采用一对检测器收集样品同一部位的背散射电子，然后把两个检测器收集到的信号输入计算机里，通过处理可以分别得到放大的形貌像信号和成份信号。

3. 实验内容

(1)结合扫描电镜实物，介绍其基本结构和工作原理，加深对扫描电镜结构及原理的了解。

(2)选用合适的样品，通过对表面形貌衬度和原子序数衬度的观察，了解扫描电镜图像衬度原理及其应用。

(3)利用二次电子信号观察断口形貌。

4. 实验仪器与材料

所用实验设备与材料有：

(1)扫描电子显微镜。

(2)用做实验的干净的断口样品。

5. 实验流程

(1)实验前应仔细阅读实验指导书，明确实验目的、内容、任务。实验以组为单位进行，每组 10 人。

(2)实验教师先结合所选型号的扫描电子显微镜，讲解基本结构、工作原理、各个功能键的作用和使用方法，及操作时应注意的事项，再由老师进行操作示范，然后每个同学按顺序在老师的指导下进行操作观察图像。

6. 实验报告要求

(1)简述扫描电镜的整体结构。通过实验你体会到扫描电镜有哪些特点？

(2)请画图描述所观察断口的典型特征形貌。

7. 思考题

(1)什么是激发深度？什么是信息深度？了解它们对实际测量有什么意义？

(2)电子束入射固体样品表面激发哪些主要物理信号？这些信号的主要特点和用途？影响扫描电镜的分辨率的因素有哪些？说明其影响原因。

(3)二次电子像和背散射电子像在显示表面衬度时有何相同与不同之处，说明二次电子像形成原理。

实验 8　不同加载方式下的扫描电镜原位动态观察

1. 实验目的

了解材料损伤、变形与断裂过程的微观动态原位观察方法和手段，加深了解扫描电镜不同附件和功能在材料科学研究中的作用,启发学生的创新能力。

2. **实验概况**

1)扫描电镜拉伸台构造及工作原理

在扫描电镜下动态观察研究并记录材料的断裂动态过程,为研究材料的微观断裂机制带来了新的前景。目前对材料的宏观疲劳裂纹萌生、扩展及延性断裂的裂纹成核、扩展、第二相在断裂过程中的作用等已有较深入的研究,但对它们的微观动态变化情况一直是人们关注的问题。要了解它们的微观变化机理,应通过原位动态观察获得其微观变化过程。为了了解和掌握这方面的研究工作和研究工具,在这里简单介绍配在JSM－35C型扫描电镜上,我们自己研制的疲劳拉伸台的工作原理及使用方法。

图2-57是该装置主体外形图,图2-58是该装置的控制系统外形图。该装置主要由加载部分、显示与控制部分组成。加载部分由驱动电机、压力传感器、机械真空系统、机械加载等装置组成。显示与控制部分由步进电机、驱动电源、直流放大器、数字显示器、控制软件等组成。整个系统由计算机控制。本装置的加载方式有拉伸、压缩以及可变振幅的周期载荷。图2-59是拉伸和疲劳加载的试样安装示意图,图2-60是压缩时的试样安装示意图。加载方法是由马达驱动拉力杆加载到被观察的样品夹头上,压力传感器置于一端夹头之中,由导线将传感器信号传到直流放大器,并通过数字电压表反映载荷大小。在实验过程中,加载速度可以调节。样品变形最大允许长度为30mm,最大拉伸、压缩载荷为300kg,最大周期载荷为200kg,拉伸和疲劳样品尺寸长为35～60 mm,宽小于10mm。试样的厚度和形状可按材料强度及实验内容来设计。压缩实验试样尺寸可根据实验内容而定。对于三点或四点弯曲实验,其长×宽为25×15mm。在实验过程中可随时对感兴趣变化区域的形貌进行图像采集记录。

图2-57 扫描电镜疲劳拉伸台装置主体外形　图2-58 疲劳拉伸台装置的控制系统外形

图 2-59　拉伸和疲劳加载试样安装示意图

图 2-60　压缩试样安装示意图

2)动态观察过程

将专用的电镜拉伸台座在破坏真空状态下换在电镜主机上,并将其抽至高真空。其后将被观察样品夹在拉伸台夹头之中,并按照电镜换样品的方法,把拉伸台置于高真空的样品室内。随后调试和校正直流放大器零点及增益,然后在计算机的控制程序中找出实验所需的加载控制程序进行加载。在样品受到载荷作用时,可同时通过电镜显示系统对样品形变过程进行观察,同时还可以用录像装置摄录动态过程以利再现,也可以用记录仪记录载荷变化和位移变化,以及用电镜照相单元拍下变形过程。

下面分别介绍三种不同加载方式的材料变形与断裂动态过程的原位观察。

(1)铝与铝合金爆炸焊接界面的动态观察

图 2-61 至图 2-64 是铝与铝合金焊接界面动态原位拉伸试样的动态观察图。

本实验为了保证裂纹在界面萌生,首先在界面处开一个缺口,在拉伸载荷作用下缺口处发生了塑性变形,而变形是沿着缺口的 45 度方向首先形成,如图 2-62所示。随着载荷的增加变形越明显,沿着界面处在纯铝一侧可观察到多个滑移系启动,产生不同方向的滑移线,并出现明显的浮凸感,如图 2-64 所示。随着载荷继续的增大,变形集中处形成裂纹,而在裂纹扩展过程中裂纹端形成出现明显塑性变形特征,如图 2-63 所示。从本实验中可看出裂纹的扩展是沿着强度比较低的纯铝中进行,而并非沿着焊缝扩展,说明焊缝强度高于纯铝强度。如果焊缝处出现缺陷时裂纹也会沿着缺陷扩展。

图 2-61　铝与铝合金焊接界面拉伸试样观察

图 2-62　焊接界面裂纹扩展观察

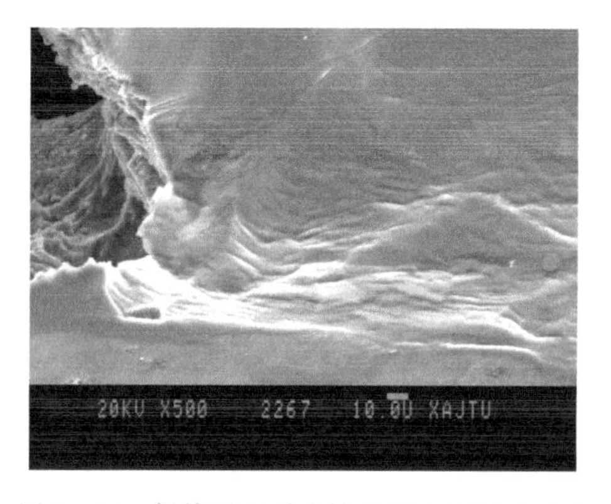

图 2-63　焊接界面裂纹扩展和塑性变形特征

图 2-64　焊接界面塑性变形特征

(2)非晶材料的压缩微观动态观察

进行动态压缩微观观察试验时，试样的表面基本要求与做动态拉伸要求一样。试样的宽度为 25mm，试样的厚度根据材料强度及三点弯曲或四点弯曲时材料的变形程度及样品架支点的距离而定，本实验样品的厚度为 2.5mm。试验过程为，将装好样品的试样架装入电镜，在电镜下首先观察到被观察和研究的样品形貌，然后启动控制压缩试样的控制程序，通过控制仪表和驱动马达来调整所加载荷零点，并在控制程序中选择压缩功能键，设定压缩的速度就可进行加载试验。在试验过程中可边加载边观察，也可暂停加载进行表面的变化观察，并在观察过程中同时可测量载荷与位移的关系。

图 2-65 是非晶的原始形貌，图 2-66 是载荷加至 200N 的形貌，可看出有塑性变形的条纹出现，随着载荷的增加塑性变形明显增加，并形成剪切带，而塑性变形主要集中在塑性变形的剪切带中，如图 2-67 所示。当载荷增加到一定程度时试样出现了弯曲，这时剪切带明显增加，当试样弯曲到一定程度时载荷不能继续

增加，如图 2－68、图 2－69 所示，说明此种非晶合金的变形能力很强。

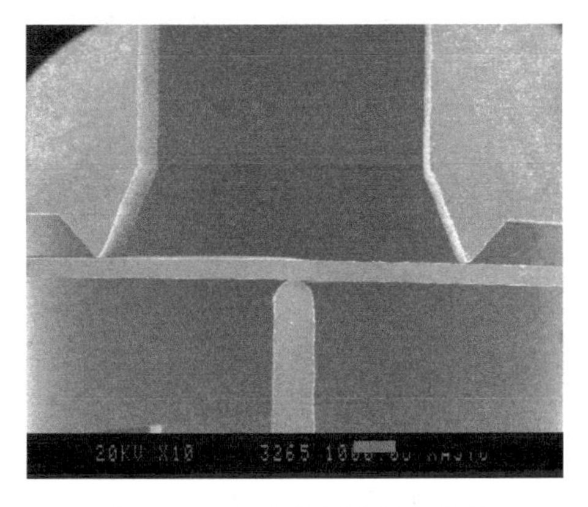

图 2－65　非晶的原始形貌观察

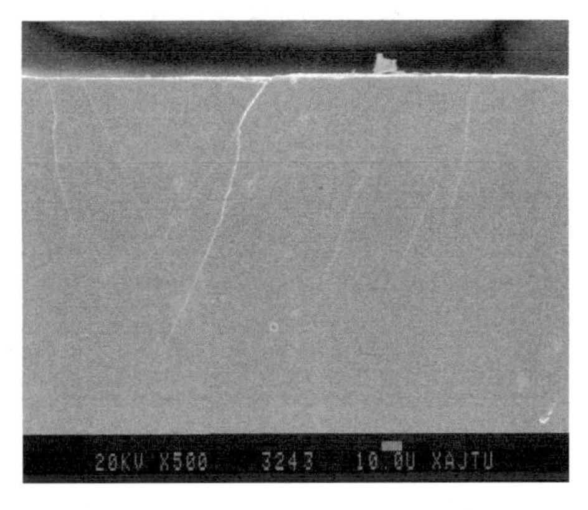

图 2－66　载荷加至 200N 的形貌观察

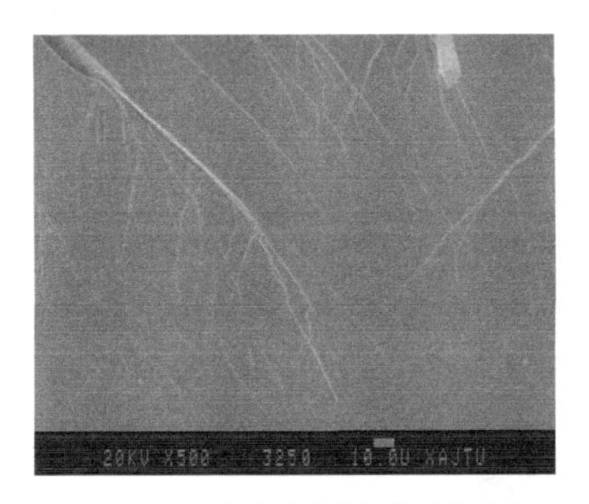

图 2－67　塑性变形的剪切带形貌观察

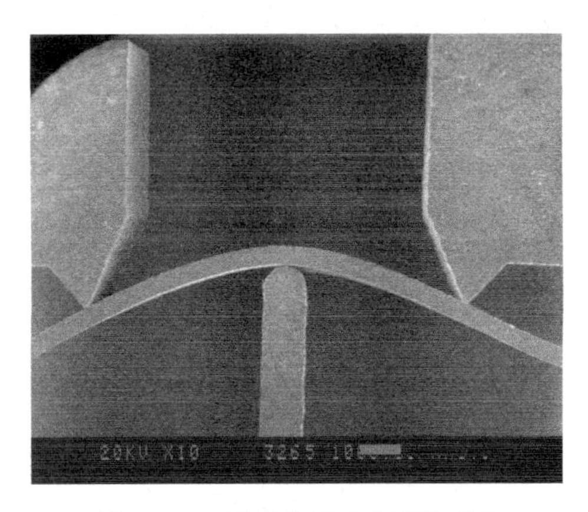

图 2－68　试样变形后的形貌观察

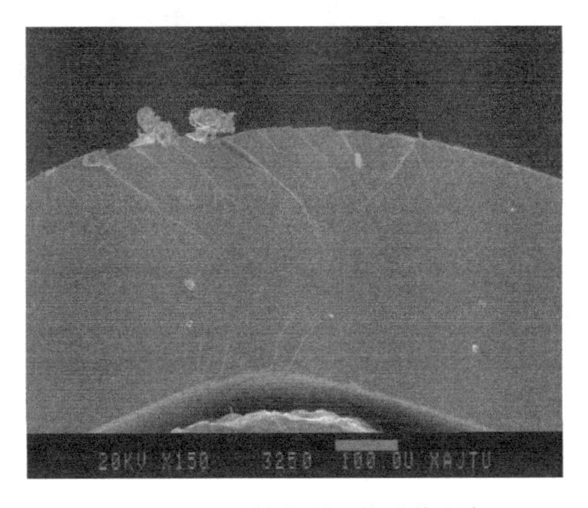

图 2－69　试样变形后的形貌观察

(3)生物材料疲劳裂纹的扩展观察

疲劳动态观察的试样形状如图 2－70 所示。为了便于观察，在大圆弧处有时开一缺口，从而形成应力集中，便于裂纹在此处萌生。

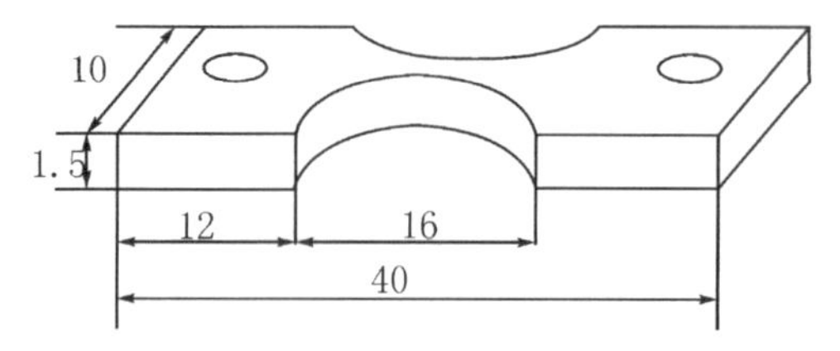

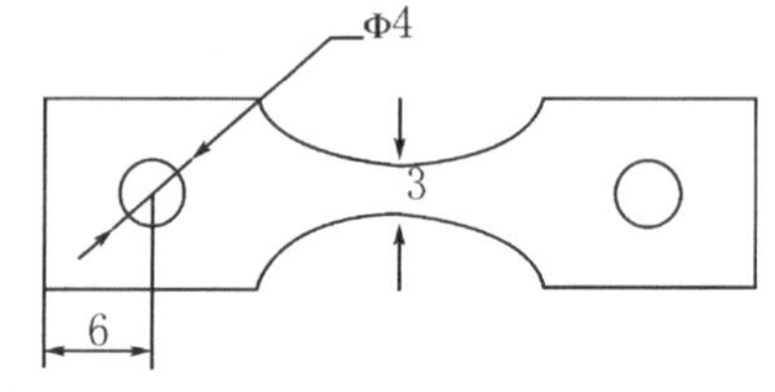

图 2－70 拉伸试样的尺寸

疲劳动态观察试验的前序准备于调试过程与拉伸和压缩试验的调试过程一样。当调试完成后，在控制程序中选择疲劳功能，并将所加的周期载荷的最大载荷和最小载荷值输入，同时选择加载频率。本试验所选的最大载荷为 300N，最小载荷为 30N，应力比 $R=0.1$，频率为 0.5。

图 2－71 是试样的原始状态的缺口形貌，图 2－72 是运行 1000 次的形貌，可看出在试样缺口根部的珍珠层面界首先形成裂纹。

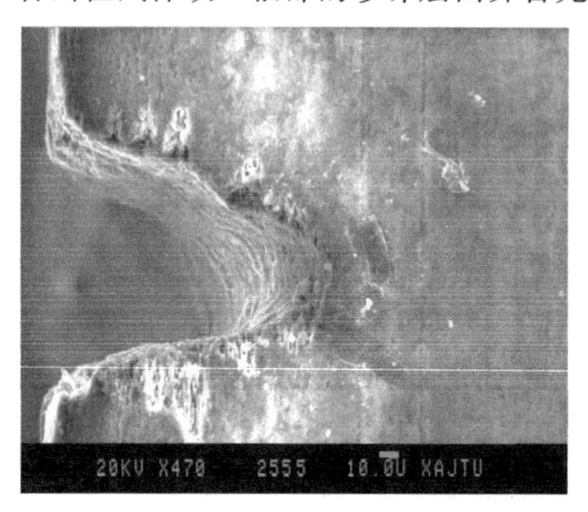
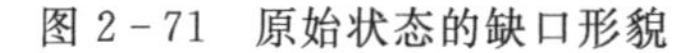

图 2－71 原始状态的缺口形貌

图 2－72 运行 1000 次的形貌

图 2－73 是运行 3000 次后的形貌，可看出在远离缺口处位置的贝壳的珍珠层之间形成了断续的小裂纹，继续运行时在应力最大的同一截面处形成多处断续裂纹，并有连续的倾向。运行周次继续增加时在部分区域能观察到微裂纹的连接，但并非进行张开的主裂纹向前扩展，而是在运行周次增加时沿此处发生突然断裂，如图 2－74 所示。这就是脆性的复合材料的微观断裂过程，它与钢中的疲劳裂纹扩展机制大不相同。

图 2-73　运行 3000 次后的形貌

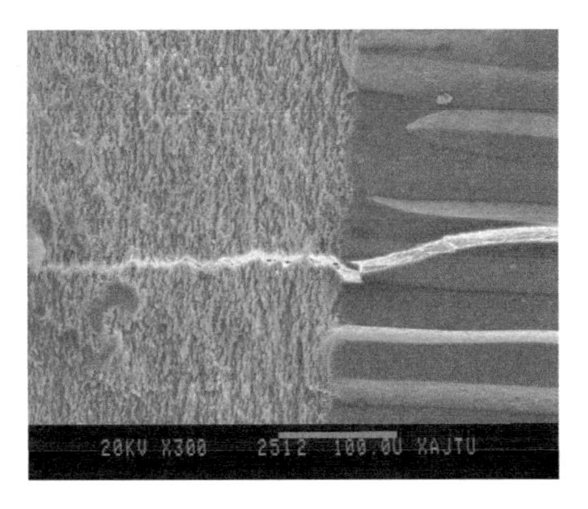

图 2-74　裂纹扩展断裂形貌

3. 实验内容

了解材料在扫描电镜下的微观动态原位拉伸方法和手段，观察材料的变形与断裂过程及微观组织形貌。

4. 实验仪器与材料

(1)扫描电子显微镜和扫描电镜动态原位拉伸试样台。

(2)扫描电镜用的动态原位拉伸样品。

5. 实验流程

(1)实验前应仔细阅读实验指导书，明确实验目的、内容、任务。实验以组为单位进行，每组 10 人。

(2)老师先结合所选扫描电子显微镜讲解动态原位拉伸试样台基本结构和工作原理，各个控制键的作用和使用方法及操作时应注意的事项，再由老师进行操作示范，然后每个学生按顺序在老师的指导下进行操作观察图像。

6. 实验报告及要求

(1)简述原位动态拉伸台的基本构成。

(2)画图描述一种动态原位观察过程中试样表面形貌的变化。

7. 思考题

(1)在扫描电镜下动态观察样品时应注意哪些事项？

(2)在扫描电镜下动态观察裂纹的形成、扩展与样品的组织之间关系时，应对样品做如何处理才能获得满意的观察效果。

实验9　电子探针结构原理及分析方法

1.实验目的

(1)了解电子探针仪的结构特点、工作原理及分析方法。

(2)了解扫描电镜能谱仪工作原理及定性分析方法。

2.实验概况

1)电子探针的结构特点及原理

电子探针显微分析器(EMA)是用来分析样品表层微区成分的仪器。电子探针中的探针形成及成像原理与扫描电镜(SEM)相似,它包括产生一束聚焦很细(1μm)的电子光学柱体、一个扫描系统、一个或几个电子探测器和显示系统。电子探针作微区化学成分分析是基于测量电子束激发产生的X射线,这些X射线的标定和测量可以用能谱仪(EDS)或晶体分光谱仪(CDS)来完成,后者常称作波谱仪(WDS)。

电子探针一般配几道CDS,并有非常稳定的样品台和电子光学系统,以保证进行元素定量分析时的高精度,并有利于轻元素的定性和定量分析。电子探针具有对被研究的材料进行原位形貌和微区成份分析的两方面功能。

电子探针的主要功能是利用所激发的X射线进行成份分析,为了保证分析的精度在利用波谱仪(WDS)进行微区成份分析时,它所需的束斑直径和束流强度要大于扫描电镜的要求。在波谱仪分析中的束流一般在1×10^{-7}A($\sim1\times10^{-8}$)之间。

电子探针作微区分析时,所激发的作用体积约10μm^3左右,如果分析物质的密度为10g/cm^3,则分析区的质量仅为10^{-10}g,若探针仪的灵敏度为万分之一的话,则分析绝对质量可达10^{-14}g。

电子探针(EMA)的形貌及基本工作原理和结构示意如图2-75所示,其工作原理与扫描电镜相似,只是EMA主要是检测和分析X射线信号。为了进一步了解实验内容,结合实验室现有的电子探针,简要介绍与X射线信号检测有关部分的结构和原理。电子探针的实物如图2-75(b)所示。

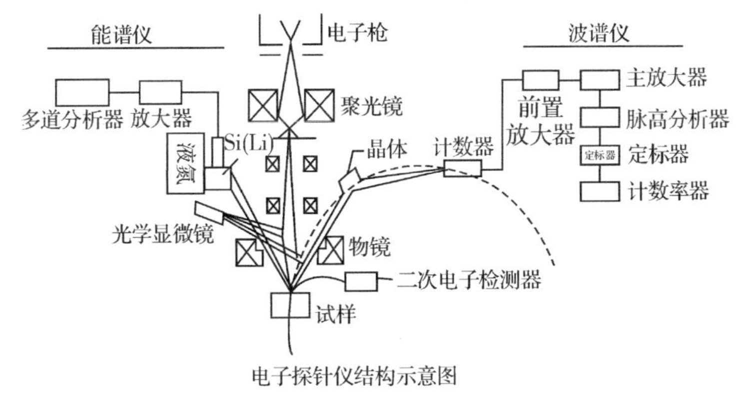

(a)　原理及结构示意图

(b)　SX MACRO 电子探针

图 2 - 75　电子探针形貌及原理结构示意图

2)电子探针的分析方法

电子探针中的波谱仪(WDS)与能谱仪(EDS)在分析材料微区成分时,其工作方式有三种,那就是:①对样品表面选定微区作定点的全谱扫描定性或定量分析,以及对其中所含元素浓度的定量分析;②电子束沿样品表面选定的直线轨迹作所含元素浓度的线扫描分析;③电子束在样品表面作面扫描,以特定元素的 X 射线信号调制阴极射线管荧光屏亮度,给出该元素分布的扫描图像。

电子探针的波谱仪(WDS)与能谱仪(ED)有各自的工作特点,下面分别介绍:

(1)波谱仪的样品分析

波谱仪的详细结构和分析原理可参考相关教科书。

波谱仪分析样品时的实验条件如下:

①样品的制备

波谱分析用于测量样品表面微米深度内的成分,样品的制备对分析的准确度有较大影响,所以对样品有如下要求:样品的尺寸符合样品台要求,表面要求抛光并且有良好的导电性,非导体或半导体业品要进行表面不含所测元素的导电化处理。

②实验参数选择

调整样品位置:利用仪器上所配的光学显微镜或其它仪器,调整样品高度,使样品分析点正好落在分光谱仪的聚焦园周上。

加速电压的选择:加速电压要超过被分析元素特征 X 射线的激发电压,一般为被分析元素激发电压的 3～4 倍。对于超轻元素 B－O 选 10kV,轻元素 F－K 选 20～25kV,重元素 Ca－U 选 30kV 以上。也可根据分析区域的大小和样品的薄厚适当调节电压。

束流的选择:特征 X 射线的强度与束流成线性关系,为了提高分析灵敏度,一般选用较大的入射电子束流,常用的束流在 10^{-8}～10^{-7} A 之间。在分析过程中还要保证束流的稳定性,特别在分析同一组样品时应控制束流条件完全相同,以保证分析结果的一致性,对于易污染易烧损的样品应选择较小的束流,同时选择大孔径的物镜光阑。

分光晶体的选择:常用的分光晶体及其被检测的波长范围见相关的教科书和有关专业书籍。一般情况下一个分光晶体能够覆盖的波长范围是有限的,因此它只能测定某一原子序数范围的元素。所以一台波谱仪上往往要装 2～6 个含有两块晶可互换的谱仪,才能对 Z＝4～92 范围的元素进行分析。新型波谱仪可同时对多个元素进行分析。

③波谱分析方法

点分析法:当电子束固定在样品需要分析的微区上时,可做全谱定性分析;对于未知成分的样品,全谱分析可得到样品中含有哪几种元素。其分析过程为,打开驱动分光晶体的电机,使衍射角由大到小连续扫描,探测器同步记录各衍射角对应的衍射峰位置和强度,查表可以定性确定样品微区内含有哪些元素,新型的波谱仪可自动在显示器上显示所含元素。波谱仪的分析精度较高,可测定原子序数从 4 到 92 之间的所有元素,其能量分辨率可达 5－10eV。点分析除了全谱分析外还可作元素的半定量和定量分析。对于元素含量分析精度要求不是很高时,可进行半定量计算分析。利用元素的特征 X 射强度与该元素在样品中的含量成正比例的原理,并忽略各元素之间的原子序数效应,吸收效应及荧光效应对 X 射线强度的影响,可得到元素的半定量分析结果。半定量分析结果一般会存在明显的误差,对轻元素的分析误差明显大于对重元素的分析误差。对于元素含量分析精度要求较高时,可采用定量分析:定量分析时把被测试样和要检测元素的标样置于同一检测环境,在束流、加速电压等分析参数不变的情况下,先测出试样中 Y 元素的 X 射强度 I'_Y，再测定纯 Y 元素的 X 射线强度 I'_{YO}，然后二者分别扣除背底和计数器死时间对所测值的影响，得到相应的强度值 I_Y 和 I_{YO}，把二者相比得到强度比 K_Y。

$$K_Y = I_Y / I_{YO}$$

K_Y是试样中 Y 元素的质量分数 W_Y，但考虑到原子序数、吸收和二次荧光对 W_Y的影响，并要进行修正，故

$$W_Y = ZAFK$$

式中，Z 为原子序数修正项；A 为吸收修正项；F 为二次荧光修正项。

在现代的电子探针（或波谱仪）中，计算机的内存和计算能力很强，所以分析结果会很快得到。一般情况下对于原子序数大于 10，含量大于 10%（质量分数）的元素来说，经过 ZAF 修正后的含量误差可限定在 ±5% 之内，对于重元素相对精度可达 1%～2%，但对轻元素 O、C、N、B 等的定量分析结果误差还是较大。

线分析法：将谱仪固定在要测量的某一元素特征 X 射线信号位置上，使电子束沿着要分析的区域作直线扫描，便可得到沿该直线这一元素浓度分布曲线。改变谱仪位置，便可得到另一元素的浓度分布曲线，新型的谱仪可同时完成多个元素的分析。

在实验时，首先获得要分析区域的二次电子形貌像，然后关闭 Y 方向扫描线圈，将谱仪固定在接收所分析元素的特征 X 射线位置，并让电子束在样品所分析区域的表面作直线扫描，通过探测器即可获得与二次电子像对应的这一直线上的元素线分布变化图像。

在波谱分析中，要分析样品较长一段线上的元素分布状况，这时使样品不动而只让电子束做线扫描的方法就不能满足要求了。因做较长一段线分析时，为了满足所分析区域的二次电子像和成分像一一对应，就必需将探针的放大倍数变小，这时电子束在样品上的扫描距离就增大，扫描线的两端不能落在波谱仪的聚集园上，从而使计数率大大下降。一般的波谱仪的最小放大倍数在 300～400 倍，这时电子束在样品上的扫描距离是 0.33mm，这时如果要分析的区域大于0.33mm时，就不能满足分析的要求了。为了满足较长一段线上元素分布的要求，可采用机械线分析法。即使电子束静止不动只做点扫描，而使样品沿直线方向以十分缓慢速度移动（每秒 2μm），由计录仪记下不同位置特征 X 射线强度。采用机械线分析要求样品表面与样品台平行。为了保证分析精度和准确性，一般情况下对于同一元素的一组试样，最好选择相同的计数率表量程，以便比较。图 2－76 是多组分 ZnO 陶瓷的线扫成分分析结果图 2－76(a)显示了 ZnO 陶瓷晶界上的富 Bi 相的背散射电子形貌像，而图 2－75(b)则显示了线扫描的成分分布。

面分析；电子束在样品表面作光栅扫描，把 X 射线谱仪固定在某一元特征 X

射线信号的位置上,同时调制荧光亮度,可在荧光屏上观察到该元素的面分布图像。在扫描的微区面上某点被测元素含量较高,在荧光屏上就得到较亮的区域。实际上这也是在扫描电子显微镜内用特征 X 射线调制图像的一种方法。元素面分布图像能够准确地显示所观察区里不同元素的分布情况。

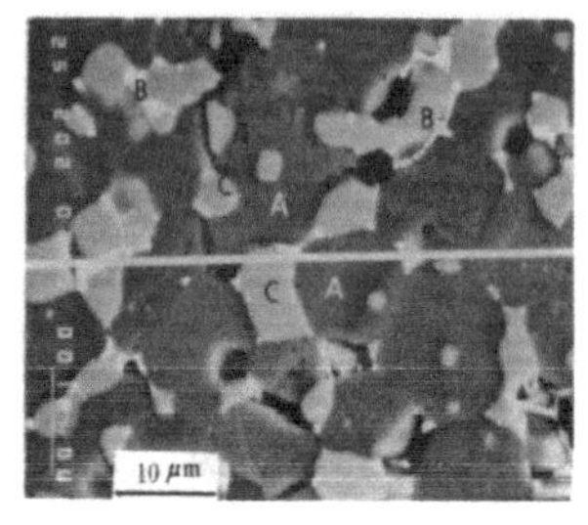

(a)背散射电子形貌像,其中A为ZnO;B为Bi相;C为Zn-Sb尖晶石相

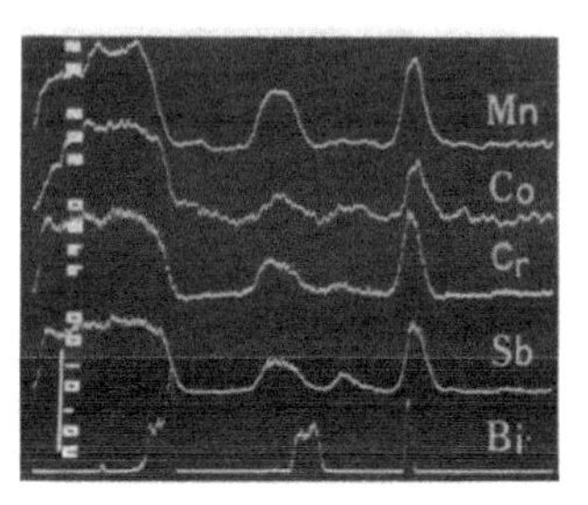

(b)线扫描成分分析

图 2-76 多组分 ZnO 陶瓷的显微结构(1%$HClO_3$ 化学腐蚀)相及成分的线分布

图 2-77 是 ZnO－Bi_2O_3 陶瓷烧结表面的面分布成分分析,从图中可观察到 Bi 元素的面分布像。其中图 2-77(a)是二次电子形貌像,而图 2-77(b)则是 Bi 元素的面分布像,可看出 Bi 元素在晶界上有严重偏聚。

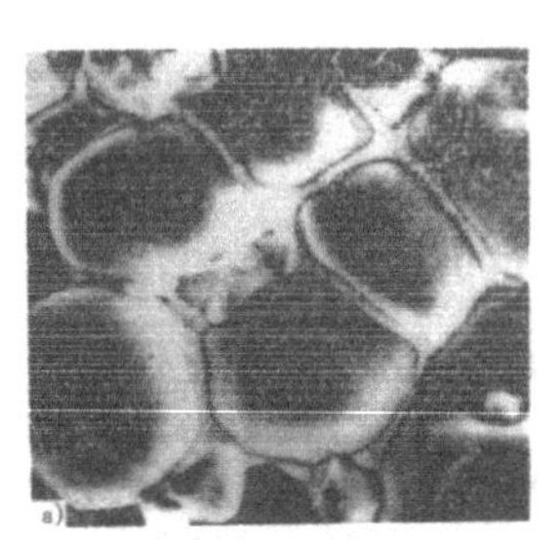
(a) 二次电子形貌像

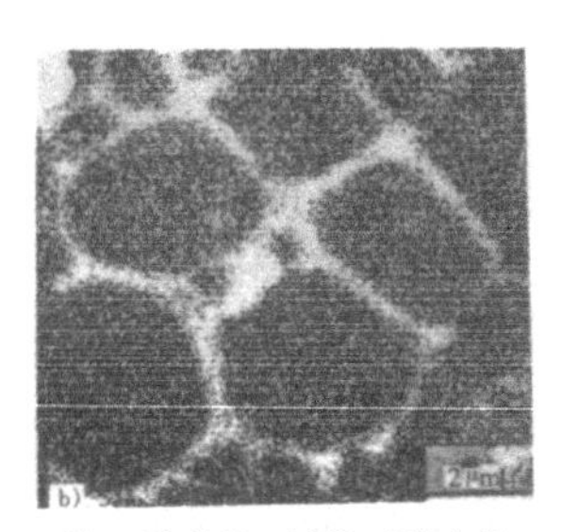
(b)Bi元素的X射线面分布像

图 2-77 ZnO－Bi_2O_3 陶瓷烧结表面的面分布成分分析

(2)X 射线能谱分析

①分析原理

当电子束射入试样时,只要入射电子的动能高于试样原子某内壳层电子的临界电离能 E,该内壳层的电子就有可能被电离,而原子的外层电子将跃入这个内壳层的电子空位,其多余的能量以 X 射线量子或是俄歇电子形式发射出来。此 X 射线光量子的能量等于原子始态和终态的位能差。例如,L_N层电子跃入 K 层所发射的 $K_{\alpha1}$X 射线,其能量 $E_{K_{\alpha1}}$ 等于该元素原子 K 层与 L_N层临界电离能之差。它是

元素的特征，几乎和元素的物理化学状态无关，表 2－7 为同一线系中各谱线的相对强度关系。

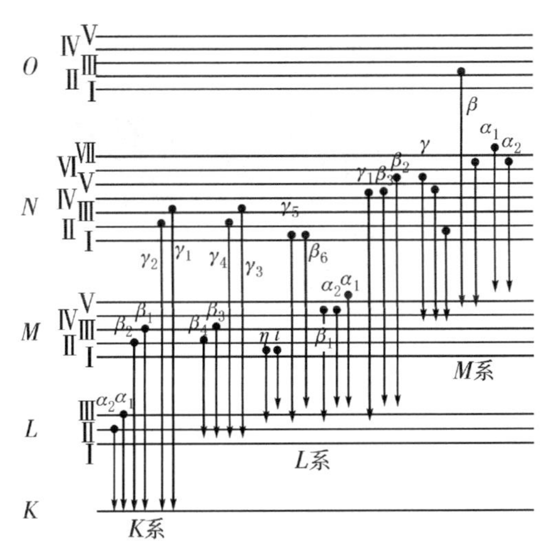

图 2－78　试样可发射的主要特征 X 射线示意图

特征 X 射线的能量 E(或波长 λ)与原子序数 Z 的关系可用莫斯莱定律描述：

$$E=a(Z-b)^2$$

或 $\lambda=B/(Z-C)^2$

式中，a、b、B 和 C 均为常数。

波长 λ 与能量 E 之间的关系为：$\lambda=hc/eE=1.2398/E(\mathrm{nm})$，式中 h 为普朗克常数；c 为光速；e 为电子电荷；E 以 keV 为单位。

图 2－78 给出了元素可能发射的特征 X 射线的谱线名称。当外层电子跃迁填充 K 层时所发射的是 K 系辐射而外层电子跃入 L 层和 M 层时分别发射 L 系和 M 系的 X 射线。因此，如果测定出试样发射的特征 X 射线波长或能量就只可以鉴别试样中的元素种类，根据各特征 X 射线的强度可计算出元素在试样中的浓度。

X 射线能谱分析方法的基本原理是应用一个硅(锂)半导体固体探测器接收由试样发射的 X 射线，通过分析系统测定有关特征 X 射线的能量和强度，从而实现对试样微小区域的化学成分分析，其能谱探测器如图 2－79(a)、图 2－79(b)所示。图 2－79(c)是 X 射线能谱分析系统示意图。试样发射的 X 射线进入 Si(Li)探测器后，每一个 X 射线光子都在硅中激发出大量电子－空穴对，而且在统计上电子－空穴对数目与入射光子能量成比例。探测器上的偏压使这些电子－空穴对形成一个电信号，经过前置放大器、脉冲处理器和能量－数字转换器处理放大成形,最后送到多道分析器(MCA),脉冲讯号按其电压值大小被分类,最后形成一个 X 射线能谱(XEDS)分析图和数据显示在分析系统的显示器上。

(a)能谱探测器

(b)能谱探测器

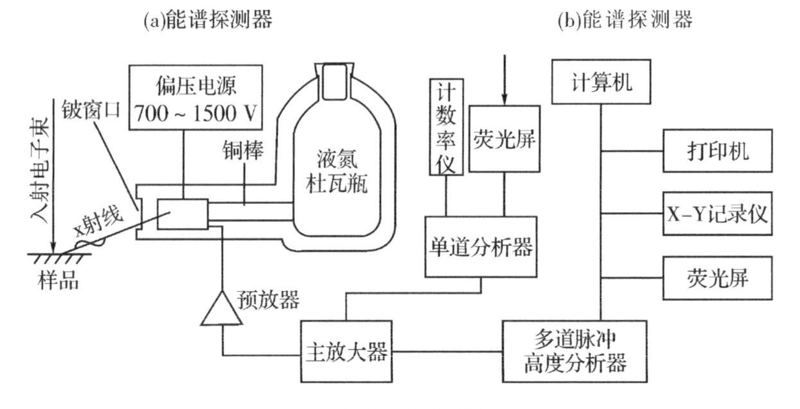

(c)能谱仪结构框图

图 2-79 X 射线能谱探测器及分析系统示意图

由于探测器窗口材料对 X 射线的吸收直接影响了对低能量 X 射线的检测,因而铍窗口探测器不能检测出能量小于约 1keV 的 X 射线。换言之,它分析不出原子序数小于 11(钠)的元素。而现代超薄窗口探测器应用了系数更小的窗口材料与技术,可以分析原子序数为 4(铍)及以上的元素。XEDS 分析可以在安装有能谱仪的扫描电镜或电子探针仪上进行,也能在装有能谱仪的 TEM/STEM 设备上进行。在从试样上采集了一个 SEDS 谱之后,进行定性分析的任务是鉴别出能谱上所有存在的特征 X 射线谱峰,并根据其能量值确定试样的化学组成。本章以铍窗口探测器为例介绍 XEDS 定性分析方法。

②设备及实验条件的准备

XEDS分析开始分析前,仪器满足以下准备条件:

a)电子光学系统在选定的加速电压下合轴良好,电子束流稳定,二次电子像图像清晰。

b)X射线分析系统稳定,能谱仪的能量标尺经过校正。如果未经校正,可以对标样(例如铜铝合金标样)采集一个能谱(数据)来进行校正。

c)应用计算机程序采谱和分析时,先输入有关的分析程序,对程序要求的各个参数(例如加速电压、探测器参数、采谱的能量范围时间等)依次输入核对无误,并对该程序的功能先做一次测试。

d)用一个光谱纯碳标样采集一个XEDS谱。该谱应为没有特征峰的连续谱。如果出现任何特征峰,表明镜筒或分析系统存在杂散辐射。根据特征峰的能量值来判断其来源,设法排除杂散辐射对分析的干扰。纯碳的能谱上还可以观察到硅的K吸收边和硅的内荧光峰。如果Si的吸收边和内荧光峰反常得大,表明探测器不正常,应找出原因。

表2-7 特征X射线的相对强度(近似关系)

X射线谱线系	同一线系中各谱线的相对强度
K系	$K_\alpha:1,K_\beta:0.2$
L系	$L_\alpha:1,L_{\beta_1}:0.7,L_\gamma:0.08,L_{\beta_2}:0.2,L_l:0.04,L_\eta:0.01$
M系	$M_\alpha:1,M_{\beta_1}:0.6,M_\epsilon:0.06,M_\gamma:0.05,M_{\text{I}}N_{\text{IV}}$跃迁$:0.01$

③实验参数的选择

a)入射电子束束流与直径

被分析试样发射的X射线强度直接取决于入射电子束束流I_P:

$$I_P \approx kC_s^{-2/3}\beta d_p^{8/3}$$

式中,k为常数;C_s是末级透镜球差系数;β为电子枪亮度;d_p为入射电子束直径。

显然电子枪亮度明显影响入射束束流从而影响X射线的计数率。在现有的三种电子枪中,场发射枪亮度最大,LaB_6枪其次,热发射钨丝枪最小。在10~20kV加速电压时它们的亮度数量级分别为10^8、10^5和$10^4\,A\cdot cm^{-2}\cdot sr^{-r}$。在给定电子枪的情况下,稍稍增大入射电子束的直径$d_p$可以显著增大束流、提高计数率。由于块状试样XEDS分析的空间分辨率主要由电子在试样中的散射和穿透深度决定,电子束尺寸的影响不太大,因此在一定限度内适当增大其直径尺寸,对空间分辨率影响不大。使用的电子束尺寸约为0.5μm或更小。

b)加速电压

电镜的加速电压或入射电子束能量E_0的选择,主要兼顾有关特征X射线的激发效率和空间分辨率两方面因素。当入射束能量 E_0 增加时，由于电子在试样中的穿透深度和扩散体积增加而导致空间分辨率恶化，但却提高了特征 X 射线的产出率使计数率增加。此外，当入射束能量在 15keV 以上时，可以激发出元素在 0～10keV 范围内的所有谱线。出现有关线系的全部谱线将有助于定性分析，这会使元素的鉴别更为方便和可靠。因此一般取主要元素的过压比 $U(=Eo/Ec)$ 为 2.5～3 是最佳值，Ec 是 X 射线吸收走能量，E_0 可在 15 至 30kev 间选择。例如分析金属与合金时用 25keV、硫化物用 20keV、氧化物矿物用 15keV，而分析原子充数小于 10 的元素时用 5～10keV。

④定点分析

a)全谱定性分析：全谱定性分析的案例如图 2-80(a)所示。

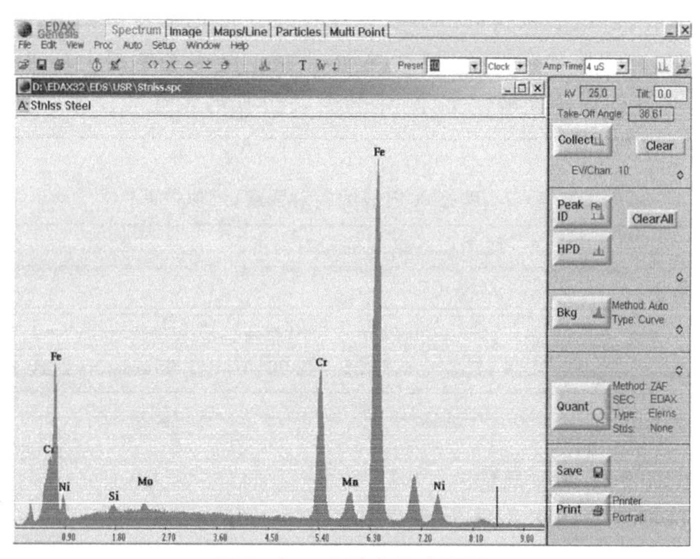

图 2-80　全谱定性分析图

全谱定性分析任务是根据 XEDS 谱上各特征峰的能量确定试样的化学元素组成，也是定量分析的前提。其主要操作程序为：

在选定的加速电压下观察试样的二次电子扫描像，选择试样的待分析区。

根据分析目的及试样情况确定入射电子束的直径和束流、电镜工作距离以及工作方式(点分析、线扫描或面扫描)。上述参数输入计算机程序分析，并调节有关程序。

将能谱探测器调节到工作位置采集能谱，采谱时间一般为几十秒至一百秒，总计数率控制在每秒 1000 至 3000 之间，此时间保持在 30%以下。正确鉴别谱峰，X 射线的能量值应精确到 10eV。如果计数率过高或过低，调节入射电子束和直径使计数率改变到所希望的大小。此外，减小工作距离和使用较大的物镜光阑孔径都可提高计数率。

使一个谱完全显示在显示器上，对照元素的特征 X 射线能量值表或利用分析系统提供的元素特征谱线标尺鉴别谱上较强的特征峰。鉴别时应按能量由高到低的顺序逐个鉴定较强峰的元素及谱线名称并及时作出标记。

在对所有较强峰一一鉴别后，应仔细辨认可能存在的弱小峰。由于含量很低的元素形成的弱小峰有时和连续峰背景的统计起伏相似、难以分辨。这时可在可能存在小峰的位置及两侧分别取相同宽度的能量窗口(见图 2-81)，并得出各个窗口内的总计数 N_p、N_{B1} 和 N_{B2}。如果两侧背景窗口计数的平均值 $\overline{N_B}=\frac{N_{B1}+N_{B2}}{2}$ 与小峰的总计数 N_p 满足条件：$N_P>3\sqrt{\overline{N_B}}$，则可认定该弱小峰存在。当不能肯定是否有弱小峰时，可适当延长采谱时间，一般都可达到上述条件，从而辨认所含量元素的存在。

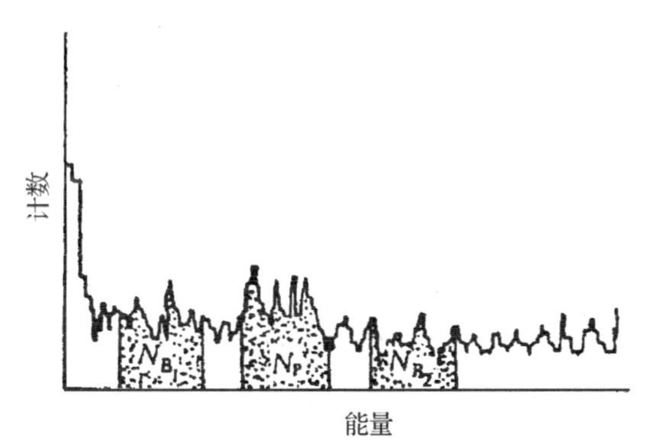

图 2-81　鉴别弱小谱峰示意图

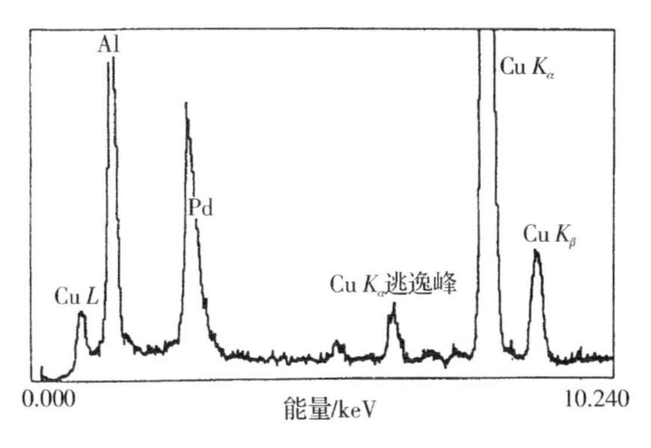

图 2-82　某合金的 X 射线能谱

剔除硅逃逸峰:产生硅逃逸峰的原因是由于被测量X射线激发探测器硅晶体的特征X射线,其中一部分特征X射线穿透探测器"逃逸"未检测到,因而记录到的脉冲讯号相当于是由能量为0的光子所产生的。硅的K_a谱线能量为1.74keV,因此在能量比元素主峰能量E小1.74keV的位置出现硅逃逸峰。其强度为相应元素的约1%(P的K_a)到0.01%(Zn的K_a)之间。只有能量高于硅的K系临界激发能时,被测X射线才能产生硅逃逸峰。进行分析时应将峰剔除并将其计数加在相应主峰的计数内。图2-82所示是由某合金得到的XEDS谱,元素铜除了K_a、K_β和L三个谱峰外,还出现明显的K_a逃逸峰。

和峰位置确定:如果在对试样采谱时计数率很高,这时可能会有两个X线光子同时进入探测器晶体,它们产生的电子—空穴对数目相当于具有能量为该两个光子能量之和的一个光子所产生的电子—空穴对数目。因而在能谱上能量为该光子能量之和的位置呈现出一个谱峰即和峰。定性分析时,当鉴别出主要元素后,就确定和标记出这些元素的和峰位置。例如确定了一个元素的K_a与K_β峰后,找出K_a+K_β、$2K_a$等的和峰位置。在这些位置上出现的谱峰如果与各元素特征峰能量值不符,就应考虑和峰存在。出现和峰时,应降低计数率重新采谱。

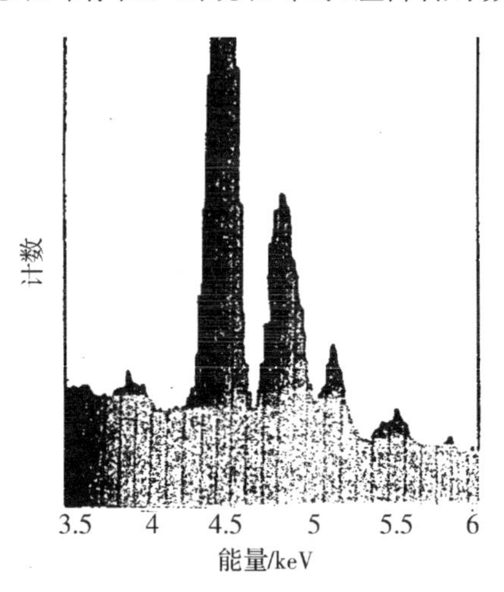

图2-83 硅酸钡钛矿($BaTi_2Si_2O_3$)的X射线能谱 Ti的K_a:4.5keV,K_β:4.9keV;Ba的K_a:4.47keV,K_β:4.83keV

重叠峰的判别:定性分析时,重叠峰的判定也很重要。许多材料往往含多种元素,产生重叠峰干扰的情况时有发生。表2-8给出了常见的重叠峰谱线及能量。当两个重叠谱峰的能量差小于50eV时,这两个峰几乎不能分开,即使用谱峰剥离方法难以进行准确的分析。例如S的K_a和Mo的L线及Pb的M线相互重叠干扰就属于这种情况。

图 2－83 是硅酸钡钛矿（$BaTiSi_3O_9$）试样的能谱。Ti 的 K_a 与 K_β 能量分别为 4.5 和4.9kev，而 Ba 的 L 系谱峰数目和峰形可判断有 Ba 存在，而根据谱峰的相对高度（即相对强度）判断的曲线考虑是否有谱峰被干扰掩盖，如有疑问应该用波谱仪再作定性分析。

表 2－8　材料分析中常见的重叠峰谱线

谱线（KeV）			重叠的元素谱线（KeV）			谱线（KeV）			重叠的元素谱线（KeV）		
V	K_α	4.952	Ti	K_β	4.931	S	K_α	2.307	Pb	M_α	2.346
Cr	K_α	5.415	V	K_β	5.427	Mo	L_α	2.293			
Mn	K_α	5.899	Cr	K_β	5.947	Ta	M_α	1.710	Si	K_α	1.740
Fe	K_α	6.404	Mn	K_β	6.492	Ti	K_α	4.508	Ba	L_α	4.467
Co	K_α	6.930	Fe	K_β	7.059						

b)半定量分析。

在定性分析结束后即可开始半定量分析。其主要操作程序为：扣除谱线背底计算并显示各条谱线的强度（即各种元素的脉冲记数（CPS））→输入元素符号及其 CPS→输入分析条件，如电镜的高压值、样品倾斜角及 X 射线的出射角等→计算机对影响定量分析结果的原子序数（Z）、样品吸收（A）及荧光激发（F）等因素进行校正，并列出 ZAF 校正因子→在将被分析样品中各元素之和看成 100％的前提下，利用输入的各元素 CPS 值及 ZAF 因子，计算机算出各元素的重量百分比或原子百分比，并由打印机给出打印结果。

c)定量分析。

在完成定性分析后，选择定量分析功能健及“QANT”，系统就进入定量分析程序。在定量分析时选择全标样定量分析或无标样定量分析方法的其中一种进行分析。全标样定量分析过程是，将所有的标样数据输入计算机贮存并建立文件，然后对被检测样品中成分建立谱线，然后依次进行：峰鉴别→背底扣除→调用标样文件→输入电镜参数（高压值、样品倾斜角和 X 射线取出角时）→计算机给出被分析样品中各元素的原子百分比、重量百分比及统计误差。无标样定量分析的步骤除没有“调用标样文件”一项外，与上述程序相同。

⑤元素的线分布和面分布

XEDS 定性分析的结果只可以用两种图像方式直观地表示。一种是元素的线分布（line profile ），另一种称为元素的面分布图（X－ray map）。测定 X 射线的线分布时，先用线扫描模式在试样二次电子像上待分析的路迹扫描一次，用重复曝光技术将该扫描线记录在二次电子像的同一底片上。然后再让入射电子束沿上述路线缓慢扫描,扫描速度可根据情况选定。分析系统将扫描线经过的各点试样发射的某一特征 X 射线信号(例如 Si 的 K_α线)的强度调制 CRT 上,电子束在 Y 方向的偏转 CRT 上就呈现出试样沿该扫描线这一元素的相应浓度分布曲线,如图 2-84 所示。测定 X 射面分布时,使入射电子束在样品表面所选定的微区内作光栅扫描,谱仪固定接收某一元素的特征 X 射线信号,并以此调制荧光屏的亮度,可获得样品微区内被测元素的分布状态。元素的面分布图像可清晰地显示被检测各部位的元素含量的差异,可定性地显示微区某元素的偏析情况。在 X 射线面分布图像中,较亮的区域对应于被测的该元素含量高,暗的区域对应该元素含量较低,如图 2-85 所示。

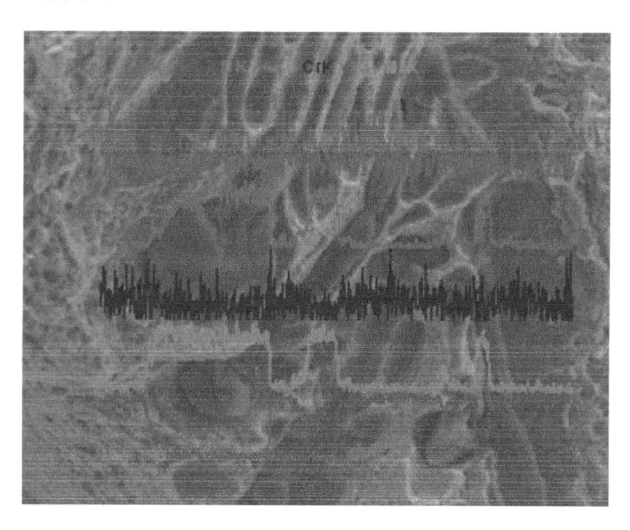

图 2-84 钢拉伸断口中 MnS 夹杂物的元素线分布

上述图 2-84 是钢的拉伸断口中 MnS 夹杂物及其元素的线分布图,从中可看出有条形夹杂物处 S 和 Mn 元素明显增高,而钢的基体处则 Fe 的成分明显高于杂夹物处。图 2-85 则是上述断口中各种成分的面分布形貌,可看出 S、Mn 及 Fe 的分布形貌与断口的二次电子形貌相吻合。

3. **实验内容**

(1)结合电子探针仪实物,介绍其结构特点和工作原理,加深对电子探针的了解。

(2)结合扫描电镜能谱仪实物,介绍能谱仪的工作原理及定性分析方法,加深对能谱仪的了解。

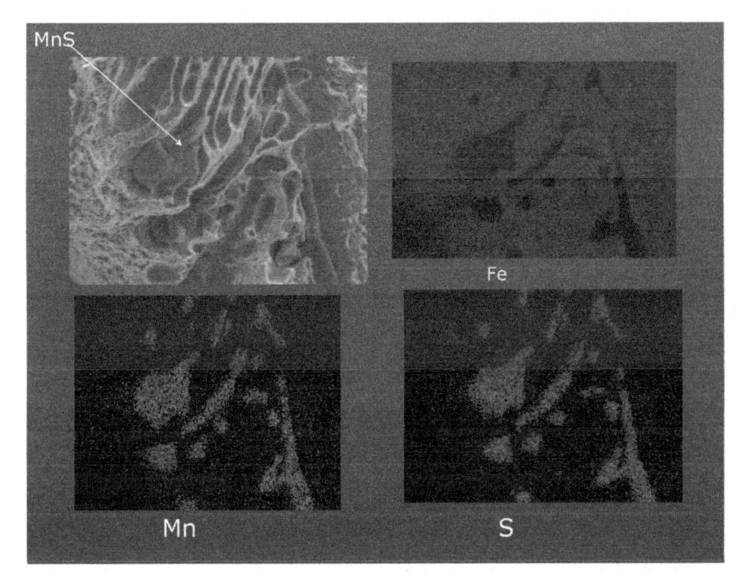

图 2-85　钢拉伸断口中 MnS 夹杂物的元素面分布

4. 实验仪器与材料

(1)电子探针仪和扫描电子显微镜及扫描电镜能谱仪；

(2)准备用于电子探针仪和扫描电镜能谱仪分析的材料样品。

5. 实验流程

(1)实验前应仔细阅读实验指导书，明确实验目的、内容、任务。实验以组为单位进行，每组 10 人。

(2)实验教师先结合电子探针波谱仪和扫描电子显微镜中能谱仪，讲解波谱仪和能谱仪基本结构和工作原理、使用方法及操作时应注意的事项，再由教师进行操作示范，然后每个学生按顺序在老师的指导下进行操作观察图像。

6. 实验报告要求

(1)简述电子探针的分析原理。

(2)简要说明波谱仪和能谱仪的工作原理。

(3)举例说明 X 射线能谱在材料研究中的应用。

7. 思考题

(1)说明利用特征 X 射线(或荧光 X 射线)光谱进行成分分析的理论依据是什么？

(2)举例说明电子探针的三种工作方式(点、线、面)在显微成份分析中的应用。波谱仪和能谱仪各有什么优缺点?

2.6　物理性能测试实验

实验 10　材料热分析实验

1. 实验目的

(1)通过用 DTA 和 DSC 测定非晶态合金在加热时的 DTA 和 DSC 曲线,熟悉 DTA 和 DSC 的工作原理以及掌握正确的测试方法。

(2)分析 DTA 和 DSC 曲线,进一步了解非晶态合金的晶化转变特点,并学会观察和分析 DTA 和 DSC 曲线的方法。

2. 实验概述

1)基本原理

差示扫描量热法(DSC)是广泛应用的热分析手段,它是在程序控温条件下,测量输入到被测物质与参比物之间热流差与温度关系的一种技术。非晶态合金在热力学上处于亚稳态,当温度升高时,其结构也发生相应的变化,在玻璃转化温度处,产生吸热现象,而在晶化过程中则产生放热现象,利用 DSC 可以确定非晶态合金在加热过程中发生相变的特征温度,这已经成为研究分析非晶态合金的热稳定性和晶化动力学的重要手段。本实验的 DSC 是在法国 SETATAM 公司的 Labsys TG/DSC 上进行,温度温差小于 2 摄氏度。由所测 DSC 曲线可以确定材料是否完全非晶,得到非晶的玻璃化温度 Tg,晶化温度 Tx,晶化峰峰值温度 Tp,过冷液相区温度差 ΔTx。本实验变温测试升温速率为 0.33 K/s,等温测试在 743K 保温 30min。

图 2-86 是典型的 DSC 曲线,向下的峰表示放热。由于非晶态合金在热力学上处于亚稳态,在升温过程中会发生由亚稳态到另一个较稳定的状态转变。从 DSC 曲线上可以看出,当温度达到玻璃化转变温度 Tg 时,曲线向上移动,表明这是一个吸热过程;当温度达到晶化温度 Tx 时,发生由非晶态结构向晶态结构的转变,在图上表现为一个大的放热峰,放热峰的面积即为转变过程的放热量,需要指出的是加热速率对于 Tg 和 Tx 点所对应的位置会有一定量的影响。对于同一成分的非晶态合金,其中所含晶体相的比例越高,放热量就越低。因此,其内部的晶化体积分数可以根据 DSC 图上放热量得出。如果其中有一个试样是完全非晶,非晶体积分数为 100%,其余试样与它的放热量之比就是自身非晶相体积分数,这样就间接地得到了试样的晶体相的体积分数。

合金中的晶化体积分数可以通过利用公式:

$$\%V_{cry} = (\Delta H_{max} - \Delta H)/\Delta H_{max} \quad (2-9)$$

来计算得到。其中 ΔH_{max} 表示从完全的非晶结构转变为完全的晶体结构时所释放的热量，ΔH 表示从含有部分晶体相的非晶结构转变为完全的晶体结构时所释放的热量。

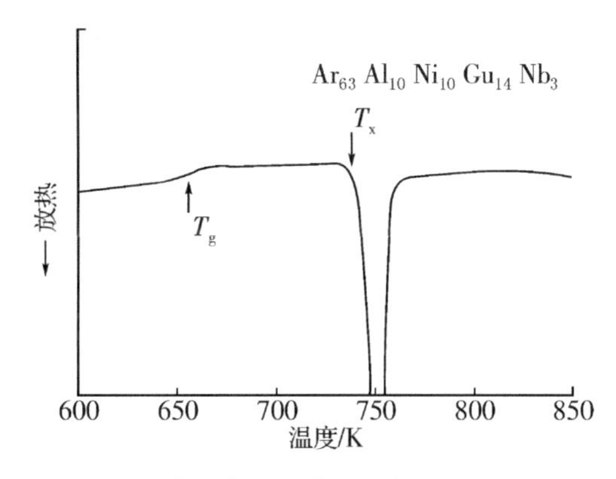

图 2-86　典型变温晶化过程转变 DSC 示意图

本实验将已加工好的片状试样上取 40mg 以内的重量进行 DSC 测量，得到每一片的晶化曲线。

2）Labsys TG/DSC 差热分析（DTA）的结构及测试方法

差热分析仪是由温度程序控制、变换放大、显示纪录和气氛控制等四个部分组成。

当试样（s）和参比试样（r）在同一加热条件下加热时，若试样不发生相变，试样和参比试样温度相同，$\Delta T = Ts - Tr = 0$，示差热电偶无信号输出，记录仪上记录温差的笔仅画出一条直线，称为基线，另一支笔记录试样温度 Ts。当升到某一温度发生相变产生热效应时，试样和参比试样温度不再相等，$\Delta T \neq 0$，于是示差热电偶便有信号输出，这时示差温度曲线就偏离基线。由记录仪记录的 $\Delta T - t$ 曲线称为差热（DTA）曲线，如图 2-87 所示。

3）差示扫描量热分析（DSC）

差热分析仪还可用于差示扫描量热分析（DSC），其测量原理和 DTA 相似，所不同的是在 DSC 中，试样和参比试样坩埚下面装有两组补偿加热电阻丝，如图 2-88所示。此外还增加了一个差动功率补偿放大器。当试样在加热过程中产生热效应时，试样和参比试样之间出现温度差 ΔT，通过差热微伏放大器和差动功率补偿放大器，使流经补偿加热电阻丝的电流发生变化。当试样放热时，试样温度高于参比试样温度，功率补偿放大器自动调节补偿加热电阻丝的电流，使试样下

面的电流 Is 减小，参比试样下面的电流 Ir 升高，降低试样温度；反之，试样吸热时，补偿放大器使试样电流 Is 立即增大，直至两边热量平衡，温度差 ΔT 消失为止。也就是说，试样在相变过程中产生的热效应所引起的热量变化，由于及时调整输出电流和功率而得到补偿。相变过程中，功率补偿电路的电功率随试样温度 T 或时间 t 的变化就是 DSC 曲线。即 DSC 曲线的纵坐标为试样与参比试样的功率差 $\frac{dH}{dt}$，亦可称为热流率(试样放热或吸热的速度)，单位为 mJ/s，横坐标是温度或时间。由于 DSC 是通过测定试样与参比试样吸收的功率差来代表试样的热焓变化，故 DSC 曲线上的峰所包含的面积就是转变的热效应。

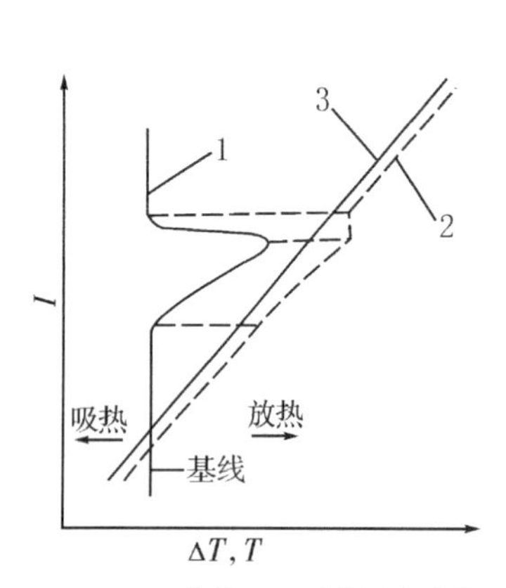

1-DTA 曲线 2-试样温度曲线
3 参比试样温度曲线

图 2-87 DTA 曲线和试样温度曲线

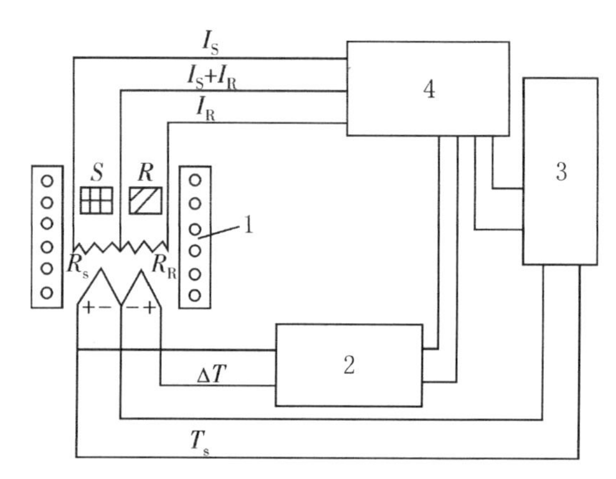

1-加热电炉 2-微伏放大器 3-记录仪
4-差动功率补偿放大器

图 2-88 差示扫描量热法(DSC)的工作原理

DTA 和 DSC 测量结果的精度与下列因素有关：

(1)试样的形状及数量。试样一般为粉末状，研究金属时，也常用与坩埚尺寸相近的圆片试样。试样重量一般为几毫克到几百毫克，而且，试样和参比试样的重量要匹配。

(2)参比试样的选择。参比试样必须采用在试验的温度范围内不发生相变的材料，它的热容及热导率和试样材料应尽可能相近。一般采用 $\alpha-Al_2O_3$ 作参比试样。

(3)升温速度的影响。一般情况下，升温速度变化会引起峰温移动和峰高及峰的面积变化。

(4)气氛控制。本仪器可以在空气和 N、He、Ar 等保护气氛下进行加热。本实验是由高纯 Ar 保护。

DTA 和 DSC 曲线上的峰所包含的面积，可用该峰(谷)所占有的方格数求得。

也可以采用机械求积仪，计算机等直接测出面积。

4)实验步骤

(1)用DSC研究非晶态合金变温晶化过程的转变。

(2)将试样清洗和吹干。用精度为0.1mg的天平称量试样及参比试样的重量，小于40mg。

(3)通冷却水和保护气氛。

(4)放入试样。

(5)设计升温程序，进行实验。

(6)冷却。

3.实验内容

(1)用DTA和DSC测定非晶态合金在加热时的DTA和DSC曲线，熟悉DTA和DSC的工作原理以及掌握正确的测试方法。

(2)分析DTA和DSC曲线，了解非晶态合金的晶化转变特点，观察和分析DTA和DSC曲线的方法。

4.实验设备及材料

(1)Labsys TG/DSC差热分析(DTA)　1台。

(2)精度为0.01mg的天平　1台。

(3)非晶态试样，材料为Zr基。

5.实验流程

(1)实验前应仔细阅读实验指导书，明确实验目的、内容、任务。实验以组为单位进行，每组10人。

(2)老师先讲解用DTA和DSC研究非晶态合金晶化过程转变的原理和实验的主要操作步骤及操作时应注意的事项，再由老师进行操作示范，然后每个同学按顺序在老师的指导下进行操作，观察图像。

6.实验报告及要求

(1)简述用DTA和DSC研究非晶态合金晶化过程转变的原理。

(2)记录试样和参比试样重量、量程、气氛、升温速度等试验条件，写出DSC和DTA研究非晶态合金晶化过程转变实验的主要操作步骤。

(3)从DSC和DTA曲线上找出转变特征点，对DSC和DTA曲线进行分析。

(4)比较DSC和DTA的原理和优缺点。

7.思考题

(1)DTA和DSC在材料研究中有哪些应用?

(2)影响 DTA 和 DSC 试验结果的主要因素是什么?

2.7 实验技术与实验数据结合案例的分析讨论

实验11 电子衍射晶体取向关系的测定与分析讨论

1.实验目的

掌握和了解利用电子衍射花样测定晶体取向的基本方法。

2.实验概述

当两个晶体呈共格或半共格时,它们之间具有恒定的位向关系,可利用一张复相的重叠电子衍射花样(既有母相 ,又有第二相衍射斑点),寻找晶体间的平等关系。分别标定该两相的衍射谱,如果两个谱均为对称谱,则晶带轴方向为互相平行的方向,若在重叠衍射谱上存两相的互为平行衍射斑点列,则两相中由这种衍射点列所确定的晶面存在平行的关系,并可通过两相重叠的极射赤面投影图更直观找出正确的取向关系。

1)实验步骤

(1)在基体与第二相的结构已知的前提下,采用双倾试样台,在成像模式下选择有明显第二相的区域进行选区衍射;再倾转试样,得到基体衍射谱强度均匀的二套叠加在一起的衍射花样(如果同时可获得二相均匀谱则为最佳情况),拍摄照片。

(2)为了区分复相谱中的两相斑点,通过移动物镜光阑,依次套在透射斑附近的不同衍射斑点上,也就是用衍射束成一般暗场像(在成像模式),记录那些能使基体相变亮或使第二相变亮的衍射斑点。为使每一个相都有足够的信息供分析,每个相至少要找到两个以上不在同一点列上的衍射斑点;将那些能使同一区域呈现亮像的衍射构成平行四边形,按此可以在重叠谱上区分基体(M)或第二相(P)的衍射花样。

(3)将上述两相衍射花样按照指定步骤指标化,确定各自的晶带方向$[uvw]_M//[u'v'w']_P$,如果两相衍射谱都分别为对称谱,则 $[uvw]_M//[u'v'w']_P$。

(4)在该衍射谱上寻找互为平行两相的衍射点列,如 $g(hkl)_M//g(h'k'l')_P$,则意味着$g_{(hkl)_M}//g(h'k'l')_P$(有时会有两组或更多的平行关系),若在该复相衍射谱上不能找到明显的平行点列,则按下列步骤继续分析。

(5)为了更直观反映晶体间取向关系,按照两相的晶体结构,分别画出相应于基体$[uvw]_M$及第二相$[u'v'w']_P$的极射赤面投影图,该组极图除了衍射中出现的晶面外(均在大圆上),还需标出其它重要晶面的极。按现有复相衍射中的配置将此两个极图相叠,($g(hkl)_M$延长线与大圆相交是$g(hkl)_M$晶面的极,而$g(h'k'l')_P$延长线与大圆相交为$(h'k'l')_P$晶面的极,从中找出两个相的晶面极互相重叠或接近的对应晶面,即为两相中互为平行的晶面。

(6)倾转试样依次得到同一区域的不同低指数晶带轴的对称的复合衍射谱,重复(2)～(5)步骤进行分析,将那些多次重复出现的晶面平行关系定为两相间的取向关系。这是核对实验结果正确与否的重要一步。

(7)上述测定取向关系的方法,其精确程度由操作过程所决定,如果确保晶带轴方向严格平行电子束方向(至少基体衍射谱是对称谱,即衍射班强度均匀),则其取向关系的精度可达约 1°;反之,精度较差,特别对于低指数晶带,其误差可达 15°。

下面分别介绍特征平面的取向分析和选区电子衍射花样测定晶体取向。

2)特征平面的取向分析

特征平面是指片状第二相、惯习面、层错面、滑移面、孪晶面等平面,特征平面的取向分析(即测定特征平面的指数)是透射电镜分析工作中经常遇到的一项工作。利用透射电镜测定特征平面的指数,其根据是选区衍射花样与选区内组织形貌的微区对应性。这里特别介绍一种最基本、较简便的方法,该方法的基本要点为,使用双倾台或旋转台倾转样品,使特征平面平行于入射束方向,在此位向下获得的衍射花样中将出现该特征平面的衍射斑点。把这个位向下拍照的形貌像和相应的选区衍射花样对照,经磁转角校正后,即可确定特征平面的指数。其具体操作步骤如下:

(1)利用双倾台倾转样品,使特征平面处于与入射束平行的方向。

(2)选取有特征平面的形貌像拍摄,并完成该区域的选区电子衍射花样的记录。

(3)标定上述电子衍射花样,将特征平面在形貌像中的迹线画在衍射花样中。

(4)由透射斑点作迹线的垂线,该垂线所通过的衍射斑点的指数,即为特征平面的指数。

镍基合金中的片状 $\delta-Ni_3Nb$ 相常沿着基体(面心立方结构)的某些特定平面生长。当片状 δ 相表面相对入射束倾斜一定角度时,在形貌像中片状相的投影宽度较大(见图 2-89(a));如果倾斜样品使片状相表面逐渐趋近平行于入射束,其在形貌像中的投影宽度将不断减小;当入射束方向与片状相表面平行时,片状相在形貌像中显示最小的宽度(见图 2-89(b))。图 2-89(c)是入射电子束与片状 δ 相表面平行时,拍照的基体衍射花样。由图 2-89(c)所示的衍射花样的标定结果,可以确定片状 δ 相的生长惯习面为基体的(111)面,通常习惯用基体的晶面表

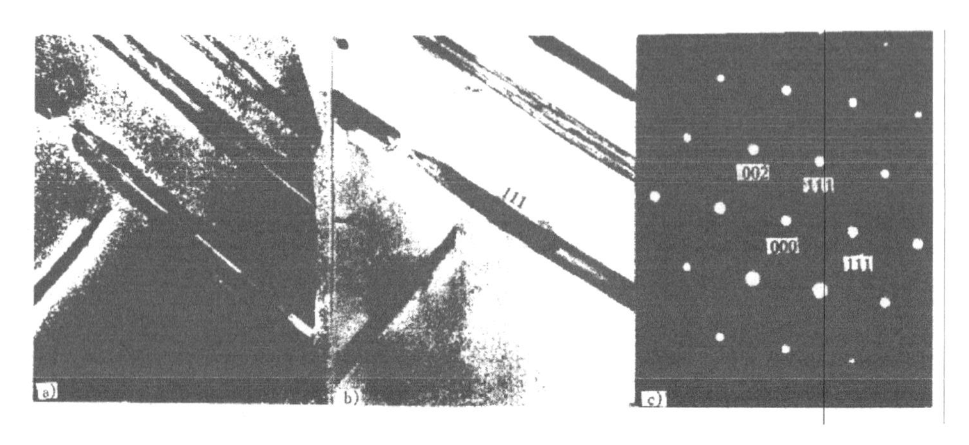

(a)δ 相在基体中的分布形态 (b)δ 相表面平行入射束时的形态(c)基体[110]晶带衍射花样

图 2-89　镍基合金中片状 δ 相的分布形态及选区衍射花样

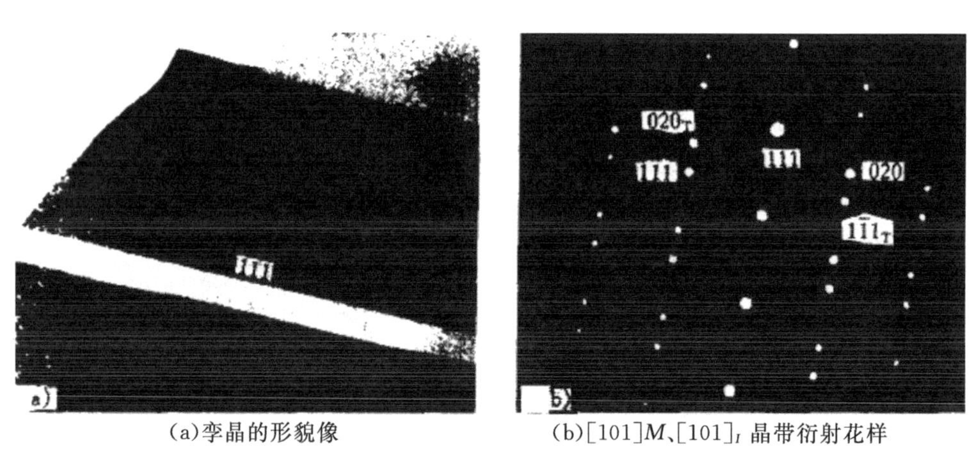

(a)孪晶的形貌像　　(b)[101]M、$[101]_T$ 晶带衍射花样

图 2-90　镍基合金中孪晶的形貌像及选区衍射花样

示第二相的惯习面。

图 2-90 是镍基合金基体中孪晶的形貌像及相应的选区衍射花样。图 2-90 中的形貌像和衍射花样是在孪晶面处于平行入射束的位向下拍照的。将孪晶的形貌像与选衍射花样的对照,很容易确定孪晶面为(111)。

图 2-91(a)是镍基合金基体和 γ''相的电子衍射花样,图 2-91(b)是 γ''相(002)衍射成的暗场像。由图可见,暗场像可以清晰地显示析出相的形貌及其在基体中的分布,用暗场像显示析出相的形态是一种常用的技术。对照图 2-91(a)所示的暗场形貌像和选区衍射花样,不难得出析出相 γ''相的生长惯习面为基体的(100)面。在有些情况下,利用两相合成的电子衍射花样的标定结果可以直接确

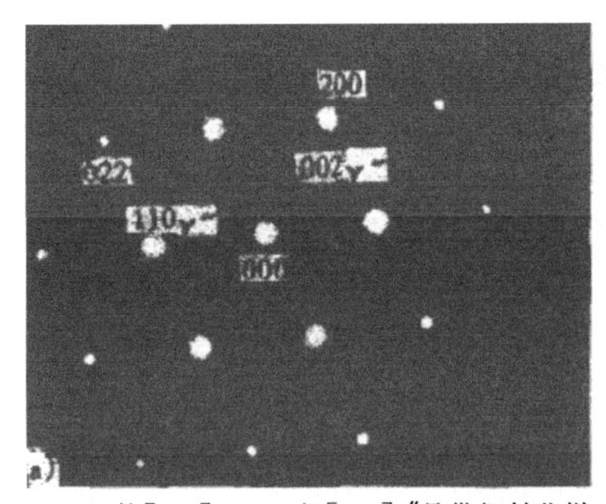

(a)基体$[011]_M$ 和 γ 相$[110]\gamma''$晶带衍射花样

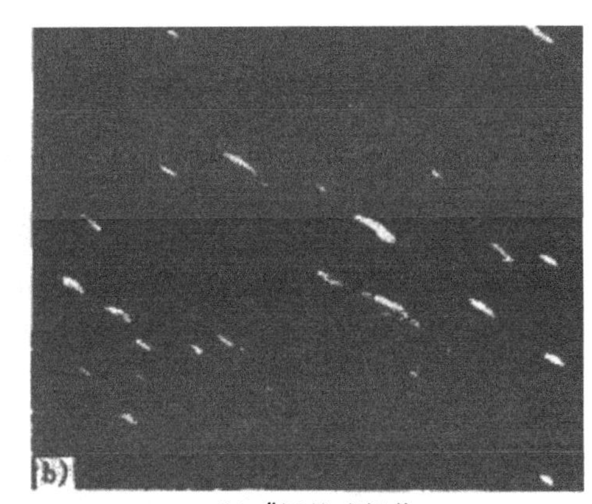

(b)γ''相的暗场像

图 2－91　镍基合金中 γ 相在基体中的分布及选区电子衍射花样

定两相间的取向关系。具体的分析方法是，在衍射花样中找出两相平行的倒易矢量，即两相的这两个衍射斑点的连线通过透射斑点，其所对应的晶面互相平行，由此可获得两相间一对晶面的平行关系。另外，由两相衍射花样的晶带轴方向互相平行，可以得到两相间一对晶向的平行关系。由图 2－91(a)给出的两相合成电子衍射花样的标定结果，可确定两相的取向关系：$(200)_M//(002)_{\gamma''}$，$[011]_M//[\bar{1}10]_{\gamma''}$。

3)利用选区电子衍射花样测定晶体取向

在透射电镜分析工作中，把入射电子束的反方向－**B** 作为晶体相对于入射束的取向，简称晶体取向，常用符号 **B** 表示。在一般取向情况下，选区衍射花样的晶带轴就是此时的晶体取向。在入射束垂直于样品薄膜表面时，这种特殊情况下的晶体取向又称其为膜面法线方向。膜面法线方向是衍射衍衬分析中常用的数据，晶体取向分析中较经常遇到的就是测定膜面法线方向。测定薄晶体膜面法线方向通常采用三菊池极法。其优点是分析精度较高。但是，这种方法在具体应用时往往存在一些困难，一是由于膜面取向的影响，有时不能获得同时存在三个菊池极的衍射团；二是因为分析区域样品的厚度不合适，菊池线不够清晰甚至不出现菊池线。即便可以获得清晰的三菊池极衍射图，分析时还需标定三对菊池线的指数，而且三个菊池极的晶带轴指数一般也比较高，因此分析过程繁琐且计算也比较麻烦。

本实验将根据三菊池极法测定膜面法线方向的原理，给出一个比较简便适用的方法。具体的分析过程为，利用双倾台倾转样品，将样品依次转至膜面法线方向附近的三个低指数晶带 $Z_i=[u_iv_iw_i]$，记录双倾台两个倾转轴转角读数(α_i,β_i)。根据两晶向间夹角公式，膜面法线方向 $B=[uvw]$与三个晶带轴方向 Z_i间的夹角(Φ_i)余弦为：

$$\cos\Phi_i = \frac{1}{Z_i B}[u_i v_i w_i][G]\begin{bmatrix} u \\ v \\ w \end{bmatrix} \quad (i = 1,2,3) \tag{2-10}$$

式(2-10)中,Z_i和B是各自矢量的长度。为计算方便,不妨可假定B是这个方向上的单位矢量,所以有$B=1$。将式(2-10)中的三个矩阵式合并,再经过处理可得到计算膜面法线方向指数的公式如下:

$$\begin{bmatrix} u \\ v \\ w \end{bmatrix} = [G]^{-1}\begin{bmatrix} u_1 & v_1 & w_1 \\ u_2 & v_2 & w_2 \\ u_3 & v_3 & w_3 \end{bmatrix}^{-1}\begin{bmatrix} Z_1\cos\Phi_1 \\ Z_1\cos\Phi_2 \\ Z_1\cos\Phi_3 \end{bmatrix} \tag{2-11}$$

对于双倾台操作,$\cos\Phi_i=\cos\alpha_i\cos\beta_i$;式中的矩阵$[G]$和$[G]^{-1}$是正倒点阵指数变换矩阵,在表2-9中列出了四个晶系的$[G]$和$[G]^{-1}$具体表达式。

表2-9 四个晶系的交换矩阵$[G]$和$[G]^{-1}$

晶系	立方	正方	正交	六方
$[G]$	$\begin{bmatrix} a^2 & 0 & 0 \\ 0 & a^2 & 0 \\ 0 & 0 & a^2 \end{bmatrix}$	$\begin{bmatrix} a^2 & 0 & 0 \\ 0 & a^2 & 0 \\ 0 & 0 & a^2 \end{bmatrix}$	$\begin{bmatrix} a^2 & 0 & 0 \\ 0 & b^2 & 0 \\ 0 & 0 & c \end{bmatrix}$	$\begin{bmatrix} a^2 & -a^2/2 & 0 \\ -a^2/2 & a^2 & 0 \\ 0 & 0 & a^2 \end{bmatrix}$
$[G]^{-1}$	$\begin{bmatrix} 1/a^2 & 0 & 0 \\ 0 & 1/a^2 & 0 \\ 0 & 0 & 1/a^2 \end{bmatrix}$	$\begin{bmatrix} 1/a^2 & 0 & 0 \\ 0 & 1/a^2 & 0 \\ 0 & 0 & 1/c^2 \end{bmatrix}$	$\begin{bmatrix} 1/a^2 & 0 & 0 \\ 0 & 1/b^2 & 0 \\ 0 & 0 & 1/e^2 \end{bmatrix}$	$\begin{bmatrix} 1/3a^2 & 2/3a^2 & 0 \\ 2/3a^2 & 4/3a^2 & 0 \\ 0 & 0 & 1/c^2 \end{bmatrix}$

下面举一个实例来进一步说明这一实验方法的具体应用过程。样品为面心立方晶体薄膜,在透射电镜中利用双倾台倾转样品,将其取向依次调理至[101][112][001],这三个晶带的选区衍射花样见图2-92。样品调整至每一取向时,双倾台转角的读数分别为:(18.5°,-2.0°)、(-3.0°,18.6°)、(-25.0°,-10.5°)于是有

$$\begin{bmatrix} u_1 & v_1 & w_1 \\ u_2 & v_2 & w_2 \\ u_3 & v_3 & w_3 \end{bmatrix}^{-1} = \begin{bmatrix} 1 & 0 & 1 \\ 1 & 1 & 2 \\ 0 & 0 & 1 \end{bmatrix}^{-1} = \begin{bmatrix} 1 & 0 & -1 \\ -1 & 1 & -1 \\ 0 & 0 & 1 \end{bmatrix}$$

将其与

$$\cos\Phi_1 = \cos 18.5°\cos(-2°)$$

$$\cos\Phi_2 = \cos(-3.0°)\cos 18.6°$$

$$\cos\Phi_3 = \cos(-25.0°)\cos(-10.5°)$$

及

$$Z_1 = \sqrt{2}a、Z_2 = \sqrt{6}a、Z_3 = a,$$

一并代入式(2-11)经计算得,$B=[uvw]=1/a[0.4492\quad 0.0869\quad 0.8911]$

这是个单位矢量,其矢量氏度为 1.0017.误差小于千分之二。实际上我们关心的仅仅是膜面的法线方向,并不是其大小,习惯上用这个方向上指数$[uvw]$均为最小整数的矢量。因此可将求出的单位矢量指数同乘以一个系数,变为最小的整数。通过这样的处理,可得到膜面法线方向的指数为$[uvw]\approx[5\quad 1\quad 10]$,更接近准确的结果是[62　12　123],二者仅相差0.004°。因此把[5　1　10]作为膜面法线方向精度已经足够。

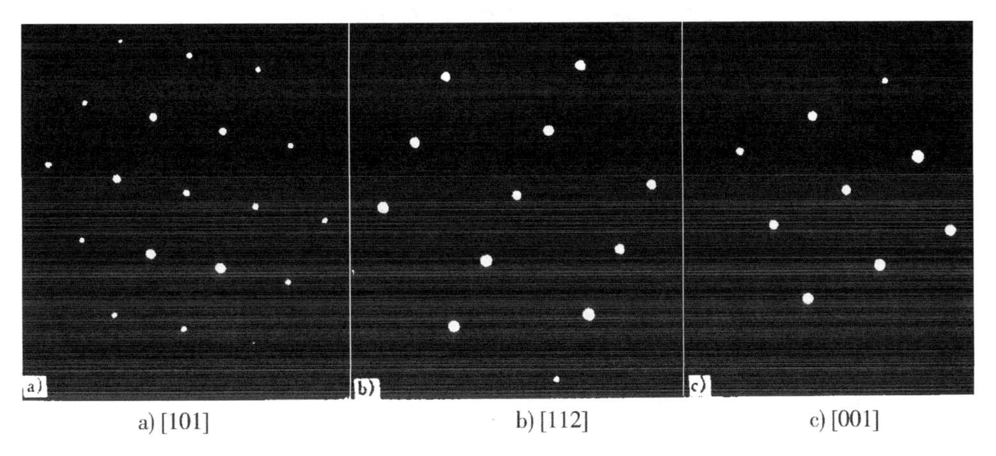

a) [101]　　b) [112]　　c) [001]

图 2-92　面心立方晶体的选区电子衍射花样

3. 实验内容

电子衍射花样测定晶体取向关系的基本方法及在电镜中的操作过程与案例分析讨论。

4. 实验材料与设备

(1)透射电子显微镜。

(2)测定取向分析所用的透射电镜薄膜样品。

5. 实验流程

实验前应仔细阅读实验指导书,明确实验目的、内容、任务。以组为单位进行,每组 10 人。首先在电镜中获得电子衍射花样及有关数据,然后以组为单位分析计算和讨论。

6. 实验报告要求

描述选区衍射取向分析的主要过程。

7. 思考题

(1)举例说明如何用选区衍射的方法来确定新相的惯习面及母相与新相的位相关系?

(2)要观察钢中基体和析出相的组织形态,同时要分析其晶体结构和共格界面的位向关系,如何制备样品?以怎样的电镜操作方式和步骤来进行具体分析?

实验 12 晶体材料 X 射线衍射花样及电子衍射花样标定的分析与讨论

1. 实验目的

(1)通过分析讨论,加深对粉末衍射花样的形成、线条位置的误差以及粉末相的处理等基本原理的理解;掌握单相和多相立方系物质粉末相的计算。

(2)通过钢中典型组成相的电子衍射花样标定的分析讨论,加深对单晶体衍射花的形成以及标定过程进一步理解;了解电子衍射谱分析步骤,掌握单晶体立方晶系电子衍射花样标定方法。

2. 实验概述

1)单相立方系物质 X 射线粉末相计算

(1)粉末相摄照及计算

粉末相通常在 X 射线晶体分析仪上摄照。该仪器包括 X 射线管、高压发生器及控制线路等几部分。启动分析仪的一般程序为:打开冷却水,接通电源,按下低压钮,预热 3min 后按高压钮,根据 X 射线管的种类、功率以及摄照的要求,调节管压和管流到预置数值。分析仪的关闭过程与启动相反,一般在切断高压后 10mm 关闭冷却水。

粉末相是多晶 x 射线衍射图相的总称,一般是指德拜-谢乐花样。学生除在实验前作复习回顾外,实验中应着重了解德拜相机的构造、试样的制备、底片的安装及摄照规程的选择。

为了使每个学生有机会独立练习测量计算,实验室可将粉末相印成照片,每人一张。用米尺测量,精度稍差,但已可满足一般物相分析要求。为初步练习物相鉴定,实验必需准备二、三十张为一套的 PDF 卡片(其中含有待鉴定的物质),学生只是通过简单的对照作鉴别。实验中要认真细致测量弧对的距离、有效周长(底片伸缩误差修正用)并进行试样吸收误差的修正。此后按步骤计算 d 系列,估计强度 I 系列,鉴定物相,对衍射线进行指标化(亦只是对照卡片标定)并计算物质的点阵参数。

按下面案例提供的数据进行计算：

样品为单相立方晶系的物质粉末，圆柱试样的直径 $2\rho=0.08$mm，采用 FeKα 照射，用不对称底片记录，照片的示意图见图 2－93。以米尺量度，测量及计算的数据列于表 2－10。

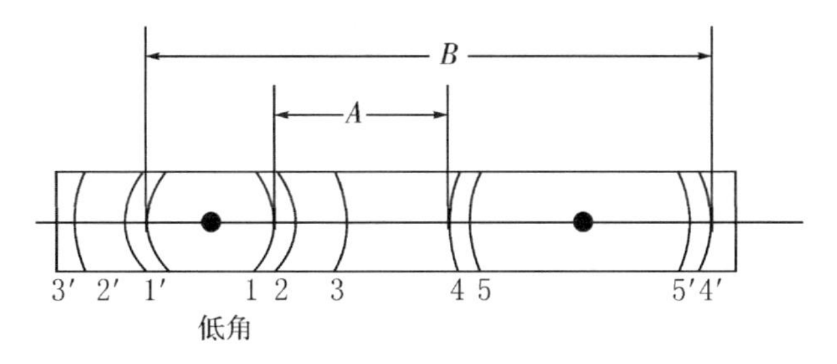

图 2－93　计算所用粉末相示意图

为便于与标准卡片上的数据相对照，λ、d 及 a 的单位均采用纳米(nm)。实验中衍射线的相对强度 I/I_1 为目测估计。

从表(2－10)可看出。d 的实验值与卡片值符合较好，但 I/I_1 值相差较大，其原因可能是：

①二者所用射线种类不同：制作卡片采用了 CoK_α，实验则采用 FeK_α；②对衍射线强度的评价方法不同：实验采用德拜法、衍射强度用目测估计，卡片则采用衍射仪测量。

表 2－10　图 2－93 测量及计算的数据

线号	$\frac{2L}{mm}$	$\frac{2L_R}{mm}$	$\theta/(°)$	$\sin\theta$	$d/Å$	I/I_1	$\left(\frac{\sin\theta}{\sin\theta_1}\right)^2$	HKL	$a/Å$	比较物质 15　806 (Co)4F $a=0.35447$ nm		
										$d/Å$	I/I_1	HKL
1	56.8	56.0	28.31	0.4743	2.0420	100	1	111	3.5369	2.0467	100	111
2	66.1	65.3	33.02	0.5449	1.7774	30	1.3199	200	3.5548	1.7723	40	200
3	101.1	100.3	50.71	0.7740	1.2513	40	2.6630	220	3.5392	1.2532	25	220
4	129.7	128.9	65.17	0.9076	1.0671	60	3.6617	311	3.5392	1.06888	30	311
5	141.4	140.6	71.09	0.9460	1.0238	20	3.9781	222	3.5466	1.0233	12	222
辐射 FeK_α，$\lambda=0.1937$ nm，Mn 滤压；30kV，12mA，曝光 30min，$C_{有效}=A+B=36.3+141.7$ mm$=178$ mm，$K=0.5056$ 相机直径 57.3 mm，试样直径 $2\rho=0.08$ mm												
确定物相：β－Co　点阵类型：面心立方，此处单位用 Å，1Å＝0.1 nm 下同												

(2)多晶体X射线衍射花样指数标定和晶体结构测定原理

应用单晶体X射线衍射进行相分析的工作涉及到制作较大单晶体合金,这是一件相当困难的工作。在电子显微术得到充分发展的今天,很少有人从事这方面研究了。不过,单晶衍射分析在单晶定向工作中起着决定性的作用,同时,又由于通过X射线单晶定向的分析,可以加强读者对极射赤面投影原理的理解。在相分析和其他一些用途的衍射分析中,衍射花样的指标化是必不可少的。其中,X射线衍射多采用多晶体试样,粉末试样是典型的多晶试样,而电子衍射则多在单晶体上进行的,因为大多数的透射电子显微镜都在1~5μm的微区内进行电子衍射分析。

目前已确定了的无机物和有机物的总数在一万种以上,而新的物质还在不断地出现。因此,晶体结构的测定工作仍在不断地进行,也许是永无止境。过去,主要依赖X射线衍射进行晶体结构的测定。今天,虽然出现了电子显微镜等一些现代分析仪器,X射线衍射仍不失为一种行之有效的晶体结构测定方法。如果能将X射线衍射分析、电子显微分析(包括高分辨电子显微分析)以及其他成分分析手段有机地结合,将会更有效而迅速判断出晶体的类型。1987年出现的Y-Ba-Cu-O高温超导体在全世界掀起了超导体研究热,该超导体属于钙钛矿型晶体结构正是根据上述综合分析判断出来的。研究已表明,晶胞的形状和大小决定其衍射线条的角位置,而原子在晶胞中的位置则决定各根衍射线条的相对强度。因此,原则上应当能从实验衍射线条的位置和强度推断出晶胞的形状和大小,以及晶胞中原子的分布。但是,前者相对容易得多,而后者(确定原子在晶胞中的位置)则是一件极其困难的工作,尽管由原子位置计算出各个衍射线条的强度比较容易。在推断原子在晶胞中位置的研究中,多半是采用尝试法,在综合分析了待确定晶体的历史、成分和其他性能的基础上,设定该晶体材料属于某种结构,然后根据这种结构计算出衍射花样,包括衍射线条的位置和强度,再将计算花样与实验花样进行对比。如果二者在所有细节上均能一致,则事先设定的结构是正确的;如果不能,则需重新重复这个过程,直到求得正确的解答为止。这要求实验工作者有长年累月的经验,雄厚的理论基础,有耐性,而不是单凭一点点感觉。

对于一般材料工作者来说,很少要求他们去进行完整的关于未知材料的结构测定工作。应当说,这些工作应由结构化学家或晶体学家去完成,因为他们能采用特殊的实验技术和数学方法处理这些问题,不过我们仍然需要对这些工作的轮廓有一点了解。在日常研究中遇到的主要问题是,对结构已知(指研究者事先知道待测物质的晶体结构)或未知结构(指虽然研究者对待测的物质属于那种晶体结构尚不了解,但该物质不是新物质,在ASTM衍射数据卡片上可以找到)的物质,标定其粉末花样的线条指数。在标定线条指数之前,首先要测量出在德拜相上或衍射曲线中各根线条的 θ 值,然后再计算每根线条的 $\sin 2\theta$ 值。通过测量得到的 $\sin 2\theta$ 都含有系统误差。在标定立方晶系衍射花样指数时,这个误差一般说来还不会给标定工作带来什么困难,但可能干扰非立方晶系衍射指数的标定。如果误差太大,可能导致错误的分析或分析失败。消除系统误差的一个办法是,在待测物质中混合点阵参数已知的物质,以此标定相机实验半径和衍射仪的实验 2θ 角。因为标准物质 $\sin 2\theta$ 的实验值与计算值之间的参数,也是待测物质 $\sin 2\theta$ 的误差。但是,只有当待测物质是粉末时才有可能使用该方法,而我们经常使用的是块状样品;其次,掺入标准物质使待测物质的衍射强度就减弱了,有时会影响分析。一般来说,这个误差是有规律的,该误差是需要从观测值减去的。

(3)立方晶系衍射花样的指数标定

将立方晶系的晶面间距公式

$$d=\frac{a}{\sqrt{h^2+k^2+l^2}} \tag{2-12}$$

与布拉格公式 $2d\sin\theta=\lambda$ 联立,就可以得到 $\sin\theta=\frac{\lambda}{2d}=\frac{\lambda}{2a}\sqrt{h^2+k^2+l^2}$

所以

$$\sin^2\theta=\frac{\lambda^2}{4a^2}(h^2+k^2+l^2) \tag{2-13}$$

因为 h、k、l 只能是整数,所以$(h_2+k_2+l_2)$也为整数,令其等于 S 值。在同一粉末衍射花样中,以第一根线条(θ 角最小者)为基准,其他线条的 $\sin^2\theta$ 与其$(\sin^2\theta_1)$之比值为

$$\sin^2\theta_n:\sin^2\theta_{n-1}:\cdots\cdots:\sin^2\theta_1=S_n:S_{n-1}:\cdots\cdots:S_1$$

考虑到消光以后,不同立方结构的比值 S/S_1 列于表 2-11 中,这是理论比值。由该表可以看出,立方晶系的 S/S_1 比值有如下特点:

表 2-11　不同立方结构的比值 S/S_1

晶体结构	S_n/S_1
简单立方	1,2,3,4,5,6,　8,9,10,11,12,13,14,　16,…
体心立方	1,2,3,4,5,6,7,8,9,10,11,12,13,14,15,16,…
面心立方	1, 1.33, 2.68, 3.67, 4, 5.33, 6.33, 6.67, 8, 9, …
金刚石立方	1,　2.66, 3.67,　5.33, 6.33　8,　9,10.67, 11.67, …

①简单立方和体心立方的比值皆为整数序列,但是,简单立方不存在 7,15,23,28,31…等数值,而体心立方则是全整数序列。

②面心立方和金刚石立方的 S/S_1 比值序列中有整数,也有分数,但以分数为主。在获得一张 X 射线衍射照片(或衍射图)之后,可以在表 2-11 的帮助下确定

晶体结构,同时标出各根线条的指数。现举例说明如下:

某立方晶系物质应用 Cu$K\alpha$ 辐射时,在衍射花样中得到 8 根衍射线条,现需按照上面介绍的方法,通过对 8 根线的分析得出此物质为何物。经过对这 8 根线条的 θ 值测量之后,计算$\sin^2\theta$列于表 2-12 中的第二列。然后求出$\sin^2\theta/\sin^2\theta1$ 之比列入第三列,将此序列值与表 2-11 的数据对比,显然,在误差范围内,此物质为面心立方。表 2-13 列出各种立方晶体的 S 值及其对应的 hkl 晶面。根据表 2-13,可以在表 2-12的第四和第五列中填入 S 值和相应的 hkl。

表 2-12 衍射数据表

线条顺序	$\sin^2\theta$	$\frac{\sin^2\theta_2}{\sin^2\theta_1}$	$S=h^2+k^2+l^2$	hkl	λ^2/a^2	a
1	0.140	1	3	111	0.0466	3.57
2	0.185	1.324	200	0.0463	3.58	
3	0.369	2.63	8	220	0.0462	3.59
4	0.503	3.59	11	311	0.0457	3.61
5	0.548	3.91	12	222	0.0456	3.61
6	0.726	5.19	16	400	0.0454	3.62
7	0.861	6.15	19	331	0.0453	3.62
8	0.905	6.46	20	420	0.0453	3.62

表 2-13 立方晶系的 S 值及其对应的 hkl

晶体类型	$S(hkl)$
简单立方	1(100), 2(110), 3(111), 4(200), 5(210), 6(211), 8(220), 9$\binom{221}{300}$, 10(310), 11(311), 12(222), 13(320), 14(321), 16(400), 17$\binom{410}{322}$, 18$\binom{411}{330}$, 19(331), 20(420), …
体心立方	2(110), 4(200), 6(211), 8(220), 10(310), 12(222), 14(321), 16(400), 18$\binom{411}{330}$, 20(420), 22(332), 24(422), …
面心立方	3(111), 4(200), 8(220), 11(311), 12(222), 16(400), 19(331), 20(420), 24(422), 27$\binom{511}{338}$
金刚石立方	3(11), 8(220), 11(311), 16(400), 19(331), 24(422), 27$\binom{511}{333}$, …

虽然从理论上说 λ_2/a_2应是常数,但由于 θ 值的测量误差,使得根据式(2-9)计算的 λ^2/a^2数值之间略有差异,见表 2-12 的第六列。该列中的数值由大到小变化,但根据最后三条衍射线计算的 λ^2/a^2 值很接近。这也是预料之中的,因为按照图

2－93，在高角区得到的 $\sin 2\theta$ 误差小。该表第七列为根据 λ_2/a_2 计算的 a 值。我们选高角的 a 值为被分析物质的点阵常数 $a=3.62A$，经观察和对比发现这恰恰是铜的点阵常数，铜为面心立方结构，故确定此物质为铜合金。

实际上，如果你能用照相法摄取一张衍射照片（照片比衍射图容易表现晶型特征），立刻能辨别出立方晶系的衍射花样。图 2－94 是立方结构衍射花样中各线条的排列。从图中看到，简单立方和体心立方的衍射线条都是均匀分布的，但简单立方在 $S=7,15,\cdots$ 处没有衍射线条，间隙大些。面心立方衍射线条分布不均匀，但有一些规律，从低角开始出现两条相邻线条之后，接着是一条，而后又出现两条相邻，…；金刚石立方总在面心的双线条处缺一根。

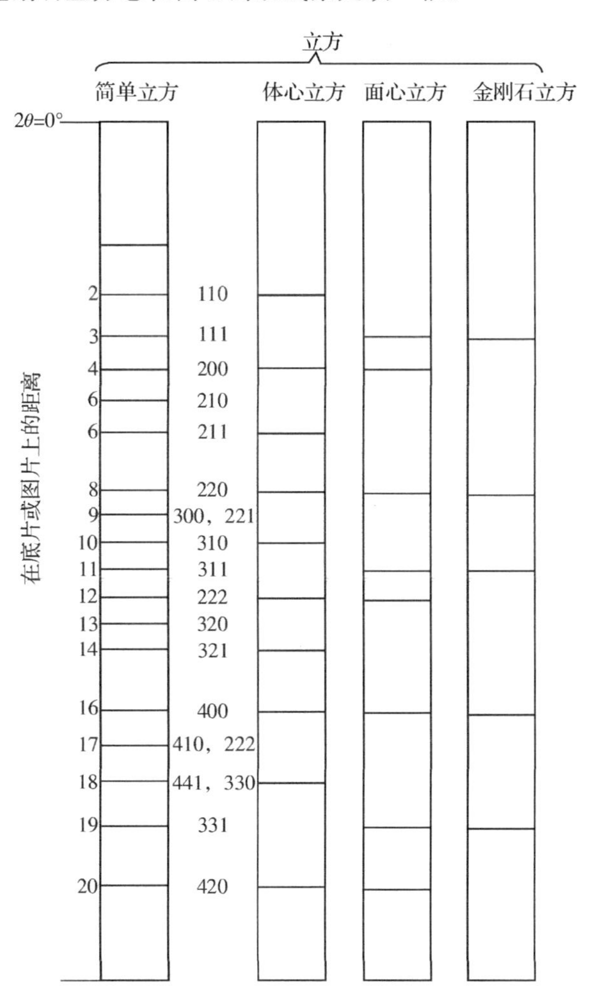

图 2－94　四种立方点阵的计算衍射花样

(4)非立方晶系衍射花样的指数标定(图解法)

在X射线衍射工作中稍微有点经验的工作人员，拿到一张立方晶系的衍射照片，不论它是面心的还是体心的，很容易将其指数标出来。至于非立方晶系就不太容易了，因为非立方晶系的衍射线条并不像图 2-93 中立方系那么规律。立方晶系衍射指数相对容易标识，因为在晶面间距的公式中只有一个变量，晶胞轴比恒为1，因而衍射线条之间的相对距离也与 a 值无关，所以，表 2-11 适用于任何 a 值。

非立方晶系未知的点阵参数有两个以上，沿袭立方晶系的指数标定方法就不行了，必须制定出其他的方法，包括“图解法”和“解析法”。根据作者的经验来看，材料工作者不大使用这两种方法标定指数，多半使用 ASTM 粉末衍射数据卡片得出待分析相的各 hkl 面指数。因此，本节只介绍图解法的原理。

正方晶系是最简单的非立方晶系。该晶系的晶面间距方程式中含有 a 和 c 两个未知的点阵参数，即

$$\frac{1}{d^2}=\frac{h^2+k^2}{a^2}+\frac{l^2}{c^2} \tag{2-14}$$

将式(2-14)重新写成式(2-15)

$$\frac{1}{d^2}=\frac{1}{a^2}\left[(h^2+k^2)+\frac{l^2}{(c/a)^2}\right] \tag{2-15}$$

形式，然后将其取对数，得到

$$2\log d=2\log a-\log\left[(h^2+k^2)+\frac{l^2}{(c/a)^2}\right] \tag{2-16}$$

对于正方晶系任意两个面间距为 $d1$ 和 $d2$ 的点阵面写出方程式(2-16)，然后将两个方程相减，即得到

$$\begin{aligned}2\log d_1-2\log d_2=&-\log\left[({h_1}^2+{k_1}^2)+\frac{{l_1}^2}{(c/a)^2}\right]\\&+\left[({h_2}^2+{k_2}^2)+\frac{{l_2}^2}{(c/a)^2}\right]\end{aligned} \tag{2-17}$$

该方程告诉我们，任意两个晶面的 $2\log d$ 之间的差值与点阵参数 a 无关，仅仅依赖于轴比 c/a 和两个晶面的指数 hkl。荷尔(Hull)和戴维(Davey)便是根据式(2-17)的这个特点，创造用图解法标定正方晶系多晶体衍射花样的指数。下面首先说明荷尔-戴维图表的原理，然后介绍其使用方法。

图 2-95 是一张荷尔-戴维原理图，建立这张图的基础是式(2-17)。首先，将某一 hkl 值(可以从低指数开始)代入$\left[(h^2+k^2)+\frac{l^2}{(c/a)^2}\right]$中，然后再将不同的 c/a

值代入该式，并计算出其相应的数值，如表 2-14 所示。以$(h^2+k^2)+\frac{l^2}{(c/a)^2}$为横坐标（用对数坐标），纵坐标代表$c/a$值。采用表 2-13 给出的数据，对于每一个$hkl$值，都可以作出一条$(h^2+k^2)+\frac{l^2}{(c/a)^2}$的对数随$c/a$的变化曲线，见图 2-95。这是一张双程半对数坐标图，横坐标大于 10 的部分没有实用价值，不必画出。读者注意，横坐标上标出的数字是$(h^2+k^2)+\frac{l^2}{(c/a)^2}$的真数值。图中画出表 2-14 计算数据对应的七条曲线，其中$l=0$的两条曲线为平行于c/a轴的直线。指数不同，面间距相同的点阵面由同一条曲线代表，并用其中任一套指数标注，如图中(100)也代表(010)。图表中计算的是简单正方点阵；如果是体心正方点阵，则图中$(h+k+l)$为奇数的所有曲线都应删掉。

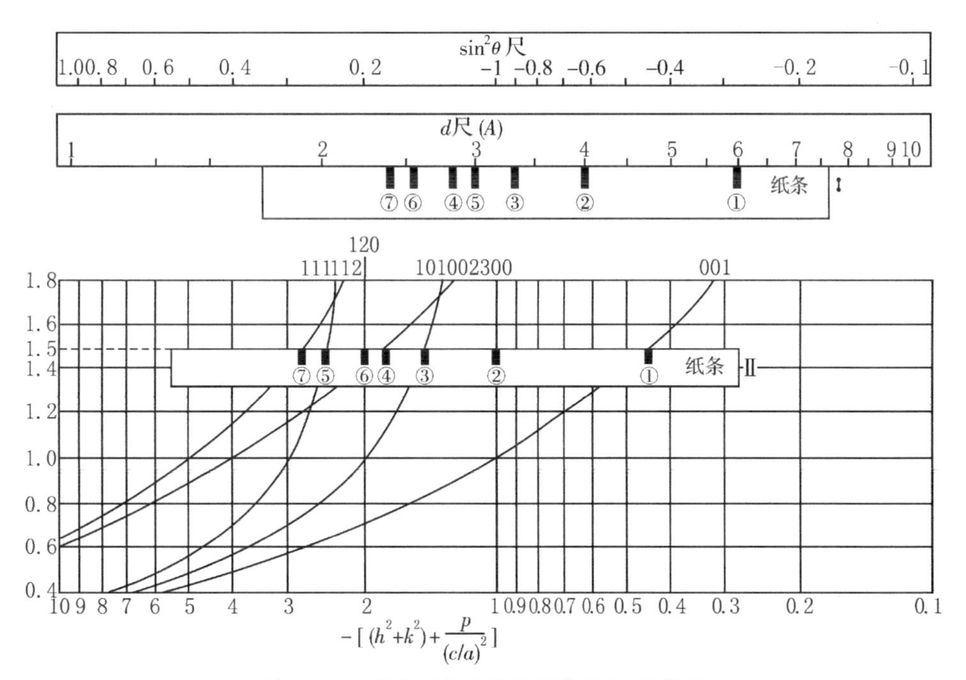

图 2-95　简单正方点阵的部分荷尔-戴维图

表 2-14　$(h^2+k^2)+\frac{l^2}{(c/a)^2}$ 的计算值

hkl	c/a								
	0.4	0.6	0.8	1.0	1.2	1.4	1.6	1.8	2.0
001	6.25	2.78	1.56	1	0.69	0.51	0.39	0.31	0.25
100	1	1	1	1	1	1	1	1	1
101	7.25	3.78	2.56	2	1.69	1.51	1.39	1.31	1.25
110	2	2	2	2	2	2	2	2	2
111	8.25	4.78	3.56	3	2.69	2.51	2.39	2.31	2.25
002	25	11.1	6.25	4	2.78	2.04	1.56	1.23	1
102	26	12.1	7.25	5	3.78	3.04	2.56	2.23	2

完整的荷尔-戴维图表还应当包括一根晶面间距 d 的对数坐标尺。在方程(2-13)中 $\log d$ 的系数是 $\log\left[(h^2+k^2)+\frac{l^2}{(c/a)^2}\right]$系数的-2 倍。因此,欲满足方程(2-14)的关系,d 尺的对数值间距应是对数值的二倍,并且二者的数值由小至大的方向是相反的。这样才能保证对于某个给定的 c/a 值来说,两个 d 值在标尺上相隔的距离与图中两条相应曲线在相同的 c/a 值处的水平间距相等。

应用图解法标定指数的方法如下:首先,根据衍射花样计算出各根衍射线条所对应的晶面间距。假定根据某一衍射实验结果计算面间距的七个数是 6.00,4.00,3.33,3.00,2.83,2.55 和 2.40 。在图 2-95 中 d 标尺的位置上放一张纸条,再用铅笔将上述 d 值在纸条边缘上作记号。然后,将纸条顺着图的横坐标上下左右移动,直到纸条上每个记号都和图表上某根曲线重合为止。将线条上下左右移动,相当于对于各种 c/a 值的尝试。在上下左右移动时,必须使纸条的边缘总保持与图的横坐标平行。在图 2-95 中所示的纸条位置表明,纸条上的全部记号都与曲线对齐,或者说与曲线相交。这样,根据各记号所对应的曲线,便可定出各 d 值对应的晶面指数,同时根据纸条的水平位置定出 c/a 的近似值。在图示这个例子中,c/a 的比值为1.5,衍射花样上第一条线(面间距为 6.00Å)hkl 指数为001,第二根为 100,第三根为 101,以此类推。当所有的线条都标定完后,即可将两根最高角线条的 d 值(即两个 d 值最小的线条)连同其晶面指数,以方程式(2-15)的形式列出两个方程式,再把它们联立求解,从而得出 a 和 c 数值。以此方法得到的 c/a 值精度比图解法高。

实际的荷尔-戴维图表中当然不只这七条曲线,但是曲线多时,高指数部位经常是过于拥挤，正确地标出高指数比较困难。通常的做法是，首先正确地标出低指数，然后根据由此得到的 a 和 c 值算出高角线条指数。

前面在标定指数时使用了所谓 d 尺，如果不求出各线条的 d 值，直接使用 $\sin^2\theta$ 值，则无需改变图表本身，只要另外做一个 $\sin^2\theta$ 尺子即可，见图 2 - 95 最上端。这是因为将方程式(2 - 15)和布拉格方程合并时，使用 $\sin^2\theta$ 值列出一个类似于式(2 - 15)的方程，即

$$\log\sin^2\theta = \lg\frac{\lambda^2}{4a^2} + \lg\left[(h^2+k^2)+\frac{l^2}{(c/a)^2}\right] \tag{2-18}$$

由于 $\log\sin^2\theta$ 的系数为 $+1$，$\sin^2\theta$ 标尺的对数间距应与图表中的 $\left[(h^2+k^2)+\frac{l^2}{(c/a)^2}\right]$ 相等，即都伸展为双程对数，而且数值增加的方向也相同。

当线条对准 $c/a=1$ 的水平线时，各曲线与纸条的交点是立方晶系的 d 值。从图上可以看到，此时 100(010)和 001，110 和 101 相交于一点；c/a 大于 1 或小于 1 时，便分裂成两根曲线，并且两根线条指数在 d 尺的顺序也改变了。

六方晶系衍射花样指数也可以用图解法标定。因为六方晶胞和正方晶胞相似，都是用 a 和 c 两个参量表征的，其面间距公式为

$$\frac{1}{d^2} = \frac{4}{3}\,\frac{h^2+hk+k^2}{a^2} + \frac{l^2}{c^2} \tag{2-19}$$

由此得到

$$2\log d = 2\log a - \log\left[\frac{4}{3}(h^2+hk+k^2)+\frac{l^2}{(c/a)^2}\right] \tag{2-20}$$

因此，也可以仿照正方晶系的方法，自制一份荷尔-戴维图表。

菱方晶系的晶胞也具有两个参数(通常用 a 和 c 表示)。但应当了解，在标定菱方晶系衍射花样指数时，可以取六方晶系的晶轴 a 和 c 为参考轴表达菱方晶系，即可以使用六方晶系荷尔一戴维图表，不需要再做新的。这样得到的指数当然是对六方晶系的晶胞，读者可以参照有关书籍中的指数变换，将其变成菱方晶系指数。斜方晶系、单斜晶系和三斜晶系粉末图样标识更复杂，需要时可以查阅有关资料。

2)单晶体电子衍射谱的拍摄与分析

这部分主要叙述电子衍射谱的分析步骤和立方(或六方)晶系电子衍射标定的方法。

(1)原理

一张简单的单晶电子衍射谱是一个过倒易原点的二维倒易平面的放大，通过分析由透射斑与其它三个衍射斑(与透射斑的连线均不共向)构成的基本的平行四边形，就可得知所有产生衍射的晶面指数以及与电子束平行的晶体中的晶带轴

指数。如果能正确地分析同一晶体的两个倒易平面,则该晶体的结构就可以唯一地确定,其分析方法大致可分为下列三种。

方法一:已知衍射常数 $L\lambda$, 由测量值 r_i(透射斑至衍射斑之间距离)根据衍射公式$r_i d_i = L\lambda$求出 d_i(晶面间距),对照 PDF 卡片(粉末衍射卡片,在 1969 年前称 ASTM 卡片),选定各斑点对应的晶面指数,检查各晶面指数是否符合矢量相加原则。同时计算晶面夹角,与衍射谱所测得的夹角对比,以判断标定的正确性(Φ_{ij}实测值是指衍射谱上 r_i与 r_j之间夹角)。

方法二:比值法。对于未知 $L\lambda$ 的情况,由测定的 r_i值获得一系列 r_i/r_j((也即 d_j/d_i)值,并结合衍射谱上 r_i矢量之间的夹角,对照各种晶系中晶面面间距比值关系的不同来确定其所属的晶体结构,并标定晶面指数的。附录给出各种晶系的晶面间距、面夹角及晶向夹角的公式。

方法三:倒易重构法。由于一张简单电子衍射谱只是一个二维倒易平面,具有相同倒易平面的晶体可以属于不同晶系。为确定晶体结构,最简单的方法是围绕同一个倒易矢量倾转出二个以上衍射谱(二维倒易平面),随后将这些衍射谱按照倾转中的几何关系构筑出倒易空间。为方便读者,尤其是初学者,在本章后面附有常见晶体如面心立方、体心立方、金刚石结构以及密排六角等晶体的底指数晶带轴的二维倒易平面,以供指数标定特别是进行晶体倾转时参考。

(2)操作步骤

①选择晶粒尺寸大的立方晶体试样,放入双倾试样台上。

②将双倾台插入电镜,升高压(100KV 以上)加热灯丝,使灯丝电流达到饱和。

③熟悉双倾台的使用,双倾台是使试样可以绕互为正交的 x,y 轴旋转,其旋转速度只可以由马达的速度调节控制,在已调节好速度后,用两对踏板完成试样的倾转。每对踏板控制该轴顺时针或逆时针倾转。

④调节试样高度,其目的是在试样倾转过程中,感兴趣的视场保持在屏心或屏心附近。在成像模式先将所需要观察的部位通过机械手移到屏心,然后使试样绕 x 轴倾转。若此时感兴趣部位移出屏心,调节试样高度钮使之再回到中心。然后将倾转复原(即倾转角为 0),用机械手将感兴趣特征移到屏心。重复上述过程,直到试样绕 x 轴倾转时,感兴趣特征基本不动(最新型电镜已具有自动调整试样高度的功能)

⑤选择好待分析的视场,按选区衍射步骤得到衍射花样,若此时衍射花样不均匀,就需要倾转试样,使试样绕 X 轴(或 Y 轴)顺时针(逆时针)方向倾转,使获得一张斑点强度均匀的对称性好的电子衍射谱(此时电子束严格的平行晶带轴)。并拍摄衍射照片。

⑥在照片上取最近和次近的衍射斑与透射斑构成平行四边形(如图 2-94)。

测量 r_i 及 $\boldsymbol{\Phi}_{ij}$.

⑦求出 r_i 的比值 r_2/r_1 及　r_3/r_1.

⑧根据立方晶系 $\dfrac{r_2}{r_1}=\dfrac{\sqrt{N_2}}{\sqrt{N_1}}$,由 r_2/r_1 及　r_3/r_1.,可知 Ni(或是参考 $\sqrt{N_2}$ 比值表,见附录Ⅰ),并得知 $\{h_i, k_i, l_i\}$。

⑨根据矢量叠加原理,由 $\{h_i, k_i, l_i\}$ 中选取正确的 $\{h_i, k_i, l_i\}$ 使 $h_1+h_2=h_3$, $k_1+k_2=k_3$, $l_1+l_2=l_3$,并按晶面夹角公式计算 φ_{ij}:

$$\cos\varphi_{ij}=\frac{h_1h_2+k_1k_2+l_1l_2}{\sqrt{h_1^2+k_1^2+l_1^2}\ \sqrt{h_2^2+k_2^2+l_2^2}} \tag{2-21}$$

⑩检查 φ_{ij} 计算值与实验测得的结果是否吻合。

⑪由晶带定律,确定晶带轴[uvw]:

$$\begin{aligned} u &= k_1l_2-k_2l_2 \\ v &= l_1k_2-l_2h_1 \\ w &= h_1k_2-h_2k_1 \end{aligned} \tag{2-22}$$

3)单晶衍射花样指数化的方法示例

图 2-96 是铝单晶的电子衍射花样,试标定其指数。

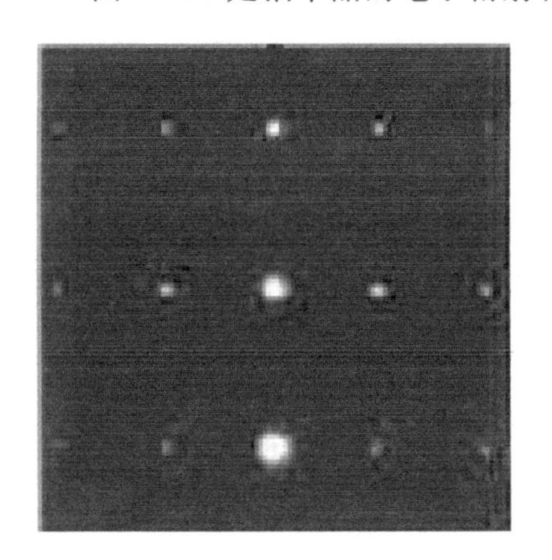

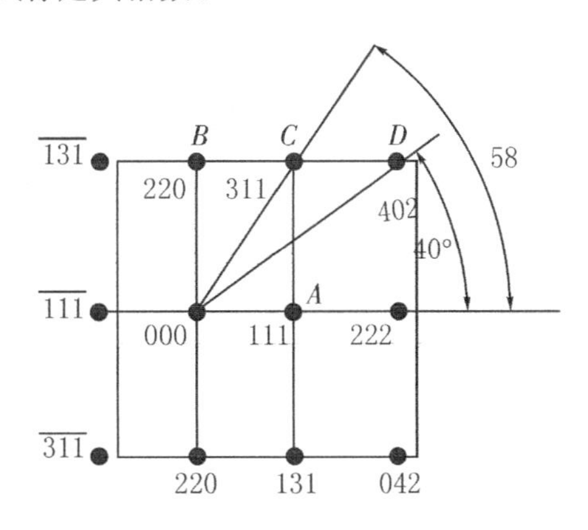

图 2-96　铝单晶电子衍射花样

(1) 未知相机常数情况下指数化方法

①尝试——校核法。

a)选取靠近中心 O 附近且不在同一直线上的四个斑点 A、B、C、D,分别测量它们的 R 值,并且找出 R_2 比值递增规律,确定点阵类型及斑点的晶面族指数 $\{hkl\}$,结果见表 2-15,分析表明为面心立方点阵。

表 2－15 衍射斑点测量与分析结果

斑点	A	B	C	D
R(mm)	7	11.4	13.5	18.5
R_2	43	129.96	182.25	342.25
$(R_j{}^2/R_1{}^2)x3$	3	8	11	20
{hkl}	{111}	{220}	{311}	{420}

b)任取 A 为(111),尝试 B 为(220),并测得$\vec{R}_A\cdot\vec{R}_B\approx90°$,$\vec{R}_A\cdot\vec{R}_C\approx58°$。

$$\cos\varphi=\frac{h_1h_2+k_1k_2+l_1l_2}{\sqrt{h_1^2+k_1^2+l_1^2}\ \sqrt{h_2^2+k_2^2+l_2^2}}=\frac{1\times2+1\times2+1\times0}{\sqrt{1^2+1^2+1^2}\ \sqrt{2^2+2^2+0^2}}$$

$$=\frac{\sqrt{6}}{3}$$

$\Phi=35°27'$与实测不符,应予否定。根据晶体学知识或查附表 1(立方晶体晶面或晶向夹角),选定 B 的指数为$(2\bar{2}0)$则夹角与实测相符。

c)按矢量运算求得 C 与 D 及其它斑点指数

因为 $\vec{R}_C=\vec{R}_A+\vec{R}_B$

$h_C=h_A+h_B=1+2=3$

所以 $k_C=k_A+k_B=1+(-2)=-1$

$l_C=l_A+l_B=1+0=1$

所以斑点 C 指数为$(\bar{3}11)$,同理求得斑点 D 指数为(402),计算知(111)＝39°48′,与实测相符。

d)求晶带轴[uvw]:选取 $\vec{g}_1=\vec{g}_B=[2\bar{2}0]$,$\vec{g}_2=\vec{g}_A=[111]$,因为在照片上分析计算,所以选取 $\vec{g}_2$ 位于 $\vec{g}_1$ 顺时针方向。

$$[uvw]=\vec{g}_1\times\vec{g}_2=[220]\times[111]$$

$$\begin{matrix}2 & \bar{2} & 0 & 2 & \bar{2} & 0\\ 1 & 1 & 1 & 1 & 1 & 1\end{matrix}$$

$[\overline{22}\,4]$ 即$[\bar{1}\ \ \bar{1}\ \ 2]$

②查$\sqrt{N}$比值表法:对于立方晶系有:

$$\frac{1}{d^2}=\frac{h^2+k^2+l^2}{a^2}=\frac{N}{a^2}\text{或}$$

$$\frac{1}{d}=\frac{\sqrt{N}}{a} \tag{2-23}$$

$$R_1:R_2:R_3:\cdots=\sqrt{N_1}:\sqrt{N_2}:\sqrt{N_3}:\cdots$$

按照立方晶系可能出现的 N 值，列出一张 $\sqrt{N}$ 比值表。指标化时先从拍照的底板上测量靠近中心斑点的两个低指数衍射斑点到中心斑点的距离 R_1 和 R_2 及其夹角，并求出 R_2/R_1 值。然后从 $\sqrt{N}$ 比值表中找出与 R_2/R_1 值相近的比值及相应的几组 $(h_1k_1l_1)$ 和 $(h_2k_2l_2)$ 指数，再用立方晶系晶面夹角表找出晶面间夹角，把夹角与测量的角相符或相近的一对晶面指数作为合理的标定指数。利用 $\sqrt{N}$ 比值表法计算上面例题具体步骤如下：

a)选靠近中心 O 的斑点 A 和 B，测得 $R_A=7$ mm，$R_B=11.4$ mm，$\angle AOB\approx 90°$。$R_B/R_A=11.4/7=1.628$。

b)从 $\sqrt{N}$ 比值表中找到与 1.628 相近的值是 $1.6237=R_{433}^{520}/R_{311}$，$1.6329=R_{230}/R_{111}$。

c)查附录表 1。

$\varphi 220-111=35.26°,90°$

$\varphi 520-311=17.86°,43.29°,51.98°,66.93°,80.33°,86.79°$

$\varphi 432-311=17.86°,32.88°,43.29°,51.98°,66.93°,73.74°,80.33°,86.79°$

d)核对夹角，试标指数：$\varphi 220-111=90°$ 与测得的 90°相符，选 A 为 $\{111\}$ B 为 $\{220\}$，任取 A 为 (111) B 为 $(2\bar{2}0)$，将其代入晶面夹角公式

$$\cos\varphi=\frac{h_1h_2+k_1k_2+l_1l_2}{\sqrt{h_1^2+k_1^2+l_1^2}\sqrt{h_2^2+k_2^2+l_2^2}}$$

$$=\frac{1\times 2+1\times\bar{2}+1\times 0}{\sqrt{1^2+1^2+1^2}\sqrt{2^2+(\bar{2})^2+0^2}}$$

$$=0$$

所以　$\varphi=90°$ 计算值与实测值相符，说明试标指数正确。如果不符，应予否定，重新试标指数。

e)按矢量运算法则求得其余斑点指数。

f)求晶带轴 $[uvw]$

$$[uvw]=\vec{g}_1\ \vec{g}_2=[2\ \bar{2}\ 0]\times[1\ 1\ 1]=[\bar{1}\ \bar{1}\ 2]$$

③标准花样对照法。

a)查面心立方晶体的标准电子衍射花样，找出几何形状与其相似的图形。

b)计算边长比并测量夹角,考查是否与标准图形完全一致。如果完全一致则可按标准花样指标化。如不一致应另找相似的花样重新核对。

(2)已知相机常数情况下的指标化方法。

已知图2-94铝单晶电子衍射的相机常数 $L\lambda=16.38$ mmÅ,指标化步骤如下:

①找出铝单晶的ASTM卡片查得

hkl	111	200	220	311	222
d(Å)	2.338	2.025	1.431	1.221	1.169

②根据 $Rd=L\lambda$ 计算 d

因为 $R_A=7$mm　　所以 $d_A=L\lambda/R=16.38/7=0.234$nm

因为 $R_B=11.4$mm　　所以 $d_B=L\lambda/R=16.38/11.4=0.1436$nm

因为 $R_C=13.5$mm　　所以 $d_C=L\lambda/R=16.38/13.5=0.1213$nm

③把计算出的 d 值与ASTM卡片对照找出相应的{*hkl*},即斑点A为{111},B为{220},C斑点为{311}。

④用上述尝试-校核法确定具体的晶面组指数{*hkl*}。

从上面例题中可知:*A* 斑点(111)是从{111}中任选出来的,根据 *N* 值和夹角的限制计算出 $B(2\bar{2}0)$,而满足这个 *N* 值与夹角的指数仍有若干个,比如 $B(\bar{2}20)$等,因此单晶衍射花样指数化具有不唯一性。就此题来讲就有48种标法,24种晶带轴都是正确的。

3. 实验内容

(1)单相立方物质X衍射粉末相计算;

(2)多晶体X射线衍射花样指数标定;

(3)单晶体电子衍射谱的拍摄与分析。

4. 实验材料与设备

(1)X射线晶体分析仪和透射电子显微镜各一台。

(2)准备测定物相所用的粉末样品和铝单晶材料的透射电镜薄膜样品。

5. 实验流程

实验前应仔细阅读实验指导书,明确实验目的、内容、任务。以组为单位进行,每组10人。

首先在X射线晶体分析仪和透射电镜中获得晶体X射线照片和电子衍射花样等有关数据,然后以组为单位分析计算和讨论。

6. 实验报告要求

(1)简述多晶体 X 射线衍射花样指数化的方法及步骤。

(2)简述单晶体电子衍射花样指数化的方法及步骤。

(3)完成一幅单晶体或多晶体电子衍射花样的标定。

7. 思考题

(1)用单色 X 衍射线照射圆柱多晶体试样,其衍射线在空间将形成什么图案?在摄取德拜图像时应当采用什么样的底片去记录?某一粉末相上背射区线条与透射区线条比较起来,其 θ 较高还是较低?相应的 d 值较大还是小?

(2)描述利用电子衍射花样进行物相分析的步骤。

附录1 立方晶体的晶面(或晶向)夹角

对于立方晶体,晶面$(h_1k_1l_1)$与$(h_2k_2l_2)$(或者晶向$[h_1k_1l_1]$与$[h_2k_2l_2]$)之间的夹角ϕ可由下式计算:

$$\cos\phi = \frac{h_1h_2 + k_1k_2 + l_1l_2}{\sqrt{(h_1^2 + k_1^2 + l_1^2)(h_2^2 + k_2^2 + l_2^2)}}$$

本表列出以$h_1k_1l_1$和$h_2k_2l_2$为指数的两个晶面族(或晶向族)内任意两组晶面(或晶向)之间所有可能的夹角值(度为单位),括号内的数表示$h_1h_2+k_1k_2+l_1l_2$。

(1) 已知两晶面(或两晶向)指数求夹角时,先由所属晶面族(或晶向族)找到可能的一些ϕ值,再根据$h_1h_2+k_1k_2+l_1l_2$确定。

(2) 在采用尝试一校核法指数化单晶花样时,已知N_1和N_2(即已知斑点所属的晶面族指数)和测得的夹角ϕ,在假设其中一个斑点的指数$h_1k_1l_1$以后,可由表中所列该夹角对应的$h_1h_2+k_1k_2+l_1l_2$值得到可能的另一斑点指数$h_2k_2l_2$。

$k_1k_1l_1$	$h_2h_2l_2$	ϕ(度)						
100	100	90.00$^{(0)}$						
	110	45.00$^{(1)}$	90.00$^{(0)}$					
	111	54.74$^{(1)}$						
	210	26.57$^{(2)}$	63.42$^{(1)}$	90.00$^{(0)}$				
	211	35.26$^{(2)}$	65.91$^{(1)}$					
	221	48.19$^{(2)}$	70.53$^{(1)}$					
	310	18.43$^{(3)}$	71.57$^{(1)}$	90.00$^{(0)}$				
	311	25.24$^{(3)}$	72.45$^{(1)}$					
	320	33.69$^{(3)}$	56.31$^{(2)}$	90.00$^{(0)}$				
	321	36.70$^{(3)}$	57.69$^{(2)}$	74.50$^{(1)}$				
	322	43.31$^{(3)}$	60.98$^{(2)}$					
	331	46.51$^{(3)}$	76.74$^{(1)}$					
	332	50.24$^{(3)}$	64.76$^{(2)}$					
	410	14.04$^{(4)}$	75.96$^{(1)}$	90.00				
	411	19.47$^{(4)}$	76.37$^{(1)}$					
	421	29.21$^{(4)}$	64.12$^{(2)}$	77.40$^{(1)}$				
	430	36.87$^{(4)}$	53.13$^{(3)}$	90.00$^{(0)}$				

续表

$k_1k_1l_1$	$h_2h_2l_2$	ϕ(度)						
100	431	38.33$^{(4)}$	23.96$^{(3)}$	78.69$^{(1)}$				
	432	42.03$^{(4)}$	56.15$^{(3)}$	68.20$^{(2)}$				
	433	46.69$^{(4)}$	59.04$^{(3)}$					
	441	45.87$^{(4)}$	79.98$^{(1)}$					
	443	51.34$^{(4)}$	62.06$^{(3)}$					
110	110	60.00$^{(1)}$	90.00$^{(0)}$					
	111	35.26$^{(2)}$	90.00$^{(0)}$					
	210	18.43$^{(3)}$	50.77$^{(2)}$	71.57$^{(1)}$				
	211	30.00$^{(3)}$	54.74$^{(2)}$	73.22$^{(1)}$	90.00$^{(0)}$			
	221	19.47$^{(4)}$	45.00$^{(3)}$	76.37$^{(1)}$	90.00$^{(0)}$			
	310	26.57$^{(4)}$	47.87$^{(3)}$	63.43$^{(2)}$	77.08$^{(1)}$			
	311	31.48$^{(4)}$	64.76$^{(2)}$	90.00$^{(0)}$				
	320	11.31$^{(5)}$	53.96$^{(3)}$	66.91$^{(2)}$	78.69$^{(1)}$			
	321	19.11$^{(5)}$	40.89$^{(4)}$	55.46$^{(3)}$	67.79$^{(2)}$	79.11$^{(1)}$		
	322	30.96$^{(5)}$	46.69$^{(4)}$	80.13$^{(1)}$	90.00$^{(0)}$			
	331	13.26$^{(8)}$	49.54$^{(4)}$	71.07$^{(2)}$	90.00$^{(0)}$			
	332	25.24$^{(6)}$	41.08$^{(5)}$	81.33$^{(1)}$	90.00$^{(0)}$			
	410	30.96$^{(5)}$	46.69$^{(4)}$	59.04$^{(3)}$	80.13$^{(1)}$			
	411	33.56$^{(5)}$	60.00$^{(3)}$	70.53$^{(2)}$	90.00$^{(0)}$			
	421	22.21$^{(6)}$	39.51$^{(5)}$	62.42$^{(3)}$	72.02$^{(2)}$	81.12$^{(1)}$		
	430	8.13$^{(7)}$	55.55$^{(4)}$	64.90$^{(3)}$	81.87$^{(1)}$			
	431	13.90$^{(7)}$	46.10$^{(5)}$	56.31$^{(4)}$	65.42$^{(3)}$	73.90$^{(2)}$	82.03$^{(1)}$	
	432	23.20$^{(7)}$	38.02$^{(6)}$	48.96$^{(5)}$	74.77$^{(2)}$	82.45$^{(1)}$		
	433	31.94$^{(7)}$	43.31$^{(6)}$	83.03$^{(1)}$	90.00$^{(0)}$			
	441	10.02$^{(8)}$	52.01$^{(5)}$	68.33$^{(3)}$	90.00$^{(0)}$			
	443	27.94$^{(8)}$	39.37$^{(7)}$	83.66$^{(1)}$	90.00$^{(0)}$			
111	111	70.53$^{(1)}$						
	210	39.23$^{(3)}$	75.04$^{(1)}$					
	211	19.47$^{(4)}$	61.87$^{(2)}$	90.00$^{(0)}$				
	221	15.79$^{(5)}$	54.74$^{(3)}$	78.90$^{(1)}$				

续表

$k_1k_1l_1$	$h_2h_2l_2$	ϕ(度)						
111	310	$43.09^{(4)}$	$68.58^{(2)}$					
	311	$29.50^{(5)}$	$58.52^{(3)}$	$79.98^{(1)}$				
	320	$36.81^{(5)}$	$80.79^{(1)}$					
	321	$22.21^{(6)}$	$51.89^{(4)}$	$72.02^{(2)}$	$90.00^{(0)}$			
	322	$11.42^{(7)}$	$65.16^{(3)}$	$81.95^{(1)}$				
	331	$22.00^{(7)}$	$48.53^{(5)}$	$82.39^{(1)}$				
	332	$10.02^{(0)}$	$60.50^{(4)}$	$75.75^{(2)}$				
	410	$45.56^{(5)}$	$65.16^{(3)}$					
	411	$35.26^{(6)}$	$57.02^{(4)}$	$74.21^{(2)}$				
	421	$28.13^{(7)}$	$50.95^{(5)}$	$67.79^{(3)}$	$82.76^{(1)}$			
	430	$36.07^{(7)}$	$83.37^{(1)}$					
	431	$25.07^{(8)}$	$47.21^{(8)}$	$76.91^{(2)}$	$90.00^{(0)}$			
	432	$15.23^{(9)}$	$57.58^{(5)}$	$71.24^{(3)}$	$83.58^{(1)}$			
	433	$8.05^{(10)}$	$66.67^{(4)}$	$78.58^{(5)}$				
	441	$25.24^{(9)}$	$45.29^{(7)}$	$84.23^{(1)}$				
	443	$7.33^{(11)}$	$63.20^{(5)}$	$74.31^{(3)}$				
210	210	$36.87^{(4)}$	$53.13^{(3)}$	$66.42^{(2)}$	$78.49^{(1)}$	$90.00^{(0)}$		
	211	$24.09^{(5)}$	$43.09^{(4)}$	$56.79^{(3)}$	$79.48^{(1)}$	$90.00^{(0)}$		
	221	$26.57^{(6)}$	$41.81^{(5)}$	$53.40^{(4)}$	$63.43^{(3)}$	$72.65^{(2)}$	$90.00^{(0)}$	
	310	$8.13^{(7)}$	$31.95^{(6)}$	$45.00^{(5)}$	$64.90^{(3)}$	$73.57^{(2)}$	$81.87^{(1)}$	
	311	$19.29^{(7)}$	$47.61^{(5)}$	$66.14^{(3)}$	$82.25^{(1)}$			
	320	$7.13^{(8)}$	$29.74^{(7)}$	$41.91^{(6)}$	$60.26^{(4)}$	$68.15^{(3)}$	$75.64^{(2)}$	$82.87^{(1)}$
	321	$17.02^{(8)}$	$33.21^{(7)}$	$53.30^{(5)}$	$61.44^{(4)}$	$68.99^{(3)}$	$83.14^{(1)}$	$90.00^{(0)}$
210	322	$29.81^{(8)}$	$40.60^{(7)}$	$49.40^{(6)}$	$64.29^{(4)}$	$77.47^{(2)}$	$83.77^{(1)}$	
	331	$22.57^{(9)}$	$44.10^{(7)}$	$59.14^{(5)}$	$72.07^{(3)}$	$84.11^{(1)}$		
	332	$30.89^{(9)}$	$40.29^{(8)}$	$48.13^{(7)}$	$67.58^{(4)}$	$73.38^{(3)}$	$84.53^{(1)}$	
	410	$12.53^{(9)}$	$29.81^{(8)}$	$40.60^{(7)}$	$49.40^{(6)}$	$64.29^{(4)}$	$77.47^{(2)}$	$83.77^{(1)}$
	411	$18.43^{(9)}$	$42.45^{(7)}$	$50.77^{(6)}$	$71.57^{(3)}$	$77.83^{(2)}$	$83.95^{(1)}$	
	421	$12.60^{(10)}$	$28.56^{(9)}$	$38.67^{(8)}$	$46.94^{(7)}$	$54.16^{(6)}$	$60.79^{(5)}$	$67.02^{(4)}$
		$72.98^{(3)}$	$78.74^{(2)}$	$90.00^{(0)}$				

续表

$k_1k_1l_1$	$h_2h_2l_2$	ϕ(度)						
210	430	10.30$^{(11)}$	26.57$^{(10)}$	44.31$^{(8)}$	57.54$^{(8)}$	63.43$^{(5)}$	69.04$^{(4)}$	74.44$^{(3)}$
		79.70$^{(2)}$						
	431	15.26$^{(11)}$	28.71$^{(10)}$	37.87$^{(9)}$	52.13$^{(7)}$	58.25$^{(6)}$	63.99$^{(5)}$	79.90$^{(2)}$
		84.97$^{(1)}$						
	432	24.01$^{(11)}$	33.85$^{(10)}$	48.37$^{(8)}$	54.46$^{(7)}$	60.11$^{(6)}$	65.47$^{(5)}$	70.60$^{(4)}$
		80.44$^{(2)}$	85.24$^{(1)}$	90.00$^{(0)}$				
	433	32.47$^{(11)}$	39.92$^{(10)}$	46.35$^{(9)}$	67.45$^{(5)}$	76.70$^{(3)}$	81.18$^{(2)}$	
	441	20.90$^{(12)}$	45.52$^{(9)}$	56.98$^{(7)}$	62.12$^{(6)}$	71.86$^{(4)}$	81.04$^{(2)}$	
	443	33.06$^{(12)}$	39.80$^{(11)}$	45.70$^{(10)}$	69.56$^{(5)}$	73.78$^{(4)}$	81.97$^{(2)}$	
211	211	33.56$^{(5)}$	48.19$^{(4)}$	60.00$^{(3)}$	70.53$^{(2)}$	80.41$^{(1)}$		
	221	17.72$^{(7)}$	35.26$^{(6)}$	47.12$^{(5)}$	65.91$^{(3)}$	74.21$^{(2)}$	82.18$^{(1)}$	
	310	25.35$^{(7)}$	49.80$^{(5)}$	58.91$^{(4)}$	75.04$^{(2)}$	82.58$^{(1)}$		
	311	10.02$^{(8)}$	42.39$^{(6)}$	60.50$^{(4)}$	75.75$^{(2)}$	90.00$^{(0)}$		
	320	25.07$^{(8)}$	37.57$^{(7)}$	55.52$^{(5)}$	63.07$^{(4)}$	83.50$^{(1)}$		
	321	10.89$^{(2)}$	29.21$^{(8)}$	40.20$^{(7)}$	49.11$^{(6)}$	56.94$^{(5)}$	70.89$^{(3)}$	77.40$^{(2)}$
		83.74$^{(1)}$	90.00$^{(0)}$					
	322	8.05$^{(10)}$	26.98$^{(9)}$	53.55$^{(6)}$	60.33$^{(5)}$	72.72$^{(3)}$	78.58$^{(2)}$	84.32$^{(1)}$
	331	20.51$^{(10)}$	41.47$^{(8)}$	68.00$^{(4)}$	79.20$^{(2)}$			
	332	16.78$^{(11)}$	29.50$^{(10)}$	52.46$^{(7)}$	64.0$^{(5)}$	69.63$^{(4)}$	79.98$^{(2)}$	85.01$^{(1)}$
	410	26.98$^{(9)}$	46.12$^{(7)}$	53.55$^{(6)}$	60.33$^{(5)}$	72.72$^{(3)}$	78.58$^{(2)}$	
	411	15.79$^{(10)}$	39.66$^{(8)}$	47.66$^{(7)}$	54.74$^{(6)}$	61.24$^{(5)}$	73.22$^{(3)}$	84.48$^{(1)}$
	421	11.49$^{(11)}$	36.70$^{(9)}$	44.55$^{(8)}$	51.42$^{(7)}$	63.55$^{(5)}$	69.12$^{(4)}$	84.89$^{(1)}$
		90.00$^{(0)}$						
	430	26.08$^{(11)}$	35.26$^{(10)}$	55.14$^{(7)}$	65.91$^{(5)}$	80.60$^{(2)}$	85.32$^{(1)}$	
	431	16.10$^{(12)}$	28.27$^{(11)}$	36.81$^{(10)}$	43.90$^{(9)}$	61.29$^{(6)}$	66.40$^{(4)}$	71.32$^{(4)}$
		76.10$^{(3)}$	85.41$^{(1)}$					
	432	9.76$^{(13)}$	24.53$^{(12)}$	33.50$^{(11)}$	46.98$^{(9)}$	52.66$^{(8)}$	57.95$^{(7)}$	67.73$^{(5)}$
		72.35$^{(4)}$	76.85$^{(3)}$	90.00$^{(0)}$				
	433	11.42$^{(14)}$	24.47$^{(13)}$	55.94$^{(8)}$	60.65$^{(7)}$	69.51$^{(5)}$	81.95$^{(2)}$	85.99$^{(1)}$
	441	22.50$^{(13)}$	38.58$^{(11)}$	44.71$^{(10)}$	64.76$^{(6)}$	69.19$^{(5)}$	77.69$^{(3)}$	81.83$^{(2)}$

续表

$k_1k_1l_1$	$h_2h_2l_2$	ϕ(度)						
211	443	$16.99^{(15)}$	$26.81^{(14)}$	$54.98^{(9)}$	$63.49^{(7)}$	$67.51^{(6)}$	$82.67^{(2)}$	$86.34^{(1)}$
221	221	$27.27^{(8)}$	$38.94^{(7)}$	$63.61^{(4)}$	$83.62^{(1)}$	$90.00^{(0)}$		
	310	$32.51^{(8)}$	$42.45^{(7)}$	$58.19^{(5)}$	$65.06^{(4)}$	$83.95^{(1)}$		
	311	$25.24^{(9)}$	$45.29^{(7)}$	$59.83^{(5)}$	$72.45^{(3)}$	$84.23^{(1)}$		
	320	$22.41^{(10)}$	$42.30^{(8)}$	$49.67^{(7)}$	$68.30^{(4)}$	$79.34^{(2)}$	$84.70^{(1)}$	
	321	$11.49^{(11)}$	$27.02^{(10)}$	$36.70^{(9)}$	$57.69^{(6)}$	$63.55^{(5)}$	$74.50^{(3)}$	$79.74^{(2)}$
		$84.89^{(1)}$						
	322	$14.04^{(12)}$	$27.21^{(11)}$	$49.70^{(8)}$	$66.16^{(5)}$	$71.13^{(4)}$	$75.96^{(3)}$	$90.00^{(0)}$
	331	$6.21^{(13)}$	$32.73^{(11)}$	$57.64^{(7)}$	$67.52^{(5)}$	$85.61^{(1)}$		
	332	$5.77^{(14)}$	$22.50^{(13)}$	$44.71^{(10)}$	$60.17^{(7)}$	$69.19^{(5)}$	$81.83^{(2)}$	$85.92^{(1)}$
	410	$36.06^{(10)}$	$43.31^{(9)}$	$55.53^{(7)}$	$60.98^{(8)}$	$80.69^{(2)}$		
221	411	$30.20^{(11)}$	$45.00^{(0)}$	$51.06^{(8)}$	$56.63^{(7)}$	$66.87^{(5)}$	$71.68^{(4)}$	$90.00^{(0)}$
	421	$18.98^{(13)}$	$29.21^{(12)}$	$36.86^{(11)}$	$43.33^{(10)}$	$54.41^{(8)}$	$64.12^{(6)}$	$68.67^{(5)}$
		$73.08^{(4)}$	$77.40^{(3)}$	$81.67^{(2)}$				
	430	$21.04^{(14)}$	$42.83^{(11)}$	$48.19^{(10)}$	$70.53^{(5)}$	$82.34^{(2)}$		
	431	$11.31^{(15)}$	$31.81^{(13)}$	$38.33^{(12)}$	$53.96^{(9)}$	$58.47^{(8)}$	$62.77^{(7)}$	$74.84^{(4)}$
		$78.69^{(3)}$	$86.25^{(1)}$	$90.00^{(0)}$				
	432	$7.96^{(16)}$	$21.80^{(15)}$	$29.94^{(14)}$	$42.03^{(12)}$	$56.15^{(9)}$	$64.32^{(7)}$	$68.20^{(5)}$
		$77.66^{(4)}$	$82.89^{(2)}$	$86.45^{(1)}$	$90.00^{(0)}$			
	433	$13.03^{(17)}$	$23.84^{(16)}$	$51.04^{(11)}$	$62.79^{(8)}$	$73.39^{(5)}$	$76.78^{(4)}$	$86.72^{(1)}$
	441	$9.45^{(17)}$	$29.50^{(15)}$	$63.67^{(14)}$	$54.53^{(10)}$	$69.63^{(6)}$	$83.34^{(2)}$	$86.67^{(1)}$
	443	$8.47^{(19)}$	$20.44^{(18)}$	$47.41^{(13)}$	$58.63^{(10)}$	$71.80^{(6)}$	$81.02^{(3)}$	$84.02^{(2)}$
310	310	$25.84^{(9)}$	$36.87^{(8)}$	$53.13^{(6)}$	$72.54^{(3)}$	$84.26^{(1)}$	$90.00^{(0)}$	
	311	$17.55^{(10)}$	$40.29^{(8)}$	$55.10^{(6)}$	$67.58^{(4)}$	$79.01^{(2)}$	$90.00^{(1)}$	
	320	$15.26^{(11)}$	$37.87^{(9)}$	$52.13^{(7)}$	$58.25^{(6)}$	$74.74^{(3)}$	$79.90^{(2)}$	
	321	$21.62^{(11)}$	$32.31^{(10)}$	$40.48^{(9)}$	$47.46^{(8)}$	$53.74^{(7)}$	$59.53^{(6)}$	$65.00^{(5)}$
		$75.31^{(3)}$	$85.15^{(1)}$	$90.00^{(0)}$				
	322	$32.47^{(11)}$	$46.35^{(9)}$	$52.15^{(8)}$	$57.53^{(7)}$	$72.13^{(4)}$	$76.70^{(3)}$	
	331	$29.47^{(12)}$	$43.49^{(10)}$	$54.52^{(8)}$	$64.20^{(6)}$	$90.00^{(0)}$		
	332	$36.00^{(12)}$	$42.13^{(11)}$	$52.64^{(0)}$	$641.84^{(7)}$	$66.14^{(6)}$	$78.33^{(3)}$	

续表

$k_1k_1l_1$	$h_2h_2l_2$	ϕ(度)						
310	410	$4.40^{(13)}$	$23.02^{(12)}$	$32.47^{(11)}$	$57.53^{(7)}$	$72.13^{(4)}$	$76.70^{(3)}$	$85.60^{(1)}$
	411	$14.31^{(13)}$	$34.93^{(11)}$	$58.55^{(7)}$	$72.65^{(4)}$	$81.43^{(2)}$	$85.73^{(1)}$	
	421	$14.96^{(14)}$	$26.22^{(13)}$	$40.62^{(11)}$	$46.36^{(10)}$	$61.12^{(7)}$	$69.82^{(5)}$	$82.07^{(2)}$
		$86.04^{(1)}$						
	430	$18.43^{(15)}$	$34.70^{(13)}$	$40.63^{(12)}$	$55.30^{(9)}$	$71.57^{(5)}$	$75.35^{(4)}$	$79.06^{(3)}$
	431	$21.52^{(15)}$	$36.27^{(13)}$	$46.98^{(11)}$	$51.67^{(10)}$	$56.07^{(9)}$	$60.26^{(8)}$	$64.27^{(7)}$
		$68.15^{(18)}$	$71.94^{(5)}$	$86.44^{(1)}$	$90.00^{(0)}$			
	432	$28.26^{(15)}$	$34.70^{(14)}$	$40.24^{(13)}$	$49.76^{(11)}$	$54.04^{(10)}$	$58.10^{(9)}$	$65.73^{(7)}$
		$72.93^{(5)}$	$79.85^{(3)}$	$83.26^{(2)}$				
	433	$35.56^{(15)}$	$45.17^{(13)}$	$49.40^{(12)}$	$60.78^{(9)}$	$71.01^{(6)}$	$74.27^{(5)}$	
	441	$28.26^{(16)}$	$44.31^{(13)}$	$52.73^{(11)}$	$63.87^{(8)}$	$67.34^{(7)}$	$86.84^{(1)}$	
	443	$37.80^{(18)}$	$42.20^{(15)}$	$50.06^{(13)}$	$63.61^{(9)}$	$66.73^{(8)}$	$75.70^{(5)}$	
311	311	$35.10^{(9)}$	$50.48^{(7)}$	$62.96^{(5)}$	$84.78^{(1)}$			
	320	$23.09^{(11)}$	$41.18^{(9)}$	$54.17^{(7)}$	$65.28^{(5)}$	$75.49^{(3)}$	$85.20^{(1)}$	
	321	$14.76^{(12)}$	$36.31^{(10)}$	$49.86^{(8)}$	$61.09^{(6)}$	$71.20^{(4)}$	$80.73^{(2)}$	
	322	$18.07^{(13)}$	$36.45^{(11)}$	$48.84^{(9)}$	$59.21^{(7)}$	$68.55^{(5)}$	$85.81^{(1)}$	
	331	$25.94^{(13)}$	$40.46^{(11)}$	$51.50^{(9)}$	$61.04^{(7)}$	$69.77^{(5)}$	$78.02^{(3)}$	
	332	$25.85^{(14)}$	$39.52^{(12)}$	$50.00^{(10)}$	$59.05^{(8)}$	$67.31^{(6)}$	$75.01^{(4)}$	$90.00^{(0)}$
	410	$18.07^{(13)}$	$36.45^{(11)}$	$59.21^{(7)}$	$68.55^{(5)}$	$77.33^{(3)}$	$85.81^{(1)}$	
	411	$5.77^{(14)}$	$31.48^{(12)}$	$44.71^{(10)}$	$55.35^{(8)}$	$64.76^{(6)}$	$81.83^{(2)}$	$90.00^{(0)}$
	421	$9.27^{(15)}$	$31.20^{(18)}$	$43.64^{(11)}$	$53.69^{(9)}$	$70.79^{(5)}$	$78.62^{(3)}$	$86.23^{(1)}$
	430	$25.24^{(15)}$	$38.38^{(13)}$	$57.13^{(9)}$	$65.03^{(7)}$	$72.45^{(5)}$	$86.54^{(1)}$	
	431	$18.90^{(16)}$	$34.12^{(14)}$	$44.80^{(12)}$	$53.75^{(10)}$	$61.77^{(8)}$	$69.22^{(6)}$	$76.32^{(4)}$
		$83.21^{(2)}$						
	432	$17.86^{(17)}$	$32.88^{(15)}$	$43.29^{(13)}$	$51.98^{(11)}$	$66.39^{(7)}$	$73.74^{(5)}$	$80.33^{(3)}$
		$86.79^{(1)}$						
	433	$21.45^{(18)}$	$34.17^{(16)}$	$51.65^{(12)}$	$58.86^{(10)}$	$65.56^{(8)}$	$71.93^{(6)}$	$84.06^{(2)}$
	441	$26.84^{(17)}$	$38.07^{(15)}$	$54.74^{(11)}$	$61.81^{(9)}$	$68.44^{(7)}$	$74.79^{(5)}$	$80.94^{(3)}$
	443	$26.53^{(19)}$	$36.82^{(17)}$	$52.26^{(13)}$	$58.80^{(11)}$	$64.93^{(9)}$	$76.38^{(5)}$	$87.30^{(1)}$
320	320	$22.62^{(12)}$	$46.19^{(9)}$	$62.51^{(6)}$	$67.38^{(5)}$	$72.08^{(4)}$	$90.00^{(0)}$	

续表

$k_1k_1l_1$	$h_2h_2l_2$	ϕ(度)						
320	321	15.50(13)	27.19(12)	35.28(11)	48.15(9)	53.63(8)	58.74(7)	68.25(5)
		72.75(4)	77.15(3)	85.75(1)	90.00(0)			
	322	29.02(13)	36.18(12)	47.73(10)	7035(5)	82.27(2)	90.00(0)	
	331	17.36(15)	45.58(11)	55.06(9)	63.55(7)	79.00(3)		
	332	27.51(15)	39.76(13)	44.80(12)	72.80(5)	79.78(3)	90.00(0)	
	410	19.65(14)	36.18(12)	42.27(11)	47.73(10)	57.44(8)	70.35(5)	78.36(3)
		82.27(2)						
	411	23.76(14)	44.02(11)	49.18(10)	70.92(5)	86.25(1)		
	421	14.45(16)	32.08(14)	48.26(11)	52.75(10)	61.04(8)	64.93(7)	72.39(5)
		75.99(4)	83.05(2)	86.53(1)				
	430	3.18(18)	19.44(17)	48.27(12)	60.05(8)	63.66(8)	70.56(6)	86.82(1)
	431	11.74(18)	22.38(17)	40.40(14)	53.25(11)	57.05(10)	60.69(9)	67.62(7)
		70.96(6)	74.22(2)	80.61(3)	86.88(1)			
	432	22.02(11)	28.89(17)	34.51(18)	43.86(14)	47.97(13)	51.83(12)	65.67(8)
		72.00(6)	75.08(5)	84.09(2)	87.05(1)	90.00(0)		
	433	31.11(18)	36.04(17)	44.48(15)	73.42(6)	91.80(3)	87.27(1)	
	441	15.07(20)	47.47(14)	57.92(11)	61.13(10)	76.03(5)	78.86(4)	
	443	29.97(20)	38.77(18)	42.59(17)	74.94(6)	80.02(4)	87.52(1)	
321	321	21.79(13)	31.00(12)	38.21(11)	44.42(10)	49.99(9)	60.00(7)	64.62(6)
		69.08(5)	73.40(4)	81.79(2)	85.90(1)			
	322	13.52(15)	24.54(14)	32.58(13)	44.52(11)	49.59(10)	63.02(7)	71.09(5)
		78.79(3)	82.55(2)	86.28(1)				
	331	11.18(10)	30.86(14)	42.63(12)	52.18(10)	60.63(8)	68.41(6)	75.80(4)
		82.96(2)	90.00(0)					
	332	14.38(17)	24.26(16)	31.27(15)	42.21(13)	55.26(10)	59.15(9)	62.88(8)
		73.45(5)	80.16(3)	83.46(2)	86.73(1)			
	410	24.84(14)	32.58(18)	44.52(11)	49.59(10)	54.31(9)	6302(7)	67.11(0)
		71.09(5)	82.55(2)	86.28(1)				
	411	19.11(15)	35.02(18)	40.89(12)	46.14(11)	50.95(10)	55.46(9)	67.79(6)
		71.64(5)	75.41(4)	79.11(3)	86.39(1)			

续表

$k_1k_1l_1$	$h_2h_2l_2$	ϕ(度)						
321	421	7.46$^{(17)}$	21.07$^{(16)}$	28.98$^{(15)}$	40.70$^{(13)}$	45.58$^{(12)}$	50.09$^{(11)}$	58.34$^{(9)}$
		62.19$^{(8)}$	65.94$^{(7)}$	73.05$^{(5)}$	76051$^{(4)}$	79.92$^{(3)}$	86.66$^{(1)}$	90.00$^{(0)}$
	430	15.82$^{(18)}$	24.68$^{(17)}$	36.70$^{(15)}$	45.98$^{(13)}$	53.99$^{(11)}$	57.69$^{(10)}$	61.24$^{(9)}$
		71.29$^{(6)}$	74.50$^{(5)}$	83.56$^{(2)}$	89.94$^{(1)}$			
	431	5.21$^{(19)}$	19.36$^{(18)}$	27.00$^{(17)}$	33.00$^{(16)}$	38.17$^{(15)}$	42.79$^{(14)}$	47.05$^{(18)}$
		54.79$^{(11)}$	65.21$^{(8)}$	68.48$^{(7)}$	74.81$^{(5)}$	80.95$^{(8)}$	83.98$^{(2)}$	87.00$^{(1)}$
		90.00$^{(0)}$						
	432	6.98$^{(20)}$	19.45$^{(19)}$	32.47$^{(17)}$	37.43$^{(16)}$	41.89$^{(15)}$	49.82$^{(13)}$	56.91$^{(11)}$
		63.47$^{(9)}$	66.61$^{(8)}$	75.63$^{(5)}$	78.63$^{(5)}$	78.55$^{(4)}$	81.44$^{(3)}$	87.16$^{(1)}$
	433	15.73$^{(21)}$	23.55$^{(20)}$	29.44$^{(19)}$	46.57$^{(15)}$	50.08$^{(14)}$	59.72$^{(11)}$	65.64$^{(9)}$
		71.29$^{(7)}$	79.44$^{(4)}$	82.10$^{(3)}$	84.74$^{(2)}$	87.37$^{(1)}$		
	441	12.31$^{(21)}$	27.88$^{(19)}$	33.13$^{(18)}$	45.74$^{(15)}$	49.36$^{(14)}$	62.27$^{(10)}$	65.25$^{(9)}$
		70.99$^{(7)}$	73.79$^{(6)}$	76.55$^{(5)}$	81.98$^{(3)}$	87.33$^{(1)}$		
	443	16.26$^{(23)}$	23.33$^{(22)}$	28.77$^{(21)}$	44.80$^{(17)}$	54.24$^{(14)}$	57.14$^{(13)}$	65.33$^{(10)}$
		73.01$^{(7)}$	77.95$^{(5)}$	82.81$^{(3)}$	85.21$^{(2)}$	87.61$^{(1)}$		
322	322	19.75$^{(16)}$	58.03$^{(9)}$	61.93$^{(8)}$	76.39$^{(4)}$	86.63$^{(1)}$		
	331	18.93$^{(17)}$	33.42$^{(15)}$	43.67$^{(13)}$	59.95$^{(9)}$	73.85$^{(5)}$	80.39$^{(3)}$	86.81$^{(1)}$
	332	10.75$^{(19)}$	21.45$^{(18)}$	55.33$^{(11)}$	68.78$^{(7)}$	71.93$^{(6)}$	87.04$^{(1)}$	
	410	34.56$^{(14)}$	49.68$^{(11)}$	53.97$^{(10)}$	69.33$^{(6)}$	72.90$^{(5)}$		
	411	23.54$^{(16)}$	42.00$^{(13)}$	46.69$^{(12)}$	49.04$^{(9)}$	62.79$^{(8)}$	66.41$^{(7)}$	80.13$^{(3)}$
	421	17.70$^{(18)}$	32.13$^{(16)}$	37.45$^{(15)}$	24.19$^{(14)}$	50.57$^{(12)}$	58.04$^{(10)}$	61.55$^{(9)}$
		68.25$^{(7)}$	71.48$^{(6)}$	77.78$^{(4)}$	86.97$^{(1)}$	90.00$^{(0)}$		
	430	29.18$^{(18)}$	34.45$^{(17)}$	47.23$^{(14)}$	73.08$^{(6)}$	84.43$^{(2)}$	87.22$^{(1)}$	
	431	17.95$^{(20)}$	25.35$^{(19)}$	36.04$^{(17)}$	40.44$^{(16)}$	44.48$^{(15)}$	58.45$^{(11)}$	67.63$^{(8)}$
		76.24$^{(5)}$	79.03$^{(4)}$	81.80$^{(3)}$	87.27$^{(1)}$			
	432	7.77$^{(22)}$	18.95$^{(21)}$	25.74$^{(20)}$	50.91$^{(14)}$	54.16$^{(13)}$	63.23$^{(10)}$	68.88$^{(8)}$
		76.99$^{(5)}$	79.62$^{(4)}$	82.23$^{(3)}$	84.83$^{(2)}$			
	433	3.37$^{(24)}$	16.93$^{(23)}$	60.06$^{(12)}$	62.77$^{(11)}$	73.07$^{(7)}$	78.00$^{(5)}$	90.00$^{(0)}$
	441	21.75$^{(22)}$	36.66$^{(19)}$	40.54$^{(18)}$	56.71$^{(13)}$	75.33$^{(6)}$	82.72$^{(3)}$	85.16$^{(2)}$
	443	10.00$^{(26)}$	18.75$^{(25)}$	57.98$^{(14)}$	67.74$^{(10)}$	70.07$^{(9)}$	74.62$^{(7)}$	85.66$^{(2)}$

续表

$k_1k_1l_1$	$h_2h_2l_2$	ϕ(度)						
331	331	26.53$^{(17)}$	37.86$^{(15)}$	61.73$^{(9)}$	80.92$^{(3)}$	86.98$^{(1)}$		
	332	11.98$^{(20)}$	28.31$^{(18)}$	38.50$^{(16)}$	54.06$^{(12)}$	72.93$^{(6)}$	84.39$^{(2)}$	90.00$^{(0)}$
	410	33.42$^{(15)}$	43.67$^{(13)}$	52.26$^{(11)}$	59.95$^{(9)}$	67.08$^{(7)}$	86.81$^{(1)}$	
	411	30.10$^{(16)}$	40.80$^{(14)}$	52.27$^{(10)}$	64.37$^{(8)}$	77.51$^{(4)}$	83.79$^{(2)}$	
	421	17.98$^{(19)}$	31.67$^{(17)}$	49.40$^{(13)}$	56.59$^{(11)}$	69.49$^{(7)}$	75.50$^{(5)}$	87.13$^{(1)}$
	430	15.52$^{(21)}$	46.15$^{(15)}$	53.38$^{(13)}$	65.61$^{(9)}$	76.74$^{(5)}$	82.09$^{(3)}$	
	431	8.18$^{(22)}$	25.86$^{(20)}$	35.92$^{(18)}$	43.96$^{(16)}$	57.32$^{(12)}$	63.26$^{(10)}$	68.90$^{(8)}$
		74.34$^{(6)}$	79.63$^{(4)}$	84.84$^{(2)}$				
	432	11.53$^{(23)}$	26.54$^{(21)}$	35.96$^{(19)}$	50.28$^{(15)}$	62.06$^{(11)}$	67.45$^{(9)}$	72.65$^{(7)}$
		77.70$^{(5)}$	82.66$^{(3)}$	87.56$^{(2)}$				
	433	19.22$^{(24)}$	30.05$^{(22)}$	44.91$^{(18)}$	56.58$^{(14)}$	76.35$^{(6)}$	80.95$^{(4)}$	90.00$^{(0)}$
	441	3.24$^{(25)}$	23.29$^{(23)}$	40.64$^{(19)}$	58.72$^{(13)}$	63.94$^{(11)}$	78.48$^{(5)}$	87.71$^{(1)}$
	443	14.68$^{(27)}$	26.40$^{(25)}$	41.20$^{(21)}$	52.48$^{(17)}$	75.48$^{(7)}$	83.83$^{(3)}$	87.95$^{(1)}$
332	332	17.34$^{(21)}$	50.48$^{(14)}$	65.85$^{(9)}$	79.52$^{(4)}$	82.16$^{(3)}$		
	410	39.14$^{(15)}$	43.62$^{(14)}$	55.33$^{(11)}$	58.86$^{(10)}$	62.27$^{(9)}$	75.02$^{(5)}$	
	411	31.32$^{(17)}$	45.29$^{(14)}$	49.21$^{(13)}$	56.44$^{(11)}$	66.30$^{(3)}$	69.40$^{(7)}$	84.23$^{(2)}$
	421	21.49$^{(20)}$	27.88$^{(19)}$	37.73$^{(17)}$	41.89$^{(16)}$	52.78$^{(18)}$	59.22$^{(11)}$	68.15$^{(8)}$
		76.55$^{(5)}$	79.27$^{(4)}$	87.33$^{(1)}$				
	430	26.43$^{(21)}$	39.87$^{(18)}$	43.54$^{(17)}$	75.18$^{(6)}$	82.65$^{(3)}$	87.56$^{(1)}$	
	431	15.91$^{(23)}$	28.59$^{(21)}$	33.25$^{(20)}$	37.40$^{(19)}$	51.16$^{(15)}$	54.17$^{(14}$	67.89$^{(9)}$
		77.93$^{(5)}$	80.37$^{(4)}$	82.79$^{(3)}$	85.20$^{(2)}$	87.60$^{(1)}$		
	432	8.21$^{(25)}$	18.16$^{(24)}$	24.41$^{(23)}$	47.70$^{(17)}$	61.64$^{(12)}$	64.18$^{(11)}$	73.91$^{(7)}$
		78.58$^{(5)}$	87.73$^{(1)}$	90.00$^{(0)}$				
	433	9.17$^{(27)}$	18.07$^{(26)}$	56.74$^{(15)}$	68.55$^{(10)}$	70.79$^{(9)}$	72.99$^{(8)}$	83.70$^{(3)}$
	441	15.21$^{(20)}$	31.39$^{(23)}$	35.26$^{(22)}$	50.88$^{(17)}$	74.94$^{(7)}$	85.74$^{(2)}$	87.87$^{(1)}$
	443	2.70$^{(30)}$	15.07$^{(20)}$	53.18$^{(18)}$	64.35$^{(13)}$	68.51$^{(11)}$	78.48$^{(6)}$	80.42$^{(5)}$
410	410	19.75$^{(16)}$	28.07$^{(15)}$	61.93$^{(8)}$	76.39$^{(4)}$	86.63$^{(1)}$	90.00$^{(0)}$	
	411	13.63$^{(17)}$	30.96$^{(17)}$	62.79$^{(8)}$	73.39$^{(5)}$	80.13$^{(3)}$	90.00$^{(0)}$	
	421	17.70$^{(18)}$	25.88$^{(17)}$	37.45$^{(15)}$	42.19$^{(14)}$	50.57$^{(12)}$	61.55$^{(9)}$	64.95$^{(8)}$
		68.25$^{(7)}$	71.48$^{(6)}$	77.78$^{(4)}$	83.92$^{(2)}$	90.00$^{(0)}$		

续表

$k_1k_1l_1$	$h_2h_2l_2$	ϕ(度)						
410	430	22.83$^{(19)}$	39.09$^{(16)}$	50.91$^{(13)}$	54.40$^{(12)}$	67.17$^{(8)}$	78.81$^{(4)}$	81.63$^{(3)}$
	431	25.35$^{(19)}$	36.04$^{(17)}$	40.44$^{(16)}$	44.48$^{(15)}$	51.80$^{(13)}$	58.45$^{(11)}$	67.63$^{(8)}$
	410	431	70.55$^{(7)}$	87.27$^{(1)}$	90.00$^{(0)}$			
	432	31.16$^{(10)}$	35.84$^{(18)}$	43.96$^{(16)}$	50.91$^{(14)}$	54.16$^{(13)}$	57.29$^{(12)}$	60.30$^{(11)}$
		63.23$^{(10)}$	68.88$^{(8)}$	76.99$^{(5)}$	79.62$^{(4)}$			
	433	37.79$^{(19)}$	48.28$^{(16)}$	51.40$^{(15)}$	57.27$^{(13)}$	68.02$^{(9)}$	70.56$^{(8)}$	
	441	32.39$^{(20)}$	44.13$^{(17)}$	50.71$^{(15)}$	59.56$^{(12)}$	70.26$^{(8)}$	90.00$^{(0)}$	
	443	40.75$^{(20)}$	43.97$^{(19)}$	52.70$^{(16)}$	60.50$^{(13)}$	62.97$^{(12)}$	72.36$^{(8)}$	
411	411	27.27$^{(16)}$	38.94$^{(14)}$	60.00$^{(9)}$	67.11$^{(7)}$	86.82$^{(1)}$		
	421	12.24$^{(19)}$	29.03$^{(17)}$	39.51$^{(15)}$	48.04$^{(13)}$	55.54$^{(11)}$	59.05$^{(10)}$	72.02$^{(6)}$
		75.10$^{(5)}$	81.12$^{(3)}$	84.10$^{(2)}$				
	430	26.41$^{(19)}$	41.04$^{(16)}$	52.21$^{(13)}$	67.84$^{(8)}$	70.73$^{(7)}$	87.30$^{(1)}$	
	431	22.41$^{(20)}$	33.69$^{(18)}$	38.20$^{(17)}$	46.10$^{(15)}$	49.67$^{(14)}$	56.31$^{(12)}$	59.44$^{(11)}$
		65.42$^{(9)}$	71.12$^{(7)}$	76.64$^{(5)}$	82.03$^{(3)}$			
	432	23.20$^{(21)}$	38.02$^{(18)}$	41.92$^{(17)}$	48.96$^{(15)}$	52.21$^{(14)}$	61.22$^{(11)}$	64.04$^{(10)}$
		66.80$^{(9)}$	72.16$^{(7)}$	74.77$^{(6)}$	87.49$^{(1)}$			
	433	27.21$^{(22)}$	39.82$^{(10)}$	49.70$^{(16)}$	58.30$^{(13)}$	63.60$^{(11)}$	66.16$^{(10)}$	78.34$^{(5)}$
	441	30.50$^{(21)}$	38.78$^{(10)}$	57.76$^{(13)}$	60.50$^{(12)}$	63.17$^{(11)}$	80.55$^{(4)}$	
	443	32.15$^{(23)}$	42.59$^{(20)}$	51.26$^{(17)}$	56.48$^{(15)}$	63.79$^{(12)}$	70.65$^{(9)}$	81.53$^{(4)}$
421	421	17.75$^{(20)}$	25.21$^{(19)}$	35.95$^{(17)}$	40.37$^{(16)}$	44.42$^{(15)}$	48.19$^{(14)}$	51.75$^{(13)}$
		55.15$^{(12)}$	58.41$^{(11)}$	61.56$^{(10)}$	73.40$^{(6)}$	79.02$^{(4)}$	84.53$^{(2)}$	87.27$^{(1)}$
	430	16.23$^{(22)}$	29.21$^{(20)}$	33.98$^{(16)}$	45.71$^{(16)}$	55.43$^{(13)}$	61.31$^{(11)}$	64.12$^{(10)}$
		69.56$^{(8)}$	77.40$^{(5)}$	79.95$^{(4)}$	84.99$^{(2)}$			
	431	10.16$^{(23)}$	26.01$^{(21)}$	35.60$^{(19)}$	39.62$^{(18)}$	43.32$^{(17)}$	50.06$^{(5)}$	53.19$^{(14)}$
		61.92$^{(11)}$	64.66$^{(10)}$	67.35$^{(9)}$	72.57$^{(7)}$	75.12$^{(6)}$	77.64$^{(5)}$	82.62$^{(3)}$
		85.09$^{(2)}$	87.55$^{(1)}$					
	432	13.46$^{(24)}$	21.25$^{(23)}$	26.94$^{(22)}$	35.86$^{(20)}$	39.65$^{(19)}$	43.16$^{(18)}$	46.46$^{(17)}$
		52.57$^{(15)}$	58.21$^{(13)}$	60.90$^{(12)}$	66.10$^{(10)}$	68.61$^{(9)}$	71.08$^{(8)}$	75.93$^{(6)}$
		80.67$^{(4)}$	83.02$^{(3)}$	85.35$^{(2)}$				
	433	20.67$^{(25)}$	30.60$^{(23)}$	34.58$^{(22)}$	44.68$^{(19)}$	50.49$^{(17)}$	58.40$^{(14)}$	60.89$^{(13)}$

续表

$k_1k_1l_1$	$h_2h_2l_2$	ϕ(度)						
420		68.02$^{(10)}$	74.81$^{(7)}$	85.71$^{(2)}$	87.86$^{(1)}$			
	441	18.26$^{(25)}$	29.11$^{(23)}$	33.31$^{(22)}$	46.86$^{(18)}$	52.57$^{(16)}$	57.87$^{(14)}$	67.67$^{(10)}$
		70.01$^{(9)}$	72.31$^{(8)}$	74.58$^{(7)}$	90.00$^{(0)}$			
	443	23.05$^{(27)}$	27.62$^{(26)}$	35.12$^{(24)}$	44.30$^{(21)}$	52.16$^{(18)}$	56.96$^{(16)}$	61.50$^{(14)}$
		67.98$^{(11)}$	74.18$^{(8)}$	78.20$^{(6)}$	80.19$^{(5)}$	90.00$^{(0)}$		
430	430	16.26$^{(24)}$	50.21$^{(16)}$	61.31$^{(12)}$	68.90$^{(9)}$	73.74$^{(7)}$	90.00$^{(0)}$	
	431	11.31$^{(25)}$	19.72$^{(24)}$	41.82$^{(19)}$	51.13$^{(16)}$	53.96$^{(15)}$	59.34$^{(13)}$	69.33$^{(9)}$
		71.71$^{(8)}$	74.06$^{(7)}$	78.69$^{(5)}$	90.00$^{(0)}$			
	432	21.8$^{(25)}$	26.96$^{(24)}$	35.21$^{(22)}$	42.03$^{(20)}$	48.05$^{(18)}$	50.85$^{(17)}$	68.20$^{(10)}$
		74.93$^{(7)}$	77.12$^{(6)}$	81.46$^{(4)}$	87.87$^{(1)}$	90.00$^{(0)}$		
	433	30.96$^{(25)}$	34.59$^{(24)}$	43.92$^{(21)}$	76.11$^{(7)}$	84.09$^{(3)}$	90.00$^{(0)}$	
	441	12.88$^{(28)}$	48.59$^{(19)}$	56.15$^{(16)}$	63.09$^{(13)}$	73.83$^{(8)}$	81.99$^{(4)}$	
	443	29.01$^{(28)}$	38.66$^{(25)}$	41.44$^{(24)}$	77.37$^{(7)}$	82.82$^{(4)}$	90.00$^{(0)}$	
431		15.94$^{(25)}$	22.62$^{(24)}$	27.80$^{(23)}$	32.20$^{(22)}$	43.05$^{(19)}$	49.17$^{(17)}$	52.02$^{(18)}$
		60.00$^{(13)}$	64.97$^{(11)}$	67.38$^{(10)}$	69.75$^{(9)}$	72.08$^{(8)}$	76.66$^{(5)}$	87.80$^{(1)}$
	432	10.49$^{(27)}$	18.76$^{(26)}$	24.43$^{(25)}$	33.11$^{(23)}$	36.76$^{(22)}$	40.11$^{(21)}$	46.22$^{(19)}$
		51.75$^{(17)}$	59.35$^{(14)}$	61.74$^{(13)}$	68.64$^{(10)}$	70.87$^{(9)}$	75.23$^{(7)}$	79.51$^{(5)}$
		83.73$^{(3)}$	85.82$^{(2)}$	87.91$^{(1)}$				
	433	19.65$^{(28)}$	24.75$^{(27)}$	32.77$^{(25)}$	42.27$^{(22)}$	45.06$^{(21)}$	55.13$^{(17)}$	70.35$^{(10)}$
		76.38$^{(7)}$	82.27$^{(4)}$	84.21$^{(3)}$	88.07$^{(1)}$			
	441	8.09$^{(20)}$	22.81$^{(27)}$	38.26$^{(23)}$	46.94$^{(20)}$	54.52$^{(17)}$	59.20$^{(15)}$	65.82$^{(12)}$
		72.11$^{(9)}$	80.17$^{(5)}$	82.15$^{(4)}$	84.12$^{(3)}$			
	443	18.29$^{(31)}$	27.35$^{(20)}$	30.95$^{(28)}$	40.03$^{(25)}$	49.97$^{(21)}$	52.22$^{(20)}$	70.31$^{(11)}$
		77.62$^{(7)}$	82.96$^{(4)}$	84.73$^{(3)}$	88.24$^{(1)}$			
432	432	15.09$^{(28)}$	26.29$^{(26)}$	30.45$^{(25)}$	43.60$^{(21)}$	46.40$^{(20)}$	56.51$^{(16)}$	61.13$^{(14)}$
		67.71$^{(11)}$	69.83$^{(10)}$	71.92$^{(9)}$	76.03$^{(7)}$	82.07$^{(4)}$	84.06$^{(3)}$	86.05$^{(2)}$
	433	9.16$^{(31)}$	17.18$^{(30)}$	22.55$^{(29)}$	52.77$^{(19)}$	55.02$^{(18)}$	65.54$^{(13)}$	69.49$^{(11)}$
		78.98$^{(6)}$	80.84$^{(5)}$	88.18$^{(1)}$				
	441	14.13$^{(30)}$	29.22$^{(27)}$	32.81$^{(26)}$	39.12$^{(24)}$	47.25$^{(21)}$	58.85$^{(16)}$	69.17$^{(11)}$
		75.01$^{(8)}$	78.82$^{(6)}$	80.70$^{(5)}$	86.29$^{(2)}$	90.00$^{(0)}$		

续表

$k_1k_1l_1$	$h_2h_2l_2$	ϕ(度)						
432	443	9.59$^{(34)}$	16.86$^{(33)}$	21.87$^{(32)}$	50.36$^{(22)}$	60.46$^{(17)}$	62.35$^{(16)}$	64.21$^{(15)}$
		73.14$^{(10)}$	76.58$^{(8)}$	86.67$^{(2)}$	88.34$^{(1)}$			
433	433	13.93$^{(33)}$	61.93$^{(16)}$	63.82$^{(15)}$	74.65$^{(9)}$	86.63$^{(2)}$		
	441	22.26$^{(31)}$	33.29$^{(28)}$	41.72$^{(25)}$	53.34$^{(20)}$	77.94$^{(7)}$	83.14$^{(4)}$	88.29$^{(1)}$
	443	7.70$^{(37)}$	15.38$^{(36)}$	59.41$^{(19)}$	69.62$^{(13)}$	71.25$^{(12)}$	82.30$^{(5)}$	
441	441	20.05$^{(31)}$	43.34$^{(24)}$	61.00$^{(16)}$	75.97$^{(8)}$	88.26$^{(1)}$		
	443	17.91$^{(35)}$	29.55$^{(32)}$	37.96$^{(29)}$	49.27$^{(24)}$	77.44$^{(8)}$	85.32$^{(3)}$	90.00$^{(0)}$
443	443	12.68$^{(40)}$	55.88$^{(23)}$	67.03$^{(16)}$	77.32$^{(9)}$	78.75$^{(8)}$		

附录2　常见晶体的标准电子衍射花样

本附录包括面心立方(图Ⅱ－1)、体心立方(图Ⅱ－2)和密排六方(图Ⅱ－3)晶体某些较低指数晶带$[uvw]$的标准电子衍射花样,也就是倒易点阵中以$[uvw]$为法线方向的零层倒易截面$(uvw)_0^*$的阵点排列图形。$[uvw]$或入射电子束方向$\boldsymbol{B}$按$=[uvw]=\boldsymbol{g}_1\times\boldsymbol{g}_2$定义:

$$\boldsymbol{B}=[uvw]=\boldsymbol{g}_1\times\boldsymbol{g}_2$$

并满足$\boldsymbol{g}_1$,$\boldsymbol{g}_2$选择的有关规定。图中空心圆为中心斑点,实心圆表示根据相应晶体结构的消光规律应该出现的斑点,打叉的表示结构因数为零、但发生双衍射时可能出现的额外斑点位置。每幅花样中仅标出与其特征平等四边形有关的几个斑点指数,其余指数均可通过倒易点阵的矢量运算加以确定。同时,每幅花样都注明主要斑点的$\boldsymbol{R}$(或$\boldsymbol{g}$)之间的夹角和长度比$\left(\frac{A}{B}或\frac{A}{C},\frac{B}{C}\right)$,供计算或对照分析时使用。

图Ⅱ-3所列密排六方晶体的标准花样,采用密勒布喇菲四指数系统,并假定为精确的密排方式,因而仅适用于c/a比为1.633的晶体。如果轴比不同,则斑点的位置将发生变化。

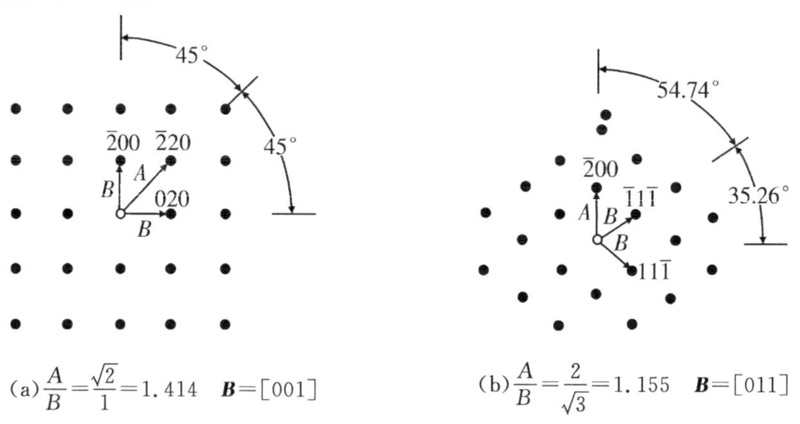

(a)$\frac{A}{B}=\frac{\sqrt{2}}{1}=1.414$　$\boldsymbol{B}=[001]$　　(b)$\frac{A}{B}=\frac{2}{\sqrt{3}}=1.155$　$\boldsymbol{B}=[011]$

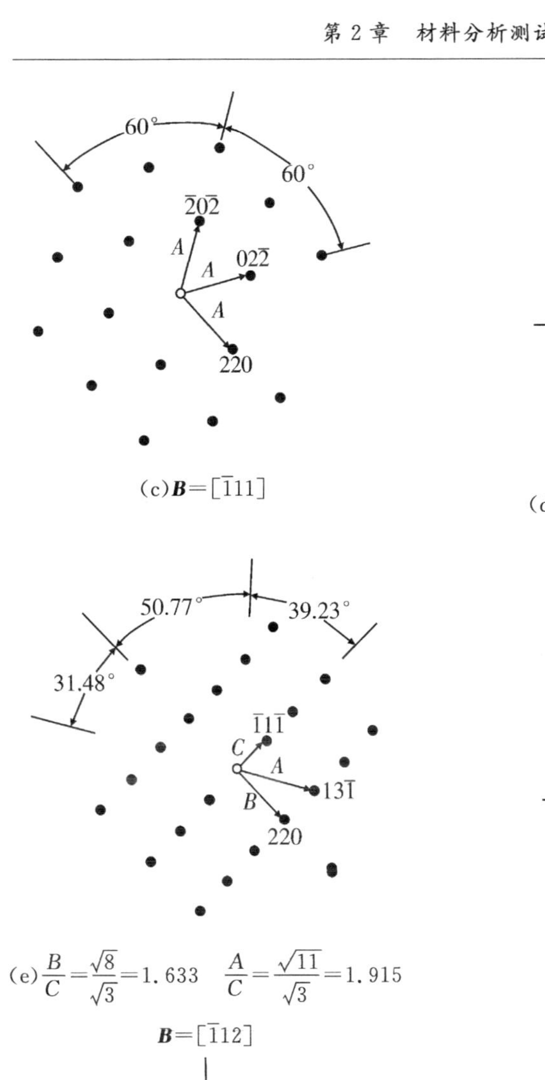

(c)$\boldsymbol{B}=[\bar{1}11]$

(e)$\dfrac{B}{C}=\dfrac{\sqrt{8}}{\sqrt{3}}=1.633$　$\dfrac{A}{C}=\dfrac{\sqrt{11}}{\sqrt{3}}=1.915$

$\boldsymbol{B}=[\bar{1}12]$

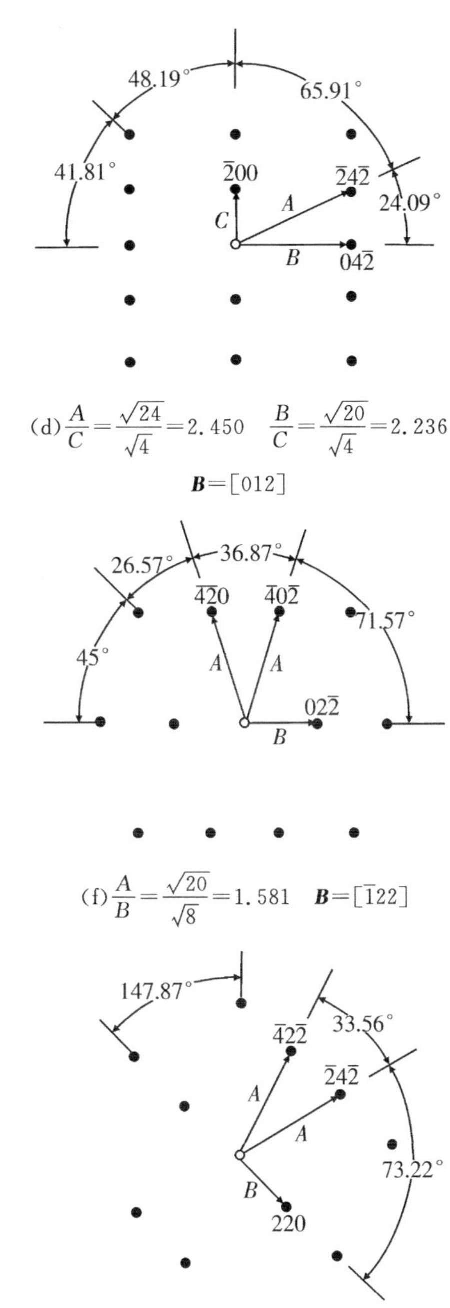

(d)$\dfrac{A}{C}=\dfrac{\sqrt{24}}{\sqrt{4}}=2.450$　$\dfrac{B}{C}=\dfrac{\sqrt{20}}{\sqrt{4}}=2.236$

$\boldsymbol{B}=[012]$

(f)$\dfrac{A}{B}=\dfrac{\sqrt{20}}{\sqrt{8}}=1.581$　$\boldsymbol{B}=[\bar{1}22]$

(h)$\dfrac{A}{B}=\dfrac{\sqrt{24}}{\sqrt{8}}=1.732$　$\boldsymbol{B}=[\bar{1}13]$

(g)$\dfrac{A}{B}=\dfrac{\sqrt{11}}{\sqrt{4}}=1.658$　$\boldsymbol{B}=[0\bar{1}3]$

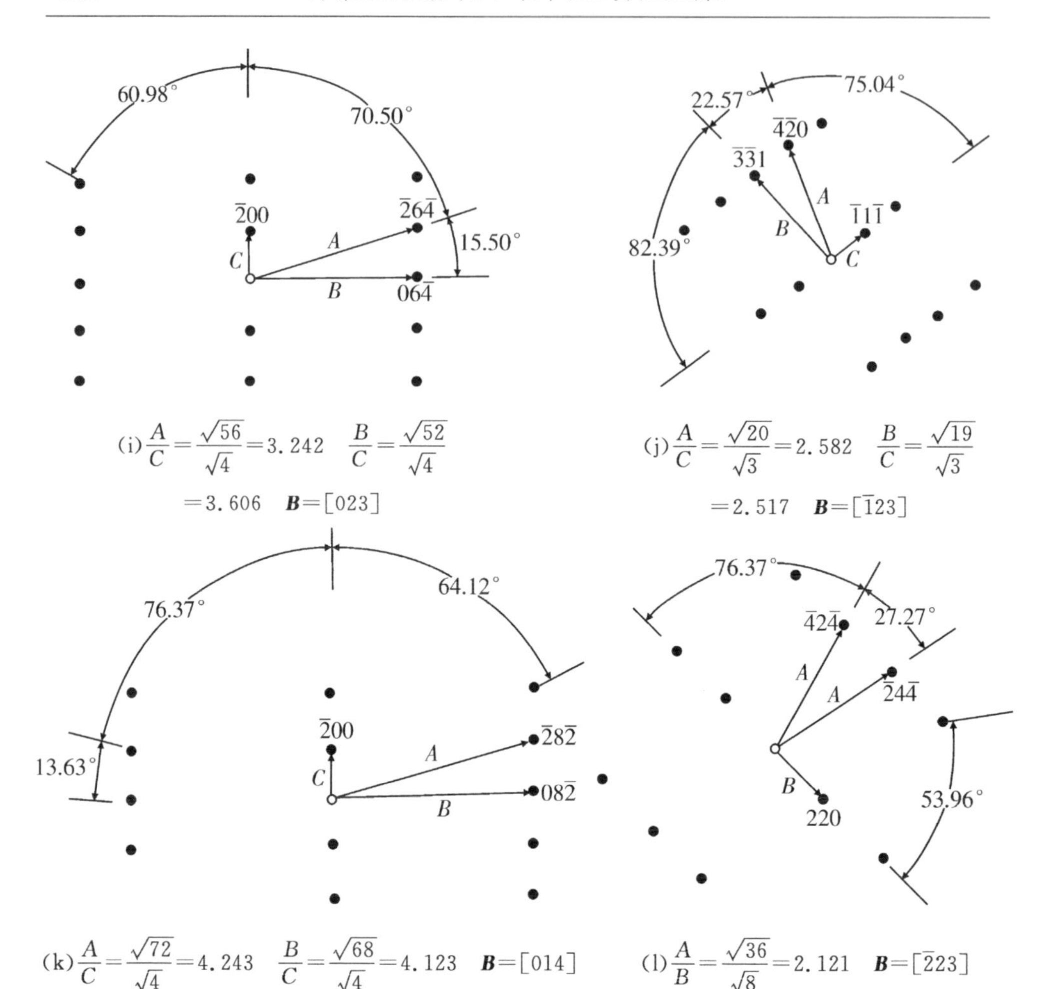

(i) $\frac{A}{C}=\frac{\sqrt{56}}{\sqrt{4}}=3.242$　$\frac{B}{C}=\frac{\sqrt{52}}{\sqrt{4}}=3.606$　$\boldsymbol{B}=[023]$

(j) $\frac{A}{C}=\frac{\sqrt{20}}{\sqrt{3}}=2.582$　$\frac{B}{C}=\frac{\sqrt{19}}{\sqrt{3}}=2.517$　$\boldsymbol{B}=[\bar{1}23]$

(k) $\frac{A}{C}=\frac{\sqrt{72}}{\sqrt{4}}=4.243$　$\frac{B}{C}=\frac{\sqrt{68}}{\sqrt{4}}=4.123$　$\boldsymbol{B}=[014]$

(l) $\frac{A}{B}=\frac{\sqrt{36}}{\sqrt{8}}=2.121$　$\boldsymbol{B}=[\bar{2}23]$

图Ⅱ-1　面心立方晶体的标准电子衍射花样

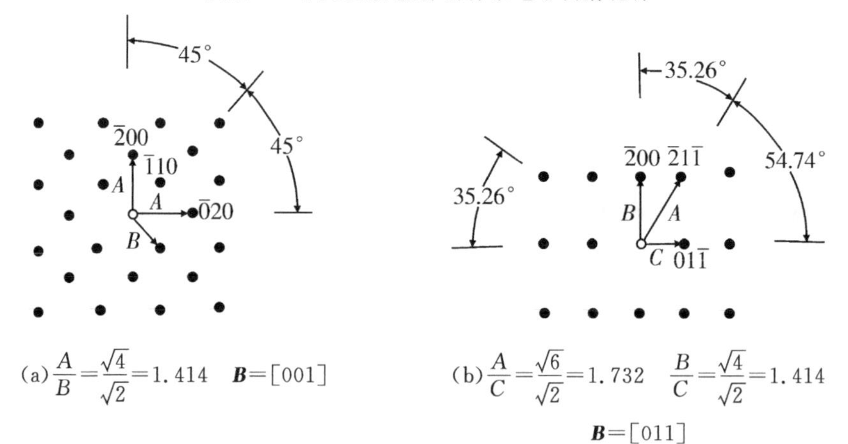

(a) $\frac{A}{B}=\frac{\sqrt{4}}{\sqrt{2}}=1.414$　$\boldsymbol{B}=[001]$

(b) $\frac{A}{C}=\frac{\sqrt{6}}{\sqrt{2}}=1.732$　$\frac{B}{C}=\frac{\sqrt{4}}{\sqrt{2}}=1.414$　$\boldsymbol{B}=[011]$

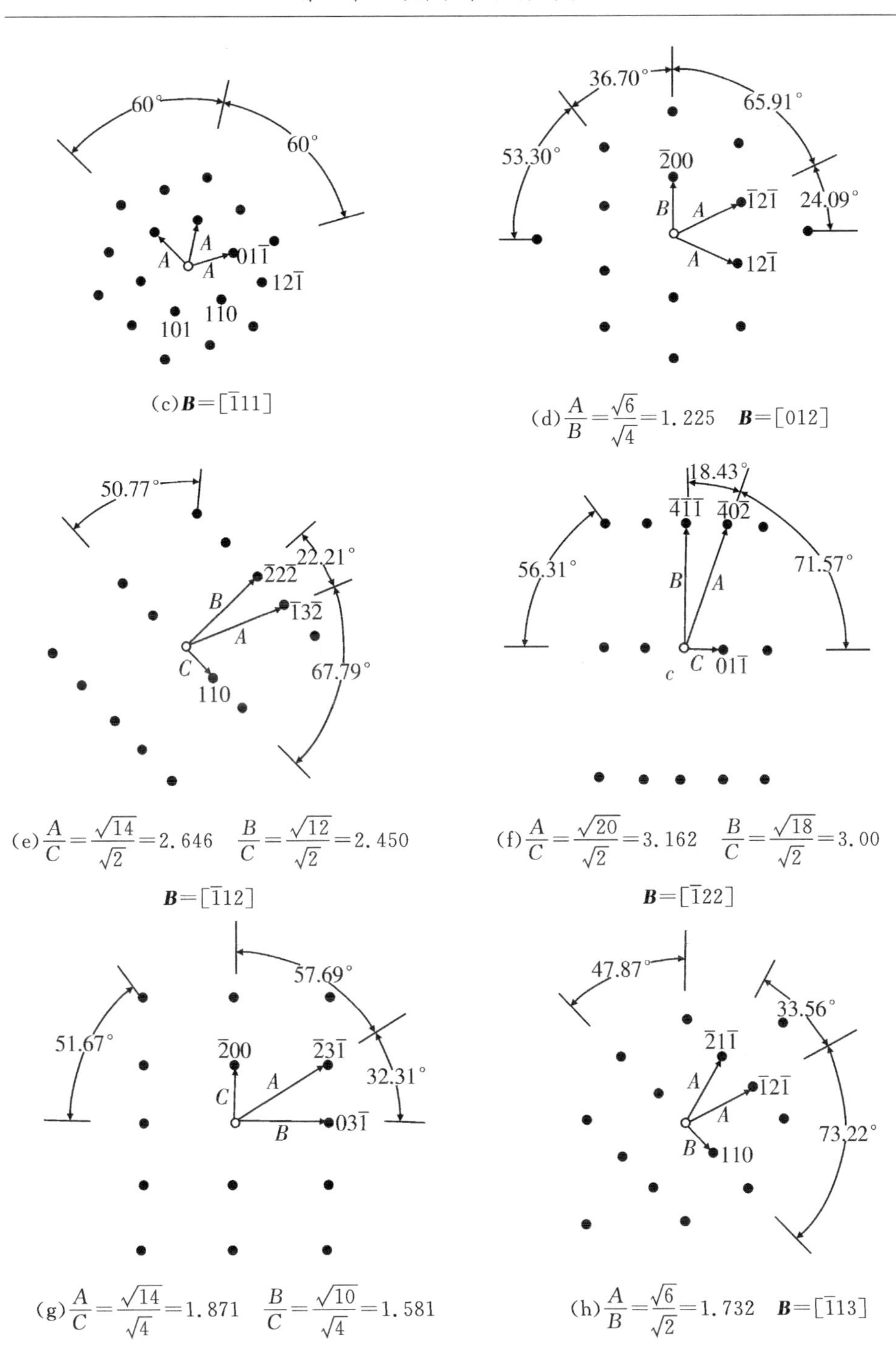

(c)$\boldsymbol{B}=[\bar{1}11]$

(d)$\dfrac{A}{B}=\dfrac{\sqrt{6}}{\sqrt{4}}=1.225$　$\boldsymbol{B}=[012]$

(e)$\dfrac{A}{C}=\dfrac{\sqrt{14}}{\sqrt{2}}=2.646$　$\dfrac{B}{C}=\dfrac{\sqrt{12}}{\sqrt{2}}=2.450$

$\boldsymbol{B}=[\bar{1}12]$

(f)$\dfrac{A}{C}=\dfrac{\sqrt{20}}{\sqrt{2}}=3.162$　$\dfrac{B}{C}=\dfrac{\sqrt{18}}{\sqrt{2}}=3.00$

$\boldsymbol{B}=[\bar{1}22]$

(g)$\dfrac{A}{C}=\dfrac{\sqrt{14}}{\sqrt{4}}=1.871$　$\dfrac{B}{C}=\dfrac{\sqrt{10}}{\sqrt{4}}=1.581$

$\boldsymbol{B}=[013]$

(h)$\dfrac{A}{B}=\dfrac{\sqrt{6}}{\sqrt{2}}=1.732$　$\boldsymbol{B}=[\bar{1}13]$

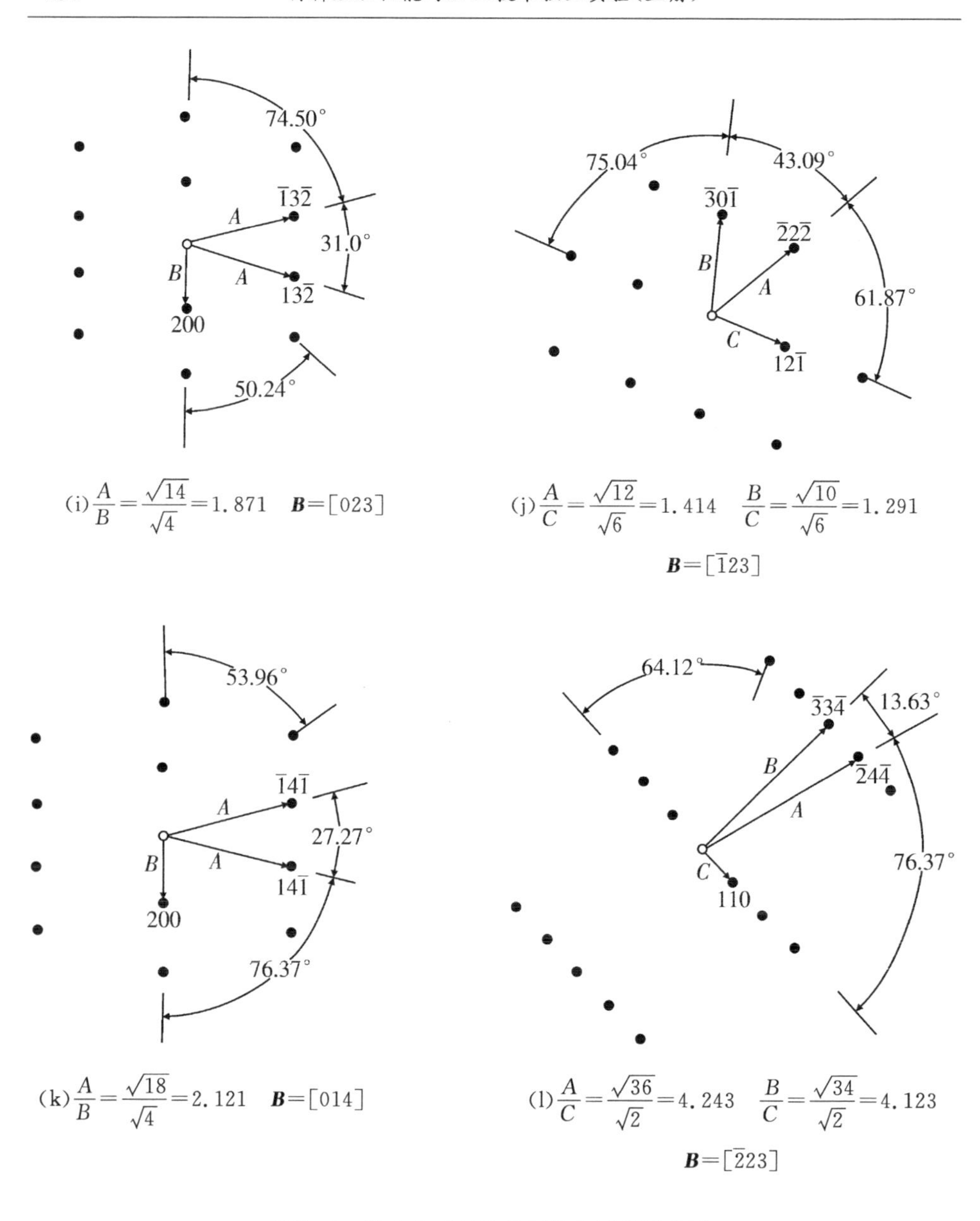

(i) $\dfrac{A}{B}=\dfrac{\sqrt{14}}{\sqrt{4}}=1.871$ $\boldsymbol{B}=[023]$

(j) $\dfrac{A}{C}=\dfrac{\sqrt{12}}{\sqrt{6}}=1.414$ $\dfrac{B}{C}=\dfrac{\sqrt{10}}{\sqrt{6}}=1.291$

$\boldsymbol{B}=[\bar{1}23]$

(k) $\dfrac{A}{B}=\dfrac{\sqrt{18}}{\sqrt{4}}=2.121$ $\boldsymbol{B}=[014]$

(l) $\dfrac{A}{C}=\dfrac{\sqrt{36}}{\sqrt{2}}=4.243$ $\dfrac{B}{C}=\dfrac{\sqrt{34}}{\sqrt{2}}=4.123$

$\boldsymbol{B}=[\bar{2}23]$

图Ⅱ-2 体心立方晶体的标准电子衍射花样

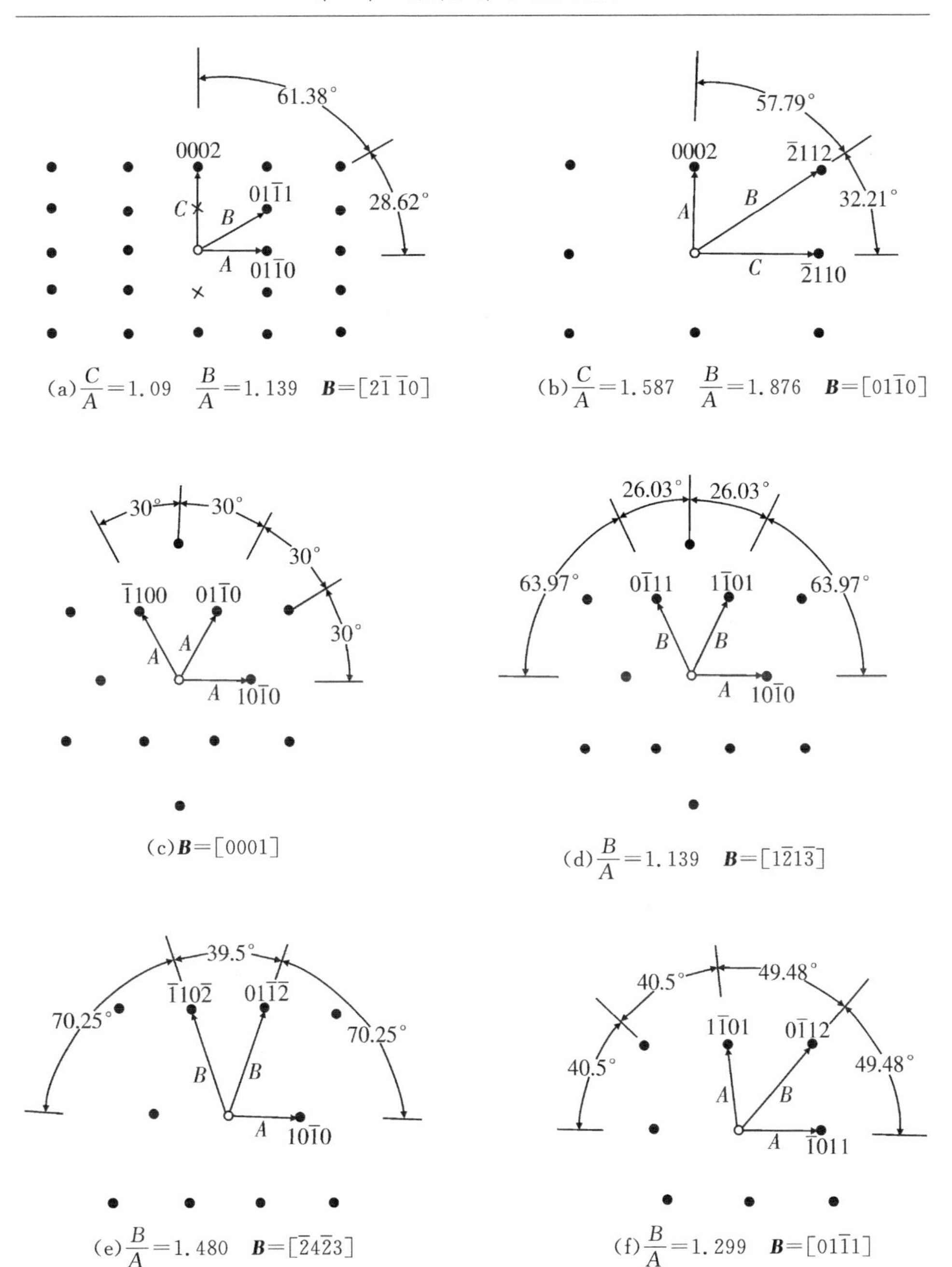

(a) $\frac{C}{A}=1.09$ $\frac{B}{A}=1.139$ $\boldsymbol{B}=[2\bar{1}\bar{1}0]$

(b) $\frac{C}{A}=1.587$ $\frac{B}{A}=1.876$ $\boldsymbol{B}=[01\bar{1}0]$

(c) $\boldsymbol{B}=[0001]$

(d) $\frac{B}{A}=1.139$ $\boldsymbol{B}=[1\bar{2}1\bar{3}]$

(e) $\frac{B}{A}=1.480$ $\boldsymbol{B}=[\bar{2}4\bar{2}3]$

(f) $\frac{B}{A}=1.299$ $\boldsymbol{B}=[01\bar{1}1]$

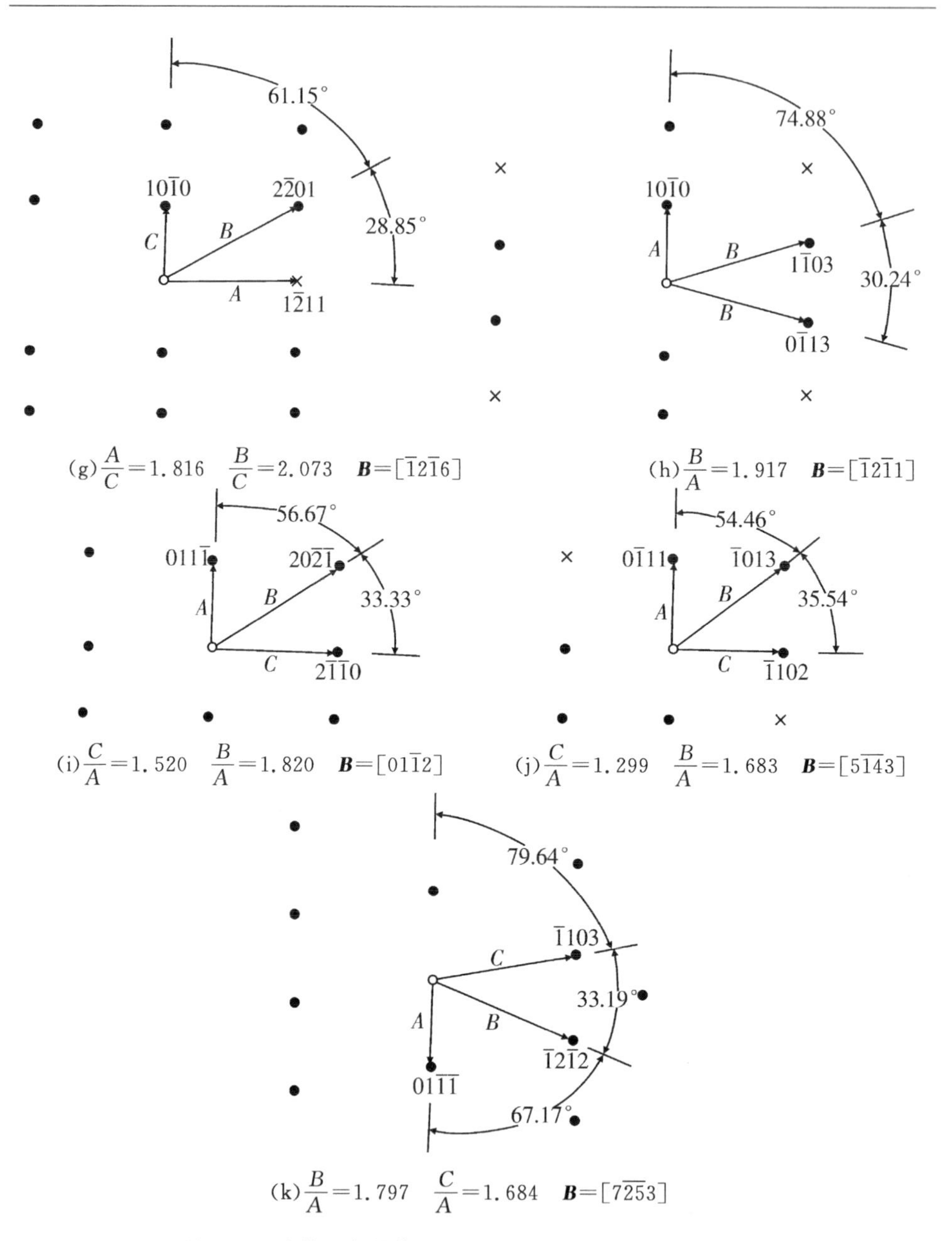

(g) $\dfrac{A}{C}=1.816$ $\dfrac{B}{C}=2.073$ $\boldsymbol{B}=[\bar{1}2\bar{1}6]$

(h) $\dfrac{B}{A}=1.917$ $\boldsymbol{B}=[\bar{1}2\bar{1}1]$

(i) $\dfrac{C}{A}=1.520$ $\dfrac{B}{A}=1.820$ $\boldsymbol{B}=[01\bar{1}2]$

(j) $\dfrac{C}{A}=1.299$ $\dfrac{B}{A}=1.683$ $\boldsymbol{B}=[5\bar{1}\bar{4}3]$

(k) $\dfrac{B}{A}=1.797$ $\dfrac{C}{A}=1.684$ $\boldsymbol{B}=[7\bar{2}\bar{5}3]$

图Ⅱ-3 密排六方晶体(c/a=1.633)的标准电子衍射花样

附录3　特征X射线的波长和能量表

本表列出电子探针仪中用于检测由$_4$Be至$_{92}$U范围内元素的主要特征X射线波长λ(Å)和能量E(keV)，数据转摘自上海交通大学陈世朴、王永瑞合编《金属电子显微分析》书附录Ⅳ中序号为(39)和(48)的两本书。

鉴于目前波长分散谱仪(WDS)中所用分析晶体适用的波长范围(约为1～100Å，有时亦为了避免多元素系统谱线的干扰，可分别选用K、L或M系的α_1(或β_1)谱线表征各该元素的类别。当$K_{\alpha1}$和$K_{\alpha2}$的波长或能量差别较小时，常取不加分辨的K_α谱线的波长或能量加以检测。对L及M系谱线也类推。

元素		K_{α_1}		K_{β_1}		L_{α_1}		M_{α_1}	
Z	符号	λ	E	λ	E	λ	E	λ	E
4	Be	114.00	0.109						
5	B	67.6	0.183						
6	C	44.7	0.277						
7	N	31.6	0.392						
8	O	23.62	0.525						
9	F	18.32	0.677						
10	Ne	14.61	0.849	14.45	0.858				
11	Na	11.91	1.041	11.58	1.071				
12	Mg	9.89	1.254	9.52	1.302				
13	Al	8.339	1.487	7.96	1.557				
14	Si	7.125	1.740	6.75	1.836				
15	P	6.157	2.014	5.796	2.139				
16	S	5.372	2.308	5.032	2.464				
17	Cl	4.728	2.622	4.403	2.816				
18	Ar	4.192	2.958	3.886	3.191				
19	K	3.741	3.314	3.454	3.590				
20	Ca	3.358	3.692	3.090	4.103				
21	Sc	3.031	4.091	2.780	4.461				
22	Ti	2.749	4.511	2.514	4.932	27.42	0.452		

续表

元素		K_{α_1}		K_{β_1}		L_{α_1}		M_{α_1}	
Z	符号	λ	E	λ	E	λ	E	λ	E
23	V	2.504	4.952	2.284	5.427	24.25	0.511		
24	Cr	2.290	5.415	2.085	5.947	21.64	0.573		
25	Mn	2.102	5.899	1.910	6.490	19.45	0.637		
26	Fe	1.936	6.404	1.757	7.058	17.59	0.705		
27	Co	1.789	6.980	1.621	7.649	15.97	0.776		
28	Ni	1.658	7.478	1.500	8.265	14.56	0.852		
29	Cu	1.541	8.048	1.392	8.905	13.34	0.930		
30	Zn	1.435	8.639	1.295	9.572	12.25	1.012		
31	Ga	1.340	9.252	1.208	10.26	11.29	1.098		
32	Ge	1.254	9.886	1.129	10.98	10.44	1.188		
33	As	1.177	10.53	1.057	11.72	9.671	1.282		
34	Se	1.106	11.21	0.992	12.49	8.99	1.379		
35	Br	1.041	11.91	0.933	13.29	8.375	1.480		
36	Kr				7.817	1.586			
37	Rb				7.318	1.694			
38	Sr				6.863	1.807			
39	Y				6.449	1.923			
40	Zr				6.071	2.042			
41	Nb				5.724	2.166			
42	Mo				5.407	2.293			
43	Tc				5.115	2.424			
44	Ru				4.846	2.559			
45	Rh				4.597	2.697			
46	Pd				4.368	2.839			
47	Ag				4.154	2.984			
48	Cd				3.956	3.134			
49	In				3.772	3.287			
50	Sn				3.600	3.444			

续表

元素		K_{α_1}		K_{β_1}		L_{α_1}		M_{α_1}	
Z	符号	λ	E	λ	E	λ	E	λ	E
51	Sb				3.439	3.605			
52	Te				3.289	3.769			
53	I				3.149	3.938			
54	Xe				3.017	4.110			
55	Cs				2.892	4.287			
56	Ba				2.776	4.466			
57	La				2.666	4.651			
58	Ce				2.562	4.840			
59	Pr				2.463	5.034			
60	Nd				2.370	5.230			
61	Pm				2.282	5.433			
62	Sm				2.200	5.636	11.47	1.081	
63	Eu				2.121	5.846	10.96	1.131	
64	Gd				2.047	6.057	10.46	1.185	
65	Tb				1.977	6.273	10.00	1.240	
66	Dy				1.909	6.495	9.590	1.293	
67	Ho				1.845	6.720	9.200	1.347	
68	Er				1.784	6.949	8.820	1.405	
69	Tm				1.727	7.180	8.480	1.462	
70	Yb				1.672	7.416	8.149	1.521	
71	Lu				1.620	7.656	7.840	1.581	
72	Hf				1.57	7.899	7.539	1.645	
73	Ta				1.522	8.146	7.252	1.710	
74	W				1.476	8.398	6.983	1.775	
75	Re				1.433	8.653	6.729	1.843	
76	Os				1.391	8.912	6.490	1.910	
77	Ir				1.351	9.175	6.262	1.980	
78	Pt				1.313	9.442	6.047	2.051	

续表

元素		K_{α_1}		K_{β_1}		L_{α_1}		M_{α_1}	
Z	符号	λ	E	λ	E	λ	E	λ	E
79	Au				1.276	9.713	5.840	2.123	
80	Hg				1.241	9.989	5.645	2.196	
81	Tl				1.207	10.27	5.460	2.271	
82	Pb				1.175	10.55	5.286	2.346	
83	Bi				1.144	10.84	5.118	2.423	
84	Po				1.114	11.13			
85	At				1.085	11.43			
86	Rn				1.057	11.73			
87	Fr				1.030	12.03			
88	Ra				1.005	12.34			
89	Ac				0.9799	12.65			
90	Th				0.956	12.97	4.138	2.996	
91	Pa				0.933	13.29	4.022	3.082	
92	U				0.911	13.61	3.910	3.171	

第3章　材料力学性能实验

3.1　本章概要

“材料力学性能”是高等理工科院校材料科学与工程学科的一门专业基础必修课。通过该课程的教学要求学生了解在各种加载条件下或加载条件与环境(温度、介质)的共同作用下材料的变形与断裂的本质及其基本规律。掌握材料各种力学性能指标的物理意义和工程技术意义,以及内在因素和外部条件对力学性能指标的影响及其变化规律。

材料力学性能实验是材料科学与工程的一个重要组成部分,它不仅巩固所学理论,而且是培养学生分析问题和解决问题能力的重要环节。通过实验课程的学习,要求学生掌握主要力学性能指标的原理和测试方法。

本书从材料力学性能实验的基本原理出发,着重介绍了材料力学性能基本实验原理和测试方法。通过这些实验教学提高学生的动手能力和激发学生的创新思维能力。

每一个实验都附有思考题,以便加深对材料力学性能理论和原理的理解。可以根据教学实际情况选用。

3.2　材料静态力学性能测试实验

实验1　金属材料静态室温拉伸实验

静态拉伸实验是测定材料力学性能最基本、最重要的实验之一。通过实验揭示材料在静态拉伸下的力学性能,诸如材料对载荷抵抗能力、材料的弹性、塑性、强度、断裂等重要力学性能的变化规律。这些性能是工程上合理地选用材料、评定材质、进行强度和刚度设计的重要依据。

通过实验可以使学生了解国家标准对拉伸实验和数据处理的相关规定,熟悉微机控制万能材料试验机的操作,锻炼动手操作能力,掌握先进实验技术。通过实验还可以加深和巩固学生对材料力学性能课程中关于材料静态拉伸性能相关理论的理解和掌握。

1. 实验目的

(1)测定低碳钢(低强度高塑性材料)的屈服极限、抗拉强度、断后伸长率和断面收缩率,绘制 $F-\Delta L$ 曲线和应力应变曲线 。

(2)测定高碳钢(高强度低塑性材料)的屈服极限、抗拉强度、断后伸长率和断面收缩率,绘制 $F-\Delta L$ 曲线和应力应变曲线 。

(3)观察比较不同材料的屈服、强化、缩颈、断裂等力学行为和断口形貌特征。

2. 实验概述

1)实验原理

在单向拉伸实验中以拉力 F 为纵坐标,伸长 ΔL 为横坐标,所绘出的实验曲线图形称为拉伸图,即 $F-\Delta L$ 曲线,由低碳钢拉伸图(图 3-1)可明显地看到四个阶段。弹性阶段、屈服阶段、均匀塑性变形阶段、局部集中变形阶段。

(1)材料强度指标

在材料拉力-伸长曲线($F-\Delta L$ 曲线)上根据各个特征力值(比例伸长力 F_p,弹性伸长力 F_e,上屈服力 F_{su},下屈服力 F_{sl},最大力 F_b,断裂力 F_F)除以试样原始截面积 S_0 可以计算出相对应的强度指标。

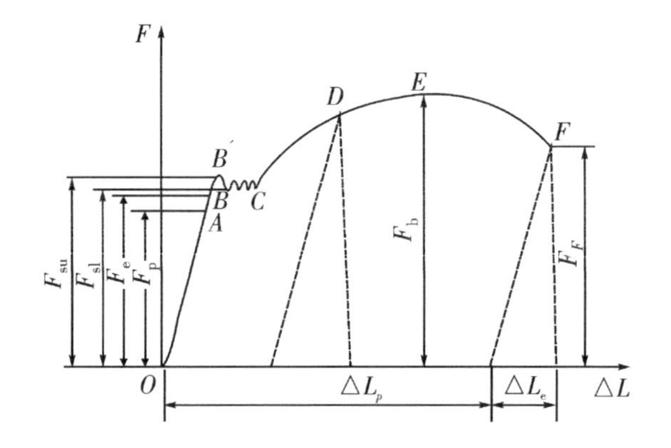

图 3-1 低碳钢的拉伸曲线

例如,比例极限:F_p/S_0;弹性极限:F_e/S_0;上屈服强度:F_{su}/S_0;下屈服强度:F_{sl}/S_0;抗拉强度:F_b/S_0;断裂强度:F_F/S_0。

对于无明显物理屈服现象的材料,国家标准(GB/T228—2002)规定了图解法与滞后环法,分别适用于弹性变形阶段有明显直线段与无明显直线段的材料试验。

①图解法

对于弹性变形阶段有明显直线部分的材料，在电子万能材料试验机上通过拉伸试验准确绘制出材料的 $F-\Delta L$ 曲线，以距离坐标原点距离 $\varepsilon_p L_e$ 处为起点作一条平行于拉伸曲线直线部分的直线，该直线与拉伸曲线交点的纵坐标为对应的规定非比例延伸力 F_P（图 3－2），除以试样横截面积 S_0，得到非比例屈服强度。

$$R_P = F_p / S_0 \qquad (3-1)$$

图 3－2　图解法

② 滞后环法

对于弹性变形阶段无明显直线部分的材料，在电子万能材料试验机上通过加载-卸载-加载过程拉出一条滞后环曲线 $F-\Delta L$，依据滞后环的两个交点作一条直线（如图 3－3 中的虚线），以坐标原点距离 $\varepsilon_p L_e$ 处为起点作一条直线（平行与图 3－3 中虚线），直线与拉伸曲线（或其平滑包络线）的交点的纵坐标即为对应的规定非比例延伸力 F_p（图 3－3），除以试样横截面积 S_0，即得非比例屈服强度（式(3－1)）。

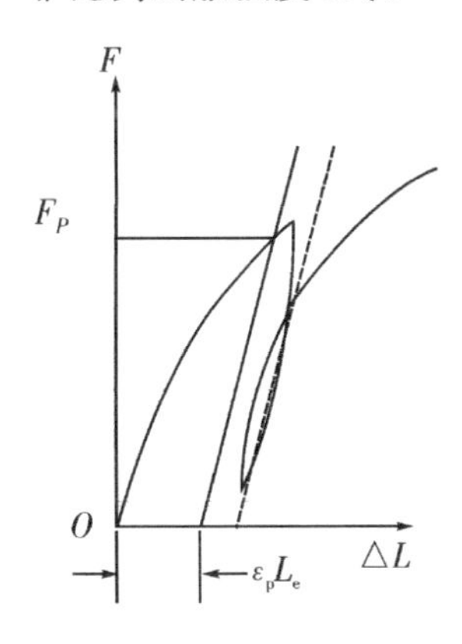

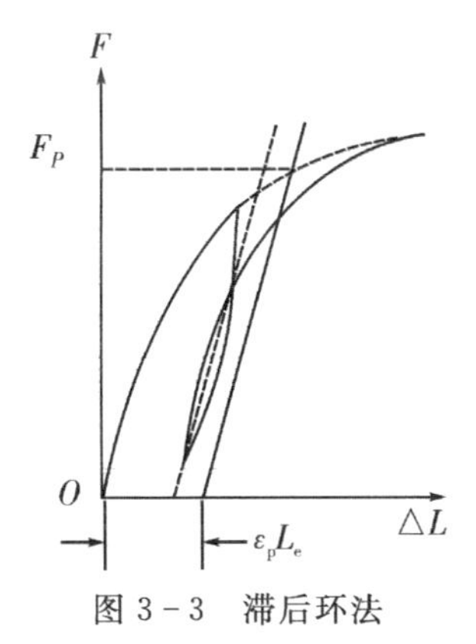

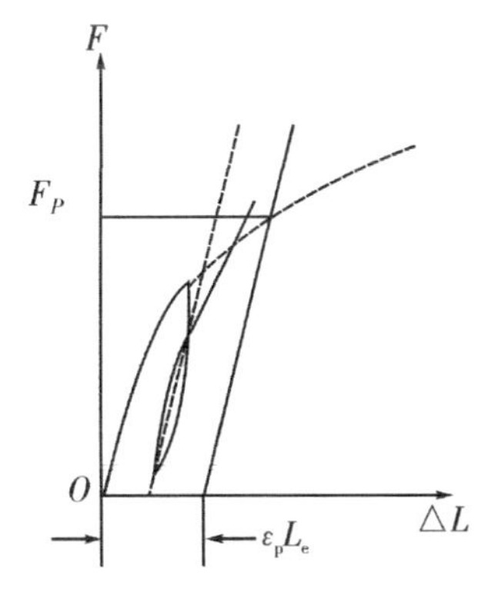

图 3－3　滞后环法

(2)塑性指标

根据各个特征伸长量（断裂后塑性伸长 ΔL_p；弹性伸长 ΔL_e）除以原始标距 L_0 计算出相应的塑性指标。例如弹性变形 $\Delta L_e / L_0$；塑性变形 $\Delta L_p / L_0$。

①断后伸长率

$$A = [(Lu - L_0)/L_0] \times 100\%$$

式中：L_0 为试样原始标距；L_u 为断后伸长量。

②断面收缩率

$$Z = [(S_0 - S_u)/ S_0] \times 100\%$$

式中：S_0 为试样原始截面积； Su 为试样断后截面积。

2)试样形状和尺寸

国家标准(GB/T228—2002)对材料室温拉伸试验规定:拉伸试样分为标准试件和比例试件,标准试件形状和尺寸见图 3-4。

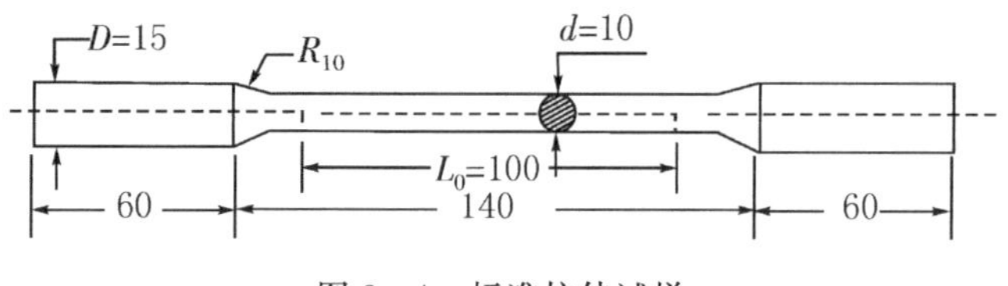

图 3-4 标准拉伸试样

比例试件是指标距 L_0 与试件截面面积平方根 $\sqrt{A_0}$ 有一定的比例关系,即 $L_0=K\sqrt{A_0}$,L_0 为试样标距,K 取 5.56 或 11.3。本试验采用圆截面比例试件,$d_0=10$ mm,$L_0=5d_0$,其它部分形状和尺寸与标准拉伸试样一致。

3. 实验内容

(1)对不同材料强度和塑性的金属材料(20#钢正火和 T8 钢淬火低温回火)测试拉力—伸长曲线。

(2)确定试样各个特征力值和特征伸长值。

(3)计算各强度指标和塑性指标。

4. 实验材料与设备

(1)电子万能材料试验机一台

(2)位移测量引伸计一个

(3)千分尺一把

(4)刻线机一台

(5)20#钢正火和 T8 钢淬火低温回火拉伸试样各一件。

电子万能材料试验机的简图见图 3-5。主机结构分为负荷机架、传动系统、夹持系统与位置保护装置。负荷机架由四根立柱连接上横梁与工作台板构成门式框架,两丝杠穿过动横梁两端并安装在上横梁与工作台板之间。工作时伺服电机驱动机械传动减速器带动丝杠转动,使动横梁上下移动。试验过程中,力在门式负荷框架内得到平衡。载荷传感器安装在动横梁上,万向连轴节及一只拉伸夹具安装在负荷传感器上,另一只夹具安装在上横梁上。压缩或弯曲等试验在试验机下部空间进行。安装好试件后,通过主控计算机启动横梁驱动系统及测量系统即可开始试验工作。

试验机操作步骤如下:

(1)打开计算机电源,双击桌面上的"TestExpert"图标启动试验程序。

图 3 - 5　电子万能材料试验机

(2)打开控制器电源后点击“联机”按钮，连上机后点击“启动”按钮。

(3)点击菜单中的“文件”→点击选择工作目录→选择相应的存储路径。

(4)在菜单里选择本次试验所采用的试验条件(所有试验条件以“.CON”作为扩展名)，可以直接使用默认的试验条件，也可以按照试验要求修改试验条件。点击左上角“条件 C”，点击“条件读盘”，选择相同试验名称的文件，点击“打开”，在文件名内可输入自己的试验文件名如“拉伸试验”等，根据提示可选择相应的条件，点击上行的“计算项目”，选择需要测试和计算的项目后通过点击“》”选填到右面，点击“试验参数输入”输入试件数量、直径和标距等，如果需要改变弹性段两点的位置，单击右边的“弹性模量”后可在左下角改动。“控制参数”、“数据采集”、“设备参数”一般不要改动。设置完成后点击“确定”，此时设置的条件按试验名已存盘。

(5)使用手动控制盒的升、降按钮慢速移动横梁到合适位置停机，以便夹持试样。将配套的夹具安装好后，安装试件，如要测量弹性模量时将引伸计安装在试件的中部。

(6)确保已设置好试验条件，试样已安装好，各通道清零(在各通道的数显表头上点击鼠标右键，弹出一个快捷菜单，点“清零”即可)，试验中途需要改变试验速度时用鼠标右击右上角的速度窗口更改试验速度(中途变速时要左击向下箭头才起作用)。

(7)在主界面左侧点击“试验”按钮或点击工具条上的开始试验按钮进行实验,直到结束。

(8)图形和结果处理:实验结束后确认本次实验有效,测试结果就显示在屏幕上,如果需要修改时可点击“单曲线图案”→点击文件→点击“读曲线”→点击本次的试验名→点击“打开”,此时测试数据和曲线显示出来,可点击右键,选择需要项目进行编辑,标注后可保存为 bmp 文件。选择“打印”,点击本次的试验名称,点击“打开”,选择“力-位移”或“力-变形”曲线等,点击“打印预览”,生成报告满意后直接进行打印即可。或在打印预览后点击“word 输出”生成可改写的 word 文档,在报告下方点击右键,点击“粘贴”即可将曲线复制进去,然后可打印或存盘。

(9)如果继续做其它试样的试验,请返回步骤 4。

(10)完成实验数据处理后,点击“制动”按钮,关闭控制器的电源,点击“文件”,点击“退出”,关闭计算机电源。

5. 实验流程

1)实验过程

用游标卡尺在试样标距两端及中间处相互垂直的方向上测量直径尺寸,测量三次取算术平均值计算横截面面积 S_0,并修正到三位有效数值。

用刻线机在试样上标出原始标距,并将试样标距范围内的部分均分为 10 等分。

安装试件:将试件安装固定在试验机上夹头中,调整下夹头到适当位置,将试件下端夹在下夹头中。

用标定器对位移传感器进行标定。将位移传感器安装在试样标距内。

加载,测量试样的拉力—伸长曲线,观察材料拉伸过程中各个变形阶段的情况。

2)数据处理

用图解法测定试样的规定非比例延伸强度。

测定存在屈服平台形式(具有明显物理屈服现象的材料)试样的屈服强度。

测定材料的比例极限、弹性极限和抗拉强度。

测量试样拉断后的标距 L_1 和颈缩处的最小直径 d_1,并分别计算断后伸长率 A 和断面收缩率 Z。

计算结果须按国家标准规定进行数值修约,各项指标要根据其计算数值大小参照表 3-1 进行修约,数值的取舍应按四舍五入规则进行。

6. 原始实验记录

仔细测量试样的原始数据,仔细读取实验过程中的相关试验数据,记录到实验报告一。

7. 实验报告

叙述本实验的原理、方法、试验过程和计算方法，给出试验结果。分析试验结果。

报告还要包括以下内容：1)本实验用设备、仪器的型号及特性；2)试样图；3)原始数据；4)试验曲线；5)画出试样宏观断口示意图(韧性断口和脆性断口)。

表 3-1　材料室温拉伸性能的数值修约规定

室温拉伸性能	测试范围	修约到
R_P R_m	≤200 MPa <200～1000 MPa >1000 MPa	1 MPa 5 Mpa 10 MPa
A	≤10% >10%	0.5% 1%
Z	≤25% >25%	0.5% 1%

8. 思考题

1)仔细绘出试样的宏观脆性断口形貌和宏观韧性断口形貌，指出各个特征区，分析引起材料宏观脆性断裂和宏观韧性断裂的原因。

2)提高金属材料的屈服强度有哪些方法？试用已学过的专业知识就每一种方法各举一个实例。

3)影响材料屈服强度的内在因素和外在因素是什么？

4)为什么材料的塑性要以延伸率和断面收缩率这两个指标来度量？它们在工程上有什么实际意义？

5)产生颈缩的应力条件是什么？要抑制颈缩的发生有哪些办法？

6)材料的真实应力应变曲线和工程应力应变曲线有什么区别？为什么？

实验报告一(金属材料静态拉伸测试)

<table>
<tr><td>姓名</td><td></td><td>班级</td><td></td><td>学号</td><td></td><td>成绩</td><td></td></tr>
<tr><td>实验名称</td><td colspan="7"></td></tr>
<tr><td>实验目的</td><td colspan="7"></td></tr>
<tr><td>实验设备</td><td colspan="7"></td></tr>
<tr><td colspan="8">试样图</td></tr>
<tr><td colspan="8">试样宏观断口示意图(韧性断口和脆性断口)</td></tr>
</table>

实验结果:绘制材料的应力-应变曲线

拉伸实验数据表

编号	材料	So (mm²)	Su (mm²)	Lo (mm)	Lu (mm)	Fel (N)	Fm (N)	A (%)	Z (%)	Rel (MPa)	Rp (MPa)	Rm (MPa)	

指导教师　　　　　　　　　　　　年　　月　　日

实验 2 金属材料弹性模量及泊松比测定

工程上弹性模量一般指正应力下的杨氏模量,表征材料在外力作用下抵抗发生弹性变形的能力。弹性模量 E 越大,材料越不易发生弹性变形。弹性模量在工程应用中的意义主要有两个方面:(1)用于构件的刚度设计;(2)用于吸能、储能的弹性元件设计。

1. 实验目的

(1)学习和掌握材料弹性模量的测试原理和方法,理解材料弹性模量的物理本质和实际应用意义。

(2)比较不同金属材料的弹性模量。

(3)在比例极限以内验证胡克定律。

2. 实验概述

1)实验原理

材料的扬氏模量及泊松比是材料的弹性常数,一般通过弹性范围内的拉伸试验来测量材料弹性常数,可以采用不同的方法,如图解法、拟合法、电测法等求得。

(1)图解法

试验时,用自动记录方法绘制轴向力-轴向变形曲线,如图 3-6。在记录的轴向力一轴向变形曲线上,确定弹性直线段,在该直线段上读取相距尽量远的 A、B 两点之间的轴向力变化量和相应的轴向变形变化量,按式(3-2)计算杨氏模量。

$$E=\left(\frac{\Delta F}{S_0}\right)/\left(\frac{\Delta_1}{L_{e1}}\right) \tag{3-2}$$

如果在试验中同时记录绘制轴向力一横向变形曲线,如图 3-6。在弹性直线段读取相距尽量远而且相同轴向力变化量的 C、D 两点之间的横向变形量,和 A、B 两点之间的轴向变形量,按式(3-3)计算泊松比。

$$\mu=\left(\frac{\Delta_t}{L_{et}}\right)/\left(\frac{\Delta_1}{L_{e1}}\right) \tag{3-3}$$

(2)拟合法

试验时,在弹性范围内分级加载,记录每一级的轴向力和相对应的轴向变形数据对。分级加载一般不少于 8 级。用最小二乘法拟和轴向应力一轴向应变数据对,拟合直线的斜率即为杨氏模量,按式(3-4)计算。

$$E=\left[\sum(e_1S)-k\bar{e}_1\bar{S}\right]/\left(\sum e_1^2-k\bar{e}_1^2\right) \tag{3-4}$$

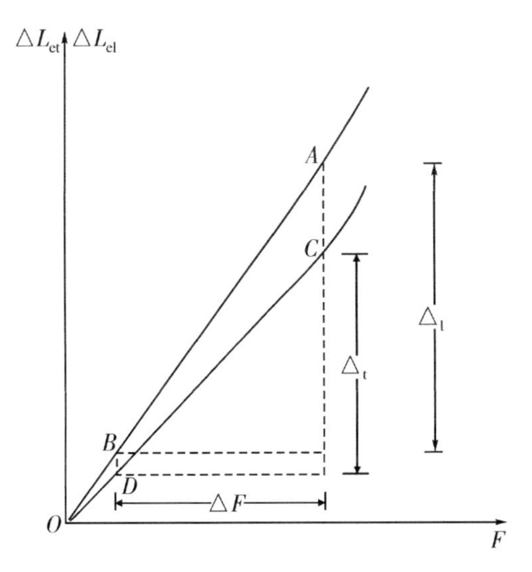

图 3－6　图解法测定杨氏模量和泊松比

式中：$e_1=\dfrac{\Delta L_{el}}{L_{el}}$；$\bar{e}_1=\dfrac{\sum e_1}{k}$；$S=\dfrac{F}{S_0}$；$\bar{S}=\dfrac{\sum S}{k}$；$k$ 为数据对。

试验时，在弹性范围内分级加载，在同一轴向力下记录每一级的横向变形和轴向变形数据对。分级加载一般不少于 8 级。用最小二乘法拟和横向应变－轴向应变数据对成直线，拟合直线的斜率即为泊松比，按式(3－5)计算。

$$\mu=\left[\sum(e_1 e_t-k\bar{e}_1\bar{e}_t\right]/\left(\sum e_1^2-k\bar{e}_1^2\right)\qquad(3-5)$$

式中：$e_1=\dfrac{\Delta L_{el}}{L_{el}}$；$\bar{e}_1=\dfrac{\sum e_1}{k}$；$e_t=\dfrac{\Delta L_{et}}{L_{et}}$；$\bar{e}_t=\dfrac{\sum e_t}{k}$；$k$ 为数据对。

(3)电阻应变计法

将电阻应变计贴在试样上，加载时试样和电阻应变片一起变形，电阻应变片变形引起电阻变化，通过电阻应变仪测量电阻变化量并转化为应变量。

电阻应变计与电阻应变仪连接可以采用半桥连接(图 3－7(a))，也可以采用全桥连接(图 3－7(b))。

半桥连法：试样轴向受力时，电阻应变仪即可测得对应于试验力下的轴向应变 e_1。

全桥连法：试样轴向受力时，电阻应变仪即可测得对应于试验力下的轴向应变得一半，即

$$e_1=\frac{1}{2}e_{仪}$$

式中：$e_{仪}$ 为应变仪显示值。

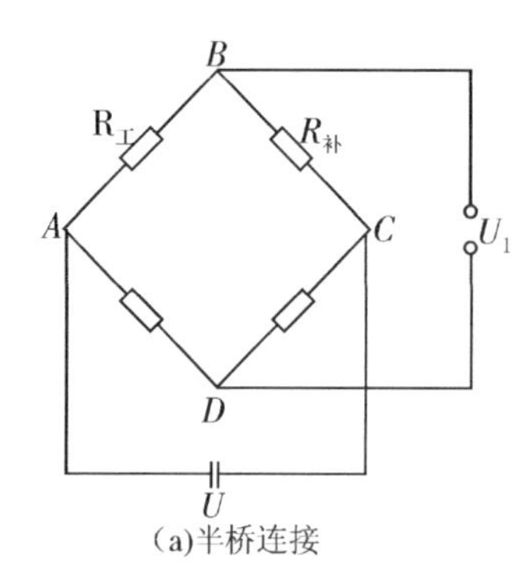

(a)半桥连接

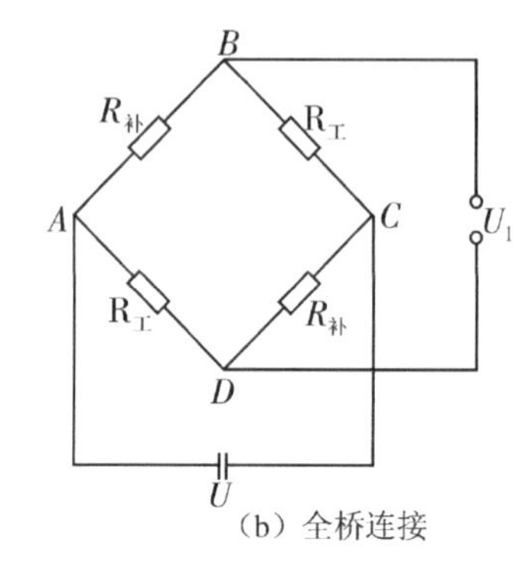

(b) 全桥连接

图 3-7 电阻应变计与电阻应变仪连接

杨氏模量按式(3-6)计算。

$$E=\left(\frac{\Delta F}{S_0}\right)/\Delta e_1 \tag{3-6}$$

2)试样形状和尺寸

图解法和拟合法测定杨氏模量和泊松比采用拉伸标准试件,试件形状和尺寸见图 3-8。电阻应变计法测定杨氏模量和泊松比采用矩形截面的板状试样。

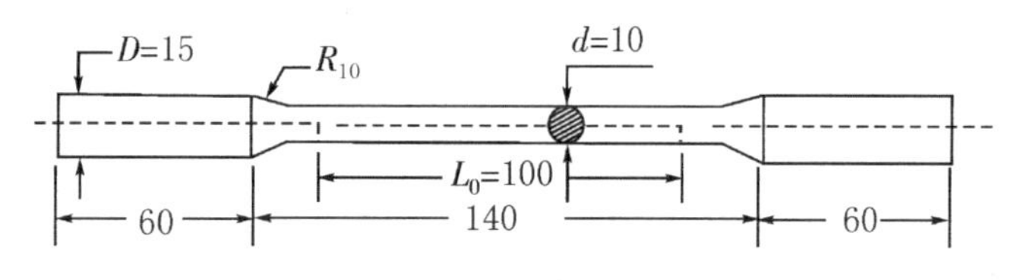

图 3-8 标准拉伸试样

3. 实验内容

(1)对不同材料强度和塑性的钢铁材料(20#钢正火和 T8 钢淬火低温回火)在弹性变形阶段测定和绘制轴向力—轴向变形曲线,轴向力—横向变形曲线,计算材料的杨氏模量和泊松比。

(2)对不同的金属材料(铝、铜、钢)在弹性变形阶段测定和绘制轴向力—轴向变形曲线,轴向力—横向变形曲线,计算材料的杨氏模量和泊松比。

(3)在比例极限以内验证胡克定律。

4. 实验材料与设备

(1)电子材料试验机一台。

(2)位移测量引伸计一个。

(3)千分尺一把。

(4)20＃钢正火试样一件，T8 钢淬火低温回火试样一件，铝合金试样一件，铜合金试样一件。

5. 实验流程

1)实验过程

(1)图解法和拟合法

用游标卡尺在试样标距两端及中间处相互垂直的方向上测量试样直径尺寸，测量三次取算术平均值计算横截面面积 S_0，并修正到三位有效数值。

安装试件:将试件安装固定在试验机上夹头中，调整下夹头到适当位置，将试件下端夹在下夹头中。

用标定器对位移传感器进行标定。将位移传感器正确安装在试样标距内。

加载:在弹性变形范围内测量绘制试样的轴向力—轴向变形曲线，轴向力—横向变形曲线。记录试验原始数据。

(2)电阻应变计法

正确粘贴电阻应变片到试样表面，不得有气泡或粘贴不牢固。实验开始前用导线正确连接电阻应变片到静态应变测试仪，采用半桥连接。

①打开仪器开关电源开关，预热 10 min，并检查仪器是否处于正常实验状态。

②将应变片按实验要求接至应变仪。

③对每片应变片用零读法，预调平衡或记录下各应变片的初读数。

④将试件安装在万能材料试验机上。

⑤首先对应变片的读数进行清零。然后分级加载，依据材料的比例极限确定分级加载方案(一般做五级荷载)。最大荷载不能大于比例极限的 85%。

⑥测量:加第一级荷载，通过转换开关依次分别接通各测点，读取横向应变和轴向应变值，然后逐次加载等量荷载 ΔF，记录各点横向应变和轴向应变数值，直到五级测完。检查测试数据，如果有怀疑的数据需要重做。每级变形增量 $\Delta\varepsilon$ 基本相等时，试验结束。否则，将荷载卸到 F_0 重新试验。

2)数据处理

用图解法测定计算材料的杨氏模量和泊松比。

用拟合法测定计算材料的杨氏模量和泊松比。

用电阻应变片法测定计算材料的杨氏模量和泊松比。

在比例极限以内验证胡克定律。

6. 原始实验记录

仔细测量试样的原始数据，仔细读取实验过程中的相关试验数据，记录到实验报告二。

7.**实验报告**

叙述本实验的原理和方法,试验过程,计算方法,给出试验结果。分析试验结果。

报告还要包括以下内容:①本实验用设备、仪器的型号及特性;②试样图;③原始数据;④试验曲线。

8.**思考题**

(1)金属的弹性模量主要取决于什么?为什么说它是一个对结构不敏感的力学性能指标?

(2)材料的弹性模量在工程上有什么重要意义?

(3)为什么金属材料具有正弹性模量和切弹性模量?能否从广义胡克定律推导加以证明?

(4)影响材料弹性模量的主要因素有哪些?

实验报告二　金属材料弹性模量测试

姓名		班级		学号		成绩	
实验名称							
实验目的							
实验设备							
试样图							

实验结果:拉伸曲线

弹性模量实验数据表

编号	材料	Fa (N)	Fb (N)	La (mm)	Lb (mm)	ΔF (N)	ΔL (mm)	E (MPa)	μ

指导教师　　　　　　　　　　　　　　　　　　年　　月　　日

实验 3　金属材料形变硬化指数测定

大多数金属材料室温下屈服后，要使塑性变形继续进行，必须增加外力载荷。材料随着塑性变形增加载荷增加的现象称为材料的形变强化（也称冷变形强化、加工硬化）。金属材料形变强化是力学性能最基本、最重要的特性之一。金属材料形变强化是重要的强化手段之一，例如在生产中可以通过冷轧、冷拔等工艺提高钢板或钢丝的强度。特别是对于纯金属和不能热处理强化的材料，形变强化是唯一的强化手段。例如高锰钢属于奥氏体钢，热处理不能强化，它的主要强化手段就是加工硬化。

表征金属形变硬化能力的方式之一就是寻求材料流变曲线的拟合表达式。其中以 Holloman 公式的幂乘关系拟合的线性相关性最好，也是目前应用最方便、最成功的表征金属形变硬化能力的方法。

1. 实验目的

(1)测定具有明显物理屈服平台金属材料的形变硬化指数。

(2)测定没有明显物理屈服平台金属材料的形变硬化指数。

2. 实验概述

1)实验原理

金属材料在加载过程中，屈服后的均匀塑性变形阶段材料的强度随着塑性变形的增加而增加，即材料发生了形变强化。在这个阶段材料的流变曲线符合 Holloman 关系，即

$$\sigma = k\varepsilon^{n} \tag{3-7}$$

式中：σ 为真实应力，MPa；ε 为真实应变；k 为强度系数，MPa；n 为形变硬化指数。

对金属材料进行静态拉伸试验，试验测定到材料发生最大均匀塑性变形，即材料拉伸颈缩发生之前停止试验，见图 3-9。应力-应变曲线上设定不少于 5 个等分点，并获得各等分点的应力和应变值。对应力-应变数据计算出相对应的 $\lg\sigma$ 和 $\lg\varepsilon$ 数据对。

将 $\lg\sigma$ 和 $\lg\varepsilon$ 数据对进行最小二乘法线性拟合获得公式(3-8)。公式(3-8)是一条在双对数座标下的线性方程，线性方程直线的斜率 n 就是所求的形变硬化指数。

$$\lg\sigma = \lg k + n\lg\varepsilon \tag{3-8}$$

2)试样形状和尺寸

本试验采用国家标准(GB/T228-2002)室温拉伸标准试件，试件形状和尺寸见图 3-10。

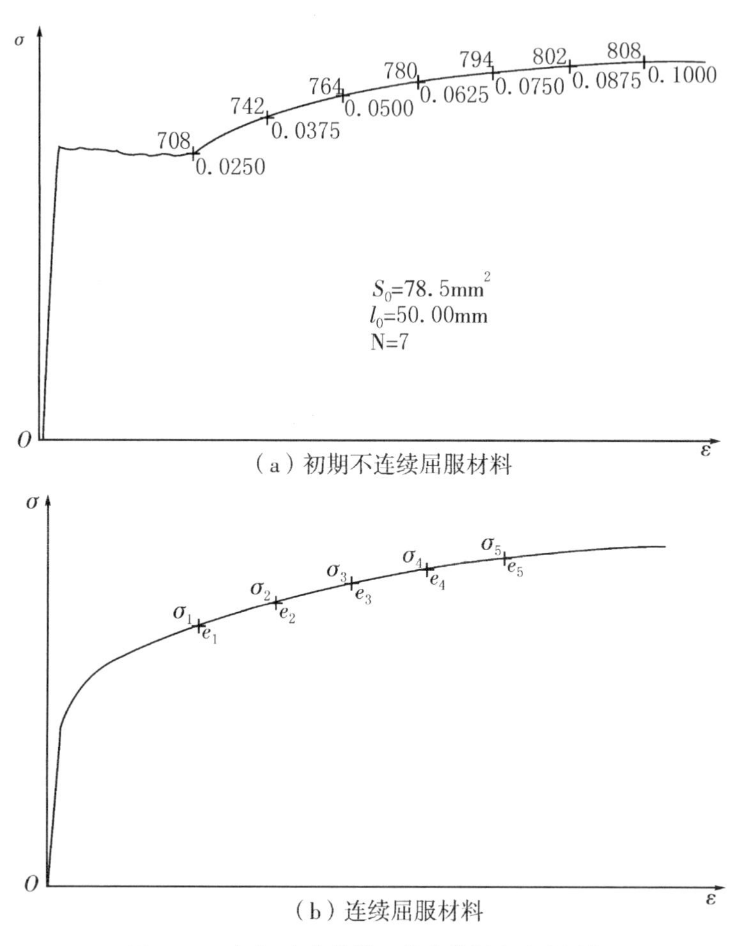

(a)初期不连续屈服材料

(b)连续屈服材料

图 3-9 应力-应变曲线上等分数据点选取图例

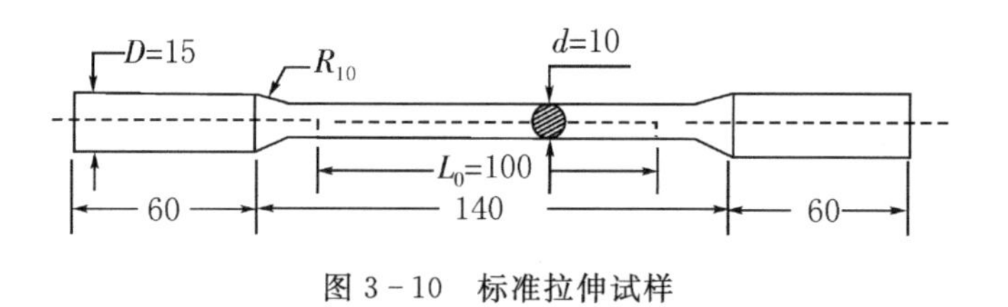

图 3-10 标准拉伸试样

3.实验内容

(1)测定有明显物理屈服平台材料的轴向拉力-伸长曲线,试验进行到材料发生颈缩前停止。

(2)测定没有明显物理屈服平台材料的轴向拉力-伸长曲线,试验进行到材料发生颈缩前停止。

4. 实验材料与设备

(1)电子材料试验机一台。

(2)位移测量引伸计一个。

(3)千分尺一把。

(4)20＃钢正火态(有明显物理屈服平台材料)、铝合金(没有明显物理屈服平台材料)拉伸试样各一件。

5. 实验流程

1)实验过程

用游标卡尺在试样标距两端及中间处相互垂直的方向上测量直径尺寸，测量三次取算术平均值计算横截面面积 S_0，并修正到三位有效数值。

安装试件：将试件安装固定在试验机上夹头中，调整下夹头到适当位置，将试件下端夹在下夹头中。

用标定器对位移传感器进行标定。将位移传感器安装在试样标距内。

加载，测量试样的拉力—伸长曲线，试验进行到材料发生颈缩前停止。

2)数据处理

(1)确定拉力—伸长曲线上均匀变形阶段 5～7 个等分点的各个力值和伸长值计算出对应的应力值和应变值。计算各个应力值和应变值的对数值。

(2)最小二乘法对试验数据对(对数值)进行线性拟合，获得形变硬化指数 n。

6. 原始实验记录

仔细测量试样的原始数据，仔细读取实验过程中的相关试验数据，记录到实验报告三。

7. 实验报告

叙述本实验的原理和方法，试验过程，计算方法，给出试验结果。分析试验结果。

报告还要包括以下内容：1)本实验用设备、仪器型号及特性；2)试样图；3)原始数据；4)试验曲线。

8. 思考题

1)已知颈缩判据为 $d\sigma/d\varepsilon=\sigma$，试证明对于符合幂乘硬化 $\sigma=k\varepsilon^n$ 的材料，$n=\varepsilon_B$。(ε_B为最大均匀应变)

2)为什么说材料的形变硬化是零件安全使用的可靠保证？

3)材料的层错能和形变硬化指数有什么关系？为什么？

实验报告三(金属材料形变硬化指数测定)

姓名		班级		学号		成绩	
实验名称							
实验目的							
实验设备							
试样示意图							

试验拉伸图
试验结果(绘制双对数应力应变曲线,确定形变硬化指数 n)

形变硬化指数数据表

取点编号	条件应力 R_i/MPa	条件应变 ε_i(%)	真实应力 σ_i/MPa	真实应变 e_i	Xi $\lg e_i$	Yi $\lg \sigma_i$

计算结果

n	K(MPa)	V(n)	Q

指导教师　　　　　　　　　　　　　　　　年　　月　　日

实验 4　硬度实验

硬度并不是材料的独立基本性能，是指材料在表面上不大体积内抵抗局部变形或者破裂的能力。如刻划法型硬度试验表征材料抵抗局部破裂的能力，压入法型硬度试验表征材料抵抗局部变形的能力。

目前，我国已经有了布氏硬度、维氏硬度、洛氏硬度、里氏硬度、肖氏硬度、努氏硬度共六种硬度试验国家标准。由于六种硬度测试原理不同，故“硬度”本身是一个不确定的物理量。对同一种材料，用不同方法测定的硬度值完全不同。所以硬度不是材料独立的力学性能，而是人为规定的在某一特定试验条件下的一种性能指标。

硬度试验的加载方式属于侧压，应力状态很软，在这种加载方式下几乎所有材料都可以发生塑性变形。大量的试验结果表明，硬度试验所获得的硬度值与材料的其它力学性能指标有大致的对应关系，可以方便使用材料的硬度值来大致估计抗拉强度等性能指标。而且硬度试验简单易行，不损伤零件，在生产中是最广泛的在线检验、最终检验质量的标准，也是研发新材料、评定工艺性能的重要参考。

1. 实验目的

(1)掌握布氏硬度、洛氏硬度、小力值维氏硬度及显微维氏硬度的实验原理和测试方法。

(2)学习正确使用硬度计。

(3)学习对应不同的材料、不同的样品厚度选择合适的硬度试验方法。

2. 实验概述

1)实验原理

(1)布氏硬度

使用一定直径的硬质合金球施加试验力压入试样表面，保持规定的时间后卸除试验力，在试样表面产生有一定形状的压痕，见图 3-11。布氏硬度与试验力除以压痕表面积的商成正比。用试验力(F)除以压痕表面面积(S)计算出的应力值作为硬度值大小的计量单位(式 3-9)。

$$HB = F/S \tag{3-9}$$

布氏硬度试验在使用过程中压痕表面积测量不是很方便。压痕是具有一定半径的球形，压痕表面积与压痕深度 t 和压痕直径 d 有简单的数学关系，见图 3-12。通过压痕直径 d 可以方便地换算出压痕表面积。硬度值表达式由(3-10)给出。

$$HB = F/S = 2F/\pi d(D - \sqrt{D^2 - d^2}) \qquad (3-10)$$

式中，F 为试验力，N；S 为压痕面积，mm^2；D 为压头球体直径，mm；d 为相互垂直方向测得的压痕直径 d_1，d_2 的平均值，mm。

布氏硬度表达方式：600 HBW 1/30/20

式中：600 为布氏硬度值；HBW 为布氏硬度符号；1 为硬质合金球直径，mm；30 为施加的试验力对应的公斤力值；20 为试验力保持时间(20 s)。

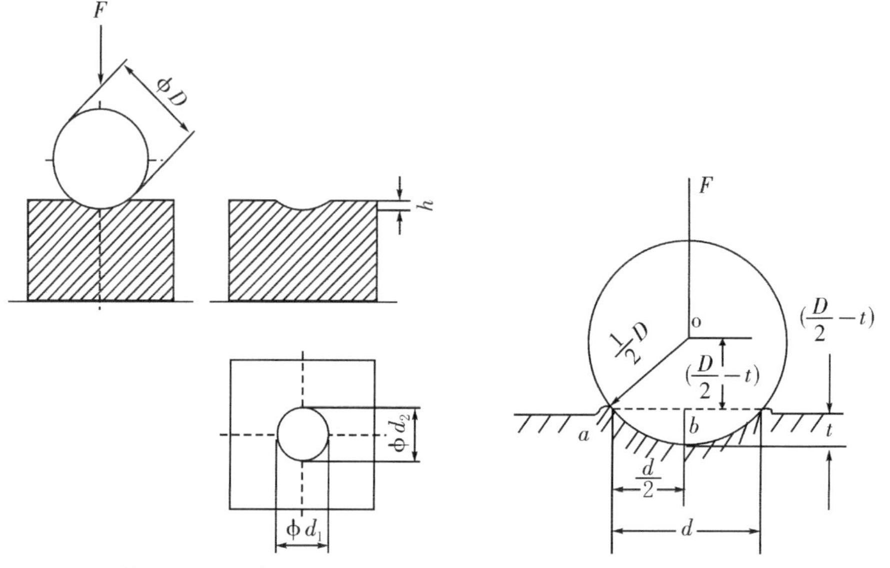

图 3-11　试验原理　　　　图 3-12　压痕深度 t 和压痕直径 d 的关系

对于材料相同而厚薄不同的工件，为了测得相同的布氏硬度值，在选配压头直径 D 及试验力 F 时应保证得到几何相似的压痕。国家标准规定试验力-球直径平方的比率为

$$0.102 \times F/D^2 \qquad (3-11)$$

式中，F：试验力，N；D：压头球直径，mm。

不同材料试验力—压力球直径平方比率见表 3-2。

(2)洛氏硬度

将压头(金刚石圆锥、硬质合金球)按图 3-13 所示分两个步骤压入试样表面，首先施加初始试验力 F_0，产生一个压痕深度 h_0，然后施加主试验力 F_1，此时产生一个压痕深度增量 h_1。第二个步骤是在总试验力作用下，总压痕深度为 $h_0 + h_1$，在此条件下，经过规定保持时间后卸除主试验力，测量在初始试验力下残留的压痕深度 h，见图 3-13(c)。洛氏硬度根据公式(3-12)，由压痕深度 h 和常数 N、H 计算(常数 N、H 查阅 GB/T230.1—2009)。

表 3-2　不同材料试验力—压力球直径平方比率

材料	布氏硬度 HBW	试验力-球直径平方的比率 $0.102\times F/D^2/(\mathrm{N/mm^2})$
钢、镍基合金、钛合金		30
铸铁[a]	<140	10
	≥140	30
铜和铜合金	<35	5
	35～200	10
	>200	30
轻金属及其合金	<35	2.5
	35～80	5
		10
		15
	>80	10
		15
铅、锡		1

[a]对于铸铁试验，压头的名义直径应为 2.5mm、5 mm 或 10 mm。

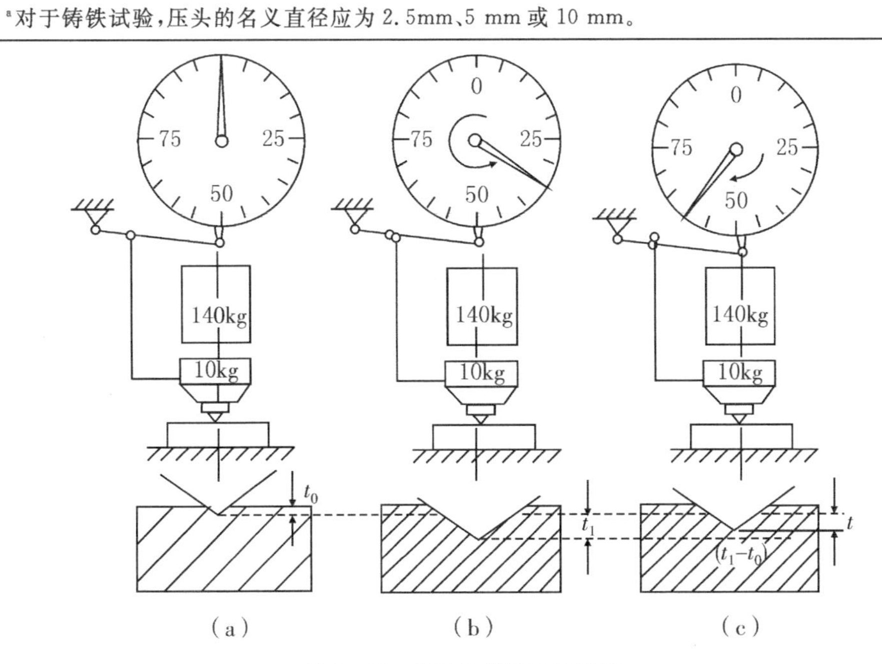

图 3-13　洛氏硬度试验原理图

$$洛氏硬度 = N - h/S \quad (3-12)$$

洛氏硬度分为 HRA,HRB,HRC,HRD,HRE,HRF,HRG,HRH,HRK,NRN,HRT。详细分类和使用范围见 GB/T230.1-2009。工业中应用最广泛的是 HRC。

洛氏硬度表示方法:70HRC

式中,70:硬度值; HRC:洛氏硬度符号。

(3)维氏硬度

将顶部两相对面具有规定角度(相对夹角为 136 度)的正四棱锥体金刚石压头,用一定的试验力压入试样表面,保持规定时间后,卸除试验力,测定压痕两对角线长度 d_1,d_2,取其平均值 d,根据压痕表面所承受的力再除以 d 来计算维氏硬度值,试验原理示意图见图 3-14。

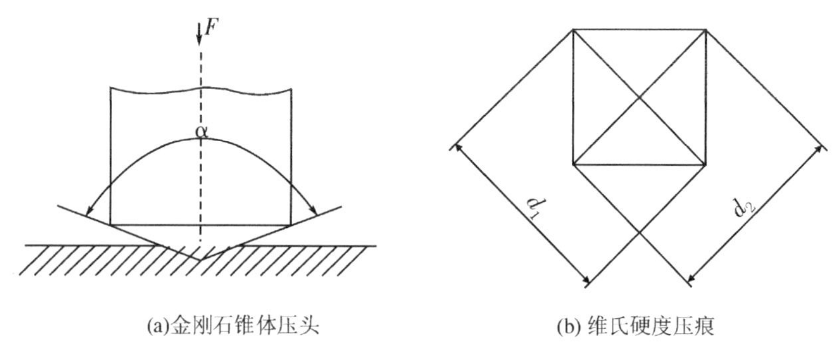

(a)金刚石锥体压头 (b) 维氏硬度压痕

图 3-14 维氏硬度试验原理示意图

维氏硬度表示方法: 640 HV 30 /20

式中,640:硬度值;HV:维氏硬度符号;30:施加的试验力对应的 kgf 值;20:试验力保持时间(20s)。

维氏硬度根据试验力的大小可分为维氏硬度试验、小力值维氏硬度试验、显微维氏硬度试验,见表 3-3。

维氏硬度的压痕为正方形,具有轮廓清晰、对角线长度测量精度高的特点,是压入法硬度测量中最为精准的一种。维氏硬度测量范围涉及到目前所知的绝大部分材料的硬度,主要用于测量面积小、硬度值较高的试样和工件的硬度,各种表面处理后的渗层或镀层以及薄状材料的硬度。显微硬度还可以用于测定合金中组成相的硬度。缺点表现为:小力值维氏硬度效率差;由于维氏硬度压痕较小,代表性差,若材料中有偏析及组织不均匀等缺陷,导致试验结果重复性差,分散度大,在选择小力值测量时尤为明显。

表3-3 试验力

维氏硬度试验		小力值维氏硬度试验		显微维氏硬度试验	
硬度符号	试验力标称值/N	硬度符号	试验力标称值/N	硬度符号	试验力标称值/N
HV5	49.03	HV0.2	1.961	HV0.01	0.098 07
HV10	98.07	HV0.3	2.942	HV0.015	0.147 1
HV20	196.1	HV0.5	4.903	HV0.02	0.196 1
HV30	294.2	HV1	9.807	HV0.025	0.245 2
HV50	490.3	HV2	19.61	HV0.05	0.490 3
HV100	980.7	HV3	29.42	HV0.1	0.980 7
注:维氏硬度试验可使用大于980.7 N的试验力。 显微维氏硬度试验的试验力为推荐值。					

3. 实验内容

(1)测定材料的布氏硬度值。

(2)测定材料的洛氏硬度值。

(3)测定齿轮渗碳后,渗碳层、渗碳过渡区、心部不同区域硬度值。

(4)测定焊接接头试样焊缝区、焊接过渡区、心部不同区域硬度值。

4. 实验材料与设备

(1)布氏硬度试验计。

(2)洛氏硬度试验计。

(3)小力值维氏硬度试验计。

(4)显微维氏硬度试验计。

(5)材料:低碳钢、铝合金、高强度钢、渗碳齿轮、低合金钢焊接接头、表面镀层、高速钢、双相钢、陶瓷。

5. 实验流程

1)实验过程

(1)对不同材料、不同厚度的样品选择合适的硬度试验方法。

(2)试样表面应光滑平坦。

(3)按照国家标准的规范,进行相应的硬度测试。

2)数据处理

(1)绘制渗碳齿轮距离表面不同距离的硬度值曲线。

(2)绘制低合金钢焊接接头不同区域的硬度值连续分布曲线。

6.原始实验记录

仔细读取实验过程中的相关试验数据,记录到实验报告四。

7.实验报告

叙述本实验各个硬度试验的测试原理和方法,试验过程,给出试验结果。分析试验结果。

报告还要包括以下内容:1)本实验用设备、仪器的型号及特性;2)原始数据;3)渗碳齿轮和低合金钢焊接接头的试验硬度值连续分布曲线。

8.思考题

(1)分析各种材料和不同厚度样品的硬度试验方法与试验条件的选择原则。

(2)各种硬度试验方法的优缺点是什么?

(3)说明试验样品各种硬度表示方法的意义。

(4)对以下各种材料,各宜采用什么硬度试验方法?

退火低碳钢棒,高速钢刀具,灰铸铁,渗碳齿轮,氮化层,硬质合金刀头,双相钢中铁素体和马氏体,铜合金,轴承合金。

实验报告四(硬度测试)

<table>
<tr><td>姓名</td><td></td><td>班级</td><td></td><td>学号</td><td></td><td>成绩</td><td></td></tr>
<tr><td colspan="8">实验名称</td></tr>
<tr><td colspan="8">实验目的</td></tr>
<tr><td colspan="8">实验设备</td></tr>
<tr><td colspan="8">试验结果
布氏硬度 HB　洛氏硬度 HRC　维氏硬度 HV　显微维氏硬度 HV</td></tr>
<tr><td colspan="8">材料和组织</td></tr>
</table>

渗碳齿轮距表面不同距离的硬度值连续分布曲线(根据试验结果绘制)
低合金钢焊接接头不同区域的硬度值连续分布曲线(根据试验结果绘制)

指导教师　　　　　　　　　　　　年　　月　　日

实验 5　高分子材料拉伸实验

相对分子质量大于 10000 以上的有机化合物称为高分子材料，它是由许多小分子聚合而得到的，故又称为聚合物或高聚物。

1. 实验目的

(1)学习和掌握不同特性高分子材料在实验条件下中的基本力学特性。

(2)学习影响高分子材料力学性能的主要因素。

(3)掌握微控拉力试验机基本原理及使用方法。

2. 实验概述

1)实验原理

不同类别的高分子材料在拉伸过程中，其载荷-伸长曲线大致可分为三种类型，见图 3－15。

有屈服点的韧性材料：图 3－15 中曲线 1，恒速拉伸下载荷随伸长而增加，达到极大值后，试样产生颈缩(或应力白化区)，载荷降低。随拉伸变形继续进行，颈缩(或应力白化区)部位的截面尺寸稳定。颈缩(或应力白化区)沿轴向向试样两端扩展，出现冷变形强化现象。一般当颈缩扩展到试样两端后，载荷随伸长增加又出现增大趋势。呈现这类曲线的材料有聚碳酸脂(PC)，聚丙烯(PP)和高抗聚本乙烯(HIPS)等。

无屈服点的韧性材料：图 3－15 中曲线 2，恒速拉伸下载荷随伸长而增加，达到极大值后，试样在产生颈缩，载荷降低。随拉伸变形继续进行，颈缩处的横截面积逐渐减小，试样在伸长不大的情况下断裂。出现这类曲线的材料有 ABS 塑料，聚甲醛(POM)和增强尼龙(GFPA)等。

脆性材料：图 3－15 中曲线 3，恒速拉伸下载荷随伸长而增加，达到极大值后材料发生脆性断裂。出现这类曲线的材料有聚本乙烯(PS)，增强聚碳酸脂(GF-PC)。

拉伸强度试验是指在规定的试验温度湿度及试验速度下，沿试样纵轴方向上施加静态拉伸载荷，致使试样破损时单位面积上所承受的最大载荷力来衡量的。通过载荷力和试样受载荷作用下对应的标距间的变化量，可求出拉伸强度、断裂伸长率和弹性模量等性能数值。

2)试样形状和尺寸

(1)热固性模塑材料试样尺寸见图 3－16：

(2)硬板(包括压层材料)、硬质及半硬模塑材料试样尺寸见图 3－17：

(3)软片，软板材料试样形状和尺寸如图 3－18 所示；

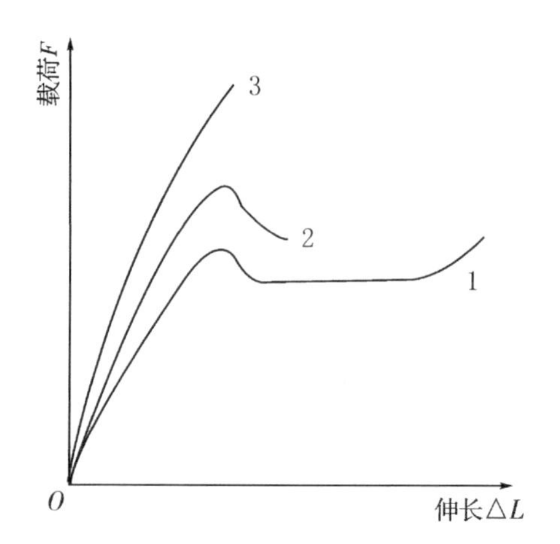

图 3-15　高分子材料的典型载荷-伸长曲线

(4)薄膜和胶膜试样外形尺寸如图 3-19 所示。

有时也可按图 3-18 形状取样。部分尺寸改为：$L=120$，$G_0=40$，$H=80\sim86$，$C=65$。试样厚度以材料厚度为准。

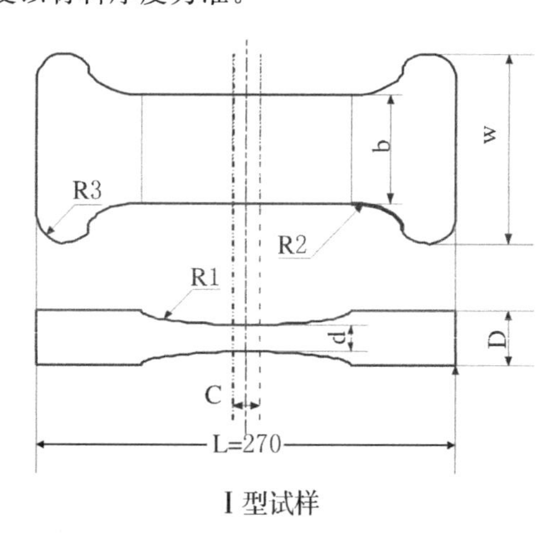

图 3-16　总长 $L=270$，端部宽度 $W=45\pm0.5$，端部厚度 $D=20\pm0.5$，平行部分厚度 $d=6\pm0.5$，$R1=75$，$R2=75$，$R3=7$。

3. 实验内容

(1)测定聚丙烯(PP)高分子材料的轴向拉力—伸长曲线。

(2)测定增强尼龙(GFPA)高分子材料的轴向拉力—伸长曲线。

(3)测定聚本乙烯(PS)高分子材料的轴向拉力—伸长曲线。

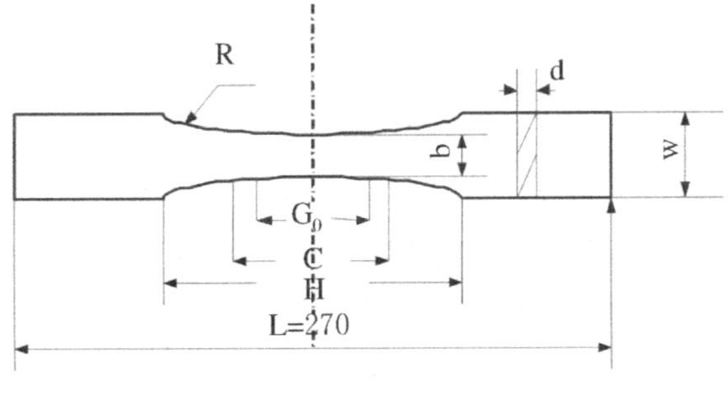

Ⅱ型试样

图 3-17　$L=270$，$c=55\pm0.5$，$b=10\pm0.2$，$w=20\pm0.2$，$R=75$，夹具间距 $H=110$，标距 $G_0=50\pm0.5$。

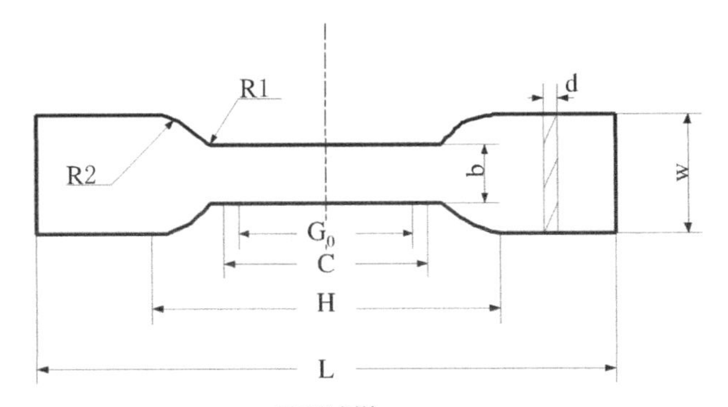

Ⅲ型试样

图 3-18　$L=110$，$C=25\pm0.5$，$b=6.5\pm0.1$，$W=25$，$R_1=14$，$R_2=25$，$G_0=25\pm0.2$，$H=76$。

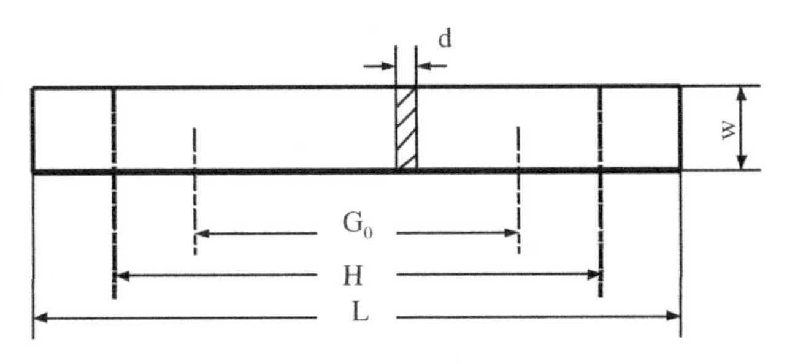

Ⅳ型试样

图 3-19　$L=120$；$G_0=50+0.5$；$H=80$；$W=10$

4. 实验材料与设备

(1)微控拉力试验机一台。

(2)位移测量引伸计一个。

(3)千分尺一把。

(4)聚丙烯(PP)高分子材料、增强尼龙(GFPA)高分子材料、聚本乙烯(PS)高分子材料试样各3件。

PDL系列微控拉力试验机包括:主机、微电脑采集系统和打印机。

①主机由电子调速系统,传动机构,测力系统和伸长自动跟踪装置等组成。

电子调速系统:采用无级调速系统,对应拉伸速度为25～500mm/min.传动系统中电机通过带动蜗杆蜗轮-丝杠传动系统使下夹持器以设定的速度运动。试验结束后,利用开合螺母使下夹持器手动快速返回,以提高工作效率。测力系统中,在主机机头上装有拉力传感器,其上端通过关节轴承与主机顶部横梁的连接盘相连接,下端与上夹持器连接,关节轴承只承受垂直拉力,不受扭力或侧向力影响,以保证测力精度。试验过程中试样受力情况通过力传感器变为电信号输入微电脑采集控制系统。伸长自动跟踪装置用于测量试样变形,是由两个运动阻力极小的跟踪夹夹持在试样上,当试样受到拉力而变形时,两跟踪夹之间的距离也相应增大,跟踪夹通过线绳和滑轮将直线运动变为旋转运动,并通过跟踪编码器将位移变成电信号输入微电脑采集控制系统。

②微电脑采集控制系统面板主要按键功能:

项选左键和项选右键:左右选择16个输入指示灯,指明当前要修改或查看的对象。

位选左键和位选右键:左右选择"输入参数显示窗口"的某一闪烁位,用于对其修改。

数选左键和数选右键:大小选择闪烁位数字的大小,注意种类选择也是用此两键进行上下移动选择。

单消键(按下1秒):对该键按下1秒就可单个取消当前已做次号的数据,成为未做次号。

全消键(按下1秒):对该键按下1秒就可全部取消所有已做次号的数据,全部成为未做次号。

次号键:当次键即按即放时对次号增1或对次号减1。

试验键:按下此键自动清"伸长—时间窗口"的数据为零,清力值为零,实验记录开始。

停止/清零键:当正在实验时,按此键停止记录数据,实验记录结束。

单打/全打键:此键即按即放,仅打印当前已做次号的曲线和数据;键按下1秒,打印所有已做次号的曲线和数据。

5. **实验流程**

1)实验过程

测量试样尺寸:模塑和板材试样的宽度和厚度准确至0.05mm,薄片材料厚度准确至0.01mm,薄膜或乳胶膜厚度准确至0.001mm,每个试样在标距内测三点,取算术平均值。

操作过程:

(1)接通主机电源,打开“电源”开关,预热20min。

(2)拨动上夹持器制动手柄夹紧挂轴,将试样的一端平正垂直地夹在上夹持器中,将移动座上的开合螺母手柄向上提起,使移动座与丝杠脱开,握住移动座操作纵手柄,使其停止在合适位置,将另一端平正地夹在下夹持器中,将伸长自动跟踪夹分别夹在25mm标距线上,再将上夹持器制动手柄恢复原位,使上夹持器能摆动,使其处于自由状态。

(3)估计所测材料的最大强度值,选定传感器量程范围,尽量缩小传感器量程范围(分辨率高)。

(4)输入1号试样的厚度、宽度、标距、定伸率1、定伸率2、停止于X。

(5)试验开始先按试验键,然后机械动作拉伸。

(6)试验结束时先按停止/清零键,然后停止机械动作。

(7)同理可做2、3、4号试样的试验。

(8)按打印键可单打或全打。

2)数据处理

(1)计算材料的最大弹性应力、屈服应力、拉伸强度、拉伸断裂应力。

(2)计算材料的最大弹性应变、屈服应变、拉伸强度拉伸应变、断裂拉伸应变。

6. 原始实验记录

仔细测量试样的原始数据,仔细读取实验过程中的相关试验数据,记录到实验报告五。

7. 实验报告

叙述本实验的原理和方法,试验过程,计算方法,给出试验结果。分析试验结果。

报告还要包括以下内容:1)本实验用设备、仪器的型号及特性;2)试样图;3)原始数据;4)试验曲线。

8. 思考题

(1)分析对比不同的高分子材料的拉伸力学性能。

(2)分析试验条件(拉伸速度、环境温度等)对高分子材料拉伸性能的影响。

(3)高分子材料拉伸力学性能和金属材料拉伸力学性能有什么区别?

实验报告五(高分子材料拉伸测试)

姓名		班级		学号		成绩	
实验名称							
实验目的							
实验设备及材料							
实验条件							
实验原理图				试样示意图			

数据及计算结果										
材料名称	试样编号	试样尺寸(mm)			试样断面积 /mm^2	破坏载荷 /N	拉伸强度 /MPa	断裂伸长 /mm	断裂伸长率 /%	备注
		b	d	标距						
	1—1									注明：破坏部位
	1—2									
	1—3									
	1—4									
	1—5									
	平均									
	2—1									
	2—2									
	2—3									
	2—4									
	2—5									
	平均									
	3—1									
	3—2									
	3—3									
	3—4									
	3—5									
	平均									
	4—1									
	4—2									
	4—3									
	4—4									
	4—5									
	平均									

指导教师：　　　　　　　　　　　　　　年　　月　　日

3.3 材料韧性测试实验

实验6 材料缺口冲击韧性实验

冲击载荷的力学特点是作用力在极短的时间(几十微秒)内由零骤增,再经几百微秒又重新下降到零。由于载荷变化率(应变速率)很大,出现应力波的传播。当应力波传播遇到物体界面时产生反射,形成拉伸波。在拉伸波作用下材料(构件)发生层裂、角裂、纵裂等破坏现象。

机械工程结构中大多数构件由于结构设计的需要,往往有各种形式的缺口,如键槽、油孔、台阶、螺纹等。缺口造成应力集中,并且在缺口根部产生三向应力状态,使得材料的屈服变形更困难,因而导致了材料的脆性断裂倾向。

夏比摆锤冲击试验是综合运用了缺口、低温、高应变速率对材料脆性断裂倾向的影响,使材料由原先的韧性状态转变为脆性状态,用来显示和比较材料因成分和组织的改变所产生的脆断倾向。

材料的冲击韧性对材料的品质、内部缺陷和晶粒大小等因素甚为敏感,冲击韧性试验可以方便地用来控制材料的冶金质量和铸造、锻造、焊接、热处理等热加工工艺的质量。

材料由于温度的降低导致冲击韧性急剧下降并引起材料脆性破坏的现象称为材料的冷脆。冲击韧性试验可以方便地用来评定材料的冷脆倾向。

夏比摆锤示波冲击试验不仅获得材料的冲击韧性,还可以得到冲击能量特征值:最大力时能量、不稳定裂纹扩展起始能量、不稳定裂纹扩展终止能量、总冲击能量。根据冲击能量特征值可以计算出材料缺口试样在承受冲击载荷时的裂纹形成能量和裂纹扩展能量。

1.实验目的

1)学习和掌握摆锤冲击试验机结构、工作原理及正确使用方法。

2)掌握常温及低温下金属材料缺口冲击试验方法。

3)学习和掌握用能量法测定金属材料冷脆转变温度 t_k。

4)观察比较不同材料室温下冲击破坏的断口形貌特征(脆性断口和韧性断口),相同材料不同温度下的断口形貌特征(脆性断口和韧性断口)。

2.实验概述

1)实验原理

(1)冲击试验和冲击韧性

冲击试验是利用能量守恒原理，将具有一定形状和尺寸的带有V型或U型缺口的试样，在冲击载荷作用下冲断，测定其冲击吸收功A_K或冲击韧性值a_k的一种试验方法。冲击实验通常在摆锤式冲击试验机上进行，其原理如图3-20所示。摆锤质量m，摆锤臂长l，悬挂在轴o上，摆锤扬起角为α，使摆锤具有位能mgH。实验时，操纵手柄使摆锤突然自由落下，冲击安装在机座上的试件，摆锤刀刃冲击在试件缺口截面的背部，当试件冲断后摆锤继续前进，扬起角为β，故剩余的能量为mgh。摆锤所减少的位能可根据式(3-13)计算：

$$A_k = mgH - mgh = mg(H-h) = mgl(\cos\beta - \cos\alpha) \qquad (3-13)$$

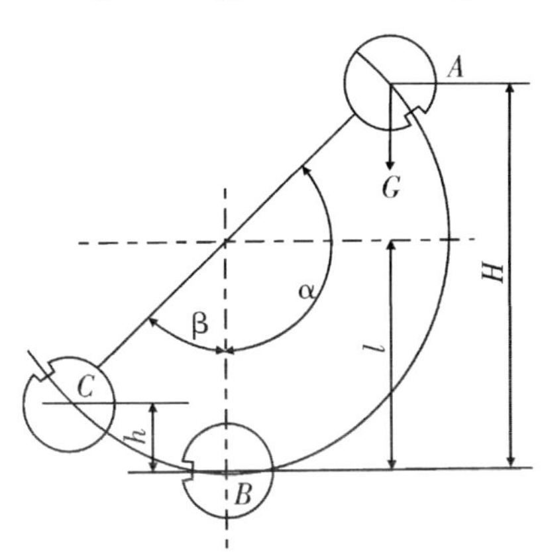

图3-20　摆锤冲击试验原理图

试验时在试验机刻度盘上可以直接读出冲击功。

(2)示波冲击

缺口试件受到冲击载荷作用，试件在缺口断面的断裂经历了裂纹在缺口根部形成、裂纹的扩展和最终断裂这样的过程，故在冲击过程中冲断试件所需的冲击功A_k就包括了冲断试件所耗的弹性变形功、裂纹形成功及裂纹形成后直到试件完全断裂的裂纹扩展功这三部分。对于不同材料，冲击功可以相近，但它所吸收的三部分功所占的比例则可能差别很大。若弹性功所占比例较大，塑性功很小，而裂纹扩展功几乎近于零，则材料断裂前塑性变形小，裂纹一旦出现就即断裂，断口呈结晶状脆性断口；若塑性变形功所占比例较大，裂纹扩展功也大，则表现为韧性断裂，断口呈现纤维状为主的韧性断口。

在示波冲击试验中，力特征值的确定见图3-21。力特征值分别为屈服力F_{gy}，最大力F_m，不稳定裂纹扩展起始力F_{iu}，不稳定裂纹扩展终止力F_a。力特征值对应的位移分别为屈服位移S_{gy}，最大力时位移S_m，不稳定裂纹扩展起始位移S_{iu}，不稳定裂纹扩展终止位移S_a。根据力和位移数据对可以计算出对应的能量。

按照冲击曲线近似关系通常将力一位移曲线分为六种类型,见图3-22。A型:在最大力前不存在屈服(即几乎不存在塑性变形)且只产生不稳定裂纹扩展。B型:在最大力前不存在屈服力,但有少量裂纹稳定扩展。C、D、E型:在最大力前发生塑性变形,并有稳定和不稳定裂纹扩展。F型:只产生稳定裂纹扩展。

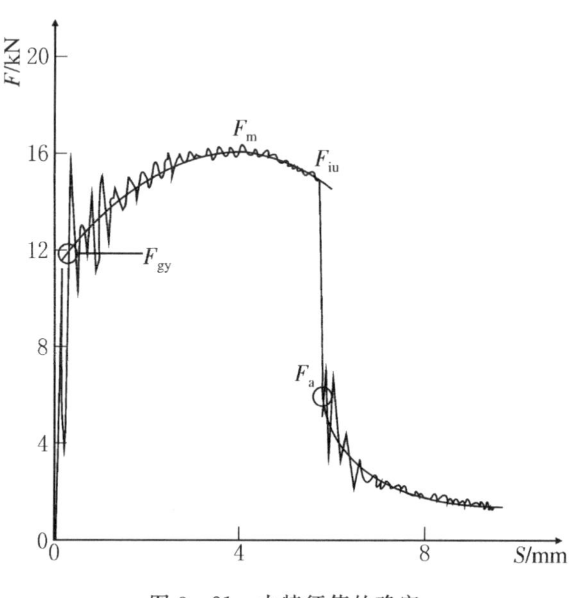

图3-21　力特征值的确定

(3)材料冷脆转化温度

对一定形状的材料,在冲击试验过程中材料冲击吸收能量是温度的函数。函数关系由冲击吸收能量-温度曲线给出。对低温脆性敏感材料的典型冲击吸收能量-温度曲线由上平台、下平台和转折区组成,见图3-23。曲线上平台为冲击吸收能量变化不大的高冲击吸收能量部分,这部分冲击断口形貌特点是暗灰色、纤维状,属于韧性断口。曲线下平台为冲击吸收能量变化不大的低冲击吸收能量部分,这部分冲击断口形貌特点是结晶状,典型的脆性断裂断口。曲线转折区域冲击吸收能量变化较大,断口形貌为不同比例的结晶状和纤维状的混合断口,所以在这个温度区间即为冷脆转变温度范围。由于曲线转折区域对应着较宽的温度范围,不能明确定义为一个温度。可用以下几种判据规定转变温度。

①冲击吸收能量达到某一特定值时,例如27J。

②冲击吸收能量达到上平台某一百分数,例如50%。

③断口上断面剪切率达到某一百分数,例如50%。

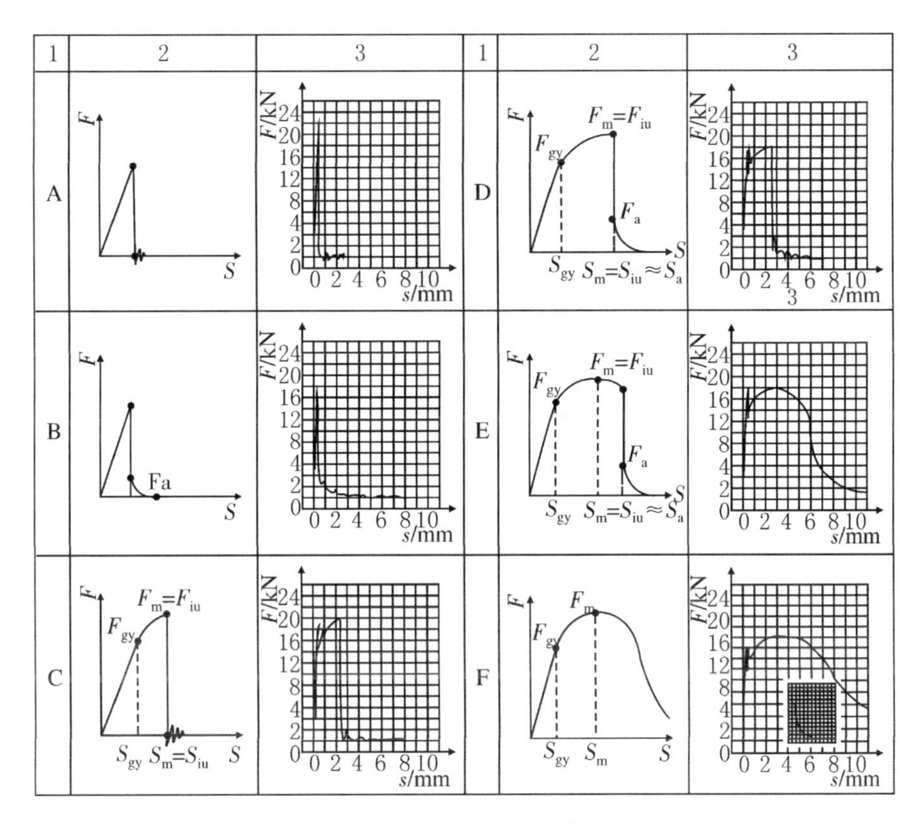

图 3-22 力-位移特征曲线分类

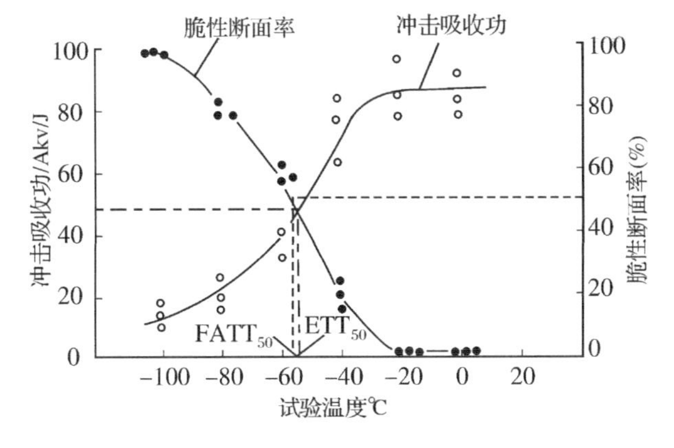

图 3-23 冲击吸收功或脆性断面率随温度而变化的曲线

2)试样形状和尺寸

根据国标(GB229 及 GB2106－80)规定,冲击试验可使用夏比 *U* 型缺口和夏比 V 型缺口两种试样,试样形状及尺寸如图 3－24 所示,本实验采用标准夏比 U 型缺口试样,试样尺寸为 10×10×55 mm,缺口深度为 2 mm,其中,U 型缺口可分为 2 mm 和 5 mm 两种深度。

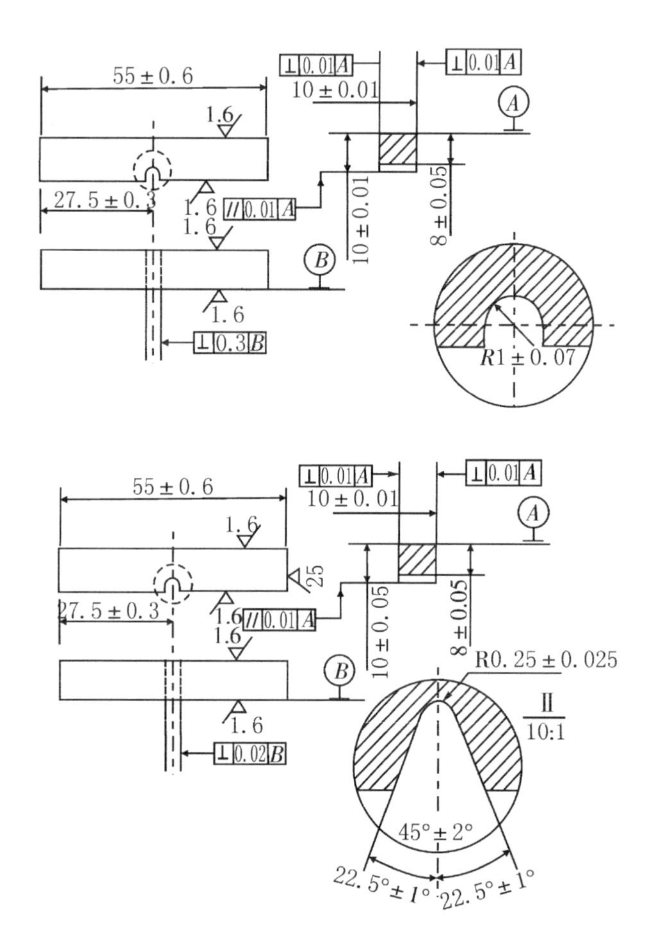

图 3－24　夏比 U 型缺口和夏比 V 型缺口两种试样形状和尺寸图

3. 实验内容

(1)室温下对材料进行缺口示波冲击试验。

(2)在不同温度下进行材料系列冲击试验,测定材料冷脆转变温度。

(3)观察脆性断裂、韧性断裂、混合型断裂的冲击试样断口形貌。

4. **实验材料与设备**

(1)示波摆锤冲击试验机一台。

(2)千分尺一把。

(3)温度测量仪。

(4)保温容器。

(5)20＃钢正火、20＃钢淬火低温回火冲击试样一批。

5. **实验流程**

1)实验过程

(1)试验要确保安全,试验人员中要坚守岗位,注意力集中,精心操作,因事离开时要停车,关闭试验机电源。

(2)检查试验机的摆锤,确定主轴无异常阻力,观察锤头螺钉是否完好无损,如有异常的损伤,应及时更换。

(3)检查电源、各连接线应连接牢靠,电气接地良好。

(4)试样 采用标准试样进行试验,估计冲击吸收功要在锤头标称能量的 10%～90%之间,以保证试验的精确度。

(5)开机:先开启总电源,再启动计算机,然后运行试验程序进入试验界面,点击“联机”,若已连接通道的显示值在实时变化,表示已正常连接。

(6)安装试样:摆锤的锤头仰起、保护销伸出时,方可安装试样。安装试样使用专用对中样板工具将试样放置到支座的中间部位,以保证试验结果的准确。试样应紧贴支座放置,并使摆锤外向型刀刃打击在缺口背面,使用试验机所带的样规安放试样,以保证试样缺口位于支座的中心,其偏差不大于 0.5 mm。

(7)在试验程序中,建立新试验组,设置参数。

(8)开始试验。试验后写远程数据库、填入试验结果,退出程序。

注意:试验过程中,如发现动作失灵、震动、发热、异常噪音、异味等异常现象应立即停车检查,排除故障后方可继续工作。尤其注意人身安全。

(9)低温槽应满足保温效果,采用酒精或甲醇为冷却介质,干冰或液氮作冷源。为了减少送样时温度升高的影响,采取了对试样冷却时增加一定过冷度的方法。国标中规定:试样从液体介质中移出至打击时间应在 2 s 之内,试样离开气体介质装置至打击的时间应在 1 s 之内,如不能满足上述要求,则必须在 3～5 s 内打断试样。试样从保温装置中移出在 3～5 s 内打断试样的温度补偿值见表 3-4。

(10)按动“放摆”按键,使锤头回到铅垂状态。停止试验机运转,关闭钥匙开关,关闭计算机,关闭电源。

表 3－4　过冷度温度补偿值

试验温度　/℃	过冷温度补偿值　/℃
－192～＜－100	3～＜4
－100～＜－60	2～＜3
－60～＜0	1～＜2

(11)收集试样,观察断口形貌,画出断口形貌示意图。清理现场。

2)数据处理

(1)根据示波冲击力-位移曲线计算材料的不稳定裂纹扩展起始能量,不稳定裂纹扩展终止能量,裂纹稳定扩展能量。

(2)绘制试验材料冲击吸收能量-温度曲线,确定材料冷脆转变温度。

6.原始实验记录

仔细测量试样的原始数据,仔细读取实验过程中的相关试验数据,记录到实验报告六。

7.实验报告

叙述本实验的原理和方法,试验过程,计算方法,给出试验结果。分析试验结果。

报告还要包括以下内容:1)本实验用设备、仪器的型号及特性;2)试样图;3)原始数据;4)试验曲线;5)画出试样宏观断口示意图(韧性断口和脆性断口)。

8.思考题

(1)仔细绘出试样的宏观脆性断口形貌和宏观韧性断口形貌,指出各个特征区,分析引起材料宏观脆性断裂和宏观韧性断裂的原因。

(2)缺口冲击韧性试验能评定哪些材料的低温脆性?哪些材料不能用此方法检验和评定?

(3)缺口冲击韧性试验方法本身在防止材料脆性断裂方面有什么局限性?

(4)20＃钢正火态用夏比 U 型缺口和夏比 V 型缺口两种缺口试样得到的冷脆转化温度是否相同?为什么?由此讨论冷脆转化温度的意义和实际应用中应该注意的问题。

(5)为什么冲击韧性是材料的五大性能指标之一?在工程上应用在哪些方面?

实验报告六(金属材料缺口冲击韧性测试)

姓名		班级		学号		成绩	
实验名称							
实验目的							
实验设备							
试样示意图							

试验记录 冲击值　　　　　　　　　　温度(℃)
冷脆转变温度曲线(根据试验结果绘制)

试样宏观断口示意图(韧断、脆断)
示波冲击试验结果 1)示波冲击中材料各个力特征值和位移特征值 2)材料的不稳定裂纹扩展起始能量,不稳定裂纹扩展终止能量,裂纹稳定扩展能量

指导教师　　　　　　　　　　　　年　　月　　日

实验7 材料断裂韧性 K_{IC} 的测定

1. 实验目的

(1)学习金属材料平面应变断裂韧性测试的一般原理和方法。

(2)了解试验机、试验仪器的基本工作原理,掌握它们的操作方法。

(3)掌握材料力学性能参量断裂韧性的测试方法和计算方法。

(4)学习和掌握判断平面应力断裂韧性和平面应变断裂韧性的原理和方法。了解材料强度、塑性对金属材料断裂韧性的影响。

2. 实验概述

1)实验原理

断裂力学的研究表明:金属材料低应力脆性破坏的根源是裂纹。断裂力学的力学参量应力强度因子 K 是一个描述裂纹尖端应力应变场强弱的物理量,即:

$$K = Y\sigma\sqrt{a} \tag{3-14}$$

由式(3-14)知,随着受载程度(σ)和裂纹尺寸(a)的增加,应力强度因子 K 也随之增加。当 K 达到一定值时,裂纹自动扩展导致断裂。这时的应力强度因子 K 为临近值,成为材料的性能指标断裂韧性。

平面应变断裂韧性 K_{IC} 是材料在平面应变条件下,裂纹以张开型方式扩展的应力强度因子 K_I 的临界值。它表征了材料抵抗裂纹突然扩张的阻力,即材料抵抗脆性破断的能力。

2)试样形状和尺寸(保证满足小范围屈服和平面应变的力学条件)

断裂韧性的试样必须是带有裂纹的试样,而且裂纹还要具有一定的尖锐度。断裂韧性测试通常采用三点弯曲试样和紧凑拉伸试样,试样形状和尺寸见图3-25。为了测得稳定的平面应变断裂韧性 K_{IC},规定试样尺寸必须满足平面应变和小范围屈服两个条件。小范围屈服是线弹性断裂力学的要求,它主要表现在对裂纹长度的规定。而平面应变条件主要在对试样厚度的要求。

本实验以三点弯曲试样为例,具体要求:

(1)裂纹长度。此裂纹长度包括缺口深度

$$a \geqslant 2.5(K_{IC}/\sigma_r) \tag{3-15}$$

式中:σ_r 为材料屈服强度;a 为裂纹长度。

为了保证线弹性断裂力学的有效性和精度,对三点弯曲试样和紧凑拉伸试样其裂纹尖端的塑性区尺寸应限制在

$$Ry \leqslant a/15\pi \tag{3-16}$$

将 Ry 的公式代入式(3-16)整理就得到(3-15)式。

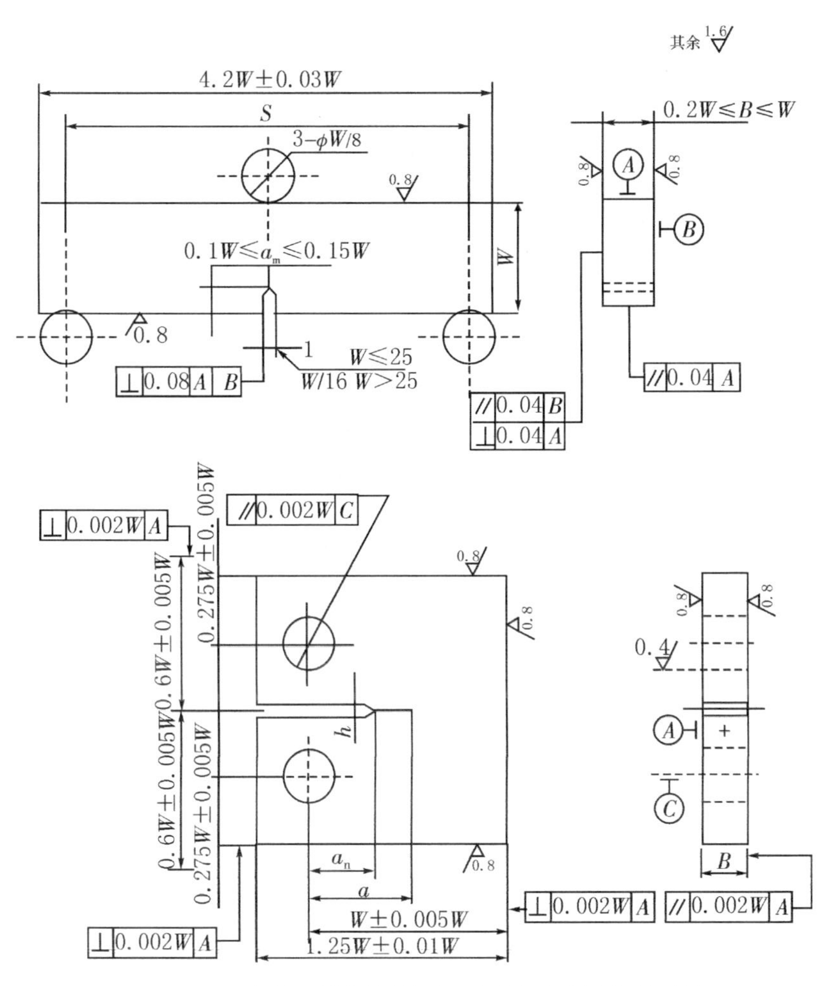

图 3-25　测试材料断裂韧性的三点弯曲和紧凑拉伸试样

(2)试样厚度。为满足平面应变的力学条件要求，试样厚度必须超过一定数值后，断裂韧性才趋于一个稳定的最低值，这才是要测定的平面应变断裂韧性 K_{IC}。国家标准规定试样厚度 B 必须满足

$$B \geqslant 2.5\left(\frac{K_Q}{\sigma_r}\right)^2 \tag{3-17}$$

式中：σ_r 为材料屈服强度。

(3)韧带尺寸 $W-a$　试样宽度(W)扣除裂纹长度称之为韧带尺寸。如果韧带尺寸过小，裂纹顶端塑性变形的阻力显著减小，导致在载荷一位移曲线上过早地发生非线性偏离，这样求得的临界载荷 F_Q 偏低，因此韧带尺寸要满足

$$W-a \geqslant 2.5(K_{IC}/\sigma_r) \tag{3-18}$$

在确定试样尺寸时,因材料的 K_{IC} 未知,需要参考类似材料相同的热处理状态且 K_{IC} 已知,作出相应的估计。

在试样上人为地制造缺陷裂纹,然后加载。裂纹失稳扩展点的载荷,通常是用实验仪器连续地记录载荷 F 和裂纹嘴张开位移 V 来间接地得到。以裂纹失稳扩展时所对应的载荷 F_Q 计算出材料的 K_Q,经过有效性判别后,得到断裂韧性 K_{IC}。

断裂韧性 K_{IC} 的测试方法比较成熟,目前世界各国均以美国的 ASTME399—74 为蓝本,我国的国家标准是 GB4161—84。

3. 实验内容

(1)对不同材料强度和塑性的金属材料(20＃钢正火和 $T8$ 钢淬火低温回火)测试载荷—裂纹嘴张开位移曲线。

(2)确定试样裂纹失稳扩展时的临界载荷 F_Q。

(3)计算 K_Q。

(4)对计算的 K_Q 进行有效性判定。

4. 实验材料与设备

(1)电子材料试验机一台。

(2)位移测量夹式引伸计一个。

(3)工具读数显微镜一台。

(4)千分尺一把。

(5)20＃钢正火和 $T8$ 钢淬火低温回火三点弯曲试样各三件。

5. 实验流程

1)实验过程

(1)测量试样尺寸

试样厚度 B:在疲劳裂纹前缘韧带部分测量三次,取平均值为 B。测量精度为 0.02 mm。

试样宽度 W:在切口附近测量三次,取平均值为 W。测量精度为 0.02 mm。

(2)安装试样

应使切口中心线正好落在跨距的中心,偏差不超过±1%。

试样和支撑辊应成直角,偏差在±2%以内。装好引伸计,注意应使引伸计刀口与试样刀口充分接触。

(3)加载

测量试样的载荷—裂纹嘴张开位移曲线,在适当的时候停机。

(4)测量裂纹长度 a

试样断裂后，在工具读数显微镜下对试样宽度 $B=0$、1/4 B、1/2 B、3/4 B、B 的位置上测量裂纹长度，a_1, a_2, a_3, a_4, a_5，精确到 0.5%，见图 3-26。取 $\bar{a}=\frac{1}{3}(a_2+a_3+a_4)$ 为平均裂纹长度，用以计算 K_Q。a_2, a_3, a_4 中最大裂纹长度与最小裂纹长度之差不超过 2.5%W。同时任一处的疲劳裂纹长度不得小于 1.5 mm。此外，表面裂纹长度 a_1, a_5 不得小于 a 的 90%，否则试验无效。

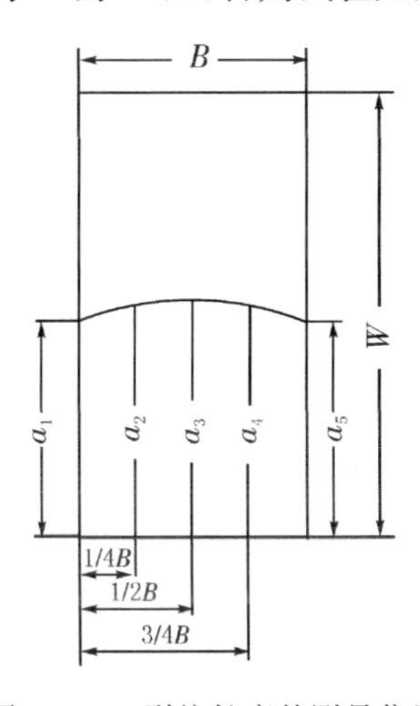

图 3-26　裂纹长度的测量位置

2)数据处理

常见的载荷—裂纹嘴张开位移曲线($F-V$ 曲线)有三种，见图 3-27。对强度高韧性低的材料，在加载过程中 $F-V$ 曲线最初按直线关系上升，裂纹无明显扩展，当载荷达到临界值时试样突然断裂，这就是 $F-V$ 曲线中的第三种情况，计算 K_{IC} 时的 F_Q 就取 F_{max}。对强度较低塑性韧性较好的材料，达到一定载荷后，试样中间部分处于平面应变状态，发生突然开裂，此时载荷出现突然下降但立即又恢复上升，这是因为试样表面层处于平面应力状态，断裂时要消耗更大的变形能，直到更大的载荷试样才发生断裂，这就是 $F-V$ 曲线中的第二种情况。对于韧性更好的材料，在试样中心平面应变区尚未开裂前，裂纹尖端已有较大的塑性区，产生明显的钝化，从而在裂纹扩展之前，裂纹嘴就有一定的张开，所以 $F-V$ 曲线一开始就较早地偏离直线。当试样中心平面应变区开始断裂时，载荷本应该下降，但表面有较厚的平面应力区，该区要消耗大量的变形功才能断裂，所以仍表现为载荷上升，实际上这是掩盖了试样中心平面应变区开始断裂引起的载荷下降，这是 $F-V$ 曲线中的第一种情况。

(1)确定试样裂纹失稳扩展时的临界载荷 F_Q

沿试验曲线的线性部分做直线 OA,再做一条比 OA 直线斜率小 5%的直线交于 $F-V$ 曲线,交点为 F_5。如果在 F_5之前没有比 F_5更大的载荷,则 F_5就定为 F_Q,($F-V$ 曲线中的第一种情况)。如果在 F_5之前有一个最大的载荷超过 F_5,则取此载荷为 F_Q($F-V$ 曲线中的第二种或第三种情况)。

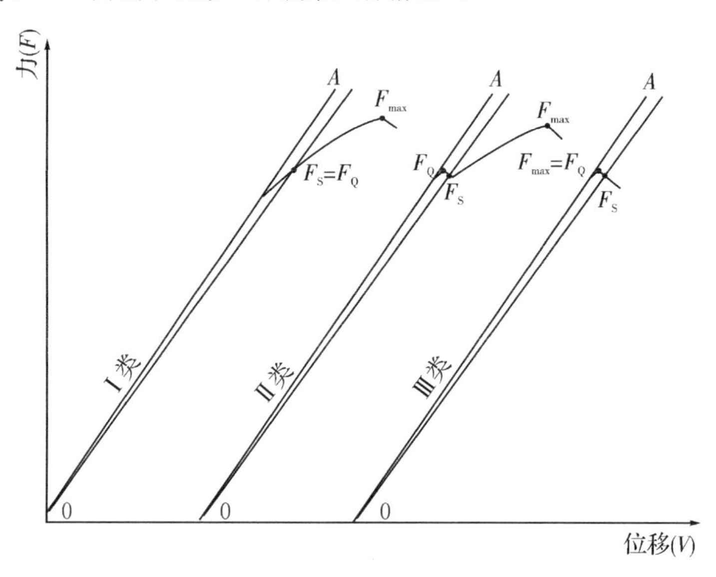

图 3-27 典型的力-位移记录曲线

(2)计算 K_Q

$$K_Q=(F_QS/BW^{3/2})\times f(a/W) \quad (3-19)$$

式中,F_Q:载荷,kN;S:跨距,m;B:试样宽度,m;W:试样高度,m。

当 $S/W=4$ 时,

$$f\left(\frac{a}{W}\right)=\frac{3(a/W)^{\frac{1}{2}}[1.99-(a/W)(1-a/W)\times(2.15-3.93a/W+2.7a^2/W^2]}{2(1+2a/W)(1-a/W)^{\frac{1}{2}}} \quad (3-20)$$

式中,a:裂纹长度,m。

(3)K_Q的有效性判定

①$F_{max}/F_Q\leqslant 1.10$

②$B\geqslant 2.5\left(\frac{K_Q}{\sigma_Y}\right)^2$

式中 σ_Y 为材料屈服强度。

如果不满足以上两个条件,试验无效。这时需要将试样尺寸加厚,重新做试验。

6. **原始实验记录**

仔细测量试样的原始数据，仔细读取实验过程中的相关试验数据，记录到实验报告七。

7. **实验报告**

叙述本实验的原理和方法，试验过程，计算方法，给出试验结果。分析试验结果。

报告还要包括以下内容：1）本实验用设备、仪器的型号及特性；2）试样图；3）原始数据；4）试验曲线；5）画出试样宏观断口示意图（韧性断口和脆性断口）。

8. **思考题**

（1）加深对金属材料平面应变断裂韧性 K_{IC} 的了解和认识。

（2）仔细绘出试样的宏观脆性断口形貌和宏观韧性断口形貌，指出各个特征区，分析引起材料宏观脆性断裂和宏观韧性断裂的原因。

（3）讨论 20＃钢正火试样和 T8 钢淬火低温回火试样尺寸选择是否合适。不合适的原因是什么？

（4）由此进一步理解什么是平面应力？什么是平面应变？为什么平面应变情况最容易脆断。

（5）为什么实际断裂强度比理论断裂强度低的多？能否从理论上推导给以证明？

实验报告七(金属材料平面应变断裂韧性测试)

姓名		班级		学号		成绩	
实验名称							
实验目的							
实验设备							
试样示意图							
试验结果及有效性判定							

试验记录曲线及 F_Q 的确定

试样宏观断口示意图(韧断、脆断)

指导教师 年 月 日

3.4　材料疲劳性能与应力分布测试实验

实验 8　疲劳裂纹扩展速率实验

1. 实验目的

(1)学习金属材料疲劳裂纹扩展速率测定的一般原理,增加认识断裂力学用于研究疲劳裂纹扩展过程的主要作用。

(2)了解实验用试验机、试验仪器的基本工作原理,掌握它们的操作方法。

(3)掌握金属材料疲劳裂纹扩展速率测试方法和数据处理过程。

2. 实验概述

1)实验原理

疲劳裂纹扩展时,对应于每一次应力循环周次 $\mathrm{d}N$ 的裂纹扩展量 $\mathrm{d}a$,称为疲劳裂纹扩展速率,用 $\mathrm{d}a/\mathrm{d}N$ 表示,单位为 mm/周次。

研究结果表明,决定材料疲劳裂纹扩展速率 $\mathrm{d}a/\mathrm{d}N$ 的主要参量为应力强度因子幅度 $\Delta K(\Delta K = K_{\max} - K_{\min})$。$\mathrm{d}a/\mathrm{d}N$ 和 ΔK 的关系曲线可分为三个阶段,见图 3-28。在疲劳裂纹扩展第一阶段中,当 ΔK 小于临界值 ΔKth 时裂纹不扩展,ΔKth 叫作疲劳裂纹门槛值。当 ΔK 大于 ΔKth 时裂纹扩展并很快进入第二阶段。疲劳裂纹扩展第二阶段称为临界扩展阶段,其 $\lg(\mathrm{d}a/\mathrm{d}N)$ 和 $\lg(\Delta K)$ 的关系是线性的,这就是著名的 Paris 公式

$$\mathrm{d}a/\mathrm{d}N = C(\Delta K)^n \tag{3-21}$$

式中,C 和 n 为与材料有关的常数。当疲劳裂纹扩展过渡到第三阶段时 $K_{\max}$ 接近 K_{IC},裂纹加速扩展,当 $K_{\max}$ 达到 K_{IC} 时试样断裂。

为了测定出 $\mathrm{d}a/\mathrm{d}N$,并将试验结果整理成 Paris 公式的形式,要用带裂纹的试样作疲劳裂纹扩展试验,记录下疲劳试验中不同循环周次 Ni 下的疲劳裂纹长度 ai,绘出 $a-N$ 曲线,见图 3-29。在曲线上求出给定裂纹长度下对应点的斜率,即为 $\mathrm{d}a/\mathrm{d}N$。同时根据该点的裂纹长度 a 和交变载荷幅度 ΔF 计算出应力强度因子幅度 ΔK。根据曲线上各点的 $\mathrm{d}a/\mathrm{d}N$ 和相应的 ΔK,作出 $\lg(\mathrm{d}a/\mathrm{d}N)-\lg(\Delta K)$ 关系曲线,求出 Paris 公式中材料常数 C 和 n。

2)试验机基本构造和原理

疲劳裂纹扩展速率测定常在高频疲劳试验机上进行。高频疲劳试验机采用电磁激振产生共振的方式加载,配上相应的夹具可以对试样进行拉压、弯曲、扭转等疲劳试验。

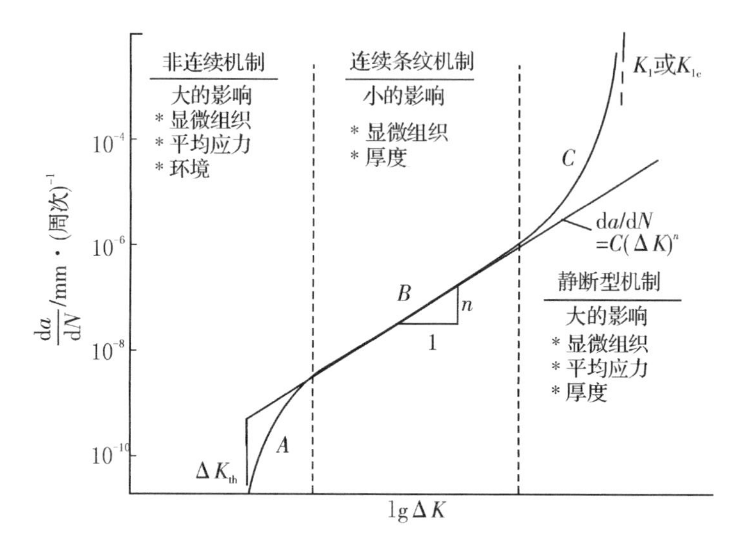

图 3-28 典型的疲劳裂纹扩展速率曲线

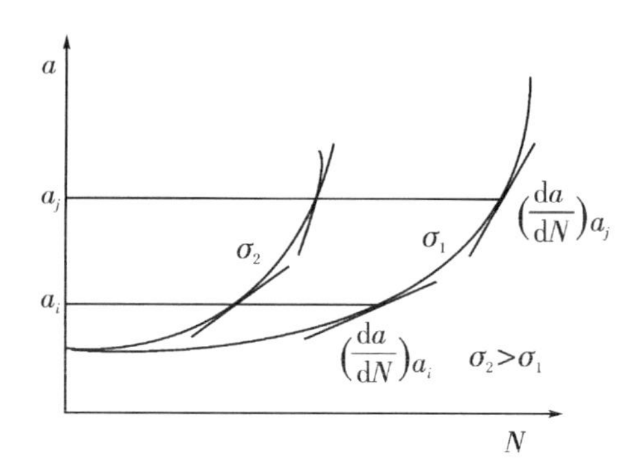

图 3-29 疲劳裂纹扩展的 $a-N$ 曲线图

高频疲劳试验机有以下几个主要部分组成：

(1)加载系统。疲劳载荷是一种交变载荷，对于一个非对称的交变载荷可以分解为平均载荷和对称载荷两个部分。平均载荷是静载荷，对称载荷是动载荷。高频疲劳试验机的加载系统是由静载荷加载机构和动载荷加载机构两部分组成。

(2)测力系统。由安装在试验机上的测力计完成测力。测力计是一个薄臂钢管，上面贴有电阻应变片。试验机加力时薄臂钢管弹性轴向压缩或伸长，电阻应变片组成的测量桥路发出信号，经滤波、放大、A/D转换后实现数值显示。

(3)频率计和记数装置。用以测量载荷的频率和记录交变载荷累计次数。

3)试样形状和尺寸

测定 da/dN 时通常采用和 K_{IC} 试验类似的三点弯曲和紧凑拉伸试样，试样形状和尺寸示意图见图 3-30。对于板材则常采用中心裂纹拉伸(CCT)试样。原则上讲，任何形状的含裂纹试样，只要疲劳裂纹长度检测方便，同时有适合该试样的应力强度因子表达式，试验机条件许可，都可以用来测定材料的疲劳裂纹扩展速率 da/dN。

本实验采用和断裂韧性类似的三点弯曲试样。试样的取样、加工和尺寸与断裂韧性试样相同，试样在磨削加工后需要开缺口，以便预制疲劳裂纹。缺口可以用铣切、线切割或其他方法加工。缺口长度 a_n 一般控制在试样高度 W 的 10%～20%，即 $a_n/W=0.1\sim0.2$。

3. 实验内容

(1)在给定的平均应力和应力幅下，测试金属材料的载荷循环次数和裂纹长度。

(2)绘出测试材料疲劳裂纹扩展的 a-N 曲线图。

(3)计算疲劳裂纹扩展速率和相对应的应力强度因子幅度 ΔK。根据曲线上各点的 da/dN 和相应的 ΔK，作出 $\lg(da/dN)-\lg(\Delta K)$ 关系曲线，求出 Paris 公式中材料常数 C 和 n。

(4)得到实验结果和 Paris 公式。

4. 实验材料与设备

(1)高频疲劳试验机一台。

(2)工具读数显微镜一台。

(3)千分尺一把。

(4)金属材料三点弯曲试样一件。

5. 实验流程

1)实验过程

(1)测量试样尺寸。用精度为 0.01 mm 的量具在韧带区域测量试样厚度 B 三次，取平均值。在试样的裂纹所在截面附近分别测量三次试样宽度 W，取平均值。

(2)预制疲劳裂纹。预制疲劳裂纹的最后一级的最大载荷值不应大于开始记录试验数据时的最大载荷值 F_{max}。为了减少预制疲劳裂纹的时间，可以先用比 F_{max} 大的载荷引发疲劳裂纹。在疲劳裂纹出现后必须把较大的载荷分级降至 F_{max}，每次载荷下降率不得大于 20%。

(3)试验参数选择。试验载荷(包括应力幅值、应力比)和加载频率是影响疲劳裂纹扩展速率的主要参数。试验前要根据试验要求和材料(构件或试样)研究

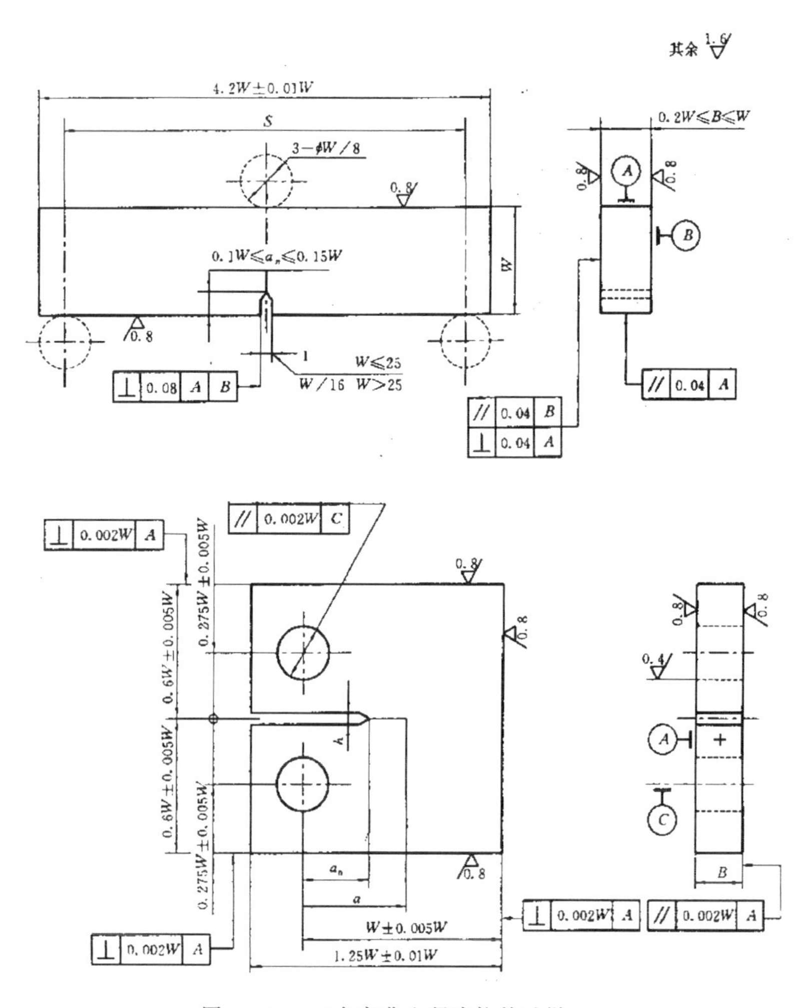

图 3-30　三点弯曲和紧凑拉伸试样

的实际需要,正确选择试验参数。

(4)裂纹扩展长度测量。当选定试验参数后,对疲劳裂纹扩展试样施加交变载荷,记录下试验机循环周次记数表的初读数,在试验过程中每隔一定的裂纹增量的间隔,测量裂纹长度并记录相应的循环周次。推荐测量裂纹增量的间隔,对三点弯曲试样在 $0.40 < a/W < 0.60$ 的测量范围内,裂纹增量应满足 $\Delta a \leqslant 0.02W$ 的要求。本实验采用读数显微镜测量裂纹长度,测量精度 0.01 mm。建议在试验过程中将裂纹长度 a 与循环周次 N 的记录值随时标在坐标纸上。试验进行到试样最终断裂或者无法保持恒定载荷为止。

疲劳裂纹长度的检测方法也可用采用超声波检测法,电阻(或电位)法,柔度法，共振频率缩减法，声发射法，勾线法等。这些方法各有优缺点和一定的适用场合。目前采用读数显微镜测量疲劳裂纹长度的方法较为普遍。

2)实验结果处理和计算

(1)疲劳裂纹扩展速率的确定

采用拟合 a-N 曲线求导的方法确定 $\mathrm{d}a/\mathrm{d}N$。推荐的有割线法和递增多项式法。

① 割线法。用于计算裂纹扩展速率的割线法，仅适用于在 a-N 曲线上计算连接相邻两个数据点的直线斜率。通常表示如下：

$$\left(\frac{\mathrm{d}a}{\mathrm{d}N}\right)_{\bar{a}} = (a_{i+1} - a_i)/(N_{i+1} - N_i) \tag{3-22}$$

由于计算的 $\mathrm{d}a/\mathrm{d}N$ 是增量($a_{i+1} - a_i$)的平均速率，故平均裂纹长度($a_{i+1} + a_i$)/2 只能用来计算 ΔK 值。

② 递增多项式。对任一试验点 i 即前后各 N 点，共($2N+1$)个连续数据点，采用如下二次多项式进行拟合求导。点数 N 值可取 2、3、4，一般取 3。

$$\hat{a}_i = b_0 + b_1\left(\frac{N_i - C_1}{C_2}\right) + b_2\left(\frac{N_i - C_1}{C_2}\right)^2 \tag{3-23}$$

式中：

$$-1 \leqslant \frac{N_i - C_1}{C_2} \leqslant +1$$

$$C_1 = \frac{1}{2}(N_{i-n} + N_{i+n})$$

$$C_2 = \frac{1}{2}(N_{i+n} + N_{i-n})$$

$$a_{i-n} \leqslant a \leqslant a_{i+n}$$

系数 b_0、b_1、b_2 是在式 3-23 区间按最小二乘法(即使裂纹长度观测值与拟合值之间的偏差平方和最小)确定的回归参数。拟合值 a_i 是对应于循环数 N_i 上的拟合裂纹长度。参数 C_1 和 C_2 是用于变换输入数据，以避免在确定回归参数时的数据计算困难。在 N_i 处的裂纹扩展速率由式(3-21)得出：

$$\left(\frac{\mathrm{d}a}{\mathrm{d}N}\right)_{\hat{a}_i} = \frac{b_1}{C_2} + \frac{2b_2(N_i - C_1)}{C_2^2} \tag{3-24}$$

利用对应于 N_i 的拟合裂纹长度 a_i 计算与 $\mathrm{d}a/\mathrm{d}N$ 值对应的 ΔK 值。

(2)应力强度因子范围的计算

对三点弯曲试样(跨距 S 取 $4W$)

$$\Delta K = \frac{\Delta P}{BW^{1/2}}\left[\frac{6\alpha^{1/2}}{(1+2\alpha)(1-\alpha)^{3/2}}\right]\left[1.99 - a(1-\alpha)(2.15 - 3.93\alpha + 2.7\alpha^2)\right] \tag{3-25}$$

式中,$\alpha = a/W$。

(3)作 $\lg(\mathrm{d}a/\mathrm{d}N)-\lg(\Delta K)$ 曲线,计算材料常数 C, n。

将计算的 $\lg(\mathrm{d}a/\mathrm{d}N)$ 和对应的 $\lg(\Delta K)$ 数据进行线性回归,得到材料常数 C 和 n 值。

6. 原始实验记录

仔细测量试样的原始数据,仔细读取实验过程中的相关试验数据,记录到实验报告八。

7. 实验报告

(1)本实验用设备及仪器的型号及特性。

(2)画出试样图。

(3)根据试验测定的数据,求出 $\mathrm{d}a/\mathrm{d}N$ 和 ΔK,然后作出 $\lg(\mathrm{d}a/\mathrm{d}N)-\lg(\Delta K)$ 曲线,用线性回归或作图法求出 Paris 公式中的材料常数 C, n。

8. 思考题

(1)加深对金属材料疲劳裂纹扩展速率的了解和认识。

(2)讨论疲劳裂纹扩展速率曲线各阶段的影响因素。

(3)给出 40Cr 钢调质态在疲劳裂纹扩展速率各阶段的微观断裂机制。

(4)试从裂纹闭合效应解释金属材料疲劳裂纹扩展第一阶段中应力比的影响。

实验报告八(金属材料疲劳裂纹扩展速率测试)

<table>
<tr><td>姓名</td><td></td><td>班级</td><td></td><td>学号</td><td></td><td>成绩</td><td></td></tr>
<tr><td colspan="8">实验名称</td></tr>
<tr><td colspan="8">实验目的</td></tr>
<tr><td colspan="8">实验设备</td></tr>
<tr><td colspan="8">试样示意图</td></tr>
<tr><td colspan="8">试验记录
裂纹长度 a　　　　循环周次 N</td></tr>
</table>

疲劳裂纹扩展 a-N 曲线(根据试验结果绘制)

疲劳裂纹扩展速率曲线(根据试验结果绘制)

指导教师　　　　　　　　　　　　　　　　　　年　　月　　日

实验9 金属材料疲劳裂纹扩展门槛值测定

1. 实验目的

(1)学习金属材料疲劳裂纹扩展门槛值测定的一般原理,增加认识断裂力学用于研究疲劳裂纹扩展过程的主要作用。

(2)了解实验用试验机、试验仪器的基本工作原理,掌握它们的操作方法。

(3)掌握金属材料疲劳裂纹扩展门槛值测试方法和数据处理过程。

2. 实验概述

1)实验原理

研究结果表明,决定材料疲劳裂纹扩展速率 da/dN 的主要参量为应力强度因子幅度 $\Delta K(\Delta K = K_{max} - K_{min})$。$da/dN$ 和 ΔK 的关系曲线可分为三个阶段,见图 3-31。在疲劳裂纹扩展第一阶段中,当 ΔK 小于临界值 ΔK_{th} 时裂纹不扩展,ΔK_{th} 称为疲劳裂纹门槛值。

ΔK_{th} 限定在疲劳裂纹扩展速率为 2.5×10^{-10} m/周次,从微观上看,每循环一个周次疲劳裂纹只扩展大约一个原子间距,疲劳裂纹扩展非常缓慢。从工程角度出发,可以认为材料(或构件)中的裂纹在疲劳载荷作用下是几乎不扩展的。

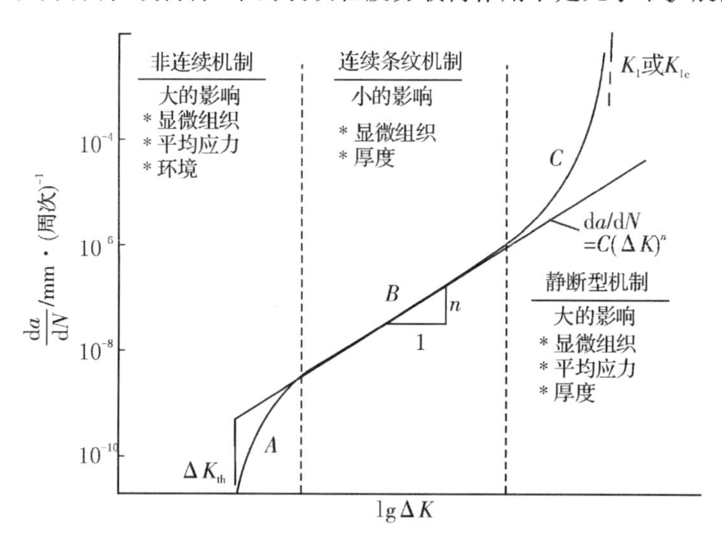

图 3-31 疲劳裂纹扩展速率曲线

2)试验机基本构造和原理

疲劳裂纹扩展速率测定常在高频疲劳试验机上进行。高频疲劳试验机采用电磁激振产生共振的方式加载,配上相应的夹具可以对试样进行拉压、弯曲、扭转等疲劳试验。

高频疲劳试验机由以下几个主要部分组成:

(1)加载系统。疲劳载荷是一种交变载荷,对于一个非对称的交变载荷可以分解为平均载荷和对称载荷两个部分。平均载荷是静载荷,对称载荷是动载荷。高频疲劳试验机的加载系统是由静载荷加载机构和动载荷加载机构两部分组成。

(2)测力系统。由安装在试验机上的测力计完成测力。测力计是一个薄臂钢管,上面贴有电阻应变片。试验机加力时薄臂钢管弹性轴向压缩或伸长,电阻应变片组成的测量桥路发出信号,经滤波、放大、A/D 转换后实现数值显示。

(3)频率计和记数装置。用以测量载荷的频率和记录交变载荷累计次数。

3)试样形状和尺寸

测定 da/dN 时通常采用和 K_{IC} 试验类似的三点弯曲和紧凑拉伸试样,试样形状和尺寸示意图见图 3-30。对于板材则常采用中心裂纹拉伸(CCT)试样。原则上讲,任何形状的含裂纹试样,只要疲劳裂纹长度检测方便,同时有适合该试样的应力强度因子表达式,试验机条件许可,都可以用来测定材料的疲劳裂纹扩展速率 da/dN。

本实验采用和断裂韧性类似的三点弯曲试样。试样的取样、加工和尺寸与断裂韧性试样相同,试样在磨削加工后需要开缺口,以便预制疲劳裂纹。缺口可以用铣切、线切割或其他方法加工。缺口长度 a_n 一般控制在试样高度 W 的 10%~20%,即 $a_n/W=0.1\sim0.2$。

3. 实验内容

(1)在应力比保持不变条件下,用自动或手动的降 K 程序来测试金属材料的载荷循环次数和裂纹长度。

(2)计算上一级 K_{max} 对应的塑性区尺寸 r_y。

(3)要使裂纹扩展增量 Δa 大于上一级 K_{max} 对应的塑性区尺寸 r_y 的 4~6 倍,直至平均裂纹扩展速率 $\Delta a/\Delta N$ 接近 10^{-7} mm/cycle 时。

(4)计算疲劳裂纹扩展门槛值。得到实验结果。

4. 实验材料与设备

(1)高频疲劳试验机一台。

(2)工具读数显微镜一台。

(3)千分尺一把。

(4)金属材料三点弯曲试样一件。

5. 实验流程

1)实验过程

(1)测量试样尺寸。用精度为 0.01 mm 的量具在韧带区域测量试样厚度 B 三次,取平均值。在试样的裂纹所在截面附近分别测量三次试样宽度 W,取平均值。

(2)预制疲劳裂纹。预制疲劳裂纹的最后一级的最大载荷值不应大于开始记录试验数据时的最大载荷值 F_{max}。为了减少预制疲劳裂纹的时间,可以先用比 F_{max} 大的载荷引发疲劳裂纹。在疲劳裂纹出现后必须把较大的载荷分级降至 F_{max},每次载荷下降率不得大于 20%。

(3)降 K 程序。在力值比 R 不变的条件下,用自动或手动的降 K 程序来实现。初始的应力强度因子范围可以选择等于或大于预制疲劳裂纹时的最终 $\triangle K$ 值,以后要随着裂纹的扩展而连续降力或分级降力。分级降力下要使裂纹扩展增量 Δa 大于上一级 K_{max} 对应的塑性区尺寸 r_y 的 4～6 倍,直至平均裂纹扩展速率 $\Delta a/\Delta N$ 接近 10^{-7} mm/cycle 时,降 K 试验结束。试验过程中记录每级力或每级应力强度因子范围下的终止裂纹长度 a_i 和对应的循环数 N_i。

塑性区尺寸按式(3-26)计算

$$r_y = \alpha(K_{max}/R_{P0.2}) \tag{3-26}$$

其中,$\alpha = 1/2\pi$(平面应力);$\alpha = 1/6\pi$(平面应变);$Rp_{0.2}$ 为屈服强度。

降载程序的设计应考虑疲劳裂纹扩展增量与降力参数的范围,其最佳值取决于材料、力值比及试样宽度,推荐的三种降力方法有逐级降力法、恒力控制的 K 梯度法、恒 K 控制的 K 梯度法,常用的是逐级降力法。本教材主要介绍逐级降力法。恒力控制的 K 梯度法和恒 K 控制的 K 梯度法可以查阅相关的国家标准。

逐级降力法。每级力下降率不超过 10%,可取降力百分比 $R1$ 为 5%～10%,但力值比须保持不变。在每级力作用下可取 Δa 为 0.25～0.5 mm(与 $R1$ 值相对应,如 Δa 取 0.25 mm 时 R_1 为 5%, Δa 取 0.5 mm 时 R_1 为 10%或 5%)。

2)试验结果处理和计算

(1)近门槛值附近的 da/dN 推荐用割线法处理,其表达式如下:

$$(da/dN)_i = (a_{i+1} - a_i)/(N_{i+1} - Ni) \tag{3-27}$$

式中 a_{i+1} 和 a_i 为对应于 N_{i+1} 和 Ni 时的裂纹长度。

(2)ΔK 的表达式为:

$$\Delta K = \frac{\Delta P}{BW^{1/2}}\left[\frac{6\alpha^{1/2}}{(1+2\alpha)(1-\alpha)^{3/2}}\right][1.99 - \alpha(1-\alpha)(2.15 - 3.93\alpha + 2.7\alpha^2)] \tag{3-28}$$

对应于$(da/dN)_i$的$\triangle K_i$的值通过取每级力值下的平均裂纹长度 a_i 和对应的 P_i 代入相应的$\triangle K$ 表达式计算得到。

(3)疲劳裂纹门槛值的确定

取 10^{-7} mm/cycle≤da/dN≤10^{-6} mm/cycle 的$(\mathrm{d}a/\mathrm{d}N)_i$对$\triangle K_i$一组数据(至少5对数据点),按式(3-29)以 lg(da/dN)为自变量,用线性回归的方法拟和 lg(da/dN)-lg($\triangle K$)数据点。

$$\mathrm{d}a/\mathrm{d}N = C_1(\triangle K)_1^n \quad (3-29)$$

式中:C_1和 n_1为最佳拟和直线的截距和斜率。

由式(3-29)的线性回归拟和结果,取 da/dN $=10^{-7}$ mm/cycle 计算对应的$\triangle K$ 值,确定出疲劳裂纹门槛值$\triangle K_{th}$。

6.原始实验记录

仔细测量试样的原始数据,仔细读取实验过程中的相关试验数据,记录到实验报告中。

7.实验报告

(1)本实验用设备及仪器的型号及特性。

(2)画出试样图。

(3)根据降 K 程序试验得到的测试数据,求出 da/dN 和$\triangle K$,选取 10^{-7} mm/cycle ≤da/dN≤10^{-6} mm/cycle 的$(\mathrm{d}a/\mathrm{d}N)_i$和相应的$\triangle K_i$一组数据(至少5对数据点),用线性回归求出 Paris 公式中的材料常数 C_1和 n_1。

(4)获得金属材料疲劳裂纹门槛值$\triangle K_{th}$。

8.思考题

(1)分析讨论金属材料材料疲劳裂纹扩展速率测试和疲劳裂纹门槛值测试的原理和方法异同处。

(2)研究疲劳裂纹门槛值在理论上和实际工程应用上有什么重要意义?

(3)哪些因素影响疲劳裂纹门槛值的大小?

(4)金属材料屈服强度和疲劳裂纹门槛值有什么关系?

实验报告九(金属材料疲劳裂纹门槛值测定)

<table>
<tr><td>姓名</td><td></td><td>班级</td><td></td><td>学号</td><td></td><td>成绩</td><td></td></tr>
<tr><td colspan="8">实验名称</td></tr>
<tr><td colspan="8">实验目的</td></tr>
<tr><td colspan="8">实验设备</td></tr>
<tr><td colspan="8">试样示意图</td></tr>
<tr><td colspan="8">试验记录
裂纹长度 a　　　　循环周次 N</td></tr>
</table>

近门槛区的疲劳裂纹扩展 $a-N$ 曲线(根据试验结果绘制)

近门槛区的疲劳裂纹扩展速率曲线(根据试验结果绘制)

指导教师 年 月 日

实验 10 焊接接头工作应力分布实验

焊接接头的承载能力与工作应力分布有关,由于焊缝外形的变化(增厚高,丁字,十字接头等)以及焊接工艺缺陷(未焊透,裂纹等)等原因将引起不同程度的应力集中,导致承载能力下降。本实验采用电测法测量焊接接头(模拟各种因素)的应力集中,同时利用有限元分析程序计算应力分布规律。分析应力集中产生的原因,掌握焊接接头工作应力分布特点。对于合理设计焊接接头及结构形式,制定合理焊接工艺具有重要的指导意义。

1. 实验目的

(1)了解焊接接头由于焊缝外形尺寸的改变和工艺缺陷等原因引起的应力集中。掌握焊接接头工作应力分布的测量原理与分析方法。

(2)通过焊接 CAA(计算机辅助教学)软件观摩,熟悉焊接接头工作应力分布规律及其影响因素。了解数值计算在焊接接头性能研究中的应用。

2. 实验概述

1)实验原理

要保证焊接接头的承载能力,首先需要对其工作应力分布规律进行测试并研究其影响因素。确定焊接接头工作应力的方法一般分为弹性力学法,实验测试和数值计算法等。

(1)弹性力学的分析方法是确定应力分布的精确方法,原则上任意截面形状的应力分布均可以用弹性力学方法求解。对于截面形状比较简单如圆孔,椭圆孔缺口等情况下,可以获得精确解。但当截面形状比较复杂时,偏微分方程的求解变得十分困难,因此弹性力学的解法在实际应用上受到限制。如果在确定焊接接头横截面上工作应力分布时辅以适当的实验方法,即事先求得某一截面内的应力分布规律,然后对研究对象作某些简化。弹性力学的分析方法还是经常在工程实际应用中采用的。

(2)实验方法是测量焊接接头工作应力分布的最基本的方法,它直观、真实,能弥补纯理论计算不能与实际工况较好符合的结果。常用的方法包括电测法、光测法、脆性涂层法、网格法等。

本实验采用电测法进行分析。电测法的基本原理是将机械信号(应变信号)转换为电讯号,即把感受元件(应变片)粘贴到需要测量的部位,受到外力作用后应变片和工件一起变形(深长或缩短),应变片栅的长度、截面均发生改变,导致电阻值发生变化,使原来保持平衡状态的桥路处于不平衡状态。通过调节可变电阻器使桥路建立新的平衡状态,在数字显示器上可直接读出应变数值。然后由应变数值,根据胡克定律即可得到测量部位的应力大小。

(3)数值计算方法:有限差分法和有限单元法。对于绝大多数实际问题,数学上的精确解很难求得。即便是很简单的情况,其解析解也是在许多假设条件下得到的。所以对于实际中较为复杂的问题,只能求得具有一定精度的近似解。随着计算机技术的发展和普及,数值计算这种近似计算方法在工程上得到了日益广泛的应用。

所谓有限差分法,就是把所研究的对象在时间上分割为有限个时间段,在空间上剖分成许多小单元,将控制方程中的微分项用差分式来代替,从而使微分方程式转换为线性代数方程式或方程组。在给定的初始条件和边界条件下,计算时间段中各单元的未知物理量,进而得到整个问题的近似解。

有限单元法是基于变分原理而发展起来的计算方法。同样需将研究对象在时间和空间上进行离散,建立单元的关系式。然后集合所有单元的关系式,得到一个与有限个离散点(节点)相关的总体关系式。给定实际情况的初始条件和边界条件,数值求解各时刻节点的未知量,进而获得整个过程的近似解。

无论采用怎样的数值计算方法,都必须具备相应方法的计算机软件。这类软件可自行设计,也可利用现成的商品软件。

本实验采用有限单元法,应用大型商用软件(ANSYS),针对不同的焊接接头和不同的缺陷计算工作应力分布,分析影响其分布规律的原因。

2)试样形状和尺寸

试样采用低碳钢板模拟对接接头(自制),试样形状和尺寸见图 3-32。

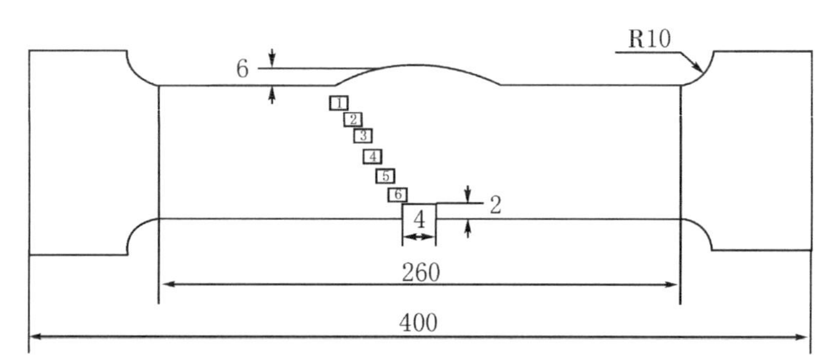

图 3-32 模拟焊接接头试样尺寸及测点分布示意图

3. 实验内容

(1)测试低碳钢焊接接头受力时的应变量。

(2)使用 ANSYS 程序计算几种接头形式的焊接接头工作应力分布(云纹图)。

(3)绘制低碳钢焊接接头承受不同载荷下焊接接头工作应力分布。

4. **实验材料与设备**

(1)电子材料试验机一台。

(2)数字静态应变仪一台。

(3)电阻应变计若干片。

(4)低碳钢模拟对接接头试件(自制)一块。

(5)计算机一台,ANSYS 软件(商用)一套。

CM-1A-10 型数字静态应变仪主要用于实验应力分析及静力强度研究中测量结构及材料任意点变形和应力的分析仪器。其主要特点是:测量点数多,测量速度快,操作简单,读数直接,是非常方便的应力测试的必备设备。

结构与工作原理:CM-1A-10 型数字静态应变仪由测量桥、放大器、滤波器、A/D,单片机、数字显示、电源等部分组成。其原理框图如图 3-33 所示。测量桥是按 120Ω 电阻设计,如图 3-34 所示。

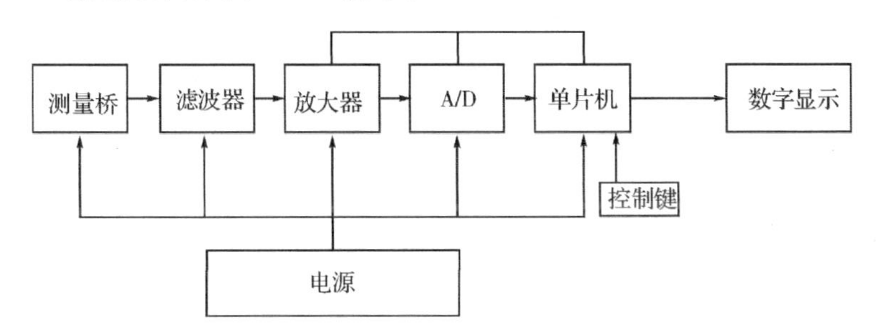

图 3-33　CM-1A-10 型数字静态应变仪原理框图

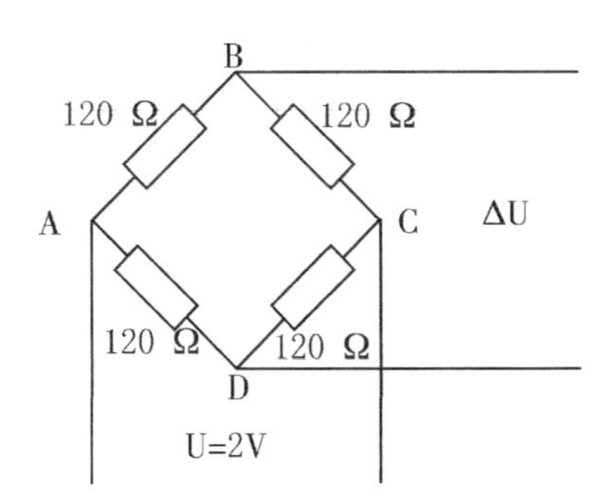

图 3-34　测量桥路示意图

5. **实验流程**

1)实验过程

(1)准备数字静态应变仪

连线试样电阻应变平和数字静态应变仪(CM－1A－10),将测点A、B点接工作片;补偿线端子的A0与D0之间连接补偿应变片。

数字静态应变仪显示由8位发光数码管组成,前两位显示测点P,第3位显示正负号,第4～8位显示应变值或K值(应变片灵敏系数)。

“总清”键——对各测点自动进行清零。

“清零”键——对当前显示的测点清零。

“测量”键——双功能键,开机后数字表显示测点号及其初始应变值,按一次该键数字表显示测点号及K值。

“P/K增”和“P/K减”键——与“测量”键配合使用,调节测点、K值大小设置。

连线接好后打开电源——预热30分钟——检查每一个测量点初始不平衡值——“总清”键清零——加载——稳定后按“P/K”键从数字表读数。

(2)测量工作应力

①将试件上欲测量部位粘贴电阻应变片,并以单臂测量接线方式连接到静态应变仪上。

② 将试件装夹到拉伸试验机上,注意试件与夹头对中。

③将静态应变仪接通电源预热一段时间。

④调节应变仪预调器,使各测点处读数均为零。

⑤施加不同载荷(100kN、200kN、300kN、400kN、500kN)通过应变仪读出各点应变数值。

⑥重复上述过程,直至各点应变读数比较稳定,记录各点应变数值。

⑦卸掉载荷,取下试件。

2)应用ANSYS软件计算各种焊接接头工作应力分布

①针对几种接头形式(对接,十字接头等),不同的缺陷(咬边,未焊透,增厚高等),以及不同的边界条件(载荷,约束等),确定剖分单元网格原则。准备输入数据。

②根据ANSYS软件使用要求,输入原始数据。

③经ANSYS程序运行,得到焊接接头工作应力分布(云纹图)。见图3－35。

6. 原始实验记录

仔细测量试样的原始数据,仔细读取实验过程中的相关试验数据,记录到实验报告十。

7. 实验报告(实验结果、数据整理及分析讨论)

叙述本实验的原理和方法,试验过程,计算方法,给出试验结果。分析试验结果。

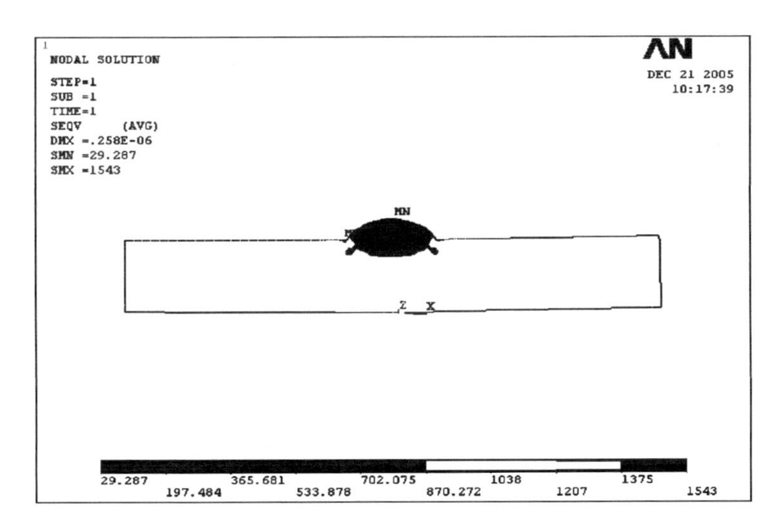

图 3-35　焊接接头工作应力分布示意图

报告还要包括以下内容：1)本实验用设备、仪器的型号及特性；2)试样图；3)原始数据；4)试验曲线；5)绘制低碳钢焊接接头承受不同载荷下焊接接头工作应力分布。

8. **思考题**

(1)对比分析测量与有限元计算结果；讨论焊接接头工作应力分布的影响因素。

(2)测量工作应力的主要方法有哪些？电测法的特点是什么？

(3)造成焊接接头应力集中的可能因素有哪些？应力集中会给焊接结构带来哪些不利影响？如何改善？

(4)采用有限单元法剖分单元时，应考虑的主要问题是什么？

(5)本实验误差主要是由哪些原因造成的？

实验报告十(焊接接头工作应力测试)

姓名		班级		学号		成绩	
实验名称							
实验目的							
实验设备							
实验原理图							

数据及计算结果							
测点应变/$\mu\varepsilon$		ε_1	ε_2	ε_3	ε_4	ε_5	ε_6
$P=100$kN	1						
	2						
	3						
$P=200$kN	1						
	2						
	3						
$P=300$kN	1						
	2						
	3						
$P=400$kN	1						
	2						
	3						
$P=500$kN	1						
	2						
	3						
平均应变/$\mu\varepsilon$							
σ (MPa) ($E=200000$MPa)							

指导教师：　　　　　　　　　　　　　　年　　月　　日

参考文献

[1] 沈莲. 机械工程材料. 北京:机械工业出版社, 2003
[2] 石德珂. 材料科学基础. 北京:机械工业出版社, 2003
[3] 何明、赵文英. 金属学原理实验. 北京:机械工业出版社, 1988
[4] 林昭淑. 金属学及热处理实验与课堂讨论. 长沙:湖南科学技术出版社, 1992
[5] 史美堂,柏斯森. 金属材料及热处理习题集与实验指导书. 上海:上海科学技术出版社,1983
[6] 陆文周. 工程材料及机械制造基础实验指导书. 南京:东南大学出版社,1997
[7] 温其诚. 硬度计量. 北京:中国计量出版社,1991
[8] 杜树昌. 热处理实验. 北京:机械工业出版社,1994
[9] 张廷楷, 高家诚, 冯大碧. 金属学及热处理实验指导书. 重庆: 重庆大学出版社,1998
[10] 孙业英主编. 光学显微分析. 第二版. 北京:清华大学出版社, 2003
[11] 那顺桑主编. 金属材料工程专业实验教程. 北京:冶金工业出版社, 2004
[12] William D. Callister, Jr. Fundamentals of Materials Science and Engineering, John Wiley & Sons, Inc. New York, 2001
[13] 许鑫华、叶卫平主编. 计算机在材料科学中的应用. 北京:机械工业出版社, 2003
[14] 罗军辉,冯平,哈利旦. A 等编著. MatLab7.0 在图像处理中的应用. 北京:机械工业出版社,2005
[15] 高义民. 金属凝固原理. 西安:西安交通大学出版社,2010
[16] 沈桂琴. 光学金相技术. 北京,机械工业出版社,1988
[17] 范雄主编. 金属 X 射线学. 北京:机械工业出版社,1989
[18] 周上棋. X 射线分析—原理、方法、应用. 重庆:重庆大学出版社,1991
[19] 张定铨,张发荣编. 材料中残余应力的 X 射线分析和作用. 西安:西安交通大学出版社,1999
[20] 杨传铮等编. 物相衍射分析. 北京:冶金工业出版社,1989
[21] 何崇智等编. X 射线衍射实验技术. 上海:上海科学技术出版社,1985
[22] 李树堂主编. 金属 X 射线衍射与电子显微分析技术. 北京:冶金工业出版

社,1980

[23] JEOM LTD: JEM－200 Electron Microscope Structions 日本电子公司,JEM－200CX 透射电子显微镜说明书(英文)

[24] 陈世朴,王永瑞.金属电子显微分析.北京:机械工业出版社,1982

[25] 朱宜,张存珪.电子显微镜的原理和使用.北京:北京大学出版社,1983

[26] 郭可信,叶恒强,吴玉琨.电子衍射图在晶体学中的应用.北京:科学出版社,1989

[27] 黄孝瑛编.透射电子显微学.上海:上海科学技术出版社 1987

[28] 洪班德等著,电子显微分析在热处理质量检验中的应用.北京:机械工业出版社,1990

[29] 周玉编.材料分析方法.哈尔滨:哈尔滨工业大学,2004

[30] 谈育煦编.金属电子显微分析.北京:机械工业出版社 1989

[31] 陆家和等编.现代分析技术.北京:清华大学出版社,1993

[32] 吴杏芳等编.电子显微分析实用手册.北京:冶金工业出版社,1998

[33] (日)近藤大铺等著..材料评价的分析电子显微分析方法.刘安生 译.北京:冶金工业出版社,2001

[34] 蔡正千编.热分析.北京:高等教育出版社,1993

[35] 匡震邦,顾海澄,李中华.材料的力学行为.北京:高等教育出版社,1998

[36] 黄明志,石德珂,金志浩.金属力学性能.西安:西安交通大学出版社,1986

[37] Hertzberg,R. W., Deformation and Fracture Mechanics of Engineering Materials, 4th ed., John Wiley & Sons,Inc., 1996

[38] GB/T 228－2002 金属材料室温拉伸试验方法,北京:中国标准出版社, 2002

[39] GB/T 19748－2005 钢材—夏比 V 型缺口摆锤冲击试验——仪器化试验方法,北京:中国标准出版社, 2005

[40] GB/T 229－2007 金属材料 夏比摆锤冲击试验方法,北京:中国标准出版社, 2007

[41] GB/T 22315－2008 金属材料弹性模量和泊松比试验方法,北京:中国标准出版社, 2008

[42] GB/T 230.1－2009 金属材料 洛氏硬度试验 第一部分:试验方法,北京:中国标准出版社, 2009

[43] GB/T 231.1－2009 金属材料 布氏硬度试验 第一部分:试验方法,北京:中国标准出版社, 2009

[44] GB/T 4340.1－2009 金属材料 维氏硬度试验 第一部分:试验方法,北京:中国标准出版社, 2009

[45] GB/T 4161—2007 金属材料 平面应变断裂韧性 K1C 试验方法，北京：中国标准出版社，2007

[46] GB/T 13022—91 塑料 薄膜拉伸性能试验方法，北京：中国标准出版社，1991

[47] GB/T 1040—2006 塑料 拉伸性能试验方法，北京：中国标准出版社，2006